高等职业院校计算机类“数字化”规划教材

信息技术基础与应用

（Windows 10+Office 2019）

主　编　付银生　陈建伟　薛　潇
副主编　沈　毅　郭永芳

U0810757

本书资源使用说明

北京邮电大学出版社
·北京·

内容简介

本书根据教育部印发的《高等职业教育专科信息技术课程标准（2021年版）》，结合高等职业教育的特点，联系信息技术课程教学的实际编写而成。全书共11章，主要内容包括计算机概述、计算机操作系统、文档处理、电子表格处理、演示文稿制作、计算机网络与Internet应用、新一代信息技术、多媒体技术、网页设计基础、数据库基础和程序设计基础。

本书内容翔实、结构严谨、脉络清晰，基于Windows 10＋Office 2019平台，采用案例教学的方式培养学生对各种技术和软件等的应用能力，同时注重学生的核心素养的提升。

本书既可作为高等职业教育“信息技术”课程的教材，也可作为其他读者的参考书。

图书在版编目（CIP）数据

信息技术基础与应用：Windows 10+Office 2019 / 付银生，陈建伟，薛潇主编 . -- 北京：北京邮电大学出版社，2023.8（2023.9 重印）

ISBN 978-7-5635-6982-3

Ⅰ.①信… Ⅱ.①付… ②陈… ③薛… Ⅲ.① Windows 操作系统－高等职业教育－教材 ②办公自动化－应用软件－高等职业教育－教材 Ⅳ.① TP316.7 ② TP317.1

中国国家版本馆 CIP 数据核字（2023）第 146803 号

策划编辑：张 晗　**责任编辑**：康启明　**封面设计**：广信达雅

出版发行：北京邮电大学出版社
社　　址：北京市海淀区西土城路 10 号（100876）
电话传真：010-82333010　62282185（发行部）　010-82333009　62283578（传真）
网　　址：3.buptpress.com
电子信箱：buptpress3@163.com
经　　销：各地新华书店
印　　刷：鸿博睿特（天津）印刷科技有限公司
开　　本：787 mm×1 092 mm 1/16
印　　张：21.75
字　　数：571 千字
版　　次：2023 年 8 月第 1 版
印　　次：2023 年 9 月第 2 次印刷

ISBN 978-7-5635-6982-3　　定价：65.00 元

如有质量问题请与发行部联系

版权所有 侵权必究

前　言

随着信息技术的发展，计算机的应用领域也在不断扩大，深刻影响着人们的日常工作、学习和生活。计算机作为信息时代的主要载体和工具，扮演着重要的角色。了解信息技术基础知识和掌握计算机的日常使用，是衡量个人基本素质的必备条件之一。

党的二十大报告提出“深入实施科教兴国战略、人才强国战略、创新驱动发展战略”。教材是人才培养的重要支撑，也是引领创新发展的重要基础。为了更好地服务于高水平、科技自立自强、拔尖创新人才的培养，全面贯彻党的教育方针，落实立德树人根本任务，编者对本书进行了精心设计和编写，使教材内容与时代发展的要求同步。

本书紧紧围绕高等职业教育专科各专业对信息技术学科核心素养的培养需求，根据高等职业教育信息技术教学的要求和现状，精辟地讲解计算机的基础知识，着重突出计算机的实际应用和操作，并详细介绍信息技术领域中的新技术、新发展，通过理论实践一体化教学方式，帮助学生认识信息技术对人类生产、生活的重要作用，掌握常用的工具软件和信息化办公技术，提升应用信息技术解决实际问题的综合能力，使学生所学的知识与技能能够切实应用到日常的学习与工作中。

本书分为 11 章，第 1 章为计算机概述，主要内容包括计算机的发展与分类、计算机的工作原理与结构、计算机系统的组成、数据在计算机中的表示。第 2 章为计算机操作系统，主要内容包括操作系统概述、常用操作系统的结构、操作系统的基本功能。第 3 章为文档处理，主要介绍 Word 2019 的基本功能和使用方法。第 4 章为电子表格处理，主要介绍 Excel 2019 的基本功能和使用方法。第 5 章为演示文稿制作，主要介绍 PowerPoint 2019 的基本功能和使用方法。第 6 章为计算机网络与 Internet 应用，主要内容包括计算机网络基础知识、Internet 应用、网络安全与防护、信息素养与社会责任。第 7 章为新一代信息技术，主要介绍大数据、云计算、人工智能、量子信息、物联网、现代通信、区块链等新技术。第 8 章为多媒体技术，主要介绍多媒体基础知识以及音频、图像、动画、视频的处理与制作技术。第 9 章为网页设计基础，主要介绍网页设计基础知识以及 Dreamweaver 2020 的基本操作。第 10 章为数据库基础，主要介绍数据库基础知识以及 Access 2019 的基本功能和使用方法。第 11 章为程序设计基础，主要内容包括程序设计基础知识、Python 语言概述以及 Python 程序的运行、编写和数据描述。

为了方便学生巩固所学知识与课后练习，每章都配有适量的习题。本书的实例详细地讲述了从工具的运用到完成操作要求的全部过程，学生可以边学边练。另外，本书还配有课程思政内容，扫描下方的二维码即可查看课程思政目录。

本书由安阳职业技术学院教师团队合作完成。付银生、陈建伟、薛潇担任主编，沈毅、郭永芳担任副主编，茹亮、卜令敏、付海龙、高丽霞、刘建军、侯贞霞担任编委。具体编写分工为：付银生编写第 1、2 章，共计 8.3 万余字；陈建伟编写第 5、6 章，共计 8.1 万余字；薛潇编写第 4 章与第 7 章（7.1 ～ 7.4 节），共计 7 万余字；沈毅编写第 3 章，共计 6 万余字；郭永芳编写第 7 章（7.5 ～ 7.7 节）与第 8 章，共计 6.2 万余字；茹亮编写第 5 章，共计 4 万余字；卜令敏编写第 9 章（9.4 ～ 9.6 节）与第 10 章（10.1 ～ 10.2 节），共计 2.2 万余字；付海龙编写第 9 章（9.1 ～ 9.3 节），共计 2.3 万余字；高丽霞编写第 10 章（10.3 ～ 10.4 节），共计 2.1 万余字；刘建军编写第 10 章（10.5 ～ 10.6 节）与第 11 章（11.1 ～ 11.3 节），共计 2.1 万余字；侯贞霞编写第 11 章（11.4 ～ 11.5 节），共计 2.1 万字。付银生进行全书策划与统稿，陈建伟、薛潇进行内容设计和审改。

在教材的编写过程中，吸取了部分专家同仁编写的同类教材的观点，得到了作者所在学校领导、教务处领导的精心指导，以及北京邮电大学出版社的鼎立帮助与支持，在此深表感谢。

由于本书涉及的知识面较广，编者水平有限，书中难免有不足之处，恳请专家、教师及读者多提宝贵意见。

编　者

2023 年 4 月

课程思政目录

目　录

第1章
计算机概述

计算机是一种处理信息的工具，它能自动、高速、精确地对信息进行存储、传输和加工处理。计算机的广泛应用，推动了社会的发展和进步，对人类社会的生产和生活产生了极其深刻的影响。在进入信息时代的今天，学习计算机知识，掌握计算机的应用已成为人们的迫切需求。本章主要介绍计算机系统的基本知识，包括计算机的发展与分类、计算机的工作原理与结构、计算机系统的组成及主要技术指标、数据在计算机中的表示等内容。

1.1　计算机的发展与分类

计算技术的发展历史是人类文明史的一个缩影。在远古时代，人们采用石块、贝壳进行简单的计数，我国唐代发明了算盘用于计算，欧洲中世纪发明了加法计算器、分析机等，直到今天的电子计算机，计算工具已有多种类型。未来计算机更是向着巨型化、微型化、网络化和智能化的方向发展。

视频：计算机的发展

1.1.1　现代计算机的发展

现代计算机是一种按程序自动进行信息处理的通用工具，它的处理对象是信息，处理结果也是信息。在现代计算机诞生后的70多年中，计算机采用的基本电子元件经历了电子管、晶体管、中小规模集成电路、大规模和超大规模集成电路4个发展阶段，如表1–1所示。

表1–1　现代计算机的4个发展阶段

阶段	时间	基本电子元件	技术特点
1	1946—1958年	电子管	穿孔卡片和磁鼓，使用机器语言和汇编语言

续表

阶段	时间	基本电子元件	技术特点
2	1958—1964 年	晶体管	主存储器采用磁芯存储器，磁鼓和磁盘开始用于辅助存储器。使用高级语言，主要用于科学计算，开始大量生产中、小型计算机
3	1964—1970 年	中小规模集成电路	大型化，集中式计算，远程终端
4	1970 年至今	大规模和超大规模集成电路	超大型化，计算机化，嵌入式，图形用户界面，多媒体，网络通信，网格计算

1．第 1 代计算机（1946—1958 年）

第 1 代计算机采用电子管作为基本电子元件，当时，主存储器有水银延迟线存储器、阴极射线示波管静电存储器、磁鼓和磁芯存储器等类型。由于电子管体积大、耗电多，所以这一代计算机的运算速度低、存储容量小、可靠性差且造价昂贵。在这一代计算机中，几乎没有什么软件配置，编制程序使用机器语言或汇编语言。第 1 代计算机主要用于科学计算和军事应用方面，代表机型为 1952 年由冯·诺依曼设计的 EDVAC（Electronic Discrete Variable Automatic Computer，离散变量自动电子计算机）。冯·诺依曼“程序存储”的设想首次在 EDVAC 上得到了体现。

2．第 2 代计算机（1958—1964 年）

第 2 代计算机的一个重要特点是采用晶体管作为基本电子元件，其另一个很重要的特点是存储器的革命。1949 年，王安申请了磁芯存储器的专利，这项技术彻底改变了继电器存储器的工作方式及其与处理器的连接方法，大大缩小了存储器的体积，为第 2 代计算机的发展奠定了基础。

这一时期，计算机软件配置开始出现，一些高级程序设计语言（简称高级语言）相继问世，如科学计算用的 FORTRAN、商业事务处理用的 COBOL、符号处理用的 LISP 等高级语言开始进入实用阶段。操作系统也初步成型，使计算机的使用方式由手工操作转变为自动作业管理。

3．第 3 代计算机（1964—1970 年）

第 3 代计算机采用中小规模集成电路作为基本电子元件，计算机的体积和耗电量显著减小，计算速度显著提高，存储容量大幅度增加。

这一时期，半导体存储器逐步取代了磁芯存储器的主存储器地位，磁盘成了不可缺少的辅助存储器，并且开始普遍采用虚拟存储技术。同时，计算机的软件技术也有了较大的发展，出现了操作系统和编译系统，出现了更多的高级语言，计算机的应用开始进入更多领域。1964 年，由 IBM 公司推出的 IBM System/360 计算机是第 3 代计算机的代表产品，如图 1-1 所示。

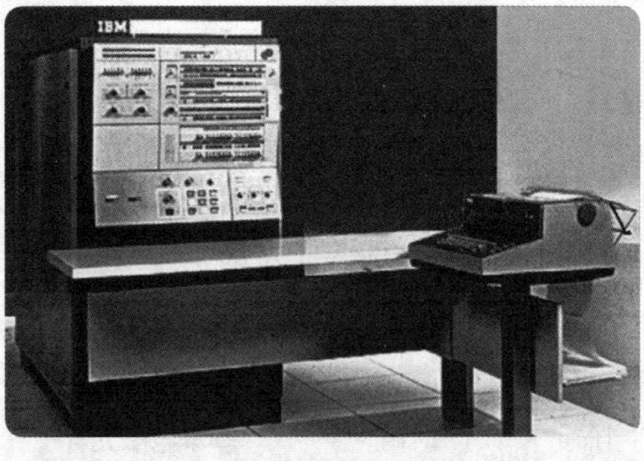

图 1-1　IBM System/360 计算机（1964 年）

4．第 4 代计算机（1970 年至今）

第 4 代计算机采用大规模和超大规模集成电路作为主要电子元件，主存储器使用了集成度更高的半导体存储器，计算机的运算速度高达每秒几亿次甚至数百万亿次。在这个时期，计算机体系结构有了较大发展，并行处理、多机系统、计算机网络等都已进入实用阶段。在软件方面，软件产品更加丰富，出现了网络操作系统和分布式操作系统及各种实用软件。

1.1.2　计算机的分类

1989 年，IEEE（Institute of Electrical and Electronics Engineers，电气与电子工程师学会）将计算机划分为巨型计算机、小巨型计算机、主机、小型计算机、工作站、个人计算机（Personal Computer，PC）6 种类型。这种按计算性能分类的方法，其分类会随时间而改变，如 20 世纪 90 年代的巨型计算机并不比目前的微型计算机的计算能力强。如果根据运算速度对计算机进行分类，其分类必然随运算速度不断提高而改变，这显然是不合理的。随着计算机集群技术的发展，大、中、小型计算机之间的界限变得模糊不清，工作站也被服务器取代。

课程思政：中国计算机发展史

视频：计算机的分类与应用

计算机产业发展迅速，技术不断更新，性能不断提高，因此，很难对计算机进行精确的类型划分。按照目前计算机的市场应用，计算机大致可以分为大型计算机、微型计算机、嵌入式计算机等基本类型，如图 1–2 所示。

- 计算机
  - 大型计算机
    - 大型计算机集群：Summit、Sierra、神威·太湖之光、天河二号等
    - MPP超级计算机：蓝色基因、克雷等
    - PC服务器：浪潮、联想、戴尔、惠普等
  - 微型计算机
    - 个人计算机：联想、惠普、戴尔、神舟等
    - 苹果计算机：Mac Pro系列桌面微机等
    - 笔记本电脑：联想、惠普、戴尔、华硕、神舟等
    - 其他微机：平板电脑等
  - 嵌入式计算机
    - 智能手机
      - Android系列：华为、三星、OPPO、小米等
      - iOS系列：苹果iPhone系列
    - 工业计算机
      - PC104/EPCI总线工业计算机
      - CPCI/CPCIE总线工业计算机
      - ATCA/mTCA（高级电信计算机结构）计算机
      - VPX/VME总线工业计算机
    - 其他计算机
      - 单片机：ARM、80C51系列单片机等
      - POS机（收款系统）、ATM（自动柜员机）等
      - 可穿戴计算机等

图 1–2　计算机的基本类型

1. 大型计算机

1）计算机集群技术

大型计算机主要用于科学计算、军事、通信、金融等领域的大型计算项目。在大型计算机设计领域，计算机集群的价格只有专用大型计算机的几十分之一。因此，世界 500 强（TOP 500）计算机大都采用集群结构（占 85% 以上），只有少数大型计算机采用 MPP（Massively Parallel Processor，大规模并行处理）结构。

计算机集群（cluster）技术是将多台（几台到上万台）独立计算机（PC 服务器），通过高速局域网组成一个集群，以单一系统模式进行管理，使多台独立计算机像一台超级计算机那样统一管理和并行计算。集群中运行的单台计算机并不一定是高档计算机，但集群系统可以提供高性能不停机服务。集群中每台计算机都承担部分计算任务，因此整个系统的计算能力非常高。同时，集群系统具有很好的容错功能，当集群中某台计算机出现故障时，系统可将这台计算机隔离，并通过各台计算机之间的负载转移机制实现新的负载均衡，同时向系统管理员发出故障报警信号。

计算机集群大多采用 Linux 和集群软件实现并行计算，集群的扩展性很好，可以不断地向集群中加入新计算机。计算机集群提高了系统可靠性和数据处理能力。

2）“天河二号”超级计算机

中国人民解放军国防科技大学（简称国防科大）研制的“天河二号”（Tianhe-2）超级计算机（见如图 1-3），以峰值计算速度每秒 5.49 亿亿次、持续计算速度每秒 3.39 亿亿次双精度浮点运算的优异性能，成为 2013 年全球最快的超级计算机。“天河二号”超级计算机曾连续 6 年蝉联世界 500 强计算机第 1 名，获得“六连冠”的殊荣。

图 1-3 “天河二号”超级计算机

“天河二号”已应用于生物医药、新材料、工程设计与仿真分析、天气预报、智慧城市、电子商务、云计算与大数据、数字媒体和动漫设计等多个领域，还将广泛应用于大科学、大工程、信息化等领域，为经济社会转型升级提供重要支撑。

例如，从 2017 年开始，广州的气象预报系统开始由“天河二号”运行，每 12 分钟“天河二号”就能给出每平方千米内 6 小时的天气预报；以 500 人规模的全基因组信息关联性分析为例，利用原有计算机需 1 年的计算时间，利用“天河二号”只需要 3 小时的计算时间；“天河二号”还可以帮助国产大飞机 C919 做全机气动参数优化设计等大型计算工作。

3）PC 服务器

PC 服务器往往采用机箱或机架等形式，如图 1-4 所示。机箱式 PC 服务器的体积较大，便于今后扩充硬盘等 I/O（输入 / 输出）设备；机架式 PC 服务器的体积较小，尺寸标准化，扩充时在机柜中再增加一个机架式 PC 服务器即可。PC 服务器一般在 Windows Server 或 Linux 操作系统下运行，在软件和硬件上都与其他 PC 微机兼容。PC 服务器的硬件配置一般较高。例如，它们往往采用高性能的 CPU（Central Processing Unit，中央处理器），如 Intel“至强”系列的 CPU 产品，有时甚至采用多 CPU 结构；内存容量一般较大，而且要求具有 ECC（Error Correcting Code，错误校验）功能；硬盘也采用高转速和支持热插拔的 SCSI（Small Computer System Interface，小型计算机系统接口）硬盘。由于大部分服务器要求不间断工作，所以往往采用冗余电源。PC 服务器主要用作网络服务器的主机，因此对图形和多媒体功能几乎没有要求，但是对数据处理能力和系统稳定性有很高要求。

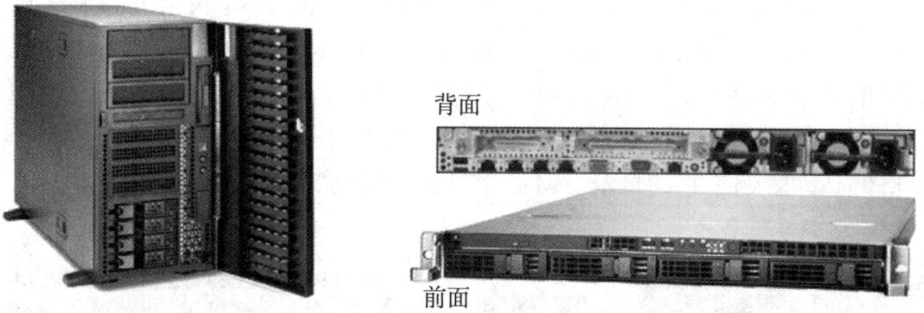

（a）机箱式PC服务器　（b）机架式PC服务器

图 1-4　各种类型的 PC 服务器

2. 微型计算机

1971 年 11 月，Intel 公司推出一套芯片：4001 ROM（Read-Only Memory，只读存储器）、4002 RAM（Random Access Memory，随机存储器）、4003 移位寄存器、4004 微处理器。Intel 公司将这套芯片称为“ MCS-4 微机系统”，这是最早提出“微机”的概念。但是，这仅仅是一套芯片而已，并没有组成一台真正意义上的微机，人们将装有微处理器芯片的机器称为“微机”。

微机按产品范围大致可以分为 PC 系列微机、苹果系列微机（iMac）、平板电脑（Tablet PC）等类型。

1）PC 系列微机

1981 年，IBM 公司推出 PC 系统，它采用 Intel 公司的 CPU 作为核心部件。之后，凡是能够兼容 IBM PC 系统的微机产品都被称为 PC。目前，大部分桌面微机采用 Intel 和 AMD 公司的 CPU 产品，这两个公司的 CPU 产品往往兼容 Intel 公司早期的 80x86 系列 CPU 产品。因此，也将采用这两家公司 CPU 产品的微机称为 x86 系列微机。PC 系列微机如图 1-5 所示。

（a）台式微机　（b）笔记本电脑

图 1-5　PC 系列微机

（1）台式微机：在外观上有立式和卧式两种类型，它们在性能上没有区别。台式微机主要用于企业办公和家庭应用，因此，要求其具有较好的图形和多媒体功能。由于台式微机应用广泛，所以它们的应用软件也是最丰富的，性价比较高。

（2）笔记本电脑：主要用于移动办公，因此，要求机器具有体积小、重量轻的特点。笔记本电脑在硬件上虽然按照 PC 设计规范制造，但是由于受到体积的限制，不同厂商之间的产品是不能互换的。在具有与台式微机相同的配置下，笔记本电脑的性能要低于台式微机，价格却要高于台式微机。台式微机和笔记本电脑的软件系统是可以兼容的。

2）苹果系列微机

苹果公司是早期微机生产厂商之一，其微机产品在硬件和软件上均与PC系列微机不兼容。苹果公司的Power Mac微机采用Motorola公司和IBM公司联合开发的CPU芯片——PowerPC，这是一种RISC（Reduced Instruction Set Computer，精简指令集计算机）架构的CPU。

Mac微机的外形漂亮时尚（见图1-6），图像处理速度快。但是，由于Mac微机的软件与PC微机不兼容，因此造成大量PC软件不能在Mac微机上运行。另外，Mac微机没有兼容机，因此微机价格偏高，影响了它的普及。Mac微机在我国主要应用于美术设计、视频处理、出版等行业。

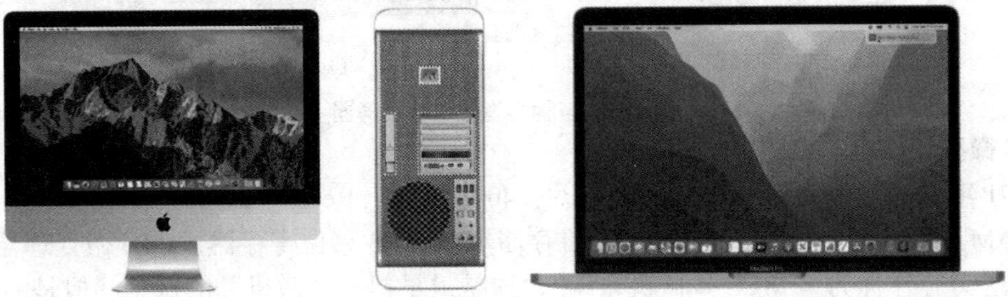

图1-6　Mac微机

3）平板电脑

平板电脑是Microsoft公司于2002年11月推出的一种新式微机，也称为Tablet PC（Tablet Personal Computer）。平板电脑是一种小型的、方便携带的个人计算机，目前典型的产品是苹果公司的iPad。平板电脑在外观上只有杂志大小，现在主要采用苹果和安卓（Android）操作系统，如图1-7所示。它以触摸屏作为基本输入设备，所有操作都可以通过手指或手写笔完成。平板电脑一般用于阅读、上网等。平板电脑的应用软件的专用性强，这些软件不能在台式微机或笔记本电脑上运行，普通微机上的应用软件也不能在平板电脑上运行。

图1-7　平板电脑

3. 嵌入式计算机

1）嵌入式系统

嵌入式系统是为特定应用而设计的专用计算机系统。嵌入是指将微处理器设计和制造在某个设备内部的意思。嵌入式系统是一个外延极广的名词，凡是与工业产品结合在一起，并且具有计算机控制的设备都可以被称为嵌入式系统。嵌入式系统在商业和工业领域的应用如图1-8所示。

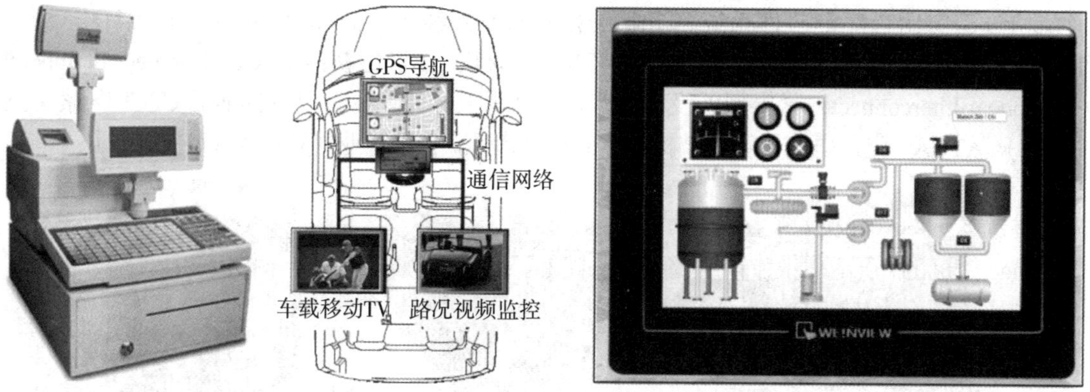

图 1-8 嵌入式系统在商业和工业领域的应用

嵌入式系统包括工业计算机、单片机等，计算机是嵌入式系统的核心控制设备。大部分嵌入式计算机不具备通用计算机的外观形态。例如，其没有通用的键盘和鼠标，一般通过专用键盘、触摸屏、操纵杆等设备进行操作。嵌入式系统以应用为中心，计算机的硬件和软件根据需要进行裁剪，以适应产品的功能、性能、可靠性、成本、体积、功耗等特殊要求。嵌入式计算机一般由微处理器、硬件设备、嵌入式操作系统及应用程序 4 个部分组成。由于嵌入式计算机的工作环境复杂，所以要求系统的可靠性好。

2）智能手机

早期手机是一种通信工具，用户不能安装程序，信息处理功能极为有限。后来智能手机打破了这些限制，作为一种大众化计算机产品，其性能越来越强大，应用领域越来越广泛。

世界公认的第一部智能手机 IBM Simon（西蒙）诞生于 1993 年，它由 IBM 与 BellSouth 公司合作制造，如图 1-9 所示。它集当时的手提电话、个人数字助理（Personal Digital Assistant，PDA）、传呼机、传真机、日历、行程表、世界时钟、计算器、记事本、电子邮件、游戏等功能于一身。IBM Simon 的最大特点是没有物理按键，完全依靠触摸屏操作，它采用 ROM-DOS 操作系统，只有一款名为 DispatchIt 的第三方应用软件。

图 1-9 IBM Simon 智能手机

智能手机是指具有完整的硬件系统、独立的操作系统，用户可以自行安装第三方服务商提供的程序，并可以实现无线网络接入的移动计算设备，是实现移动计算、普适计算的理想工具。很多信息服务可以在智能手机上展开，结合 5G 网络的支持，智能手机已成为一个功能强大，集通话、短信、网络接入、影视娱乐为一体的综合性个人计算设备。

3）工业计算机

工业计算机采用工业总线结构，广泛用于工业、商业、军事、农业、交通等领域的过程控制和过程管理，其工作环境恶劣，往往工作在粉尘、烟雾、高 / 低温、潮湿、震动、腐蚀等环境中，因此对系统的可靠性要求高。工业计算机对生产过程进行实时在线检测与控制，需要对工作状况的变化给予快速响应，因此其对实时性要求较高。工业计算机有很强的输入 / 输出功能，可扩充符合工业总线标准的检测和控制板卡，完成工业现场的参数监测、数据采集、设备控制等任务。

工业计算机有 CPU、内存、硬盘、外设及接口等硬件设备，并有实时操作系统、网络和通信协议、应用程序等软件系统。工业计算机的发展经历了20世纪80年代的STD总线工业计算机、20世纪90年代的PC104总线工业计算机、21世纪初的CPCI（Compact Peripheral Component Interconnect，紧凑型外设部件互连）总线工业计算机，以及目前的CPCIE（紧凑型PCI-E）、ATCA（先进电信计算机结构）等工业计算机。各种工业计算机如图1-10所示。

(a) CPCI总线军用计算机

(b) VPX总线航空计算机

(c) ATCA总线电信计算机

图1-10 各种工业计算机

1.2 计算机的工作原理与结构

计算机是一个复杂的系统，要详细地分析一台计算机的体系结构和工作原理，是一件十分困难的事情。但若按照层次结构的观点来分析它，则事情要简单得多。

1.2.1 计算机的基本工作原理

视频：计算机的工作原理

现代计算机的基本工作原理是由冯·诺依曼于1946年首先提出来的。冯·诺依曼提出了“程序存储式通用电子计算机”设计方案，并确定了计算机硬件体系结构的5个基本部件：输入设备、输出设备、控制器、运算器和存储器。人们把冯·诺依曼的这个理论称为“冯·诺依曼体系结构”。从第1代计算机至第4代计算机，一直没有突破冯·诺依曼体系结构，目前绝大多数计算机都是基于冯·诺依曼体系结构的计算机模型而开发的。冯·诺依曼的主要思想可概括为以下3点。

1. 冯·诺依曼体系结构的计算机模型

冯·诺依曼体系结构的计算机模型主要包括运算器、控制器、存储器和输入设备、输出设备5个组成部分，它们之间的关系如图1-11所示。

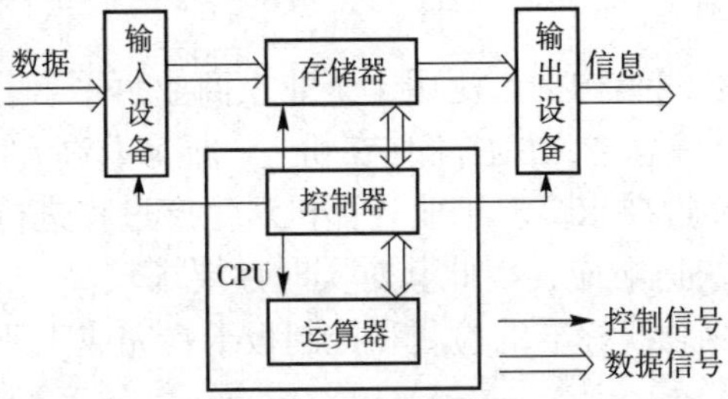

图1-11 冯·诺依曼体系结构的计算机模型

1）运算器

运算器也称算术逻辑单元（Arithmetic and Logic Unit，ALU），是计算机进行算术运算和逻辑运算的部件。算术运算有加、减、乘、除等，逻辑运算有比较、移位、与运算、或运算、非运算等。在控制器的控制下，运算器从存储器中取出数据进行运算，然后将运算结果写回存储器中。

2）控制器

控制器主要用来控制程序和数据的输入与输出，以及各个部件之间的协调运行。控制器由程序计数器、指令寄存器、指令译码器和其他控制单元组成。控制器工作时，其根据程序计数器中的地址，从存储器中取出指令送到指令寄存器，经指令译码器译码后，再由控制器发出一系列命令信号，送到有关硬件部位引起相应动作，完成指令所规定的操作。

3）存储器

存储器的主要功能是存放运行中的程序和数据。在冯·诺依曼体系结构的计算机模型中，存储器是指内存单元。存储器中有成千上万个存储单元，每个存储单元存放一组二进制数据。对存储器的基本操作是数据的写入或读出，这个过程称为“内存访问”。为了便于写入或读出数据，存储器中所有的存储单元均按顺序依次编号，每个存储单元的编号被称为“内存地址”。当运算器需要从存储器中某个存储单元读出或写入数据时，控制器必须提供存储单元的地址。

4）输入设备

输入设备的第一个功能是将现实世界中的数据输入计算机（如输入数字、文字、图形、电信号等），并将它们转换成计算机熟悉的二进制代码；第二个功能是由用户对计算机进行操作控制。常见的输入设备有键盘、鼠标、数码相机等。还有一些设备既可以作为输入设备，也可以作为输出设备，如 U 盘、硬盘等。

5）输出设备

输出设备的功能是将计算机处理的结果转换成用户熟悉的形式，如数字、文字、图形、声音、视频等。常见的输出设备有显示器、打印机、硬盘、U 盘、音箱等。

在现代计算机中，往往将运算器和控制器制造在一个集成电路芯片内，这个芯片称为 CPU。CPU 的主要工作是与内存系统或 I/O 设备进行数据传输，进行算术和逻辑运算，通过逻辑判断控制程序的流向。CPU 性能的高低，往往决定了一台计算机性能的高低。

2. 采用二进制形式表示数据和指令

指令是人们对计算机发出的用来完成一个基本操作的工作命令，它由计算机硬件执行。指令在计算机中采用二进制形式，使信息数字化容易实现，并可以用二值逻辑元件进行表示和处理。指令和数据在代码形式上并无区别，都是由 0 和 1 组成的二进制代码序列，只是各自约定的含义不同。

3. 存储程序

存储程序是冯·诺依曼设计思想的核心。程序是人们为解决某一实际问题而设计的指令序列，指令的设计及调试过程称为“程序设计”。存储程序意味着事先将编制好的程序（包含指令和数据）存入计算机存储器（内存）中，计算机在运行程序时就能自动地、连续地从存储器中依次取出指令并执行。计算机的功能在很大程度上体现为程序所具有的功能，或者说，计算机的程序越多，计算机的功能越强。

1.2.2 指令、指令系统和指令的执行

1. 指令

指令是能被计算机识别并执行的二进制代码，它规定了计算机能完成的某一种操作。指令的数量与类型由 CPU 决定。系统内存用于存放程序和数据，程序由一系列指令组成，这些指令在内存中是有序存放的，什么时候执行哪一条指令由 CPU 中的控制器决定。数据是用户需要处理的信息，它包括具体数据和数据在系统内存中的地址。

一条指令通常由操作码和操作数两部分组成。

操作码指明指令要完成的操作类型或性质，如取数、做加法或输出数据等。操作码的位数决定了机器操作指令的条数，当使用定长操作码格式时，若操作码位数为 N，则指令条数为 2^N。

操作数指明操作对象的内容或其所在的存储单元地址（地址码）。操作数在大多数情况下是地址码，地址码可以有多个。从地址码得到的仅是数据所在的地址，可以是原操作数的存放地址，也可以是操作结果的存放地址。

2. 指令系统

一台计算机的所有指令的集合称为该计算机的指令系统。不同类型的计算机，其指令系统有所不同，但无论是哪种类型的计算机，指令系统都应具有以下指令。

（1）数据传输指令：将数据在内存与 CPU 之间进行传输。

（2）数据处理指令：对数据进行算术、逻辑或关系运算。

（3）程序控制指令：控制程序中指令的执行，如条件转移、无条件转移、调用子程序、返回、停机等。

（4）输入 / 输出指令：用来实现外部设备与主机之间的数据传输。

（5）其他指令：对计算机的硬件和软件进行管理等。

3. 指令的执行

对计算机来说，所有复杂的事务处理都可以简化为两种基本的操作：二进制数据传输和二进制数据操作。因此，从软件运行层次来看，冯·诺依曼体系结构的计算机模型是一台指令执行机器。一条指令的执行可能包含许多操作，但是，任意程序指令的执行过程都主要由取指令、指令译码、指令执行和结果写回 4 种基本操作构成，这个过程是不断重复进行的，如图 1-12 所示。

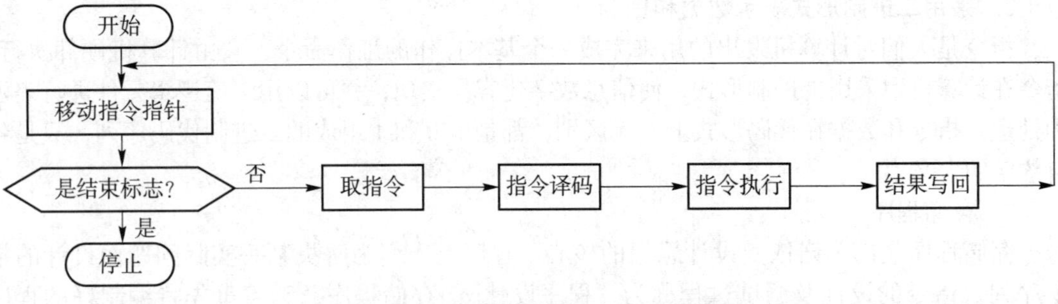

图 1-12 计算机中一条指令的执行过程

1）取指令

在 CPU 内部有一个指令寄存器（Instruction Register，IR），它保存着当前所处理指令的

内存单元地址。当 CPU 开始工作时，按照指令寄存器的地址，通过地址总线找到指令在内存单元的位置，然后利用数据总线将内存单元的指令传输到 CPU 内部的高速缓存中。取指令的工作过程如图 1–13 所示。

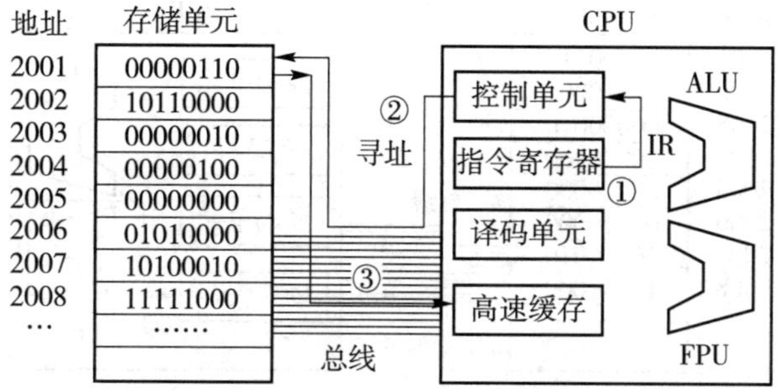

图 1–13　取指令的工作过程

2）指令译码

CPU 内部的译码单元将解释指令的类型和内容，判定这条指令的操作对象（操作数），并将操作数从内存单元读入 CPU 内部的高速缓存中。译码实际上就是将二进制指令代码翻译成特定的 CPU 电路微操作，然后由控制器传输给 ALU。指令译码的工作过程如图 1–14 所示。

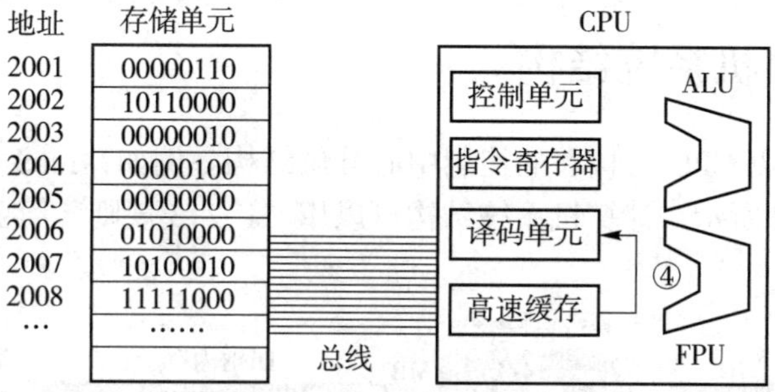

图 1–14　指令译码的工作过程

3）指令执行

控制器根据不同的操作对象，将指令送入不同的处理单元。若操作对象是整数运算、逻辑运算、内存单元存取、一般控制指令等，则送入 ALU 进行处理；若操作对象是浮点数据（如三角函数运算），则送入浮点处理单元（Float Point Unit，FPU）进行处理。若在运算过程中需要相应的用户数据，则 CPU 首先从高速缓存中读取相应数据。若高速缓存中没有用户需要的数据，则 CPU 通过数据通道从内存中获取必要的数据，运算完成后输出运算结果。指令执行的工作过程如图 1–15 所示。

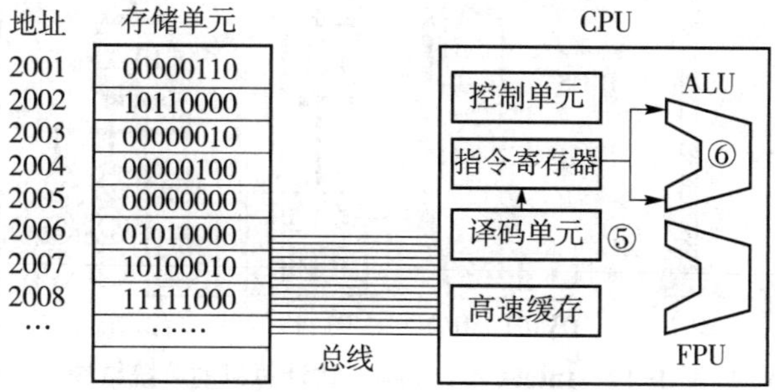

图 1–15　指令执行的工作过程

4）结果写回

结果写回是指将执行单元（ALU 或 FPU）的处理结果写回高速缓存或内存单元中。结果写回的工作过程如图 1-16 所示。

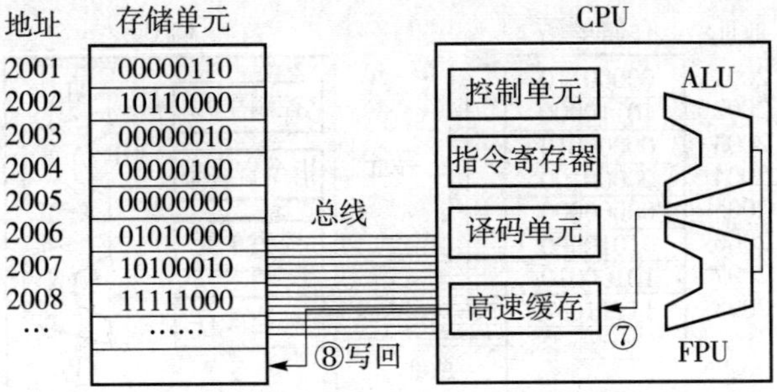

图 1-16　结果写回的工作过程

在 CPU 解释和执行指令之后，控制器告诉指令寄存器从内存单元中读取下一条指令。这个过程不断重复执行，最终产生用户在显示器上看到的结果。事实上，各种程序都是由一系列指令和数据组成的，计算机的工作就是自动和连续地执行一系列指令，而程序开发人员的工作就是编制程序。

1.2.3　微型计算机系统结构

台式计算机采用以 CPU 为核心的控制中心分层结构。例如，Intel Core i7 第 8 代计算机的系统结构如图 1-17 所示。计算机系统结构可以用“1-2-3 规则”简要说明，即 1 个 CPU、2 大芯片、3 级结构。

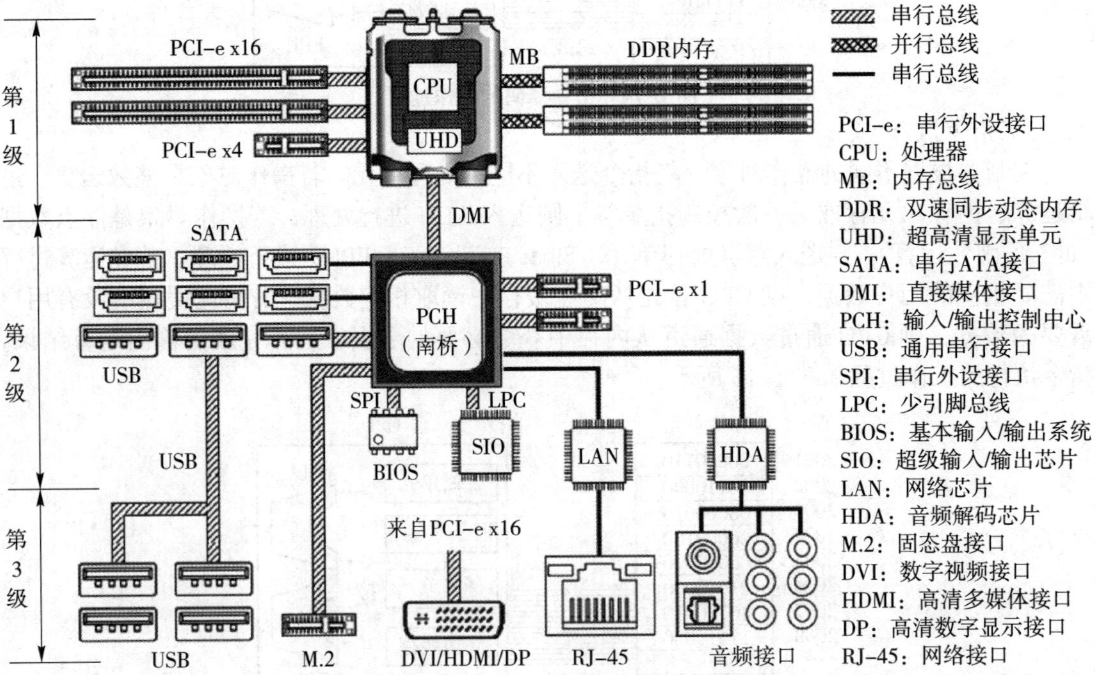

图 1-17　Intel Core i7 第 8 代计算机的系统结构

1）1 个 CPU

CPU 在系统结构顶层（第 1 级），控制系统的运行状态，下面的数据必须逐级上传到 CPU 进行处理。从系统性能进行考察，CPU 的运行速度大大高于其他设备，各个总线上的设备越往下走，性能越低。从系统组成进行考察，CPU 的更新换代将导致 PCH（南桥）芯片的改变及内存类型的改变等。从指令系统进行考察，指令系统改变，必然引起 CPU 结构的变化，而内存系统不一定改变。目前计算机系统仍然以 CPU 为中心进行设计。

2）2 大芯片

2 大芯片是指 PCH 和 BIOS（基本输入 / 输出系统）芯片。其中，PCH 芯片连接着多种外部设备，负责数据的上传与下送。PCH 芯片提供的接口越多，计算机的功能扩展性越强。BIOS 芯片主要解决硬件系统与软件系统的兼容性。

3）3 级结构

控制中心的结构分为 3 级，它有以下特点：从速度上进行考察，第 1 级速度（工作频率）最高，然后速度逐级降低；从 CPU 访问频率进行考察，第 3 级最低，然后逐级升高；从系统性能进行考察，前端总线和 PCH 芯片容易成为系统的瓶颈，然后逐级次之；从连接设备的多少进行考察，第 1 级的设备最少，然后逐级增加。在计算机系统结构中，上层设备较少，但是速度很快，CPU 和 PCH 芯片一旦出现问题（如发热），必然导致致命性故障；下层接口和设备较多，发生故障的概率也越大（如接触性故障），但是这些设备一般不会造成致命性故障。

注意：“1–2–3”是对主要结构而言的，实际产品的结构会有一些变化（或增或减）。

1.3　计算机系统的组成及主要技术指标

一个完整的计算机系统由硬件系统和软件系统两部分组成。硬件系统是构成计算机系统的各种物理设备的总称，包括主机和外设两部分。硬件系统可以从系统结构和系统组成两个方面进行描述。软件系统是运行、管理和维护计算机的各类程序和文档的总称。通常把没有安装软件的计算机称为“裸机”。计算机之所以能够应用到各个领域，是由于丰富多彩的软件能够按照人们的意图出色地完成各种不同的任务。计算机系统的组成如图 1–18 所示。

视频：计算机的组装

- 计算机系统
  - 硬件系统
    - 主机
      - CPU系统：CPU、散热装置
      - 主板系统：主板、信号连接线
      - 内存系统：DRAM（如DDR SDRAM 1/2/3/4 等）
      - 外存系统：硬盘、光盘、固态硬盘、U盘
      - 显示系统：显卡、显示器
      - 音频系统：声卡、音箱、话筒
      - 网络系统：网卡、Modem、网线
      - BIOS系统：BIOS 芯片、CMOS 芯片
      - 常用外设：电源、机箱、键盘、鼠标、散热装置等
    - 外设
      - 输出设备：打印机、刻录机、投影仪等
      - 输入设备：手写笔、触摸屏、扫描仪、数码相机、数码摄像机等
      - 其他设备：电源接线盒、净化电源等
  - 软件系统
    - 系统软件
      - 操作系统：如Windows、Mac OS X、Linux、Android 等
      - 网络服务：如IIS、Server-U、Exchange Server 等
      - 数据库系统：如 Oracle、MS SQL、MySQL 等
      - 程序设计语言：如C++、Java、Python 等
      - 语言处理程序：如 Java 虚拟机、语言编译程序等
    - 应用软件
      - 办公自动化软件：如Office、WPS等
      - 多媒体软件：如 Photoshop、Flash、Premiere Pro 等
      - 辅助设计软件：如 AutoCAD、Visio、Protel等
      - 企业应用软件：如财务管理、企业管理、工程管理等
      - 网络应用软件：如QQ、迅雷、浏览器、Dreamweaver 等
      - 安全防护软件：如杀毒软件、防火墙软件、系统补丁等
      - 系统工具软件：如数据恢复软件、优化软件、磁盘工具等
      - 娱乐休闲软件：如游戏、电子杂志、图书、音频、视频等

图 1-18　计算机系统的组成

1.3.1　计算机硬件系统

计算机硬件系统包括 CPU 系统、主板系统、存储器系统、总线和接口、输入 / 输出设备等。其中，CPU 系统是最重要的，它决定了一台计算机的基本规格与配置。

课程思政：中国芯片发展历程

1. CPU 系统

CPU 也被称为微处理器（microprocessor），它是计算机系统中最重要的部件。CPU 是整个计算机系统的控制中心，它严格按照规定的脉冲频率工作。一般来说，工作频率越高，CPU 的工作速度越快，能够处理的数据量也就越大，功能也就越强。在 CPU 技术和市场上，Intel 公司一直是技术领头人，其他的 CPU 设计和生产厂商主要有 AMD 公司、IBM 公司、ARM（安谋）公司等。

视频：主板和 CPU

CPU 外观看上去是一个矩形块状物，中间凸起部分是 CPU 核心部分的金属封装壳，在金属封装壳内部是一片指甲大小的、薄薄的硅晶片，称为

CPU 核心（die）。在这片小小的硅晶片上，密布着上亿个晶体管，它们相互配合、协调工作，完成各种复杂的运算和操作。金属封装壳周围是 CPU 基板，它将 CPU 内部的信号引接到 CPU 引脚上。基板下面有许多密密麻麻的镀金引脚，它们是 CPU 与外部电路连接的通道。目前，大部分 CPU 底部中间有一些电容和电阻。无引脚 LGA（Land Grid Array，平面栅格阵列）封装的 CPU 外观如图 1-19（a）、（b）所示，CPU 内部结构如图 1-19（c）所示。

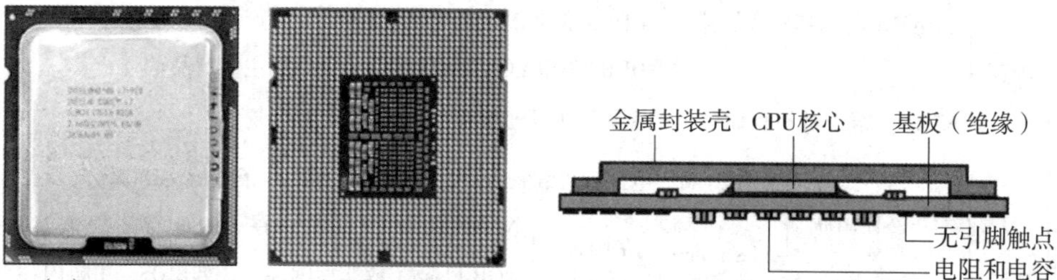

（a）CPU正面　（b）CPU背面　（c）CPU内部结构

图 1-19　Intel 公司 CPU 外观和基本结构图

2. 主板系统

主板是计算机中重要的部件，计算机的性能是否能够充分发挥，计算机的硬件功能是否足够，计算机的硬件兼容性如何等，都取决于主板的设计。主板制造质量的高低，也决定了硬件系统稳定性的高低。主板与 CPU 的关系密切，CPU 的每一次重大升级，必然导致主板的更新换代。

视频：存储器

主板一般为矩形电路板，上面安装了组成计算机的主要电路系统，一般有 CPU 芯片、BIOS 芯片、I/O 控制芯片、按键和面板控制开关接口、指示灯插接件、扩充插槽、主板及插卡的直流电源供电接插件等元件。主板的主要功能是支撑和协调主板上的各个功能部件运行工作，为它们提供信息通路和数据通道。计算机的主要电路和核心部件都集成在主板上。不同类型的 CPU，往往需要不同类型的主板与之匹配，主板主要有 ATX（标准型）、M-ATX（紧凑型）、MINI-ITX（迷你型）、E-ATX（加强型）等类型。目前的市场主流为 ATX 主板，其组成如图 1-20 所示。

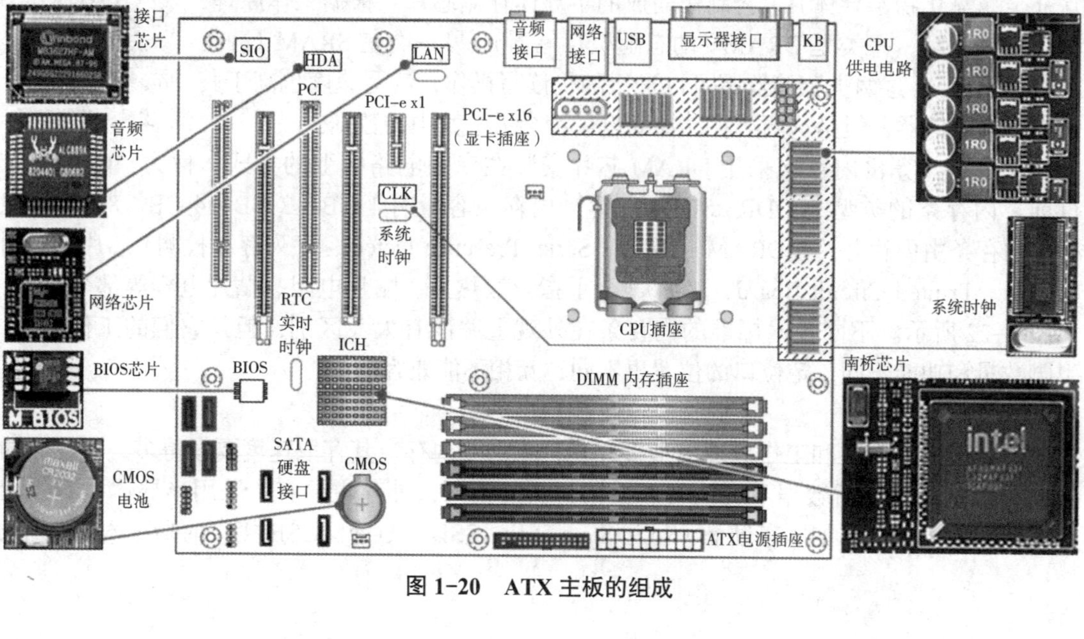

图 1-20　ATX 主板的组成

3. 存储器系统

随着计算机功能的增强，操作系统和应用软件占用的存储空间也越来越庞大，对存储器容量的需求成比例增长。不同存储器的工作原理不同，性能也不同。计算机中常用的存储器类型如图 1-21 所示。

- 存储器
  - 内存
    - DRAM（动态随机存储器）
      - DDR2 SDRAM（第2代DDR）：趋于淘汰
      - DDR3 SDRAM（第3代DDR）：常用产品
      - DDR4 SDRAM（第4代DDR）：市场主流产品
    - SRAM（静态随机存储器）：主要用于高速缓存
  - 外存
    - 半导体存储器
      - EEPROM（电擦除可编程只读存储器）：如内存条中的SPD芯片
      - Flash Memory（闪存）
        - NAND Flash（与非型闪存）：如U盘、SSD、SD卡等
        - NOR Flash（或非型闪存）：如BIOS、手机内存等
    - 磁介质存储器：HDD（硬盘），市场主流外存产品
    - 光介质存储器
      - CD-ROM（光盘）：CD-R、CD-RW、CD-RAM等（趋于淘汰）
      - DVD-ROM（光盘）：DVD-R、DVD-RW、DVD-RAM等
      - BD-ROM（蓝光光盘）：BD-R、BD-RW等

图 1-21 计算机中常用的存储器类型

计算机的存储器分为内部存储器（简称为内存或主存）和外部存储器（简称为外存或辅存）。能够直接与 CPU 进行数据交换的存储器为内存，与 CPU 间接交换数据的存储器为外存。

PDF：光盘和光盘驱动器

1）内存

内存又称为主存储器（主存），用于存放计算机进行数据处理必需的原始数据、中间结果、最后结果及指示计算机工作的程序。内存是计算机的主要技术指标之一，其容量大小和性能直接影响系统的运行情况。

内存主要采用以 CMOS（Complementary Metal Oxide Semiconductor，互补金属氧化物半导体）工艺制作而成的半导体存储芯片。根据工作原理，内存分为两类，一类是 DRAM（动态随机存储器），另一类是 SRAM（静态随机存储器）。这两类存储器都可以进行随机读写操作，读写速度也高于其他类型的存储器，但是这两类存储器断电后都会丢失其中的数据。

视频：存储容量

现在，计算机内存均采用 DRAM 芯片安装在专用电路板上的方式，称为“内存条”。目前，内存条的类型有 DDR3 SDRAM 等，内存条容量有 1 GB、2 GB、4 GB、8 GB 等规格。内存条由内存芯片（DRAM）、SPD（Serial Presence Detect，序列存在检测）芯片、印制电路板（Printed Circuit Board，PCB）、金手指、散热片、贴片电阻、贴片电容等部分组成，如图 1-22 所示。不同技术标准的内存条在外观上并没有太大区别，但是它们的工作电压、引脚数量和功能不同，定位口的位置也不同，互相不能兼容。

2）外存

外存采用的材料和工作原理更加多样化，相对于内存，其存取速度要慢得多，但存储的数据很稳定，停电后数据不会消失。根据材料的不同，外存主要有：采用半导体材料的闪存（Flash Memory），如固态硬盘（Solid State Disk，SSD）、U 盘（USB 接口的半导体存储器）、

CF（Compact Flash，小型闪存）卡等；采用磁介质材料的硬盘；采用光介质存储的 CD-ROM、DVD-ROM、BD-ROM 光盘等。

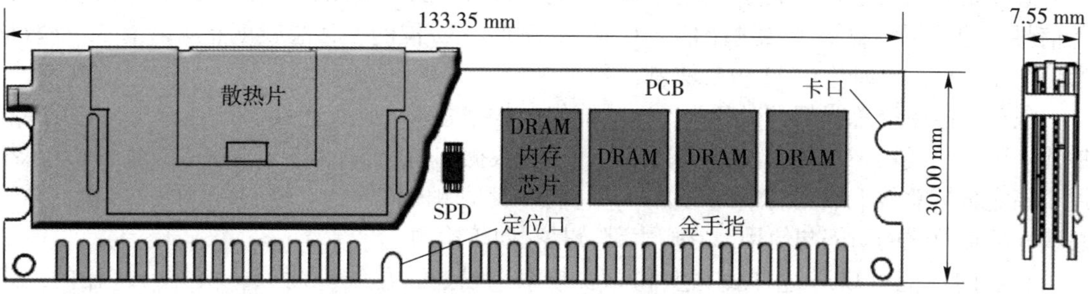

图 1-22　DDR SDRAM 内存条的组成

（1）闪存：具备 DRAM 快速存储的优点，也具备硬盘永久存储的特性。闪存可以利用现有半导体工艺生产，缺点是读写速度较 DRAM 慢，而且擦写次数也有限。U 盘又名“闪存盘”，它是一种采用闪存为存储介质，通过 USB 接口与计算机交换数据的可移动存储设备。由于 U 盘具有外观小巧、携带方便、抗震、存储容量大等优点，所以其受到计算机用户的普遍欢迎。U 盘的外观如图 1-23 所示。

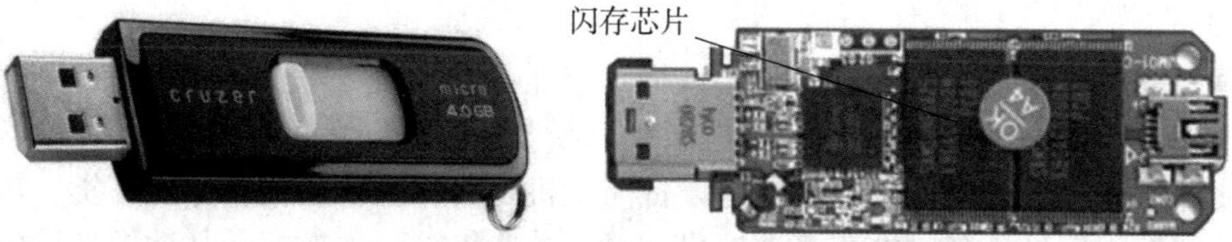

图 1-23　U 盘的外观

（2）硬盘：利用磁介质存储数据的机电式产品，具有存储容量大、数据存取方便等优点。目前，硬盘（见图 1-24）已经成为保存用户数据的重要的外部存储设备。硬盘中的盘片由铝质合金和磁性材料组成。硬盘的存储容量有 320 GB、500 GB、1 TB、2 TB 或更高。按照硬盘尺寸（磁盘直径）分类，有 3.5 in、2.5 in 等规格，1 in = 2.54 cm。硬盘的接口有串行接口（SATA）、SCSI 接口、USB 接口等。SATA 接口主要用于台式计算机，SCSI 接口主要用于早期 PC 服务器，USB 接口主要用于移动存储设备。

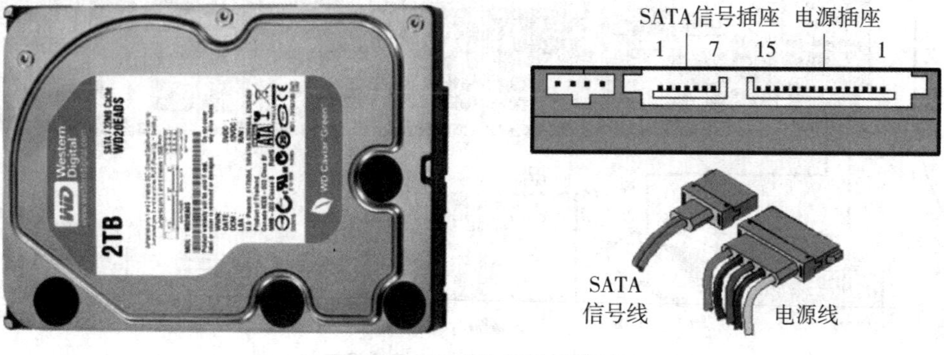

图 1-24　硬盘的外观与接口

4. 总线和接口

1）总线

总线是计算机中各种部件之间共享的一组公共数据通信线路，由多条信号线路组成，每条信号线路可以传输一个二进制信号 0 或 1。例如，32 位的 PCI 总线就意味着有 32 条数据通信线路，可以同时传输 32 位二进制信号。

任何一条系统总线都可以分为 5 个功能组：数据总线、地址总线、控制总线、电源线和地线。数据总线用来在各个设备或单元之间传输数据和指令，它们是双向传输的。地址总线用于指定数据总线上数据的来源与去向，它们一般是单向传输的。控制总线用来控制对数据总线和地址总线的访问与使用，它们大部分是双向传输的。

总线的性能可以通过总线宽度和总线频率来描述。总线宽度为一次并行传输的二进制位数。例如，32 位总线一次能传输 32 位数据，64 位总线一次能传输 64 位数据。计算机中总线的宽度有 8 位、16 位、32 位、64 位等。总线频率用来描述总线的速度，常见的总线频率有 33 MHz、66 MHz、100 MHz、133 MHz、200 MHz、400 MHz、800 MHz、1 066 MHz 等。

2）接口

接口是指计算机系统中在两个硬件设备之间起连接作用的逻辑电路。接口的功能是在各个组成部件之间进行数据交换。主机与外部设备之间的接口称为输入 / 输出接口，简称为“I/O 接口”。

计算机的外部设备多种多样，而系统总线上的数据都是二进制数据，而且外部设备与 CPU 的处理速度相差很大，所以需要在系统总线与 I/O 设备之间设置接口，以进行数据缓冲、速度匹配和数据转换等工作。外部设备与主机之间相互传输的信号有 3 类：数据信号、状态信号和控制信号。接口中有多个端口，每个端口传输一类数据。从数据传输的方式看，接口可分为串行接口（简称串口）和并行接口（简称并口）两大类。

主板上配置的接口有 SATA 串行硬盘接口和光驱接口、COM 串行接口、PS/2 键盘接口和鼠标接口、USB 接口、音箱接口 Line Out、话筒接口 MIC、RJ-45 网络接口等，如图 1-25 所示。

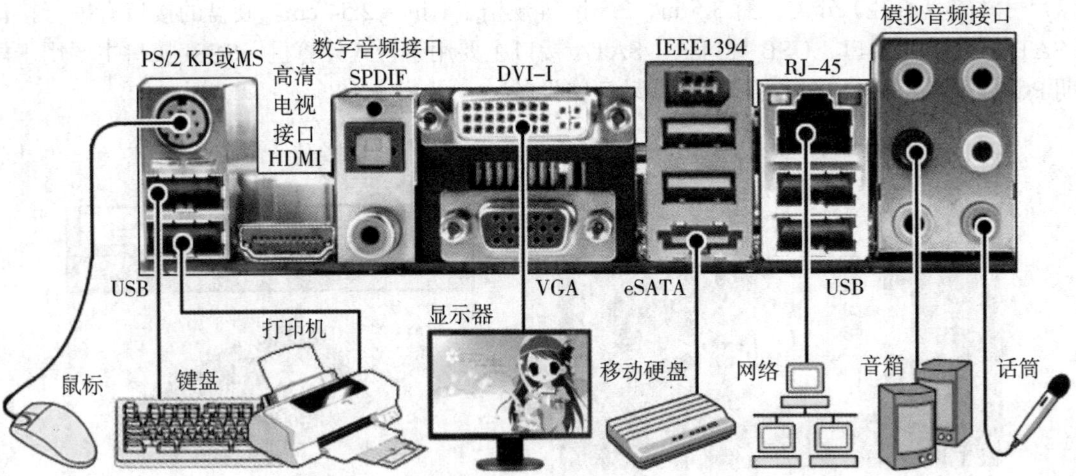

图 1-25 计算机输入 / 输出接口及连接设备

5. **输入 / 输出设备**

1）键盘

键盘是向计算机输入数据的主要设备，由按键、键盘架、编码器、键盘接口及相应控制程序等部分组成，如图 1–26 所示。计算机使用的标准键盘通常为 104 键，每个键相当于一个开关。

图 1–26　键盘及鼠标

2）鼠标

鼠标（见图 1–26）也是一个输入设备，广泛用于图形用户界面环境，一般通过 USB 接口与主机连接。鼠标的工作原理：当移动鼠标时，它把移动距离及方向的信息转换成脉冲信号送入计算机，计算机再将脉冲信号转换为鼠标指针的坐标数据，从而达到指示位置的目的。目前，常用的鼠标为光电式鼠标，上面一般有两三个按键。对鼠标的操作有移动、单击、双击、拖曳等。

视频：常用的输入输出设备

3）显示器

显示器主要用于显示输入的程序、数据或程序的运行结果等，它能以数字、字符、图形和图像等形式显示运行结果或信息的编辑状态。显示器的主要技术参数包括屏幕尺寸、点距、显示分辨率、刷新频率等。

目前计算机系统通常采用的显示器是 LCD（Liquid Crystal Display，液晶显示器），如图 1–27 所示。LCD 采用数字显示的方式，其外观尺寸较小，适合移动办公，主要用于笔记本电脑、平板电脑等。

图 1–27　LCD

1.3.2　计算机软件系统

计算机软件可以分为系统软件和应用软件。系统软件的数量相对较少，其他大部分软件都是应用软件。计算机软件也可以分为商业软件与共享软件。商业软件的功能强大，软件收费也高，售后服务较好；共享软件大部分是免费或少量收费的，一般来说不提供售后服务。

课程思政：中国软件变迁

1. **系统软件的基本类型**

系统软件是计算机软件系统中最靠近硬件的一层，其他软件一般都通过系统软件发挥作用。系统软件是用于计算机管理、监控、维护和运行的软件，通常包括操作系统、网络服务、数据库系统、语言处理程序等。

1）操作系统

操作系统是对计算机硬件资源和软件资源进行控制和管理的大型程序，它是最基本的系统软件，其他软件必须在操作系统的支持下才能运行。操作系统一般包括进程管理、作业管理、存储管理、设备管理、文件管理等功能。目前，常用的操作系统有 Windows 7/8/10/11、Linux、UNIX 等。

2）网络服务

操作系统本身提供了一些小型的网络服务功能，但对于大型的网络服务，必须由专业软件提供。网络服务程序提供大型的网络后台服务，它主要供网络服务提供商和企业网络管理人员使用。个人用户在利用网络进行工作和娱乐时，就是由网络服务程序提供服务的。例如，提供网页服务的 Web 服务软件有 IIS、Apache、Domino 等，提供文件下载功能的网络服务软件有 Server-U 等，提供邮件服务的软件有 Exchange Server、Lotus Notes/Domino、Qmail 等。

3）数据库系统

数据库系统（Database System，DBS）主要由数据库（Database，DB）和数据库管理系统（Database Management System，DBMS）组成。数据库可以简单地理解为数据仓库，它是按一定方式组织起来的相关数据的集合。数据库管理系统是对数据库进行有效管理和操作的软件，是用户与数据库之间的接口，它提供了用户管理数据库的一套命令，包括数据库的建立、修改、检索、统计、排序等功能。数据库管理系统是建立信息管理系统（如财务管理、企业管理等）的主要软件工具。常用的数据库软件有 Oracle、MS SQL、MySQL 等。

4）语言处理程序

语言处理程序将使用程序设计语言编写的源程序翻译成机器语言程序，使其被计算机识别并执行。其中，不同的程序设计语言有不同的翻译程序，这些翻译程序统称为语言处理程序。

程序设计语言一般可分为机器语言、汇编语言、高级语言。

（1）机器语言：以二进制代码表示的指令集合，是计算机唯一能直接识别和执行的语言。用机器语言编写的程序称为机器语言程序，其优点是占用内存少、执行速度快，缺点是难编写、难阅读、难修改、难移植。

（2）汇编语言：将机器语言的二进制代码指令，用便于记忆的符号形式表示出来的一种语言，所以汇编语言又被称为符号语言。采用汇编语言编写的程序称为汇编语言程序，相对于机器语言程序而言，其特点是易阅读、易修改。

机器语言和汇编语言都是面向机器的语言，一般称为低级语言。低级语言对机器的依赖性大，所编程序的通用性差，用户较难掌握。

（3）高级语言：一种比较接近于自然语言和数学表达的语言。用高级语言编写的程序便于阅读、修改及调试，而且可移植性强。高级语言已成为目前普遍使用的语言，从结构化程序设计语言到广泛使用的面向对象程序设计语言都是高级语言，高级语言有上百种之多。表 1-2 所示为 IEEE Spectrum 发布的 2023 年编程语言排行榜的前 10 种高级语言及其应用领域。

表 1-2 IEEE Spectrum 发布的 2023 年编程语言排行榜（前 10 名）

排名	编程语言	应用领域	关注度
1	Python	网络、AI、PC	100.0
2	Java	PC、手机、网络	95.4
3	C	PC、嵌入式	94.7
4	C++	PC、嵌入式	92.4
5	JavaScript	网络	88.1
6	C#	网络、PC、手机	82.4
7	R	PC、大数据	81.7
8	Go	PC、并行计算	77.7
9	HTML	网络	75.4
10	Swift	PC、苹果机	70.4

将程序设计语言翻译为机器语言的过程通常有两种方式：解释和编译。解释方式是通过相应的语言解释程序将源程序逐条翻译成机器指令，每译完一句立即执行一句，直至执行完整个程序。如 Python 语言就是采用解释方式执行的。解释方式的特点是便于查错，但效率较低。编译方式是用相应语言的编译程序将源程序翻译成目标程序，再用连接程序将目标程序与函数库等连接，最终生成可以在机器上运行的可执行程序。图 1-28 所示为解释方式和编译方式的执行过程示意图。

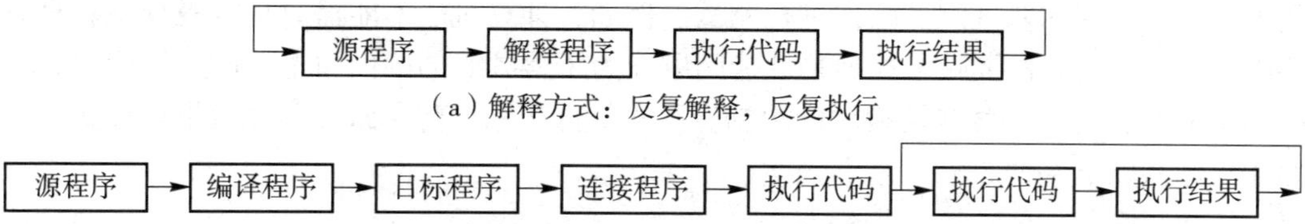

（a）解释方式：反复解释，反复执行

（b）编译方式：一次编译，反复执行

图 1-28　解释方式和编译方式的执行过程示意图

解释程序一般包含在开发软件或操作系统内，如 Internet Explorer（简称 IE）浏览器就带有 ASP（Active Server Pages，活动服务器页面）脚本语言解释功能；也有些是独立的，如 Java 虚拟机。编译程序一般附带在开发系统内，如 Visual C++ 开发系统就带有程序编译器。

2. 应用软件的基本类型

应用软件也可以分为两类。第一类是由计算机专业公司或企业人员，针对某个应用领域的具体问题而开发的程序，具有很强的实用性、专业性，但其使用范围小，导致开发成本过高，通用性不强，软件的升级和维护具有很大的依赖性。

第二类是一些由大型专业软件公司开发的通用型应用软件，这些软件的功能强大、适用性好、应用广泛，使用人员较多，便于相互交换文档，但专用性不够强，不适用于某些有特殊要求的用户。

（1）办公自动化软件：应用较为广泛的办公自动化软件有 Microsoft 公司开发的 MS Office，它由文字处理软件 Word、电子表格软件 Excel、演示文稿软件 PowerPoint 等组成。国内优秀的办公自动化软件有 WPS Office 等。

（2）多媒体应用软件：主要有图像处理软件 Photoshop、音频处理软件 Audition、视频处理软件 Premiere 等。

（3）辅助设计软件：主要有机械和建筑辅助设计软件 AutoCAD、网络拓扑设计软件 Visio、电子电路辅助设计软件 Protel 等。

（4）企业应用软件：通用的企业应用软件有用友财务管理软件、统计分析软件 SPSS 等。

（5）网络应用软件：主要有网页浏览器软件 Microsoft Edge、即时通信软件 QQ 等。

（6）安全防护软件：主要有 360 杀毒软件、360 防火墙软件等。

（7）系统工具软件：主要有文件压缩与解压缩软件 WinRAR、数据恢复软件 EasyRecovery、系统优化软件 Windows 优化大师、磁盘克隆软件 Ghost 等。

（8）娱乐休闲软件：主要有各种图片查看器、视频播放器、游戏软件等。

1.3.3　计算机的主要技术指标

计算机的主要技术指标有性能、功能、可靠性、兼容性等指标，技术指标的好坏由硬件和软件两方面的因素决定。

1. 性能指标

计算机的性能这里主要指计算机的运行速度与存储器容量。计算机的运行速度越快，在某一时间片内处理的数据就越多，计算机的性能也就越好。存储器容量也是衡量计算机性能的一个重要指标，大容量存储器的产生一方面是由于海量数据的需要，另一方面是为了保证计算机的处理速度，需要对数据进行预存放，这加大了对存储器容量的要求。计算机的性能往往可以通过专用的基准测试软件进行测试。例如，计算机能不能播放高清视频是有没有这项功能的问题，但是画面效果如何是性能问题。为了得到好的画面质量，就必须使用高频率 CPU 和大容量内存。因为高清视频的数据量巨大，低速系统将导致马赛克效果。计算机的主要性能指标有以下 4 种。

1）CPU 字长

CPU 字长是指 CPU 能够同时处理的二进制数据的位数，它直接关系到计算机的运算速度、精度和性能。CPU 字长有 8 位、16 位、32 位、64 位之分，当前主流产品的 CPU 字长为 64 位。

2）时钟频率

时钟频率指在单位时间（1 s）内发出的脉冲数，通常以兆赫兹（MHz）为单位。计算机中的时钟频率主要有 CPU 时钟频率（也叫作“ CPU 主频”）和总线时钟频率两种。如 Core i7 3.4 GHz 的 CPU，其 CPU 主频为 3.4 GHz。CPU 主频越高，计算机的运行速度越快。

3）内存容量

计算机的内存容量越大，其运行速度越快。一些操作系统和大型应用软件常对内存容量有要求，如 Windows XP 的最低内存配置为 1 GB，建议内存配置为 2 GB ；Windows 10 的最低内存配置为 2 GB，建议内存配置为 4 GB。

4）外部设备配置

计算机外部设备的性能对系统性能也有直接影响，如硬盘的配置、硬盘接口的类型与容量、显示器的分辨率、打印机的型号与速度等。

2. 功能指标

计算机的功能是指它所提供服务的类型。随着计算机的发展，3D 图形功能、多媒体功能、网络功能、无线通信功能等都已经在计算机中实现，语音识别、笔操作等功能也在不断探索解决之中，计算机的功能将越来越多。计算机硬件提供了实现这些功能的基本硬件环境，而功能的多少、实现的方法主要由软件决定。例如，网卡提供了信号传输的硬件基础，而浏览网页、收发邮件、下载文件等功能则由软件实现。对于计算机的所有功能，用户都可以通过软件或硬件的方法进行测试。

3. 可靠性指标

可靠性是指计算机在规定的工作环境下和恶劣的工作环境下稳定运行的能力。例如，计算机经常性死机或重新启动，都说明计算机的可靠性不好。可靠性是一个很难测试的指标，往往只能通过产品的工艺质量、产品的材料质量和厂商的市场信誉来衡量。在某些情况下，产品的可靠性也可以通过极限测试的方法进行检测。例如，不同厂商的主板，由于采用同一芯片组，它们的性能相差不大，但是由于不同的工艺流程、电子元件材料及质量管理方法，产品的可靠性将有很大差异。为了提高主板的可靠性，有些厂商采用了 8 层印制电路板、蛇形布线、大量贴片电容、高质量的接插件、高温老化工艺等措施。

4. 兼容性指标

软件兼容性指软件运行在某一个操作系统下时，可以正常运行而不发生错误。我们大致可以将“兼容”理解为产品符合某一技术规范的特定要求，两个不同厂商的产品如果能够在同一环境下应用，通常说它们是兼容的。例如，某一 DOS 软件可以运行在 Windows XP 下时，我们说 Windows XP 与 DOS 软件兼容。硬件兼容性指不同硬件在同一操作系统下运行性能的好坏。例如，A 声卡在 Windows 10 中工作正常，B 声卡在 Windows 10 中可能不发声，我们便说 B 声卡的兼容性不好。硬件产品的兼容性不好，一般可以通过驱动程序或补丁程序解决；软件产品不兼容，一般通过软件修正包或产品升级解决。

1.4　数据在计算机中的表示

信息是丰富多彩的，有数字、文字、声音、图形、图像、视频等，但是计算机本质上只能处理二进制的 0 和 1，因此，必须将各种信息转换成计算机能够接收和处理的二进制数据。这种转换往往由外部设备和计算机自动进行。进入计算机中的各种数据都要转换成二进制数存储，计算机才能对数据进行运算和处理。同样，从计算机中输出的数据也要进行逆向转换。各类数据在计算机中的转换过程如图 1-29 所示。

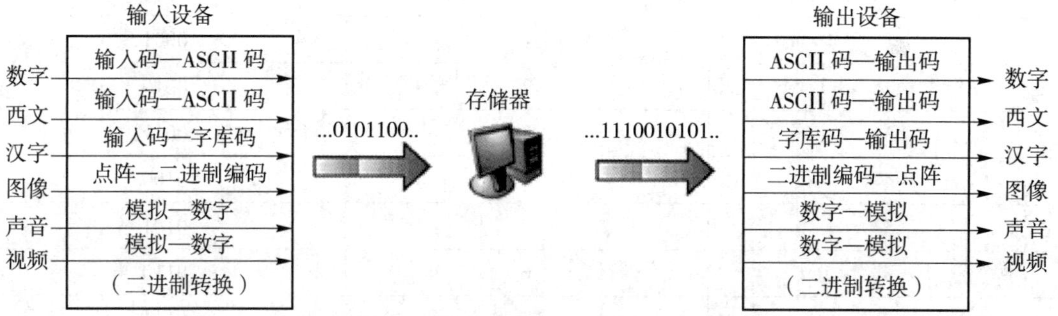

图 1-29　各类数据在计算机中的转换过程

1.4.1　常用数制的表示方法

1. 十进制数

人有 10 个手指，十进制数自然成为人类最早使用的数制。十进制数的运算规则是“逢 10 进 1，借 1 当 10”，需要用到的数字符号（也称数码）有 10 个，分别是 0、1、2、3、4、5、6、7、8、9。

十进制中各数码的权为 10 的整数次幂，个位的权为 1（10^0），十位的权为 10（10^1），百位的权为 100（10^2）……例如，十进制数 23 可以表示为 $2\times10^1 + 3\times10^0$。

为了便于区分，十进制数用下标 10 或在数字尾部加 D 表示，如 $[23]_{10}$ 或 23D。

2. 二进制数

如果计算机硬件电路使用十进制数设计，则会导致计算机的设计和制造非常复杂，因此，在计算机内部采用二进制数进行存储、传输和计算。用户输入的各种信息，由计算机软件和硬件自动转换为二进制数，在数据处理完成后，再由计算机自动转换为用户熟悉的十进制数或其他信息。

基于同样的原理，二进制数只有两种状态，基本数码为 0 和 1。二进制数的运算规则是“逢 2 进 1，借 1 当 2”，各数码的权为 2 的整数次幂，分别为 2^0、2^1、2^2 等。例如，二进制数 10111 可以表示为 $1\times2^4+0\times2^3+1\times2^2+1\times2^1+1\times2^0$。

为了便于区分，二进制数用下标 2 或在数字尾部加 B 表示，如 $[10111]_2$ 或 10111B。

3. 十六进制数

当用二进制表示一个大数时，位数太多，计算机专业人员辨认困难，因此，经常采用十六进制数来表示二进制数。十六进制的数码有 0、1、2、3、4、5、6、7、8、9、A、B、C、D、E、F，其运算规则是“逢 16 进 1，借 1 当 16”。计算机内部并不采用十六进制数进行运算，引入十六进制数的原因是计算机专业人员可以很方便地将十六进制数转换为二进制数。

为了便于区分，十六进制数用下标 16 或在数字尾部加 H 表示，如 $[18]_{16}$ 或 18H。

常用数制之间的对应关系如表 1-3 所示。

表 1-3 常用数制之间的对应关系

十进制数	十六进制数	二进制数
0	0	0000
1	1	0001
2	2	0010
3	3	0011
4	4	0100
5	5	0101
6	6	0110
7	7	0111
8	8	1000
9	9	1001
10	A	1010
11	B	1011
12	C	1100
13	D	1101
14	E	1110
15	F	1111

4. 任意进制数

任何一种进制都能用有限的几个基本数码表示出所有的数，我们称进制的数码个数为基数，如十进制的基数为 10，二进制的基数为 2；位于不同数位上的数码有不同的位权，简称权。对于任意的 R 进制数，其基本数码为 R 个，任意进制的数可以用式（1–1）表示：

$$[A_n \cdots A_1 A_0 A_{-1} \cdots A_{-m}]_R = A_n R^n + \cdots + A_1 R^1 + A_0 R^0 + A_{-1} R^{-1} + A_{-2} R^{-2} + \cdots + A_{-m} R^{-m} \quad (1\text{–}1)$$

其中，A 为任意进制的数码；R 为基数；n、m 分别为整数和小数的位数，整数为 $n+1$ 位，小数为 m 位。

【例 1–1】 十进制数 42.71 可以表示为 $4\times10^1+2\times10^0+7\times10^{-1}+1\times10^{-2}$。
【例 1–2】 二进制数 1101.11 可以表示为 $1\times2^3+1\times2^2+0\times2^1+1\times2^0+1\times2^{-1}+1\times2^{-2}$。
【例 1–3】 十六进制数 4D.25 可以表示为 $4\times16^1+13\times16^0+2\times16^{-1}+5\times16^{-2}$。

1.4.2 常用数制之间的转换

视频：进制转换

1. 二进制数转换成十进制数

当二进制数转换成十进制数时，可以采用按权相加的方法，这种方法是按照十进制数的运算规则，将二进制数各位的数码乘以对应的权再累加起来。

【例 1–4】 将 $[1101.101]_2$ 转换成十进制数。

$$[1101.101]_2 = [2^3+2^2+2^0+2^{-1}+2^{-3}]_{10} = [8+4+1+0.5+0.125]_{10} = [13.625]_{10}$$

在二进制数到十进制数的转换过程中，要频繁地计算 2 的整数次幂。表 1–4 给出了 2 的整数次幂和十进制数值的对应关系。

表 1–4　2 的整数次幂与十进制数值的对应关系

2^n	2^8	2^7	2^6	2^5	2^4	2^3	2^2	2^1	2^0	2^{-1}	2^{-2}	2^{-3}
十进制数值	256	128	64	32	16	8	4	2	1	0.5	0.25	0.125

2. 十进制数转换成二进制数

当十进制数转换为二进制数时，整数部分与小数部分必须分开转换。对于整数部分，采用除 2 取余法，就是将已知十进制数的整数部分反复除以 2，若相除之后余数为 1，则对应二进制数的相应位为 1，若余数为 0，则相应位为 0。第一次相除得到的余数是二进制数的低位（K_0 所在位），最后一次相除得到的余数是二进制数的高位（K_n 所在位）。从低位到高位逐次进行，直到商小于 2。最后一次相除所得的余数为 K_n，则 $K_n K_{n-1} K_{n-2} \cdots K_1 K_0$ 为所求二进制数的整数部分。

对于小数部分，采用乘 2 取整法，就是将已知的十进制纯小数反复乘以 2，每次乘 2 之后，若所得数的整数部分为 1，则相应位为 1，若整数部分为 0，则相应位为 0。从高位向低位逐次进行，直到满足精度要求或乘 2 后的小数部分为 0。最后一次乘 2 所得的整数部分为 K_{-m}。转换后，所得的纯二进制小数为 $0.K_{-1}K_{-2}\cdots K_{-m}$。

【例 1-5】 将［18.812 5］$_{10}$转换成二进制数。

将十进制数 18.812 5 转换为二进制数时，运算过程如图 1-30 所示，运算结果为［18.812 5］$_{10}$ =［10010.1101］$_2$。

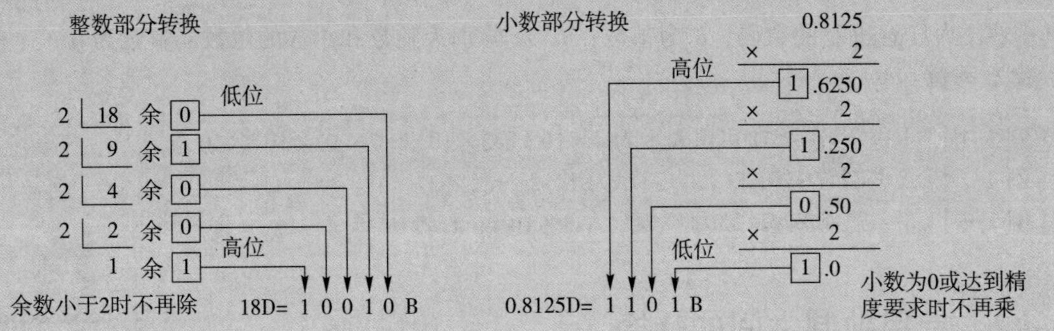

图 1-30 十进制数转换为二进制数的运算过程

3. 二进制数转换成十六进制数

对于二进制整数，只要自右向左将每 4 位二进制数分为一组，不足 4 位时，在左面添 0 补足 4 位，每组对应一位十六进制数；对于二进制小数，只要自左向右将每 4 位二进制数分为一组，不足 4 位时，在右面添 0 补足 4 位，然后每组对应一位十六进制数，即可得到十六进制数。

【例 1-6】 将［111101.010111］$_2$转换成十六进制数。

［111101.010111］$_2$ =［0011 1101.0101 1100］$_2$ =［3D.5C］$_{16}$。

4. 十六进制数转换成二进制数

将十六进制数转换成二进制数非常简单，只要以小数点为界，向左或向右每一位十六进制数用相应的 4 位二进制数表示，然后将其连在一起即可完成转换。

【例 1-7】 将［4B.61］$_{16}$转换成二进制数。

［4B.61］$_{16}$ =［0100 1011.0110 0001］$_2$ =［1001011.01100001］$_2$。

1.4.3 反码、补码和移位运算

1. 原码在运算中存在的问题

用原码表示二进制数简单易懂，易于与真值进行转换。但二进制数的原码进行加减运算时存在问题：一是在原码中，规定最高位是符号位，0 表示正数，1 表示负数，［00000000］$_2$ =［+0］$_2$，［10000000］$_2$ =［−0］$_2$，0 有两种形式，产生了二义性问题；二是两个带符号的二进制数的原码进行运算时，在某些情况下，符号位会对运算结果产生影响，导致运算出错。

【例 1-8】［01000010］$_2$ +［01000001］$_2$ =［10000011］$_2$，这是由进位导致的符号位错误。

【例 1-9】［00000010］$_2$ +［10000001］$_2$ =［10000011］$_2$，这是由符号位相加导致的错误。

2. 反码编码方法

正数的反码与原码相同，负数的反码是对该数的原码除符号位外各位取反。

【例 1-10】 二进制数的字长为 8 位时，$[+5]_{10}=[00000101]_{原}=[00000101]_{反}$。

【例 1-11】 二进制数的字长为 8 位时，$[-5]_{10}=[10000101]_{原}=[11111010]_{反}$。

3. 补码运算的概念

两个数相加时，计算结果的有效位（不包含进位）为 0 时，称这两个数互补。例如，10 以内的互补数有 1 和 9，2 和 8，3 和 7，4 和 6，5 和 5；100 以内的互补数有 1 和 99，2 和 98，……，50 和 50 等。

十进制数中，正数 x 的补码为正数本身 $[x]_{补}$，负数的补码为 $[y]_{补}=[模-|y|]_{补}$。例如，+4 的补码为 +4，−1 的补码为 +9（$10-|1|=9$）。

模是指计量系统的计数范围，如时钟的计量范围是 0～12，即模为 12。十进制数中，1 位数的模为 10，2 位数的模为 100，其余以此类推。模运算具有以下特征：任何有关模的运算，均可将减法转换为加法运算。模为 10 的十进制数的模运算示意图如图 1-31 所示。

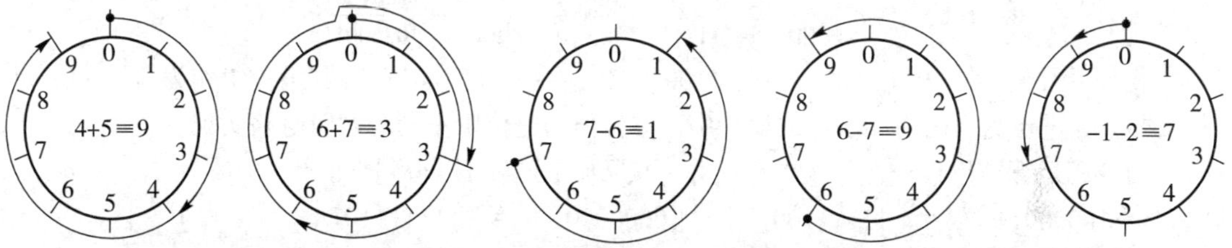

图 1-31　模为 10 的十进制数的模运算示意图（顺时针方向为“+”，逆时针方向为“−”）

4. 补码编码方法

二进制数中，正数的补码等于原码，负数的补码等于正数的原码“取反加 1”，即按位取反，末位加 1。负数的最高位（符号位）为 1，不管是原码、反码还是补码，符号位都不变。

【例 1-12】 分别求 $[10]_{10}$ 和 $[-10]_{10}$ 的二进制原码。

$[10]_{10}$ 的二进制原码为 $[10]_{10}=[00001010]_{原}$（最高位 0 表示正数）。

$[-10]_{10}$ 的二进制原码为 $[-10]_{10}=[10001010]_{原}$（最高位 1 表示负数）。

【例 1-13】 分别求 $[10]_{10}$ 和 $[-10]_{10}$ 的二进制反码。

$[10]_{10}$ 的二进制反码为 $[10]_{10}=[00001010]_{反}$（最高位 0 表示正数）。

$[-10]_{10}$ 的二进制反码为 $=[11110101]_{反}$（最高位 1 表示负数）。

【例 1-14】 分别求 $[10]_{10}$ 和 $[-10]_{10}$ 的二进制补码。

$[10]_{10}$ 的二进制补码为 $[10]_{10}=[00001010]_{补}$（最高位 0 表示正数）。

$[-10]_{10}$ 的二进制补码为 $[-10]_{10}=[11110110]_{补}$（最高位 1 表示负数）。

5. 补码运算的规则

补码运算的基本思想：把正数和负数都转换为补码形式，使减法变成加一个负数的形式，从而使加减法运算转换为单纯的加法运算。补码运算在逻辑电路设计中容易实现。当补码运算结果不超出表示范围（不溢出）时，可得出以下重要结论。

用补码表示的两数进行加法运算时，其结果仍为补码。补码的符号位可以与数值位一同参与运算。运算结果如有进位，则判断是不是“溢出”，如果不是“溢出”，就将进位舍去不要。对正数和负数，补码都具有以下性质。

$$[A]_{补}+[B]_{补}=[A+B]_{补} \tag{1-2}$$

$$[[A]_{补}]_{补}=[A]_{原} \tag{1-3}$$

其中，A、B 为正整数、负整数、0 均可。

【例 1-15】 $A=[-70]_{10}$，$B=[-55]_{10}$，求 A 与 B 相加之和。

先将 A 和 B 转换为二进制数的补码，然后进行补码加法运算，最后将运算结果（补码）转换为原码即可。原码、反码、补码在转换中，要注意符号位不变的原则。

$$[-70]_{10}=[11000110]_{原}=[10111001]_{反}+[00000001]_{2}=[10111010]_{补}$$

$$[-55]_{10}=[10110111]_{原}=[11001000]_{反}+[00000001]_{2}=[11001001]_{补}$$

```
                                        10111010
                                  +     11001001
                               ------------------
没有溢出时，进位1自然丢失→        [1]   10000011
```

相加后补码为 $[10111010]_{补}+[11001001]_{补}=[10000011]_{补}$，进位 1 作为模丢失。为什么要丢弃进位呢？因为加法器的设计中，本位值与进位由不同的逻辑电路实现。

由补码运算结果再进行一次求补运算（取反加 1）就可以得到真值：

$$[10000011]_{补}=[11111100]_{反}+[00000001]_{2}=[11111101]_{原}=[-125]_{10}$$

通过以上案例可以看到，进行补码加法运算时，不用考虑数值的符号。减法可以通过补码加法运算实现。若运算结果不产生溢出，且最高位（符号位）为 0，则表示结果为正数；若最高位为 1，则表示结果为负数。

6. 补码运算的特征

所有复杂计算（如线性方程组、矩阵、微积分等）都可以转换为四则运算，四则运算理论上都可以转换为补码加法运算。实际设计中，CPU 为了提高计算效率，乘法和除法采用了移位运算和加法运算。CPU 内部只有加法器，没有减法器，所有减法运算都采用补码加法运算进行。程序编译时，编译器将数值进行了补码处理，并保存在计算机的存储器中。补码运算完成后，计算机将运算结果转换为原码或十进制数据输出。CPU 对补码完全不知情，它只按照编译器给出的机器指令进行运算，并对某些溢出标志位进行设置。

7. 乘法运算

1）二进制数的移位操作

移位操作是二进制数乘除法的基本操作之一。移位操作分为逻辑移位和算术移位。

逻辑移位时，数码位置变化，数值不变。左移时低位补 0，右移时高位补 0。

算术移位时，数码位置变化，数值变化，符号位不变。左移 1 位相当于带符号数乘以 2；右移 1 位相当于带符号数除以 2。

例如，如果对 8 位二进制数 $[00001100]_{2}=[12]_{10}$ 进行算术移位操作，左移 1 位后，二进制数变为 $[00011000]_{2}=[24]_{10}$，可见左移 1 位相当于带符号数乘以 2；如果对 8 位二进制数 $[00001100]_2=[12]_{10}$ 进行算术移位操作，右移 1 位后，二进制数变为 $[00000110]_2=[6]_{10}$，可见，右移 1 位相当于带符号数除以 2。

以上只是简单地说明移位操作的方法与功能，还有许多复杂的问题需要解决，如进位问题、溢出问题、符号问题等。

2）乘法运算的基本思想

定点数的原码乘法运算规则是：乘积的符号位等于乘数与被乘数的符号位进行异或运算，乘积的值等于两数绝对值之积，即乘数与被乘数的绝对值进行移位后再相加。乘法运算的步骤如下。

（1）检测操作数是不是 0，若有一个操作数为 0，则积置为 0。

（2）取两数的绝对值参加运算，积的符号位为两数的符号位的异或值。

（3）用移位操作和加法运算实现乘法运算，即将 n 位数的乘法运算转换为 n 次累加运算与 n 次移位操作。当 8 位数乘 8 位数时，需要作 8 次移位操作和 8 次加法运算。值得注意的是，乘法运算在移位时，手工计算采用相加数逐次左移 1 位；机器计算大多采用部分积逐次右移 1 位。

乘法运算需要用多个寄存器保存中间运算结果，其具体实现过程远比以上描述复杂，需要考虑的问题非常多。

8．除法运算

除法运算采用原码比较方便，其运算规则是：商的符号位与原码乘法的处理方法相同，由两数的符号位进行异或运算；然后两数的绝对值部分相除。

定点数的原码除法运算有恢复余数法和加减交替法两种方法，在计算机中常用加减交替法，因为它的操作步骤少，而且不复杂。定点数的原码除法运算的基本步骤如下。

（1）检测操作数是不是 0，若有一个操作数为 0，则商为 0。

（2）取两数的绝对值参加运算，商的符号位为两数的符号位的异或值。

（3）用移位操作和加减运算实现除法运算。值得注意的是，除法运算在移位时，手工计算采用除数逐次右移 1 位；机器计算大多采用余数逐次左移 1 位。

除法运算需要用多个寄存器保存中间运算结果。实现除法的逻辑电路与实现乘法的逻辑电路极其相似。

1.4.4　字符数据的表示

视频：ASCII 编码

1．英文字符的 ASCII 编码

计算机除了用于数值计算外，还要处理大量的非数值数据，其中文本字符数据占有很大比重。字符数据包括西文字符（字母、数字和各种符号）和汉字字符，它们也需进行二进制编码后，才能存储在计算机中并进行处理。每个字符对应唯一的一个二进制数，这个二进制数称为“字符编码”。对于西文字符与汉字字符，由于形式的不同，使用的编码方式也不同。

在计算机发展过程中，出现了多种字符编码，美国信息交换标准码（American Standard Code for Information Interchange，ASCII）是目前使用最为广泛的字符编码。1967 年，这一编码被国际标准化组织（International Standard Organization，ISO）确定为国际标准字符编码。ASCII 编码表（可显示字符部分）如表 1-5 所示。

表 1-5 ASCII 编码表（可显示字符部分）

字符	ASCII 编码			字符	ASCII 编码			字符	ASCII 编码		
	二进制	十进制	十六进制		二进制	十进制	十六进制		二进制	十进制	十六进制
回车	0001101	13	0D	?	0111111	63	3F	a	1100001	97	61
Esc	0011011	27	1B	@	1000000	64	40	b	1100010	98	62
空格	0100000	32	20	A	1000001	65	41	c	1100011	99	63
!	0100001	33	21	B	1000010	66	42	d	1100100	100	64
″	0100010	34	22	C	1000011	67	43	e	1100101	101	65
#	0100011	35	23	D	1000100	68	44	f	1100110	102	66
$	0100100	36	24	E	1000101	69	45	g	1100111	103	67
%	0100101	37	25	F	1000110	70	46	h	1101000	104	68
&	0100110	38	26	G	1000111	71	47	i	1101001	105	69
′	0100111	39	27	H	1001000	72	48	j	1101010	106	6A
(	0101000	40	28	I	1001001	73	49	k	1101011	107	6B
)	0101001	41	29	J	1001010	74	4A	l	1101100	108	6C
*	0101010	42	2A	K	1001011	75	4B	m	1101101	109	6D
＋	0101011	43	2B	L	1001100	76	4C	n	1101110	110	6E
,	0101100	44	2C	M	1001101	77	4D	o	1101111	111	6F
—	0101101	45	2D	N	1001110	78	4E	p	1110000	112	70
.	0101110	46	2E	O	1001111	79	4F	q	1110001	113	71
/	0101111	47	2F	P	1010000	80	50	r	1110010	114	72
0	0110000	48	30	Q	1010001	81	51	s	1110011	115	73
1	0110001	49	31	R	1010010	82	52	t	1110100	116	74
2	0110010	50	32	S	1010011	83	53	u	1110101	117	75
3	0110011	51	33	T	1010100	84	54	v	1110110	118	76
4	0110100	52	34	U	1010101	85	55	w	1110111	119	77
5	0110101	53	35	V	1010110	86	56	x	1111000	120	78
6	0110110	54	36	W	1010111	87	57	y	1111001	121	79
7	0110111	55	37	X	1011000	88	58	z	1111010	122	7A
8	0111000	56	38	Y	1011001	89	59	{	1111011	123	7B
9	0111001	57	39	Z	1011010	90	5A	|	1111100	124	7C
:	0111010	58	3A	[	1011011	91	5B	}	1111101	125	7D
;	0111011	59	3B	\	1011100	92	5C	~	1111110	126	7E
＜	0111100	60	3C	]	1011101	93	5D				
＝	0111101	61	3D	^	1011110	94	5E				
＞	0111110	62	3E	_	1011111	95	5F				

ASCII 编码使用 7 位二进制数对一个字符进行编码，可以表示 $2^7=128$ 个字符的编码。由于计算机中存储器的基本单位是字节，因此，以 1 字节来存放一个字符的 ASCII 编码，每个字节的最高位为 0。

【例 1-16】 求 Hello. 的 ASCII 编码。

Hello. 的 ASCII 编码为 01001000 01100101 01101100 01101100 01101111 00101110。

【例 1-17】 利用 ASCII 标准对字符 book 进行编码。

查 ASCII 编码表可知，book 的 ASCII 编码为 01100010 01101111 01101111 01101011。

【例 1-18】 利用 ASCII 标准对字符 BOOK 进行编码。

查 ASCII 编码表可知，BOOK 的 ASCII 编码为 01000010 01001111 01001111 01001011。

【例 1-19】 利用 ASCII 标准对字符 1 + 2 进行编码。

查 ASCII 编码表可知，字符 1 + 2 的 ASCII 编码为 00110001 00101011 00110010。

ASCII 编码定义了 33 个无法显示的控制码，它们主要用于打印或显示时的格式控制，对外部设备的操作控制，进行信息分隔，在数据通信时进行传输控制等。

2. 中文字符的编码

英文为拼音文字，所有的字均由 52 个英文大小写字母组合而成，加上数字及其他标点符号，常用的字符仅 95 个，因此 7 位二进制编码已经够用了。汉字数量庞大、构造复杂，这给计算机处理带来了困难。汉字是象形文字，每个汉字字符都有自己的形状，所以每个汉字在计算机中都需要唯一的一个二进制编码。

课程思政："当代毕昇"王选

1981 年，我国颁布了《信息交换用汉字编码字符集 · 基本集》(GB/T 2312—1980)，又称"国标码"。GB/T 2312—1980 编码标准规定：一个汉字用 2 字节表示，每个字节只使用低 7 位，最高位为 0。例如，"大"字的国标码为 00110100 01110011。

GB/T 2312—1980 共收录了 6 763 个简体汉字和 682 个符号，其中一级汉字有 3 755 个，是以拼音排序的，二级汉字有 3 008 个，是以偏旁排序的。GB/T 2312—1980 编码表（局部）如表 1-6 所示。

表 1-6 GB/T 2312—1980 编码表（局部）

第 1 字节编码	区	第 2 字节编码							
		0100001	0100010	0100011	0100100	0100101	0100110	0100111	0101000
		01	02	03	04	05	06	07	08
0110000	16	啊	阿	埃	挨	哎	唉	哀	皑
0110001	17	薄	雹	保	堡	饱	宝	抱	报
0110010	18	病	并	玻	菠	播	拨	钵	波
0110011	19	场	尝	常	长	偿	肠	厂	敞
0110100	20	础	储	矗	搐	触	处	揣	川
0110101	21	怠	耽	担	丹	单	郸	掸	胆

由于国标码每个字节的最高位也为 0，与国际通用的 ASCII 编码无法区分，因此在计算机内部，汉字编码全部采用机内码表示。机内码就是将国标码两个字节的最高位设定为 1，这样解决了国标码与 ASCII 编码的冲突，保持了中英文的良好兼容性，如“大”字的机内码为 10110100 11110011。

除此之外，为了利用计算机系统中现有的西文键盘来输入汉字，还要对每个汉字编一个西文键盘输入码（简称“输入码”），主要的输入码有拼音码、字形码、区位码等。

1.4.5 多媒体数据的表示

在计算机中，数值数据和字符数据都是转换成二进制数据来存储和处理的。同样，声音、图形、图像、视频等多媒体数据也要转换成二进制数据后才能在计算机中存储和处理，但多媒体数据的表示方式是完全不同的。在计算机中，声音往往用波形文件、MIDI 音乐文件或压缩音频文件的方式表示；图像的表示主要有位图编码和矢量编码两种方式；视频由一系列帧组成，每个帧实际上是一幅静态图像，需要连续播放才会变成动画（一般每秒要连续显示 30 帧左右）。多媒体数据的表示、存储和处理方法，我们将在第 8 章多媒体技术中介绍。

习 题 1

1. 现代计算机的发展经历了哪些阶段？
2. 第 4 代计算机主要采用什么元件？
3. 计算机大致可以分为哪些类型？
4. 冯·诺依曼体系结构的计算机模型包括哪些组成部分？
5. 一条指令通常由哪些部分组成？
6. 简要说明计算机指令的执行过程。
7. 简要说明计算机系统的结构。
8. 计算机硬件的主要技术指标有哪些？
9. 将二进制数 1101.1 转换成十进制数。
10. 将十进制数 25 转换为二进制数。

第 2 章

计算机操作系统

在信息化时代，普通用户对操作系统是既熟悉又陌生的，虽然他们经常使用Windows、Android、iOS 等操作系统，但往往只关注那些运行在各个操作系统之上的应用软件。操作系统是一个十分复杂的系统，在某种意义上，它可能是计算机中最复杂且最重要的一个软件系统，其中不同的操作系统有不同的特色。本章主要介绍操作系统的类型、基本操作、结构、基本功能以及几种常用的操作系统。

2.1 操作系统概述

操作系统（Operating System，OS）是配置在计算机硬件上的第一层软件，是对硬件系统的首次扩充。操作系统在计算机系统中占据了特别重要的地位，其他系统软件和应用软件都依赖于操作系统的支持。操作系统已成为现代计算机必备的系统软件。

2.1.1 操作系统的定义、作用与基本特征

1. 操作系统的定义

操作系统是控制计算机硬件和软件资源的一组系统程序。它能有效地组织和管理计算机中的硬件和软件资源，合理地组织计算机工作流程，控制程序的执行，并向用户提供各种服务，使用户能够灵活、方便、有效地使用计算机，并使整个计算机系统能高效地运行。简单地说，操作系统就是操作计算机的系统软件。

操作系统的功能不是无限的，实际上计算机的很多功能是由应用软件来实现的。操作系统主要负责控制和管理计算机，使它正常工作，众多应用软件才能充分发挥计算机的作用。应用软件都是为特定的操作系统而设计的。操作系统与计算机软件和硬件的层次关系如图 2-1 所示。

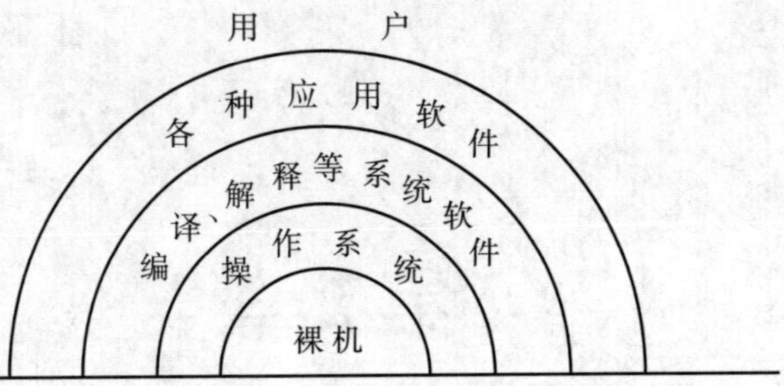

图 2-1 操作系统与计算机软件和硬件的层次关系

2. 操作系统的作用

操作系统是直接运行在“裸机”上的基本系统软件，任何其他软件都必须在操作系统的支持下才能运行。从用户角度看，操作系统具有以下作用。

1）方便用户使用

在操作系统出现之前，只有计算机专业人员才懂得怎样使用计算机。操作系统出现后，不管用户是不是计算机专业人员，只要经过简单的培训，都能很容易地掌握计算机的使用方法。有了操作系统后，人们不需要直接对计算机硬件设备“发号施令”，只需要把要做的事情“告诉”操作系统，操作系统再把任务安排给计算机去做，等计算机做完工作之后，操作系统再将结果“告诉”人们，这样就省事多了。无论对用户还是对开发者而言，操作系统都极大地简化了计算机的使用。操作系统从用户角度提供了交互能力，从开发者角度提供了底层设备的统一接口、公共程序库等。

2）隔离硬件设备

操作系统为所有应用程序提供一个运行环境，并将应用程序与具体硬件设备隔离。操作系统是用户和计算机之间的接口，同时也是计算机硬件和其他应用软件的接口。操作系统就像计算机的大管家，管理着计算机的各种资源，如 CPU、内存、磁盘等。应用程序想使用这些资源，都必须经过操作系统同意，并且由操作系统统一安排运行时间，应用程序用完这些资源后，必须将资源交还给操作系统，以便其他应用程序使用。计算机在操作系统的管理下，以尽可能高的效率有条不紊地工作。

3）提高运行效率

对于操作系统而言，CPU、内存、外存、I/O 设备等都是资源，操作系统要考虑如何最大限度地利用计算机的所有资源。

4）增强扩展能力

在不妨碍系统运行的前提下，操作系统为计算机应用和开发提供扩展能力：支持程序的新功能（如支持最新版 OpenGL 图形库，提升游戏程序的用户体验）；支持增加新设备（如触摸屏、智能感应器等）、支持新服务（如智能手机与 PC 的近场通信等）。

3. 操作系统的基本特征

1）并发性

并发性是指两个或多个事件在同一时间内发生。在多核 CPU 运行环境下，并发性是指在一段时间内有多道程序同时在多个 CPU 中运行。在单核 CPU 运行环境下，程序被分成多个不同的线程，轮流在 CPU 中运行，由于每个线程的运行时间极短（纳秒级），所以宏观上（用户角度）这些程序是并行运行的，但是实际上每个时刻仅能执行一个线程，因此微观上这些程序是交替执行的。

2）共享性

共享性是指系统中的资源可供内存中多个并发执行的进程共同使用。由于资源的属性不同，所以多个进程对资源的共享方式也不同。互斥共享方式适用于具有独享属性的设备资源（如打印机、显示器等），它们只能以互斥方式使用；同时访问方式适用于具有共享属性的设备资源（如内存、磁盘等），它们允许在一段时间内由多个进程同时使用。

3）虚拟性

虚拟性是指将一个物理实体变成若干个逻辑上的对应物。通过虚拟技术可以实现虚拟处理器、虚拟存储器、虚拟设备等。虚拟性是操作系统对硬件的一种抽象。

4）不确定性

在多道程序运行环境下，由于系统的共享资源有限（如只有有限的内存），通常进程的执行并非“一气呵成”，而是以“走走停停”的方式运行。因此，进程何时执行，何时暂停，以怎样的方式向前推进，每个进程总共需要多长时间才能完成，都是不确定的。尽管如此，但只要运行环境相同，进程经过多次运行都会获得预期的结果。

2.1.2　操作系统的类型

根据操作系统的功能，操作系统可分为批处理操作系统、分时操作系统、实时操作系统、网络操作系统、嵌入式操作系统等。

1．批处理操作系统

批处理操作系统的主要特点是：用户脱机使用计算机，操作方便；成批处理，提高了 CPU 的利用率。它的缺点是无交互性，即用户一旦将程序提交给系统，就失去了对程序的控制能力。例如，VAX/VMS 是一种多用户、实时、分时和批处理的多道程序操作系统。目前这种早期的操作系统已经被淘汰。

2．分时操作系统

分时操作系统是指多个程序共享 CPU 的工作方式。操作系统将 CPU 的工作时间划分成若干个时间片。操作系统以时间片为单位，轮流为每个程序服务。为了使 CPU 为多个程序服务，CPU 采用循环方式将这些时间片分配给等待处理的每个程序。由于时间片很短（大约几十纳秒），执行得很快，所以每个程序都能很快得到 CPU 的响应，好像每个程序都在独享 CPU。分时操作系统的主要特点是允许多个用户同时在一台计算机中运行多个程序，每个程序都独立操作、独立运行、互不干涉。现代通用操作系统都采用了分时处理技术，如 Windows、Mac OS X、Linux 等都是分时操作系统，如图 2-2 所示。

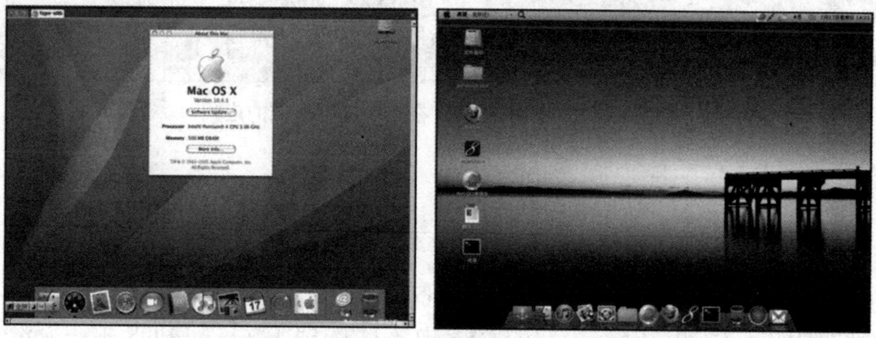

图 2-2　Mac OS X 操作系统和 Linux 操作系统的桌面

3. 实时操作系统

在操作系统理论中，实时性通常是指特定操作所消耗时间（及空间）的上限是可预知的。例如，某个操作系统提供实时内存分配操作，也就是说，一个内存分配操作所用时间（及空间）无论如何不会超出操作系统所承诺的上限。实时操作系统主要用于工业控制、军事控制、语音通信、股市行情等领域。常用的实时操作系统有 VxWorks、RTOS 等，Linux 经过一定剪裁（定制）后，可以改造成实时操作系统。

4. 网络操作系统

网络操作系统的主要功能是为各种网络后台服务软件提供支持平台。网络操作系统主要运行的软件包括：网站服务软件，如 Web 服务器、DNS 服务器等；网络数据库软件，如 Oracle、SQL Server 等；网络通信软件，如聊天服务器、邮件服务器等；网络安全软件，如网络防火墙、数字签名服务器等。常见的网络操作系统有 Linux、FreeBSD、Windows Server 等。

5. 嵌入式操作系统

1）常用的嵌入式操作系统

嵌入式操作系统（Embedded Operation System，EOS）主要负责嵌入式系统的全部软件和硬件资源的分配、任务调度、控制、协调等活动，可分为通用型 EOS 和专用型 EOS。通用型 EOS 有嵌入式 Linux、VxWorks（用于航空航天、军事、工业自动化等领域）、Android（用于智能手机等领域）等。常见的专用型 EOS 有 μC/OS-Ⅲ（应用广泛的 EOS）、FreeRTOS（开源、轻量级实时 EOS）、Contiki（开源、可移植、TCP/IP 网络、多任务，低能耗无线通信，运行只需要几千字节的内存）、TinyOS（开源、基于元件、低能耗，主要用于无线传感器网络等）、QNX（微内核 EOS，用于车载信息娱乐系统等）、RS-RTOS（用于实时性强的工业控制、汽车电子设备等）、RT-Linux（用于航天飞机空间数据采集、科学仪器测控、电影特技等）、μCLinux（用于路由器、机顶盒等）、Mbed OS（ARM 公司针对物联网低功耗设备开发的操作系统）、RTEMS（美国导弹与火箭控制实时系统）等。嵌入式操作系统在工业控制领域的应用如图 2-3 所示。

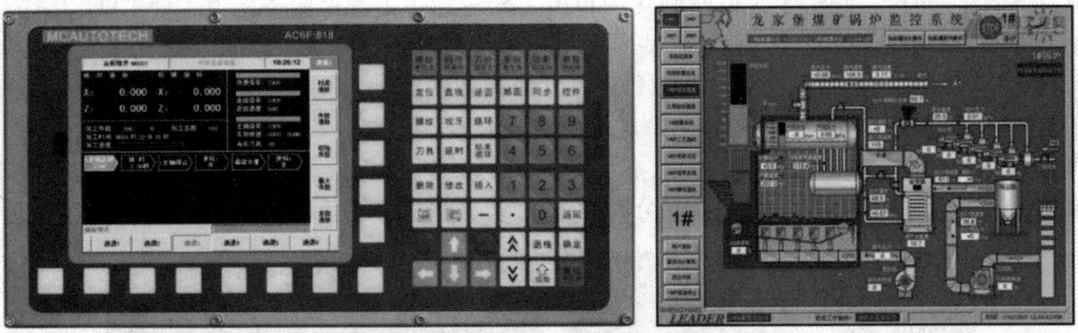

图 2-3　嵌入式操作系统在工业控制领域的应用

2）嵌入式操作系统的特征

目前，EOS 除了具备操作系统基本的功能，如任务调度、同步机制、中断处理、文件功能等，还具有以下特点。

（1）系统精简：EOS 一般用于小型电子设备，系统资源相对有限，所以系统内核比其他操作系统要小得多。例如，Enea 公司的 OSE 内核只有 5 KB 左右。EOS 中一般没有系统软件和应用软件的明显区分，要求功能设计及实现上不要过于复杂，这样既利于控制成本，也利于实现系统安全。

（2）专用性强：EOS 与硬件的结合非常紧密，一般要针对硬件进行系统移植，即使在同一品牌、同一系列的产品中，也需要根据硬件的变化对系统进行修改。因此，EOS 需要根据不同设备对系统功能模块进行剪裁和增加，这需要具有可伸缩性的体系结构。

（3）实时性强：EOS 需要对各种设备进行实时控制，因此系统软件和应用软件一般固化在 ROM 中，以提高运行速度。EOS 和应用软件很少使用辅助存储器。

（4）网络功能强大：支持 TCP/IP（Transmission Control Protocol / Internet Protocol，传输控制协议 / 互联网协议），为移动计算设备预留接口。

（5）稳定性强、交互性弱：系统一旦开始运行就不需要用户过多干预，用户接口一般不提供操作命令，而是通过用户程序提供服务。

2.1.3　人机界面的发展

人机界面是指用户与机器之间相互交流和影响的区域。在计算机使用中，人机界面包括对数据和信息的输入和输出方法，以及用户对机器的操作和控制。以用户为中心的计算机操作方式更接近于人类自然交流形式，是未来人机界面的总体特征。

1. 控制台人机界面

20 世纪 50 年代，汇编语言和高级语言的问世，改善了计算机的人机界面。如图 2–4 所示，早期程序员为了在计算机上运行一个程序，必须准备好一大堆穿孔纸带或穿孔卡片，这些穿孔纸带上记录了程序和数据。程序员将这些穿孔纸带装入输入设备中，拨动控制台开关，计算机将程序和数据读入内存。接着，程序员在控制台启动汇编或编译程序，将源程序翻译成目标代码。如果程序不出现语法错误，程序员就可以通过控制台按键，设定程序执行的起始地址，并启动程序。程序执行期间，程序员要观察控制台上的各种指示灯，以监视程序的运行情况。如果发现错误，则可以通过指示灯检查存储器中的内容，并且在控制台上进行程序调试和排错。如果程序运行正常，而且计算机也没有发生故障，则计算结果将通过电传打字机打印出来。

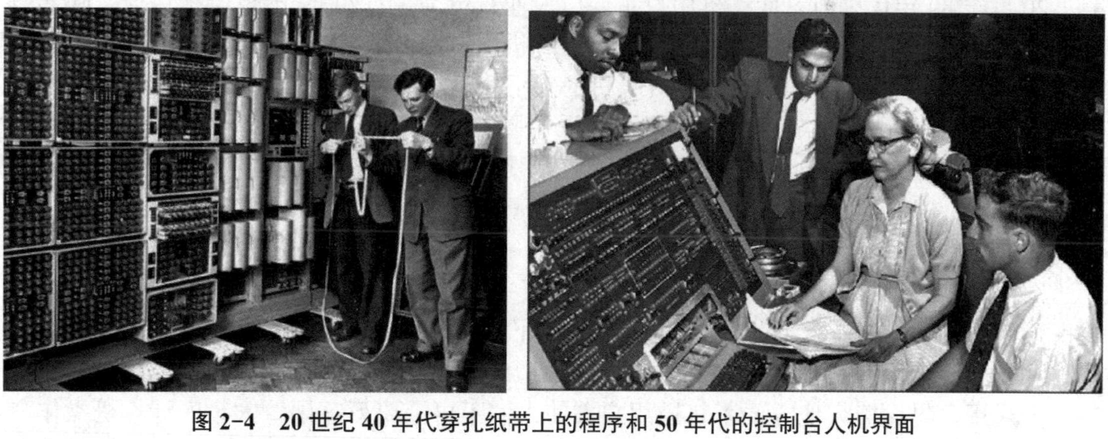

图 2–4　20 世纪 40 年代穿孔纸带上的程序和 50 年代的控制台人机界面

2. 命令行人机界面

1964 年，IBM System/360 计算机采用键盘作为标准控制设备；20 世纪 60 年代，CRT

(阴极射线管)显示器也开始作为数据和信息的输出设备。20世纪70年代，随着计算机的流行，键盘和显示器逐渐成了标准的计算机操作设备。键盘和显示器的应用大大改善了计算机的人机界面，命令行人机界面（简称命令行界面，Command-line Interface）应运而生，控制台人机界面逐渐被淘汰。

命令行界面通常不支持鼠标操作，用户通过键盘输入指令，计算机接收到指令后予以执行。命令行界面需要用户记忆操作计算机的命令，但是，命令行界面节约了计算机系统的硬件资源。在熟记操作命令的前提下，命令行界面的操作速度快。因此，在嵌入式计算机系统中，命令行界面用得较多。在图形用户界面系统中，通常保留了可选的命令行界面，如Windows系统的“命令提示符”窗口、Linux系统的Shell界面等。命令行界面如图2-5所示。

```
feng@feng-HP-540:~$ df
文件系统           1K-块        已用       可用  已用% 挂载点
/dev/sda1        28835836   5594928  21776128  21% /
none               503044       264    502780   1% /dev
none               508644      3732    504912   1% /dev/shm
none               508644        88    508556   1% /var/run
none               508644         0    508644   0% /var/lock
/dev/sda3        31463300  11516292  19947008  37% /media/Media
feng@feng-HP-540:~$ df -h
文件系统              容量  已用  可用 已用%% 挂载点
/dev/sda1              28G  5.4G   21G  21% /
none                  492M  264K  491M   1% /dev
none                  497M  3.7M  494M   1% /dev/shm
none                  497M   88K  497M   1% /var/run
none                  497M     0  497M   0% /var/lock
/dev/sda3              31G   11G   20G  37% /media/Media
feng@feng-HP-540:~$ ^C
```

图2-5　命令行界面

在命令行界面和程序设计语言中，经常用到“控制台”(console)一词，它通常是指在计算机屏幕上看到的字符操作界面。通常所说的控制台命令，就是通过命令行界面输入的可以操作计算机系统的命令，如dir命令就是Windows系统的一条控制台命令。

3. 图形用户人机界面

20世纪80年代以前，计算机用户主要以专业人员为主；20世纪80年代以后，随着微型计算机广泛进入人们的工作和生活领域，计算机用户发生了巨大的改变，非专业人员成了计算机用户的主体，这一重大转变使计算机的易用性问题变得日益突出。

1975年，施乐公司Alto计算机第一次采用图形用户人机界面（简称图形用户界面）；1984年，苹果公司Macintosh微机开始采用图形用户界面；1986年，X-Window System窗口系统发布；1992年，Microsoft公司发布Windows 3.1。如图2-6所示，目前计算机基本都支持图形用户界面。

图形用户界面（Graphical User Interface, GUI）是指采用图形方式操作计算机的用户界面。在图形用户界面中，鼠标和显示器是主要的操作设备。图形用户界面主要由桌面、窗口、对话框、图标、菜单、按钮等元素组成，用户可利用鼠标进行单击、双击、拖曳等操作。

图形用户界面极大地方便了普通用户，使人们不再需要死记硬背大量的计算机操作命令；而且图形操作对普通用户来说在视觉上更易于接受，在操作上更简单易学，极大地提高了用户的工作效率。但是，图形用户界面的信息量大大多于命令行界面，因此需要消耗更多的计算机资源。

图 2-6　Windows 和 Android 图形用户界面

4. 触摸屏用户界面

近年来，触摸屏用户界面广泛流行，如图 2-7 所示。触摸屏是一个安装在 LCD 表面的定位操作设备。触摸屏由触摸检测部件和控制器组成，触摸检测部件安装在 LCD 屏幕表面，用于检测用户触摸位置，并且将检测到的信号发送到触摸屏控制器。触摸屏控制器的主要作用是从触摸检测装置上接收触摸信号，并将它转换成触点坐标。

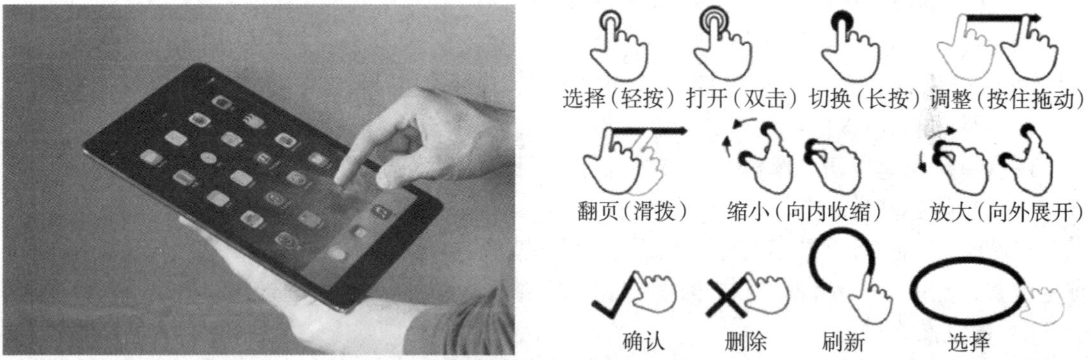

图 2-7　触摸屏用户界面和操作方式

触摸屏操作不需要鼠标和物理键盘（支持图形虚拟键盘），操作时只需用手指或其他物体触摸，操作系统就能根据触摸的图标或菜单的位置来确定用户选择的输入信息。触摸屏的流行，使用户界面的操作方式也发生了很大变化。

计算机科学家正在努力使计算机能听、能说、能看、能感觉。语音和手势操作也许将成为主要人机界面。虚拟现实将实现以用户为中心的人机交互方式。计算机将为用户提供光、声、力、嗅、味等全方位、多角度的真实感觉。虚拟屏幕和非接触式操作等新技术，将彻底改变人们使用计算机的方式，也将对计算机应用的广度和深度产生深远的影响。

2.1.4　操作系统的基本操作

课程思政：中国操作系统变迁史

1. 鼠标的操作方法

Windows 系统的绝大部分操作是基于鼠标设计的，因此使用鼠标是 Windows 系统最简便的操作方式。常见的鼠标有左、右两个按键和一个滚轮。鼠标的操作及鼠标指针的形状如图 2-8 所示。

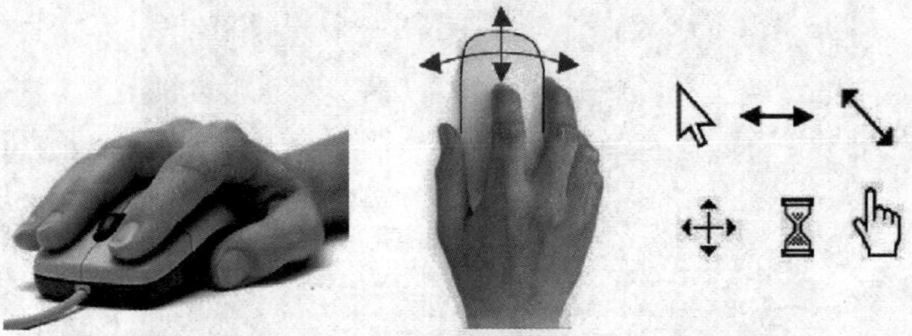

（a）单击鼠标　　（b）移动鼠标　　（c）鼠标指针的形状

图 2-8　鼠标的操作及鼠标指针的形状

1）握鼠标的基本姿势

手握鼠标不要太紧，就像把手放在自己膝盖上一样，使鼠标的后半部分恰好在掌下，食指和中指分别轻放在鼠标、左右按键上，拇指和无名指轻轻夹住鼠标两侧。

2）用鼠标移动鼠标指针

在鼠标垫上移动鼠标时，显示器上的鼠标指针也在移动，鼠标指针移动的距离取决于鼠标移动的距离，这样就可以通过鼠标来控制显示器上鼠标指针的位置。

3）鼠标的单击操作

用食指快速地按一下鼠标左键，马上松开，即单击。还有一种单击是用中指单击鼠标右键（通常称为右击）。右击后，通常出现一个快捷菜单，快捷菜单是较方便的鼠标操作方式之一。

4）鼠标的双击操作

用食指快速地按两下鼠标左键，然后马上松开，即双击。

5）鼠标的拖曳操作

先移动鼠标指针到选定对象，按下鼠标左键，不要松开，通过移动鼠标将选定对象移到预定位置，然后松开左键，这样就可以将一个对象由一处拖曳到另一处。

2. 键盘操作

键盘操作有 3 种形式：输入操作、键盘快捷操作和命令操作。输入操作是用户通过键盘向计算机输入文字、数据等信息；键盘快捷操作是利用键盘的功能键或快捷键，对系统进行操作；命令操作是在操作系统的“命令提示符”窗口下，向计算机发出一些操作命令，让计算机执行指定的操作。Windows 系统中常用的键盘快捷键如表 2-1 所示。

表 2-1　Windows 系统中常用的键盘快捷键

快捷键	功能说明	快捷键	功能说明
Alt + F4	关闭当前窗口	Ctrl + A	选中所有对象
Win + R	打开“运行”对话框	Ctrl + X	剪切选中的对象
Win + D	显示桌面	Ctrl + C	复制选中的对象
Win + I	打开设置界面（原“控制面板”窗口）	Ctrl + V	粘贴对象
Win + S	打开文件搜索界面	Ctrl + Z	撤销操作
Win + E	打开文件管理器	Ctrl + Home	回到文件或窗口的顶部
PrintScreen	拷屏，复制屏幕图像到剪贴板	Ctrl + End	回到文件或窗口的底部

3. 桌面和图标

桌面是计算机登录 Windows 系统之后看到的主屏幕区域，如图 2–6 所示。桌面主要由图标、任务栏和桌面背景等部分组成。

1）桌面图标及使用

如图 2–9 所示，图标由图像标志和文字组成，它是文件、文件夹、应用程序等项目的软件标识。文字描述图标所代表的对象，这些对象代表一个文件、文件夹、应用程序或命令等。

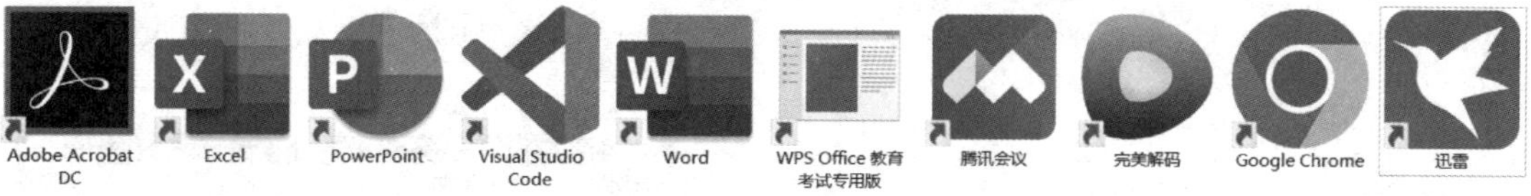

图 2–9　桌面图标示例

图标有助于用户快速执行命令和打开程序文件。双击图标，可以启动对应的应用程序或打开对应的文件、文件夹等。右击图标，可以打开相应对象的快捷菜单。

2）在桌面上添加快捷方式图标

快捷方式图标是一个与某个项目链接的图标，而不是项目本身。双击快捷方式图标，可以打开该项目。若删除快捷方式图标，则只会删除这个快捷方式图标，而不会删除原始项目。可以通过图标上的箭头来识别快捷方式图标，如图 2–9 所示。

对于一些常用的应用程序或文件，可将它们的快捷方式图标添加到桌面上，方法是：找到要创建快捷方式图标的项目（应用程序或文件等）；右击该项目，打开快捷菜单，选择“发送到”→“桌面快捷方式”命令（见图 2–10），该快捷方式图标就会出现在桌面上。

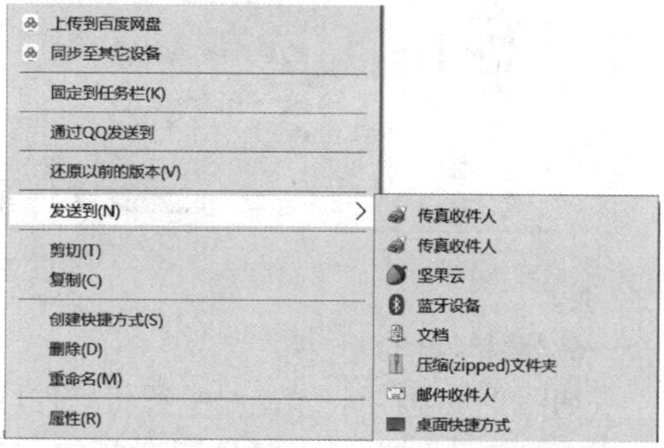

图 2–10　利用快捷菜单添加快捷方式图标

4. 窗口操作

Windows 操作系统的人机界面由多个窗口组成。每当打开应用程序、文件或文件夹时，都会在屏幕显示一个窗口，如图 2–11 所示，对一个窗口可以执行最小化、最大化、关闭、移动、改变大小等操作。

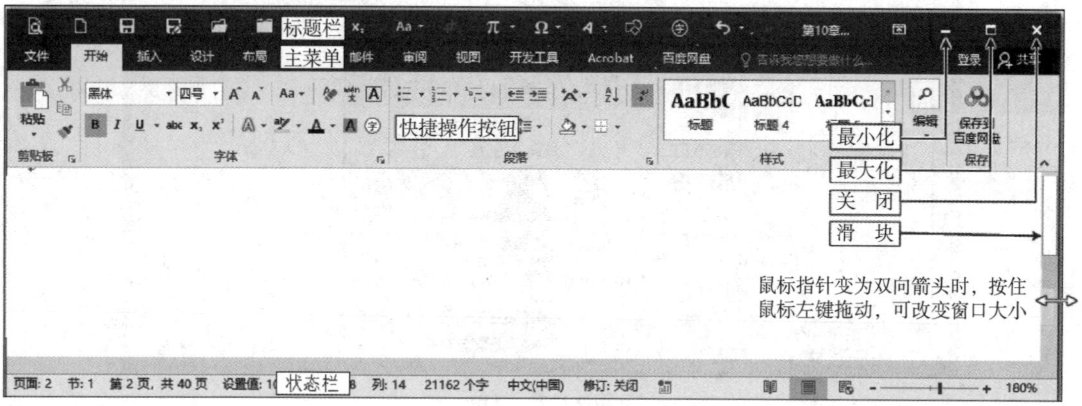

图 2–11　窗口

5. 对话框操作

如图 2-12 所示，对话框是特殊类型的窗口，它是 Windows 系统和用户进行信息交流的一个界面。系统用对话框向用户提问，用户可以通过回答问题或选择选项来完成对话，或者提供系统需要的信息。当应用程序或操作系统需要与用户交互时，经常会出现对话框。与常规窗口不同，多数对话框无法最大化、最小化或调整大小，但它们可以移动。

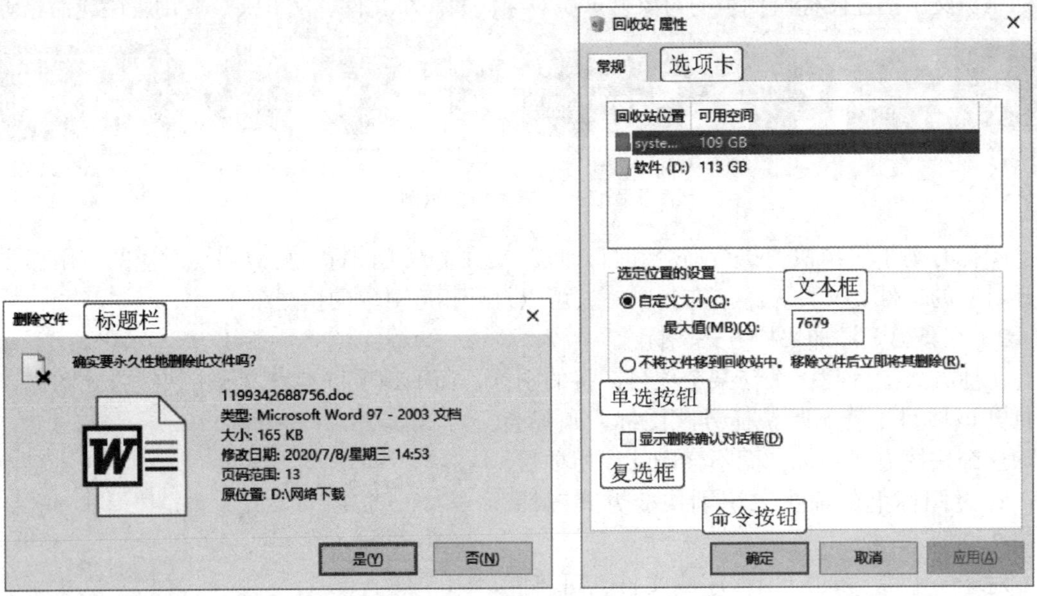

图 2-12　对话框

6. 菜单操作

如图 2-13 所示，菜单是一种将软件可执行命令以阶层方式显示的操作界面。菜单一般位于窗口的最上方，应用程序能使用的所有命令几乎全部都能放入菜单中。菜单的重要程度一般从左到右逐渐降低。菜单的层次根据应用程序的不同而异，一般文件操作、编辑功能放在最左边，然后往右有各种设置操作，最右边往往是“帮助”菜单。

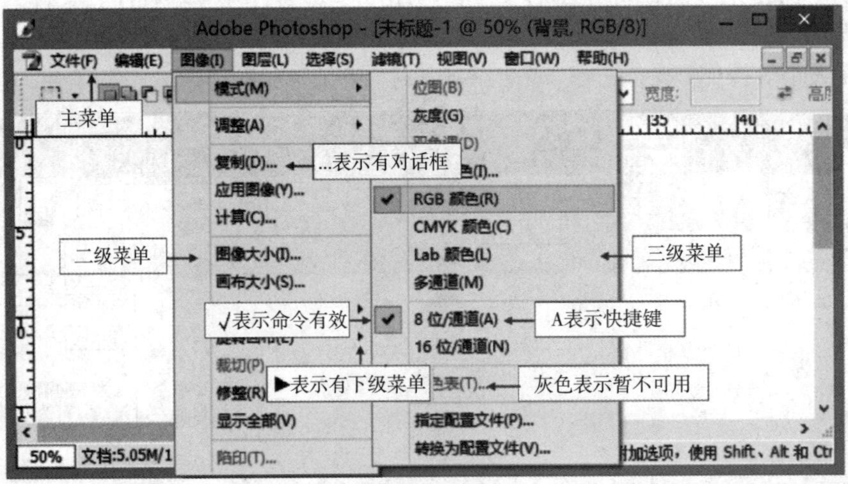

图 2-13　菜单

7. Windows 系统的启动和退出

开机后，操作系统可以自行启动，也可以从 U 盘或网络启动操作系统。

关闭 Windows 系统的方法是：在桌面左下方的“开始”按钮处右击，在弹出的快捷菜单中选择“关机或注销”命令，其子菜单中有多个选项（注销、睡眠、关机、重启）可供选择。“注销”一般用于切换用户，它的功能是保存当前用户的桌面设置并重新进入新用户的桌面，作用与重新启动差不多，但是不需要切断电源。“睡眠”表示关闭显示器和键盘，进入低能耗状态，按下键盘任意键或单击鼠标时，系统将退出睡眠状态；“关机”也称为软件关机，这时软件全部停止运行，但是计算机内部的电源部件仍然有部分电路工作，因此关机后鼠标的发光二极管仍然有光亮，这时机器的功耗为 3 ～ 5 W；“重启”的意义是重新启动计算机。另外，在显示桌面的状态下按 Alt ＋ F4 快捷键，调出“关机”菜单界面，单击“确定”按钮也可关机。

8. 应用程序的启动

在 Windows 系统中启动应用程序有以下几种方法。

（1）如果应用程序在桌面上有快捷方式图标，直接双击该图标即可。

（2）单击“开始”按钮，在弹出的菜单中单击应用程序名称即可。

（3）不是所有的应用程序都位于“开始”菜单中或桌面上。可以使用“Windows 资源管理器”浏览驱动器和文件夹，找到应用程序的 EXE 文件，然后双击运行或打开应用程序。

2.2　常用操作系统的结构

2.2.1　操作系统的组成

操作系统理论上由内核、驱动程序、接口库、外围 4 部分组成，但并不是所有操作系统都严格包括这些部分。例如，早期 Windows 系统中，各部分的耦合度很高，难以区分彼此；而在部分嵌入式操作系统中则没有驱动程序的概念。

1. 内核

操作系统往往将一些与硬件紧密相关的模块、运行频率较高的模块及一些公用的基本操作模块安排在靠近硬件的层次中，并使它们常驻内存，通常将这部分称为操作系统的内核 (kernel)。内核是计算机的一段核心程序，它向外部提供了对计算机设备的核心管理功能。内核有很多基本功能，如 CPU 管理、存储器管理、文件系统、网络通信、中断处理等。内核部分通常运行在最高特权级，操作系统启动时，首先会启动内核。

2. 驱动程序

驱动程序是直接控制和监视各类硬件设备的底层程序，其功能是隐藏硬件的具体细节，并向其他部分提供一个抽象的、通用的接口。

3. 接口库

接口库是一系列特殊的子程序，其功能是把系统提供的基本服务，包装成应用程序能够使用的应用程序接口（Application Program Interface，API)，它是最靠近应用程序的部分。例如，GNU C 运行库就是把各种操作系统的内部编程接口包装成 ANSI C 和 POSIX 编程接口的形式。

4. 外围

外围是指操作系统中除以上三类以外的所有其他部分，通常是用于提供特定高级服务的部件。例如，微内核中的大部分系统服务及 Linux 系统中各种守护进程都属于外围。

2.2.2 Windows 微机操作系统

尽管 Windows 系统的运行稳定性不理想，但它仍是当今优秀的操作系统之一。目前使用的 Windows 系统属于 NT 系列，它的基本结构如图 2-14 所示。在硬件层次结构之上，有一个由微内核直接接触的硬件抽象层（hardware-abstraction layer），不同的驱动程序以模块的形式挂载在内核上运行。微内核具有输入 / 输出管理、文件系统、网络系统、信息安全机制与虚拟内存管理等功能。系统服务层提供统一规格的函数调用库，用于所有子系统的实现。在系统服务层之上的子系统，全部工作在用户模式，避免用户程序对系统的破坏行为。

<table>
<tr><td rowspan="3">用户模式</td><td rowspan="2">OS/2 应用程序</td><td>Win32 应用程序</td><td>DOS程序</td><td>Win16 应用程序</td><td rowspan="2">POSIX 应用程序</td></tr>
<tr><td>其他DLL库</td><td>DOS系统</td><td>Windows 3.1 模拟系统</td></tr>
<tr><td>OS/2 子系统</td><td colspan="3">Win32 子系统</td><td>POSIX.1 子系统</td></tr>
<tr><td rowspan="3">内核模式</td><td colspan="5">系统服务层</td></tr>
<tr><td>输入/输出管理、文件系统、网络系统</td><td colspan="3">对象管理系统、安全管理系统、进程管理、对象间通信管理、进程间通信管理、虚拟内存管理、中断管理等（微内核）</td><td>图形接口子系统
窗口管理子系统</td></tr>
<tr><td>驱动程序</td><td colspan="3">硬件抽象层</td><td>图形驱动</td></tr>
<tr><td colspan="6">硬件（CPU、内存、外存、I/O设备等）</td></tr>
</table>

图 2-14　Windows 操作系统的基本结构

1. 硬件抽象层

硬件抽象层是一个独立的动态连接库（Dynamic Link Library，DLL），系统通过硬件抽象层可以隔离不同硬件设备的差异，使系统上层模块无须考虑下层硬件之间的差异性。上层模块不能直接访问硬件设备，需通过硬件抽象层来访问。由于硬件设备并不一致，所以操作系统有多个硬件抽象层。例如，有些计算机的 CPU 为 Intel 产品，而有些为 AMD 产品；有的 CPU 为 2 核，有的为 4 核，这些差异会造成硬件的不一致。为了解决这个问题，Windows 安装程序附带多个硬件抽象层，系统安装时会自动识别 CPU 是 AMD 还是 Intel 产品，然后自动选择一个合适的硬件抽象层进行安装。

2. 系统内核

操作系统内部的部分称为内核，操作系统的内核包含一些完成计算机安装所要求的基本功能的软件组件。Windows 系统内核文件为 ntoskrnl.exe，安装在 C:\Windows\System32 目录下。在 Windows 10 下，系统内核文件的大小为 10 MB 左右。

3. OS/2、POSIX 子系统

Windows 系统最初设计时考虑到了兼容各种系统的应用程序，并支持 3 个环境子系统：

OS/2、POSIX 和 Windows（或称为 Win32）子系统。其中，Win32 子系统是最重要的，若没有它，则 Windows 系统无法工作，其他两个子系统则按用户需要进行配置。OS/2 和 POSIX（IEEE 定义的可移植操作系统接口）是为了兼容而保留的子系统，由于在实际中极少应用，到 Windows XP 以后，就只有 Win32 子系统随 Windows 系统一起发行了。

4. Win32 子系统

Win32 子系统中既有用户模式部分，也有内核模式部分。内核模式部分的核心是 win32k.sys，虽然它的形式是一个驱动程序，但实际上它并不处理 I/O 请求，相反，它向用户提供了大量的系统服务。从功能上讲，它包含两部分：窗口管理和图形设备接口（Graphics Device Interface，GDI）。其中，窗口管理部分负责收集和分发消息，以及控制窗口显示和管理屏幕输出；图形设备接口部分包含各种形状绘制以及文本输出功能。

5. 动态连接库

用户模式部分包括 Win32 子系统进程（csrss.exe）以及一组动态连接库。csrss.exe 主要负责控制台窗口的功能，以及创建或删除进程和线程等。动态连接库被直接连接到应用程序进程中，包括 kernel32.dll、user32.dll、gdi32.dll 和 advapi.dll 等。

6. 图形设备接口

图形引擎也在 Win32 子系统中提供，它有两方面的特点：一方面，它提供了一套与设备无关的图形设备接口，这使应用程序可以适应各种底层显示设备的差异；另一方面，应用程序与图形设备驱动程序之间的通信足够高效，从而即使在频繁输出和刷新图形元素的情况下，Windows 系统也能为用户提供良好的视觉效果。

win32k.sys 的图形引擎实现了基于标准格式位图的图形绘制功能。显示驱动程序既可以使用自己管理的图形表面，也可以直接使用图形引擎管理的图形表面。另外，显示驱动程序可以有选择地截取图形设备接口的图形绘制操作，也可以将图形绘制操作转交给图形引擎。因此，显示驱动程序在实现功能方面有很大的灵活性。

Windows 的图形系统除了支持图形设备接口，还提供了对 DirectX 的显示支持，允许游戏、多媒体播放器等应用程序绕过图形设备接口的图形引擎，直接操纵显示器硬件，从而获得更快的显示速度，并且避免了屏幕图像的抖动。

2.2.3　Linux 网络操作系统

计算机网络中的服务器、路由器、交换机、防火墙等设备，它们大部分采用 Linux 系统。

1. 类 UNIX 系统的发展

20 世纪 60 年代中期，国际上开始研制一些大型的通用操作系统。这些操作系统试图达到功能齐全，可适应各种应用范围和操作方式的目标。但是，这些操作系统过于复杂和庞大，研制这些操作系统不仅付出了巨大的研发代价，而且在解决可靠性、可维护性等方面遇到了很大困难。

1969 年，AT&T 公司下属的贝尔实验室开发了 UNIX 操作系统。UNIX 是一个通用的多用户分时交互式操作系统，它具有一个精干的内核，其功能足以与当时许多大型操作系统相媲美。在内核层以外，UNIX 支持庞大的软件系统。由于它的早期版本完全免费，而且可以轻易获得并随意修改，所以它很快得到了广泛的应用和不断完善。UNIX 对现代操作系统的设计和应用有着重大影响。UNIX 的设计原则是“简洁至上，提供机制而非策略”。

如图 2-15 所示，UNIX 包含部分商业操作系统（如 UNIX Ware、mac OS、AIX、HP-UX、Solaris 等），以及众多的开源操作系统（如 BSD、Linux、Android 等）。由于 UNIX 是注册商标，所以人们将其他从 UNIX 发展而来的操作系统称为类 UNIX 系统。

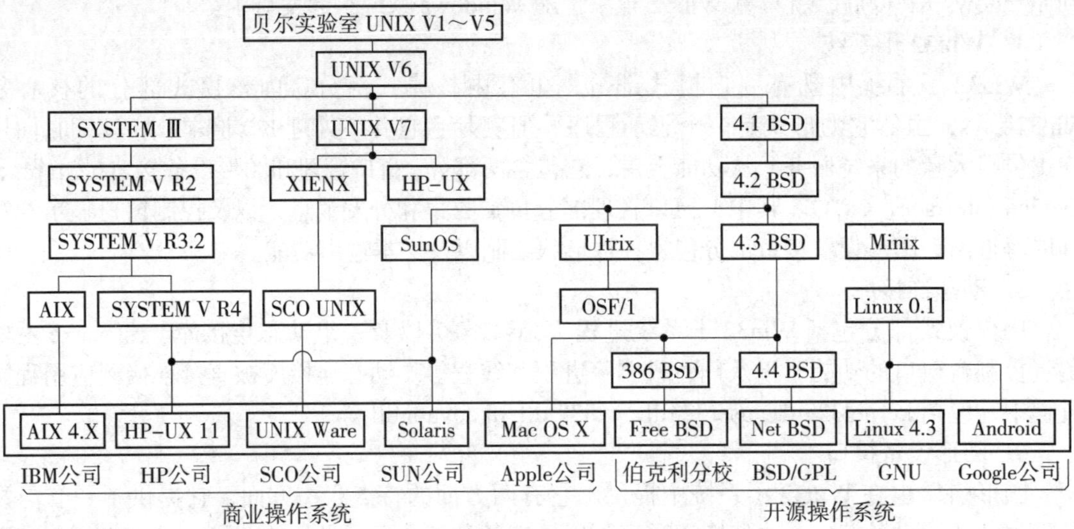

图 2-15 类 UNIX 操作系统的发展

2. Linux 系统的基本特征

1991 年，芬兰学生林纳斯·托瓦兹（Linus Torvalds）根据 Minix（用于教学的小型操作系统）编写了 Linux 系统内核。Linux 系统包含 Linux 内核和桌面图形环境，Linux 是遵循 GNU（自由软件项目）和 GPL（General Public License，通用公共许可协议）规范的操作系统。

Linux 系统上最流行的桌面图形环境有 KDE（K 桌面环境）和 GNOME（GNU 网络对象模型环境）。桌面图形环境由大量的各类工具软件和应用程序组成，它为 Linux 系统提供了一个更加完善的用户界面。

Linux 有许多不同版本，它们可安装在各种计算机设备中，如手机、平板电脑、路由器、防火墙、游戏机、台式计算机等。由于 Linux 具有完备的网络功能、较好的安全性和稳定性，而且是自由免费软件，所以其被广泛应用于网络服务器和大型计算机系统。

3. Linux 系统的基本结构

Linux 系统的基本设计思想有两点：一是一切都是文件；二是每个应用程序都有确定的用途。第一条详细来讲就是系统中所有的事物都可以归结为一个文件，包括命令、硬件设备、应用程序、操作系统、进程等，对操作系统内核而言，它们都被视为拥有各自特性的文件。Linux 系统的结构简图如图 2-16 所示。

<table>
<tr><td rowspan="2">用户模式</td><td colspan="3">应用程序（如sh、vi、Open Office等）</td></tr>
<tr><td>Shell（壳）</td><td>C库函数</td><td>X-Window 图形界面</td></tr>
<tr><td rowspan="3">内核模式</td><td colspan="3">系统调用接口（SCI）</td></tr>
<tr><td colspan="3">内核（内存管理、进程管理、虚拟文件系统、网络服务、中断管理等）</td></tr>
<tr><td colspan="3">驱动程序</td></tr>
<tr><td colspan="4">硬件（处理器、内存、各种设备等）</td></tr>
</table>

图 2-16 Linux 系统的结构简图

根据 Phoronix 网站统计，截至 2020 年 1 月 1 日，Linux 内核代码已达到 2 780 万行。

4. Linux 系统的内核层

Linux 系统的内核层由驱动程序、内核、系统调用接口（System Call Interface，SCI）等组成。

1）驱动程序

每一种硬件设备都有相应的设备驱动程序。驱动程序运行在高特权级环境中，与硬件设备相关的具体操作细节由设备驱动程序完成，正因为如此，任何一个设备驱动程序的错误都可能导致操作系统崩溃。

2）内核

Linux 系统采用单内核、多模块设计。Linux 系统汲取了微内核设计思想，具备以下特点：模块化设计；抢占式内核；支持内核线程以及动态装载内核模块；所有模块全部运行在内核模式下，直接调用函数，无须消息传递；支持对称多处理器（Symmetrical Multi-Processing，SMP）机制等。

Linux 内核由内存管理、进程管理、文件系统、网络接口和中断管理等部分组成。

（1）内存管理：对任何计算机而言，内存及其他资源都是有限的。为了让有限的物理内存满足应用程序对内存的大量需求，Linux 采用了“虚拟内存”的管理方式。Linux 将内存划分为容易处理的内存页，内存管理采用 4 KB 内存页为基数分配内存，并跟踪内存页的使用情况（如哪些内存页是满的，哪些内存页没有完全使用，哪些内存页为空）。这样就可以根据系统需要动态调整内存的使用。系统有时会出现可用内存被消耗光的情况，因此内存页可以移出内存并存入硬盘中，这个过程称为交换。

（2）进程管理：Linux 通过按时间片轮流运行进程来实现多任务。进程轮流运行的方法称为进程调度，进程调度实际上是控制进程对 CPU 资源的使用（称为 CPU 访问）。Linux 使用了比较简单的基于优先级的进程调度算法。Linux 中常见的进程之间的通信机制有信号、管道、共享内存、信号量和套接字等方法。内核通过系统调用接口提供了一个 API，这个 API 可以用来创建进程（fork、exec 等）和停止进程（kill、exit 等），或者在进程之间进行通信和同步（signal 等）。

（3）文件系统：如图 2-17 所示，Linux 文件系统是一个层次化的树形结构。Linux 系统只有一个根目录（与 Windows 系统不同），可以将另一个文件系统或硬件设备通过挂载操作，将其挂装到某个目录上，从而让不同的文件系统结合成一个整体。

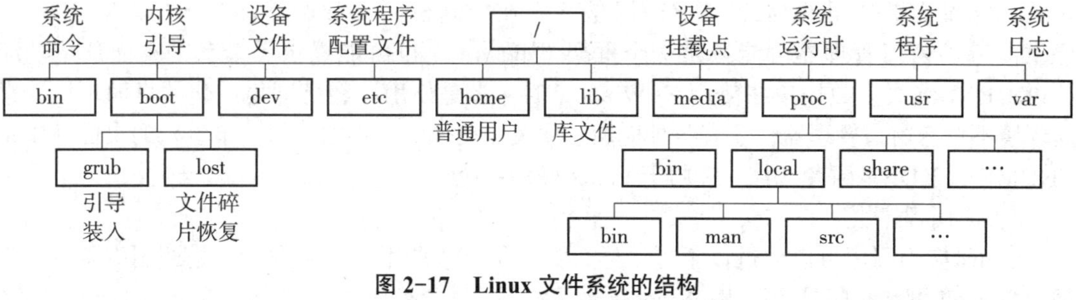

图 2-17　Linux 文件系统的结构

Linux 将不同类型的文件系统组织成统一的虚拟文件系统（Virtual File System，VFS）。Linux 普遍使用的文件系统是 Ext2，但也支持 FAT、VFAT、FAT32、MINIX 等不同类型的文件系统，通过虚拟文件系统可以方便地与其他文件系统交换数据。虚拟文件系统隐藏了不同文件系统的具体细节，为所有文件提供了统一的接口。用户和进程不需要知道文件所属的文件系统类型，只需要像使用 Ext2 文件系统中的文件一样使用它们。

（4）网络接口：网络部分由网络协议、网络设备驱动程序和 BSD 套接字（socket，进程之间的通信方法）组成。Linux 支持全部 TCP/IP，网络设备驱动程序负责与硬件设备的通信，网络接口支持 BSD 套接字编程接口。

（5）中断管理：计算机系统对大部分 I/O 设备采用中断控制方式。要启动某个 I/O 设备时，由 CPU 向相应设备发出 I/O 命令，然后 CPU 继续执行原来的任务。设备控制器按照该命令的要求去控制 I/O 设备。此时，CPU 与 I/O 设备处于并行工作状态。中断驱动方式在 I/O 设备处理数据过程中无须 CPU 干预。当 I/O 设备处理完数据后，才需要 CPU 花极短的时间进行中断处理，这大大提高了系统资源的利用率及吞吐量。

3）系统调用接口

系统调用接口就像是函数，可以在应用程序中直接调用。Linux 有 200 多个系统调用接口。系统调用接口给应用程序提供了一个内核功能接口，隐藏了内核的复杂结构。一个操作可以看作系统调用的结果。

5. Linux 系统的用户层

1）shell

shell（壳）是一个命令解释器，实际上命令行就是 shell。在没有运行图形用户界面时，shell 是用户的操作界面。用户要运行应用程序时，需要在 shell 中输入操作命令。shell 可以执行符合 shell 语法的文本文件，这样的文本文件称为 shell 脚本。shell 脚本往下可以执行系统调用，往上可以执行各种应用程序，这些特性让 shell 脚本可以实现非常强大的功能。shell 有很多种，最常见的是 bash，另外还有 sh、csh、tcsh、ksh 等。

2）库函数（C 语言）

由于系统调用使用起来很麻烦，所以 Linux 定义了一些库函数，将系统调用组合成某些常用操作，以方便用户编程。例如，分配内存操作可以定义成一个库函数。使用库函数，对计算机来说并没有效率上的优势，但可以将程序员从程序细节中解救出来。当然，程序员也完全可以不使用库函数，而直接调用系统函数。

3）X-Window 系统

X-Window 是麻省理工学院（MIT）研发的类 UNIX 系统下的窗口系统。通常使用的 X-Window 是 XFree86 Project 公司研发的 XFree86。X-Window 的界面类似于微软公司的 Windows 和苹果公司的 Mac OS X，但是它们在控制机制上截然不同。例如，X-Window 提供的基本窗口管理器可能只是一个框架（如 twm），也可能提供了全套的桌面环境功能（如 KDE）。绝大多数用户在使用 X-Window 时，多是使用已经高度集成化的桌面环境，桌面环境不仅有窗口管理器，还有各种应用程序及协调一致的界面。目前最流行的桌面环境是 GNOME 和 KDE，两者已普遍应用于 Linux 操作系统。

4）应用程序层

Linux 应用程序可以通过以下方法运行：一是直接调用系统函数；二是调用库函数；三是运行 shell 脚本；四是运行 X-Window 系统。

由以上讨论可见，Linux 利用内核实现软件与硬件的对话；通过系统调用接口，将上层的应用与下层的核心完全隔离开，为程序员隐藏了底层的复杂性，同时也提高了上层应用程序的可移植性。当升级系统内核时，可以保持系统调用的语句不变，从而让上层应用程序感受不到下层的改变；库函数利用系统调用接口创造出模块化的功能；而 shell 则提供了一个用户界面，让用户可以利用 shell 的语法编写脚本，以整合程序功能。

2.2.4 Android 手机操作系统

1. Android 系统概述

Android 一词本义为机器人。Android 由 Google 公司和开放手机联盟共同开发，是一种基于 Linux 内核的开放源代码操作系统。Android 主要用于移动设备，如智能手机和平板电脑。第一部 Android 智能手机于 2008 年发布，以后 Android 逐渐扩展到平板电脑、电视、数码相机、游戏机等领域。根据数据调研机构 StockApps.com 的最新数据显示，Android 在操作系统领域的全球主导地位正在逐渐减弱。2022 年 1 月，Android 系统的全球市场份额为 69.74%。

2. Android 系统结构

如图 2-18 所示，Android 系统采用分层结构，共分为 4 层，分别是应用程序层、应用程序框架层、系统运行库层和 Linux 内核层。

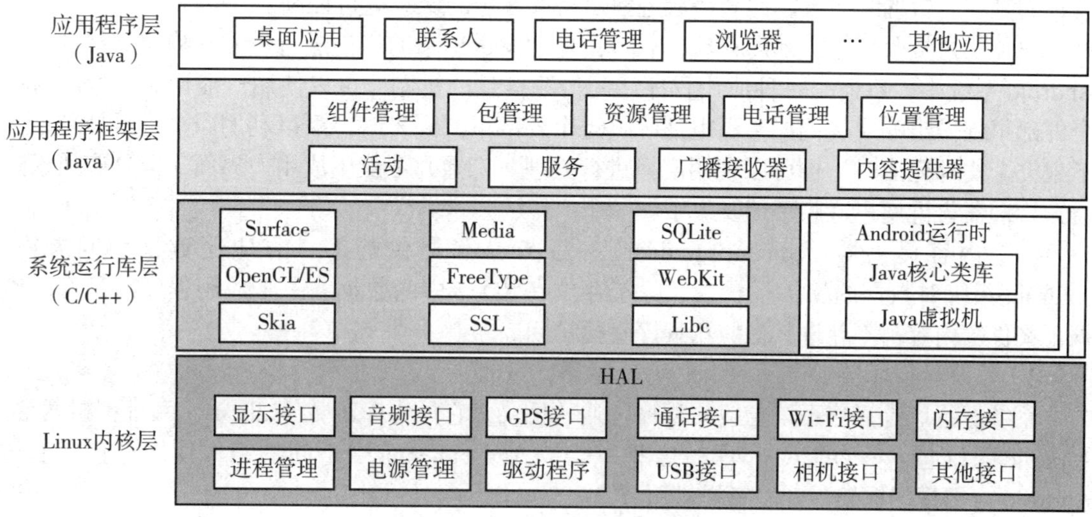

图 2-18 Android 系统结构

1）应用程序层

应用程序由运行在 Android 设备上的所有应用（App）共同构成，它不仅包括通话、短信、联系人等系统应用（随 Android 系统一起预装在移动设备中），还包括其他后续安装到设备中的第三方应用程序，如浏览器、微信、导航地图等。

Android 应用程序都采用 Java 开发。但在一些应用（如游戏）中，需要进行大规模运算和图形处理，以及使用开源 C/C++ 类库，如果通过 Java 实现，则可能会有执行效率过低和移植成本过高等问题。因此，在 Android 开发中，开发者可以使用 C/C++ 来实现底层模块，并通过 JNI（Java Native Interface，Java 本地方法接口）与上层 Java 实现交互，然后利用 Android 提供的交叉编译工具生成类库并添加到应用程序中。但是，开发者只能使用 C/C++ 编写功能类库，而不是整个应用程序。因为 Android 的界面显示、进程调度等核心机制都是通过 Java 来实现的，应用程序只有按规定模式编写 Java 模块和配置信息，才能够被识别和执行。

2）应用程序框架层

Android 应用程序框架包括活动（用于表现功能）、服务（指后台运行的进程，不提供用户界面）、广播接收器（用于接收广播信息）、内容提供器（支持在多个应用中存储和读取数据等，相当于数据库）。应用程序框架的功能是简化程序组件的调用，任何应用程序都可以调用这些功能模块，这种程序重用机制使用户可以方便地替换程序组件。

（1）活动（activity）：在 Android 系统中，所有程序都运行在活动（进程）中，活动一般代表手机屏幕的一屏。如果把手机比作一个浏览器，那么活动就相当于一个网页。在活动中可以添加按钮、对话框等控件。一般一个 Android 应用由多个活动组成。多个活动之间可以相互跳转。例如，单击一个按钮后，可能会跳转到其他的活动。当打开一个新屏幕时，之前的屏幕会被设置为暂停状态，并被压入历史堆栈中。用户可以通过回退操作回到以前打开的屏幕。

（2）服务（service）：是 Android 的一种组件，只能在后台运行，但是可以和其他组件进行交互。服务也是一种进程，它可以长时间运行，但是没有用户界面。例如，用户运行音乐播放器时，如果此时打开浏览器上网，虽然已经启动了浏览器程序，但是音乐并没有停止播放，而是在后台继续播放。这个播放进程由播放音乐的服务进行控制。

（3）广播接收器（broadcast receiver）：是对发送出来的广播进行过滤并响应的组件。在 Android 系统中，广播是一种应用程序之间传输信息的机制，可以使用广播让应用程序对一个外部事件做出响应。例如，当电话呼入这个外部事件到来时，可以利用广播进行处理；当下载一个文件完成时，也可以利用广播进行处理。广播并不能生成用户界面，但是广播通过通知管理器告诉用户这些事情发生了。

（4）内容提供器（content provider）：是 Android 提供的第三方应用数据访问方案。Android 系统对数据的保护很严密，除了存放在 SD 卡中的数据，一个应用程序所具有的数据、文件等内容都不允许其他应用程序直接访问。

3）系统运行库层

系统运行库是操作系统与应用程序沟通的桥梁，它分为库函数（Library）和虚拟机两层。Android 系统包含一些 C/C++ 库，这些库能被 Android 系统中不同的组件使用。它们通过 Android 应用程序框架为开发者提供服务。

（1）Surface：用于显示子系统的管理，为多个应用程序提供 2D 和 3D 图层的无缝融合。

（2）Media：基础多媒体库，支持多种常用的音频、视频格式回放和录制，同时支持静态图像文件。其编码格式包括 MPEG-4、H.264、MP3、JPG 等。

（3）SQLite：Android 多媒体数据库，该数据库又分为公用数据库及私用数据库。

（4）OpenGL/ES：一个 3D 图像的专业图形程序接口。

（5）FreeType：字体引擎，提供统一的接口来访问多种字体格式文件。

（6）WebKit：用于 Web 浏览器引擎，支持 Android 浏览器和一个可嵌入的 Web 视图。

（7）Skia：2D 向量图形处理函数库，包含字形、坐标转换和点阵图等函数处理功能。

（8）SSL（安全套接层）：为通信提供安全及数据完整性检测。

（9）Libc：从 BSD 继承的标准 C 函数库，是专门为嵌入式 Linux 设备定制的。

和所有 Java 程序运行平台一样，为了实现 Java 程序在运行阶段的二次编译，Android 为它们提供了运行时（runtime）机制。Android 运行时机制由 Java 核心类库和 Java 虚拟机

（Dalvik）共同构成。Java 核心类库涵盖了 Android 应用程序框架层和应用程序层所要用到的基础 Java 库，包括 Java 对象库、文件管理库、网络通信库等。

Dalvik 是为 Android 系统量身打造的 Java 虚拟机，它负责执行应用程序、分配存储空间、管理进程生命周期等工作。Dalvik 没有采用基于栈的虚拟机结构，而采用了基于寄存器的虚拟机结构。一般来说，基于栈的虚拟机对硬件依赖程度低，生成的代码更节约空间，可以适配更多的低端设备；而基于寄存器的虚拟机对硬件要求更高，编译出的代码可能会耗费稍多的存储空间，但它的执行效率更高，更能够发挥高端硬件（主要是 CPU）的能力。

Dalvik 没有沿用 Java 二进制字节码（Java bytecode）作为一次编译的中间文件，而是采用了新的二进制代码文件 .dex。在 Android 应用程序的编译过程中，Dalvik 会先生成若干个 .class 文件，然后统一转换成 .dex 文件。在转换过程中，Android 系统会对部分 .class 文件中的指令进行转义，使用 Dalvik 指令集（OpCodes）来替换原指令，以提高执行效率。同时，.dex 文件会整合多个 .class 文件中的重复信息，并对冗余部分进行全局优化和调整，合并重复的常量定义，以节约常量的存储空间。这使得 .dex 文件通常会比 .class 文件更精简。

4）Linux 内核层

Android 系统搭建在 Linux 内核之上，Android 的 Linux 内核包括进程管理、电源管理、驱动程序等。从运行角度看，它们只是运行在 Linux 系统上的一些进程，并不是一个完整的 Linux 系统。

硬件抽象层是 Android 为厂商定义的一套接口标准，设备厂商需要根据定义的接口实现相应功能。Android 系统的硬件抽象层是以封闭源码形式提供的硬件驱动模块，其目的是将 Android 应用程序框架与 Linux 内核隔离开，使 Android 系统不过度依赖 Linux 内核，让 Android 应用程序框架的开发能在不考量驱动程序的前提下进行。

3. Android 应用程序包

Android 应用程序包（Android Application Package，APK）是文件扩展名为“apk”的文件，可以将 APK 文件传输到 Android 手机中，执行即可安装程序。程序通过 Android SDK 编译器，将程序编译后打包成一个 APK 文件。APK 文件其实是 ZIP 格式的文件，并非 Java 字节码文件。

在 Android 文件系统中，有几个非常重要的文件夹：一是存放系统文件的 /system 文件夹；二是存放配置文件的 /dev 文件夹；三是 SD 卡中存放程序和数据的 /sdcard 文件夹。

4. Android 进程管理

1）内存管理机制

Android 内存管理机制与 Java 的垃圾回收（回收已经不使用的内存空间）机制类似，系统用一个规则来回收内存。Android 内存调度有个阈值，空闲空间低于这个阈值时系统就会按列表关闭用户没有使用的进程。Android 系统有 6 类进程：前台进程、可见进程、次要服务、后台进程、内容供应节点、空进程。高级用户可以用一些工具软件进行进程管理，分别为这 6 类进程设定不同的阈值来改善系统的内存分配机制。对一般用户而言，Android 系统默认的内存分配机制已经可以满足使用需要，不需要人为关闭进程。

2）后台进程处理

一个 Android 应用在后台处理任务（如音乐播放、微信聊天等）时，会开启一个进程，这个进程的标签是 service。服务在后台持续运行时，会消耗一定的电力。但是，没有带服务的应用在后台完全不耗电，没有必要关闭这个进程。Android 应用切换到后台时，其实已经暂停了，并不会消耗 CPU 资源，只保留了运行状态。这是一个非常好的设计，下次再启动这个应用时会更快，因为不需要读取界面资源。当系统内存不够用时，Android 会自动清理长时间不用的进程，同时将空出的内存分配给新运行的程序。

3）资源消耗

为什么 Android 应用看起来很耗内存呢？因为 Android 上的应用采用 Java 开发，且带有独立的虚拟机，也就是每开一个应用就会打开一个独立的虚拟机。这样设计是避免由于虚拟机崩溃而导致整个系统崩溃，但代价是需要占用更多内存（以空间换时间）。这样确保了 Android 系统的稳定性，正常情况下最多单个程序崩溃，但整个系统不会崩溃，也永远没有内存不足的提示出现。Android 系统的这种设计不仅非常适合移动终端的需要，而且大大减少了系统崩溃的可能。

如果 Android 系统里有很多进程，那么用户可以关闭全部进程；如果是系统必须启动的进程，那么系统会自动重新启动。

2.3 操作系统的基本功能

2.3.1 进程管理

简单地说，进程是程序的执行过程，是对应用程序的抽象。程序是静态的，它仅仅包含描述算法的代码；进程是动态的，它包含程序代码、数据和程序运行的状态信息。进程管理的主要任务是对 CPU 资源进行分配，并对程序运行进行有效控制和管理。

1. 进程的组成

为了跟踪所有进程，操作系统在内存中建立了一个进程表。每当有程序请求执行时，操作系统就在进程表中添加一个新的表项，这个表项称为进程控制块（Process Control Block，PCB）。PCB 中包含进程的描述信息和控制信息。进程结束后，系统收回 PCB，该进程便消亡。在 Windows 系统中，每个进程都由程序段、数据段和 PCB 三部分组成。

2. 进程的运行过程

如图 2-19 所示，进程的执行分为就绪、运行、等待 3 个循环状态。

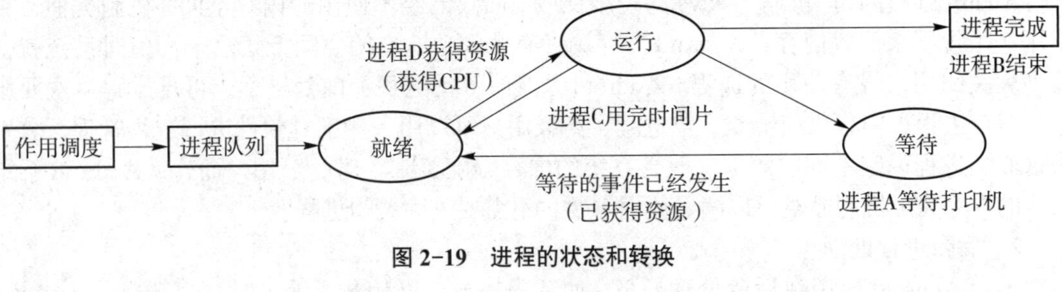

图 2-19 进程的状态和转换

1）就绪状态

进程获得除 CPU 之外的所有资源，准备好之后，就可以进入就绪状态排队。

操作系统有多个进程请求运行时（如打开多个网页），各个进程都进入就绪队列，操作系统按算法（如先来先服务、优先级等）选择下一个要执行的进程，并分配给进程一个几十纳秒（与操作系统有关）的时间片，并为它分配内存空间等资源。

2）运行状态

上一个进程退出运行状态后，就绪进程按队列顺序进入运行状态。进程进入运行状态后，在 CPU 中运行进程。

每个进程在 CPU 中运行的时间很短，一般为几十纳秒，这个时间片由 CPU 进行分配和控制。目前 CPU 的工作频率为 GHz 级，因此 1 ns 最少可执行 1 ～ 8 条指令（与 CPU 工作频率、内核数量等有关），在几十纳秒的时间片里，CPU 可以执行数百条指令。

CPU 通过内部硬件的中断信号来指示时间片结束，时间片结束后进程将控制权交还给操作系统，进程暂时退出运行状态，进入就绪、等待或完成状态。

在单核 CPU 中，只能有一个进程处于运行状态。在多核 CPU 中，可能有多个进程同时处于运行状态（在不同 CPU 内核中并发运行）。

3）等待状态

进程运行结束后，若不需要再次运行，则进程完成。若进程还没有结束，只是由于时间片已经用完而退出运行状态，则进程再次进入就绪队列，等待下次运行的机会。

若进程因等待某个数据或事件而暂停执行（如等待键盘输入数据），则进程进入等待状态，当进程等待的数据或事件已经准备好时，进程再次进入就绪队列。

进程结束后（如关闭某个应用程序或窗口），操作系统就会立即撤销该进程，并及时回收该进程占用的软件和硬件资源。

3. 进程检查

在 Windows 环境下，将鼠标指针移动到屏幕下方“任务栏”的空白处右击，在弹出的快捷菜单中选择“任务管理器”命令，在打开的窗口中就可以观察到进程的运行情况，如图 2-20 所示。

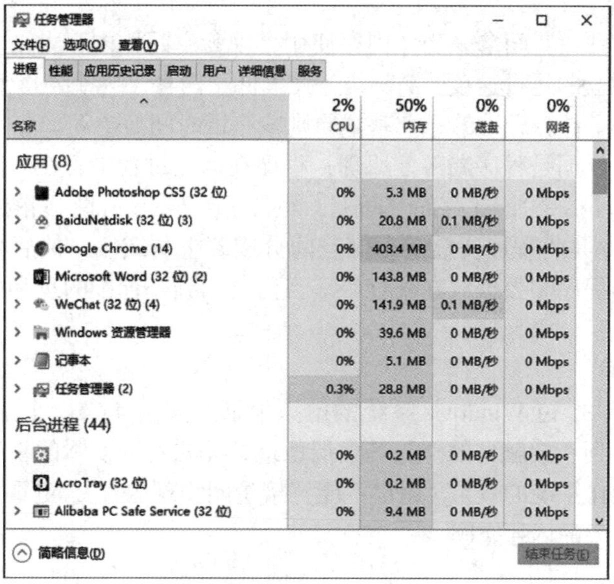

图 2-20　进程的运行情况

2.3.2 存储管理

1. 存储管理的主要工作

存储资源通常包括内存和外存。外存通过标准的I/O通道来管理，而内存是CPU直接通过系统总线来访问的。

内存是CPU执行任务的物质基础，CPU内部的寄存器具备计算的能力，但计算的数据从哪里来呢？除寄存器（本身也是一种存储资源）外，数据的来源是系统内存。在现代操作系统中，每个任务都有独立的内存空间，从而避免任务之间产生不必要的干扰，所以操作系统有责任为每个任务提供相对独立的内存空间。把连续编址的物理内存划分成独立的内存空间，典型的做法是段式内存寻址和页式虚拟内存管理。不同的硬件体系结构可能支持不同的内存管理方案。Intel x86体系结构同时支持段式内存寻址和页式虚拟内存映射，但是，在Intel x86上运行的操作系统几乎都选择了虚拟内存映射作为内存管理的硬件基础。Windows和Linux就是典型的例子。

在支持多任务的操作系统中，如果所有任务的内存需求的总量超过了当前系统的物理内存总量，那么系统要么停掉一些任务，要么把一些任务转移到外存（如磁盘）中，当内存空闲时再把这些任务转换回来。或者系统有选择地把部分不常用的内存转换到外存，并且根据适当的规则将来再慢慢地转换回来。虚拟内存映射和物理内存不足时的换出和换入操作，都是操作系统管理内存资源的重要任务。前者依赖于硬件提供的机制，而后者更多地由操作系统自己来控制。

存储管理的主要工作：一是为每个应用程序分配内存和回收内存空间；二是地址映射，就是将程序使用的逻辑地址映射成内存空间的物理地址；三是内存保护，就是内存中有多个进程运行时，必须保证内存中的进程不会相互干扰，以免影响整个系统的稳定性、可靠性；四是当某个程序的运行导致系统提供的内存不足时，给用户提供一个比实际内存大得多的虚拟内存（硬盘空间），使程序能顺利地执行。

2. 虚拟内存技术

虚拟内存就是将硬盘空间拿来当作内存使用，硬盘空间比内存大许多，有足够的空间用作虚拟内存；但是硬盘的运行速度（毫秒级）大大低于内存（纳秒级），所以虚拟内存的运行效率很低。这也反映了计算思维的一个基本原则——以时间换空间。

虚拟内存的理论依据是程序局部性原理：程序在运行过程中，在时间上，经常运行相同的指令和数据（如循环指令）；在存储空间上，经常运行某一局部空间的指令和数据（如窗口显示）。虚拟内存技术是将程序所需的存储空间分成若干页或段，然后将常用页和段放在内存中，将暂时不用的程序和数据放在外存中。当需要用到外存中的页和段时，再把它们调入内存。

3. 虚拟地址空间

如图2-21所示，32位Windows系统的虚拟地址空间为4 GB，这是一个线性地址的虚拟内存空间，用户看到和接触到的都是其虚拟地址，无法看到实际的物理地址。利用虚拟地址不但能起到保护操作系统的效果（用户不能直接访问物理内存），更重要的是，程序可以使用比实际物理内存更大的内存空间。

在Windows系统中双击一个应用程序的快捷方式图标后，Windows系统就为该应用程序创建一个进程，并且分配给每个进程2 GB（范围：0～2 GB）的虚拟地址空间，这2 GB

虚拟地址空间用于存放程序代码、数据、堆栈、自由存储区；另外 2 GB（范围：3 ～ 4 GB）的虚拟地址空间由操作系统控制。由于虚拟内存大于物理内存，所以它们之间需要进行内存页面映射和地址空间转换。

图 2-21　32 位 Windows 系统的虚拟地址空间（线性地址）

2.3.3　文件管理

视频：文件管理

文件是一组相关信息的集合。在计算机系统中，所有程序和数据都以文件的形式存放在计算机的外存（如硬盘、U 盘等）上。例如，一个 C 语言源程序、一个 Word 文档、一张图片、一段视频、一个应用程序等都是文件。

1. 文件系统

在操作系统中，负责管理和存取文件的程序称为文件系统。在文件系统下，用户可以按照文件名查找文件和访问文件（打开、执行、删除等），而不必考虑文件如何保存，硬盘中哪个物理位置有空间可以存放文件，文件目录如何建立，文件如何调入内存等问题。文件系统为用户提供了一个简单、统一的文件管理方法。

2. 文件名、文件类型及文件操作

1）文件名

在计算机中，任何一个文件都有文件名，文件名是文件存取和执行的依据。在大部分情况下，文件名分为文件主名和扩展名两部分。

文件主名由程序设计员或用户自己命名。文件主名一般用有意义的英文或中文词汇或数字命名，以便识别。例如，Windows 系统中 Internet 浏览器的文件主名为 iexplore。

不同操作系统对文件名的命名规则有所不同。例如，Windows 不区分文件名的大小写，所有文件名的字符在操作系统中执行时，都会转换为大写字符，如 test.txt、TEST.TXT、Test.TxT，在 Windows 中都被视为同一个文件；而 Linux 区分文件名的大小写，test.txt、TEST.TXT、Test.TxT 被认为是 3 个不同的文件。

2）文件类型

在大多数操作系统中，文件扩展名表示文件的类型。不同类型的文件，其处理方法不同。用户不能随意更改文件扩展名，否则将导致文件不能执行或打开。在不同的操作系统中，表示文件类型的扩展名并不相同。Windows 虽然允许文件扩展名为多个英文字符，但是大部分文件扩展名习惯由 3 个英文字符组成。Windows 中常见的文件扩展名的类型和意义如表 2-2 所示。

表 2-2 Windows 中常见的文件扩展名的类型和意义

文件类型	扩展名	说明
可执行程序	exe、com	可执行程序文件
文本文件	txt	通用性极强，往往作为各种文件格式转换的中间格式
源程序文件	c、py、asm	程序设计语言的源程序文件
MS Office 文件	docx、pptx	MS Office 中分别由 Word 与 PowerPoint 创建的文档
图像文件	jpg、gif、bmp	图像文件，不同的扩展名表示不同格式的图像文件
视频文件	avi、mp4、rmvb	通过视频播放软件播放，视频文件格式不统一
压缩文件	rar、zip	压缩文件
音频文件	wav、mp3、mid	不同的扩展名表示不同格式的音频文件
网页文件	htm、html、asp	一般来说，前两种是静态网页，最后一种是动态网页

3）文件操作

文件中存储的内容可能是数据，也可能是程序代码，不同格式的文件通常都会有不同的应用和操作。文件的常用操作有：建立文件（需要专门的应用软件，如建立一个电子表格文档需要用 Excel 软件）；打开文件（需要专门的应用软件，如打开图片文件需要用 ACDSee 等看图软件）；编辑文件（在文件中写入内容或修改内容，需要专门的应用软件，如修改网页文件需要用 Dreamweaver 等软件）；删除文件（可以在操作系统下实现）；复制文件（可以在操作系统下实现）；更改文件名称（可以在操作系统下实现）等。

3. 目录管理

计算机中的文件有成千上万个，如果把所有文件存放在一起，则会有许多不便。为了有效地管理和使用文件，大多数文件系统允许用户在根目录下建立子目录（又称为文件夹），在子目录下再建立子目录，如图 2-22 所示。

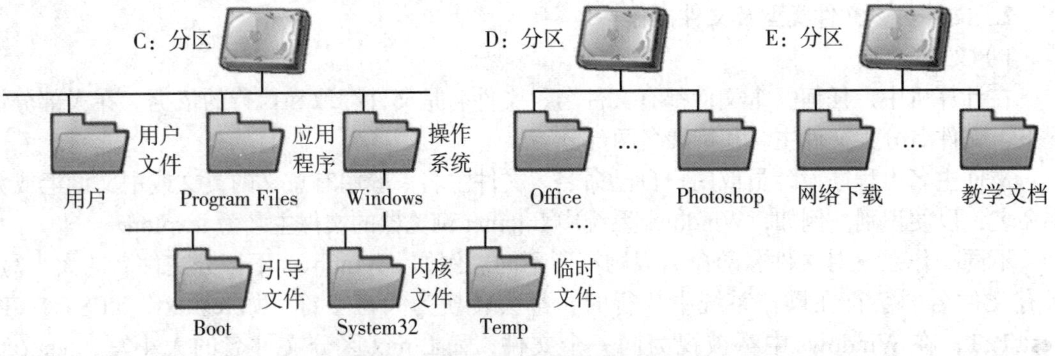

图 2-22 Windows 的树形目录结构

目录（文件夹）也是一种文件，由文件和子目录组成。操作系统将目录按树形结构管理，用户可以将文件分门别类地存放在不同目录中。这种目录结构像一棵倒置的树，树根为根目录，树中每一个分枝为子目录，树叶为文件。在树形结构中，用户可以将相同类型的文件放在同一个子目录中；同名文件可以存放在不同的目录中。

在 Windows 系统中，每个硬盘分区（如 C 盘、D 盘、E 盘等）都建立一个独立的目录树，有几个分区就有几个目录树（与 Linux 系统不同）。

用户可以对自行建立的目录进行移动、删除、修改名称等操作。操作系统和应用软件在安装时，也会建立一些子目录，如 C:\Windows、C:\Program Files (x86)\Microsoft Office\Office16 等。用户不能对这些目录进行移动、删除、修改名称等操作，否则将导致操作系统和应用软件不能正常使用。

2.3.4　设备管理

设备管理的主要任务是控制设备和内存之间的数据传输。由于设备种类繁多，功能和传输速率差异巨大，所以需要采用多种方法进行设备控制。设备管理系统提供的服务主要有设备调度、数据缓冲与高速缓存、设备分配与回收、设备保护和差错处理等。

1．I/O 设备的类型

设备管理是操作系统设计中最凌乱也最具挑战性的部分。它包含很多领域不同的设备，以及与设备相关的应用程序，因此很难有一个通用一致的设计方案。计算机系统中的 I/O 设备主要有以下类型。

1）人机交互设备

人机交互设备用于计算机与用户之间的交互，如打印机、显示器、鼠标、键盘等。这类设备的数据交换速度相对较慢，通常以字节为单位进行数据交换。

2）外部存储设备

外部存储设备用于存储程序和数据，如电子硬盘、磁盘、存储卡、U 盘、光盘等。这类设备的数据交换速度较快，通常以多字节组成的块为单位进行数据交换。例如，硬盘以“簇”(通常 1 簇＝ 4 KB）为单位与操作系统交换数据。

3）网络通信设备

网络通信设备用于远程通信，如各种网络接口、调制解调器等。这类设备的数据交换速度介于前两类设备之间。网络通信设备在使用和管理上与前两类设备也有很大不同。

2．检查设备驱动程序

在 Windows 中，设备管理器是管理计算机硬件设备的工具，我们可以借助设备管理器查看计算机中安装的硬件设备、设置设备属性、安装或更新驱动程序、停用或卸载设备。例如，一些公司一般都会禁用设备管理器（通过修改操作系统的“注册表”来实现）。如图 2-23 所示，“设备管理器”窗口显示了本地计算机安装的所有硬件设备，如 CPU、硬盘、显示器、显卡、网卡、电池等。

图 2-23　Windows 设备管理器

1）查看计算机的设备驱动程序

右击桌面左下方的“开始”按钮，在弹出的快捷菜单中选择“设备管理器”命令，打开“设备管理器”窗口，单击设备图标前面的“>”，可以展开相应设备的驱动程序列表，如图 2-23 所示。

2）“设备管理器”窗口中一些符号的意义

如果在设备图标上显示红色的“×”，则说明该设备已被停用。如果有不经常使用的设备（如 1394 设备和 PCMCIA 卡等），则禁用这些设备可以节省系统资源和提高启动速度。如果需要重新启动，则右击该设备，在弹出的快捷菜单中选择“启用设备”命令就可以了。

如果设备图标上显示黄色的“?”，表示该硬件未能被操作系统识别；显示黄色的“!”，则说明该硬件未安装驱动程序或驱动程序安装得不正确。解决办法如下：右击该设备，在弹出的快捷菜单中选择“卸载设备”命令，然后重新启动系统，如果是 Windows 操作系统的最新版本，大多数情况下会自动识别硬件并自动安装驱动程序。某些情况下可能需要插入驱动程序盘，按照提示进行操作。

习　题　2

1. 简要说明操作系统的作用。
2. 简要说明图形用户界面的特点。
3. 简要说明图标、窗口、对话框、菜单的基本功能。
4. 简要说明 Windows 系统微内核的主要功能模块。
5. 简单说明 Linux 的基本设计思想。
6. 简要说明 Android 系统中活动的作用。
7. 简要说明操作系统的基本组成部分。
8. 简要说明进程与程序的区别。
9. 简要说明程序局部性原理。
10. 分析 Windows 操作系统占用的存储空间为什么会越来越大。

第 3 章

文 档 处 理

文字处理软件是利用计算机进行文字处理工作而设计的应用软件，它将文字的输入、编辑、排版、存储和打印融为一体，彻底改变了用纸和笔进行文字处理的传统方式，可以将表格、图形和声音等任意穿插于字里行间，使文章的表达层次清晰、图文并茂。本章将以 Word 2019 为例，介绍文字处理软件的基本功能和使用方法。

3.1 Word 2019 基础知识

3.1.1 Word 2019 的工作窗口

选择“开始”→“ Word”命令，就进入了 Word 2019 的工作窗口，如图 3–1 所示，它主要包括快速访问工具栏、功能区、编辑区等部分。

图 3–1 所示各部分的作用如下。

1. 快速访问工具栏

快速访问工具栏用于放置一些常用按钮，默认情况下包括“保存”“撤销”“重复”3 个按钮，用户可以根据需要进行添加。

2. 标题栏

标题栏显示了当前文档名和应用程序名。首次进入 Word 2019 时，默认新建的第一个文档的名称为“文档 1”，其后新建的文档依次是“文档 2”“文档 3”等。Word 2019 文档的扩展名是“docx”。

3. 窗口控制按钮

窗口控制按钮包括“功能区显示选项”“最小化”“最大化 / 向下还原”“关闭”4 个按钮，用于对文档窗口的功能区显示、窗口大小和关闭文档进行相应控制。其中，功能区显示选项有 3 个：“自动隐藏功能区”“显示选项卡”“显示选项卡和命令”。

4. “文件”按钮

“文件”按钮用于打开“文件”菜单，菜单中包括“新建”“打开”“保存”等命令。

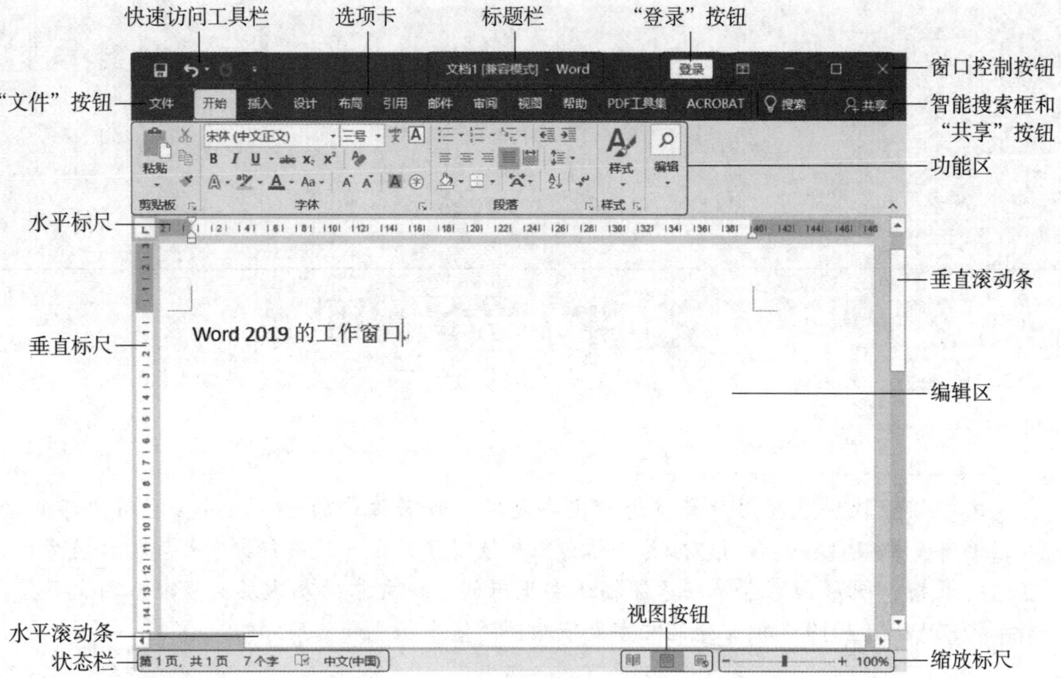

图 3-1　Word 2019 的工作窗口

5. 功能区和选项卡

功能区中包含多个选项卡，选项卡将相同的命令归类，单击选项卡就可以展示编辑文档时所需要的命令按钮，Office 程序将同一个选项卡下的多个命令按钮划分为一个个组。

6. 智能搜索框、“登录”按钮、“共享”按钮

智能搜索框是功能区上的“操作说明搜索”搜索框，在其中输入想要执行的操作即可轻松利用搜索功能并获得帮助；“登录”按钮用于登录 Office，可以从任何位置访问云文档；“共享”按钮用于与他人实时协作、共同分享、编辑文档（文档需要先保存到 One Drive 云上）。

7. 水平标尺和垂直标尺、水平滚动条和垂直滚动条

水平标尺和垂直标尺用于显示或定位文档的位置。

拖动水平滚动条或垂直滚动条可向左、向右或向上、向下查看文档中未显示的内容。

8. 编辑区

编辑区是用于显示或编辑文档内容的工作区域。编辑区中闪烁着的垂直条被称为“光标”或“插入点”，它代表了文字当前的插入位置。

9. 状态栏和缩放标尺

状态栏用于显示当前文档的页数、总页数、字数、拼写和语法、使用的语言、输入状态、宏等信息；缩放标尺用于对编辑区的显示比例和缩放尺寸进行调整，标尺右侧会显示当前缩放比例的具体数值。

10. 视图按钮

视图按钮用于切换文档的查看方式，图 3-1 中显示的是 3 种常用视图：阅读视图、页面视图、Web 版式视图。在需要时，用户可以在各个视图间进行切换。

（1）阅读视图（）：用于阅读和审阅文档。该视图以书页的形式显示文档，页面被设计为正好填满屏幕，可以在阅读文档时显示注释、设置布局等。

（2）页面视图（）：Word 2019 默认的视图，也是制作文档时常用的一种视图。在这种视图下，不但可以显示各种格式化的文本，而且页眉、页脚、图片和分栏排版等格式化操作的结果也都显示在合适的位置上，文档在屏幕上的显示效果与文档的打印效果完全相同，真正做到了“所见即所得”。

（3）Web 版式视图（）：用于显示文档在 Web 浏览器中的外观。在这种视图下，用户可以方便地浏览和制作 Web 网页。

除这 3 种视图外，Word 2019 还提供了大纲视图和草稿视图。大纲视图以大纲形式查看文档，内容将显示为项目符号，对于创建标题和移动整个段落有帮助；草稿视图仅查看和专注于文档中的文本，对于快速编辑很有用，因为页眉、页脚、图片等对象不会显示。这两种视图可通过“视图”选项卡的“视图”组中的相应按钮进行切换。

3.1.2 Word 2019 的功能命令

使用 Word 2019 的功能命令需要着重掌握以下两点：一是在哪里可以找到需要的命令；二是怎样执行命令，包括先做什么、后做什么以及执行时的注意事项。

Word 2019 功能命令的使用包括选择命令、撤销命令、恢复命令和重复命令。

1. 选择命令

选择命令有以下 3 种方式。

（1）从功能区中选择相应的功能按钮、功能组对话框。其中，功能组对话框是单击功能组名称右下角的箭头图标（对话框启动器按钮）打开的。简单的操作可以通过单击功能命令按钮完成，复杂的操作使用对话框更为方便。

（2）使用快捷菜单。使用快捷菜单是选择命令的一种常用方式。在 Word 2019 中，选定某些内容后右击，将弹出一个快捷菜单，在快捷菜单中列出的命令与选定的内容有关。

（3）使用快捷键。

2. 撤销命令

Word 2019 具有记录近期刚完成的一系列操作步骤的功能。若用户操作失误，则可以通过单击快速访问工具栏中的“撤销”按钮（快捷键为 Ctrl ＋ Z），取消对文档所做的修改，使操作回退一步。Word 2019 还具有多级撤销功能，如果需要取消再前一次的操作，则继续单击“撤销”按钮。

3. 恢复命令

快速访问工具栏中还有一个“恢复”按钮，其功能与“撤销”按钮正好相反，它可以恢复被撤销的一步或任意多步操作。

4. 重复命令

如果需要多次进行某种同样的操作时，则可以单击快速访问工具栏中的“重复”按钮（快捷键为 Ctrl ＋ Y），重复前一次的操作。

3.2 Word 2019 基本操作

Word 2019 的基本操作主要包括新建文档、输入文本、编辑文档、保存和保护文档以及打开和打印文档等。这些操作可以通过单击“文件”按钮，然后在打开的菜单中选择相应的命令，以及通过单击“开始”选项卡中的“剪贴板”组和“编辑”组中的相应按钮来实现。

3.2.1 新建文档

新建文档的方式有多种，可以通过单击任务栏的“开始”按钮或双击“ Word 2019”快捷方式图标，启动 Word 2019 应用程序，在 Word 2019 的“开始”界面中单击“新建”按钮，选择“空白文档”命令，系统会新建一个空白文档；也可以右击桌面的空白区域，在快捷菜单中选择“新建”→“DOC 文档”命令，这时桌面上就会出现一个新建的空白文档；还可以在已打开的 Word 文档中，单击“文件”按钮，在菜单中选择“新建”命令，再单击“空白文档”按钮来新建文档。

3.2.2 输入文本

创建好空白文档后，接下来的工作就是输入文本。

1. 输入状态

通过键盘输入文本有两种状态：插入和改写。在插入状态下，输入的字符插在光标后，这也是输入文本时通常的状态；在改写状态下，输入的字符将替代光标后的字符。要在两种状态之间切换时，可以右击状态栏，在快捷菜单中选择“插入”或“改写”命令，然后单击“插入”或“改写”按钮进行切换，或者按键盘上的 Insert 键。

2. 输入文字

选择相应的输入法之后，就会有一个如图 3-2 所示的输入法状态栏（此处以搜狗拼音输入法为例）出现在文档窗口下方来帮助输入。输入法状态条最左边的是“自定义状态栏”按钮，接着是常用的 5 个按钮，其名称从左至右依次为“中 / 英文（Shift）”“全 / 半角（Shift ＋ Space）”“中 / 英文标点（Ctrl ＋ .）”“语音”“输入方式（内含软键盘）”。

图 3-2 输入法状态栏

其中的半角（半月形）、全角（满月形）状态，用来控制字母和数字的输入效果，半角使输入的字母和数字仅占半个汉字（一个英文字符）的宽度，全角则使输入的字母和数字占一个汉字的宽度。

3. 输入符号

除普通文字外，文档中还经常需要输入一些符号。各种符号的输入方法如下。

（1）输入常用的标点符号。在中文标点符号状态下，直接按键盘的标点符号键，如按“.”键，会输入句号“。”；按“\”键，会输入顿号“、”；按“＜”和“＞”键，会输入书名号“《”和“》”；按 Shift ＋ ^ 键，会输入省略号“……”；等等。

（2）输入特殊的标点符号、数学符号、单位符号、希腊字母等，可以利用输入法状态栏的软键盘。方法如下：右击输入法状态栏的“输入方式”按钮⌨，在快捷菜单中选择字符类别，再选中需要的符号。

（3）输入特殊的图形符号，可以在“插入”选项卡中单击“符号”组中的“符号”下拉按钮，在下拉列表中选择“其他符号”命令，在打开的“符号”对话框中进行操作。

4. 插入日期和时间

如果需要快速地在文档中插入各种标准的日期和时间，可以在“插入”选项卡中单击“文本”组中的“日期和时间”按钮，打开“日期和时间”对话框，选择需要的日期和时间格式即可。如果希望每次打开文档时时间自动更新为打开文档的时间，还需要在“日期和时间”对话框中勾选“自动更新”复选框。

5. 插入文件

有时需要将另一个文件的全部内容插入当前文档的光标处，此时可以单击“插入”选项卡中的“文本”组中的“对象”下拉按钮，在下拉列表中选择“文件中的文字”命令，打开“插入文件”对话框，在其中选择需要的文件插入。

6. 插入网络文字素材

有时在文档中需要引用从 Internet 上找到的信息，这时，可以将网络文字素材复制到文档中。首先在浏览器窗口中选择所需文字并右击，在快捷菜单中选择“复制”命令，将所选文字放入“剪贴板”；然后打开 Word 文档，定位光标，单击“开始”选项卡中的“剪贴板”组中的“粘贴”下拉按钮，在下拉列表中选择“选择性粘贴”命令，在打开的“选择性粘贴”对话框中选择“只保留文本”选项，将不带任何格式的文字形式插入文档中。需要注意的是，不要直接单击“粘贴”按钮，因为这样会把网页文字中的许多排版格式（如表格边框）一同带到文档中，这些格式信息将给文档后续的排版操作带来困难，增加许多工作量。

【例 3-1】 创建一个新文档，写一则通知，内容如下（要求末尾的日期有自动更新功能）。

> 为了弘扬中华民族优秀的书法文化，营造学校浓厚的文化氛围，进一步丰富全体师生的校园文化生活，书法社将举办以『弘扬书法文化，陶冶艺术情操』为主题的交流会活动，有关事项如下：
> 一、会议主题🔔：弘扬书法文化，陶冶艺术情操
> 二、会议时间🕘：2023 年 6 月 18 日上午 9 点
> 三、会议地点🏳：学校操场
> 四、参加人员✍：全体师生
> 书法社
> 2023 年 6 月 6 日

操作步骤如下。

新建一个空白文档，输入文档内容。其中，日期和一些特殊符号使用下面的方法输入。

①日期：单击“插入”选项卡的“文本”组中的“日期和时间”按钮，打开“日期和时间”对话框，在“语言（国家 / 地区）”下拉列表中选择“中文（中国）”，在“可用格式”列表框中选择需要的格式，并勾选“自动更新”复选框。当计算机系统的日期发生变化时，该文档的日期也会相应地进行更改。

②『、』符号：右击输入法状态栏的“输入方式”按钮，在快捷菜单中选择“标点符号”命令，在打开的软键盘中单击相应的符号完成输入，最后单击软键盘右上角的“关闭”按钮使之关闭。

③🔔、🕘、🏳、✍符号：单击“插入”选项卡中的“符号”组中的“符号”下拉按钮，在下拉列表中选择“其他符号”命令，打开“符号”对话框，在“符号”选项卡的“字体”下拉列表中选择“Wingdings”，然后从相应符号集中选中需要的符号，单击“插入”按钮或直接双击该符号即完成输入。

3.2.3 编辑文档

对于输入的内容经常要进行插入、删除、移动、复制、替换、拼写和语法检查等编辑工作，这些操作都可以通过“开始”选项卡中的“剪贴板”组、“编辑”组中的相应按钮来实现。编辑文档遵守的原则是“先选定，后执行”。被选定的文本一般高亮显示，容易与未被选定的文本区分开。

1. 选定文本

选定文本有两种方法，即基本的选定方法和利用选定区。

1）基本的选定方法

（1）鼠标选定：将鼠标指针移到欲选取的段落或文本的开头，按住鼠标左键拖曳经过需要选定的内容后松开鼠标左键。

（2）键盘选定：将鼠标指针移到欲选取的段落或文本的开头，同时按住 Shift 键和光标移动键选定内容。

2）利用选定区

在文本区的左边有一竖直的长条形空白区域，称为选定区。当鼠标指针移动到该区域时，鼠标指针变为右向箭头，在该区域单击，可选中鼠标指针所指的一整行文字；在该区域双击，会选中鼠标指针所在的段落；在该区域三击，整个文档全部被选中。另外，在选定区中拖曳鼠标指针可选中连续的若干行。

若要取消选定，在文本窗口的任意处单击或按光标移动键即可。

2. 编辑文档的方式

1）插入

在插入状态下，将光标移动到想要插入字符的位置，输入字符即可。如果要插入一个空行，只需要将光标定位在需要产生空行的行首位置，按 Enter 键即可。

2）删除

选定要删除的内容后，按 Backspace 键或 Delete 键即可。

删除段落标记可以实现合并段落的功能。要将两个段落合并，可以将光标定位在第 1 段的段落标记前，然后按 Delete 键，这样两个段落就合并成了一个段落。

3）移动或复制

移动或复制文本常用的操作方法是：选定文本块并右击，在快捷菜单中选择“剪切”或“复制”命令（或单击“开始”选项卡的“剪贴板”组中的“剪切”按钮或“复制”按钮），然后将光标定位至要插入文本的位置并右击，在快捷菜单中选择“粘贴选项”命令（或单击“开始”选项卡的“剪贴板”组中的“粘贴”按钮）。执行粘贴操作时，根据所选的内容，Word 2019 提供了 3 种粘贴方式：保留源格式（默认方式）、合并格式及只保留文本，用户可以根据需要自行选择。

4）查找和替换

如果想在一篇长文档中查找某段文字，或者想用新输入的一段文字代替文档中已有的且出现在多处的特定文字，则可以使用 Word 2019 提供的查找和替换功能。从网上获取文字素材时，由于网页制作软件排版功能的局限性，文档中经常会出现一些非打印字符，此时，可利用查找和替换功能进行处理。例如，当文档中空格比较多时，单击“开始”选项卡中“编辑”组中的“替换”按钮，在打开的“查找和替换”对话框的“替换”选项卡中，在“查找内容”组合框中输入空格符号，在“替换为”组合框中不进行任何字符的输入，最后单击“全部替换”按钮将多余的空格删除。

【例 3-2】 对例 3-1 中的“一则通知”文档进行如下编辑处理。

①在通知的最前面插入一行标题“关于举办硬笔书法交流会活动的通知”。

②在标题后面再插入一段内容。

③将所有的“会议”替换为带着重号的“活动”。

> 关于举办硬笔书法交流会活动的通知
>
> 书法是中国特有的一种传统艺术，其中硬笔书法是书法艺术百花园中一颗璀璨的明珠。
>
> 为了弘扬中华民族优秀的书法文化，营造学校浓厚的文化氛围，进一步丰富全体师生的校园文化生活，书法社将举办以『弘扬书法文化，陶冶艺术情操』为主题的交流会活动，有关事项如下：
>
> 一、活动主题：弘扬书法文化，陶冶艺术情操
>
> 二、活动时间：2023 年 6 月 18 日上午 9 点
>
> 三、活动地点：学校操场
>
> 四、参加人员：全体师生
>
> 书法社
>
> 2023 年 6 月 6 日

操作步骤如下。

①将光标置于第 1 段段首，按 Enter 键，产生一个空行，在空行中输入标题“关于举办硬笔书法交流会活动的通知”。

②将光标置于标题末尾，按 Enter 键，产生一个空行，然后输入需要的文字内容。

③单击“开始”选项卡的“编辑”组中的“替换”按钮，打开“查找和替换”对话框。在“查找内容”组合框中输入待查找文字“会议”，在“替换为”组合框中输入目标文字“活动”，单击“更多”按钮（此时按钮变为“更少”），然后单击“格式”按钮，在下拉列表中选择“字体”命令，在打开的“替换字体”对话框中设置着重号为“.”，如图 3-3 所示。

④单击“全部替换”按钮，则文档中所有满足条件的文字均被替换成目标文字。

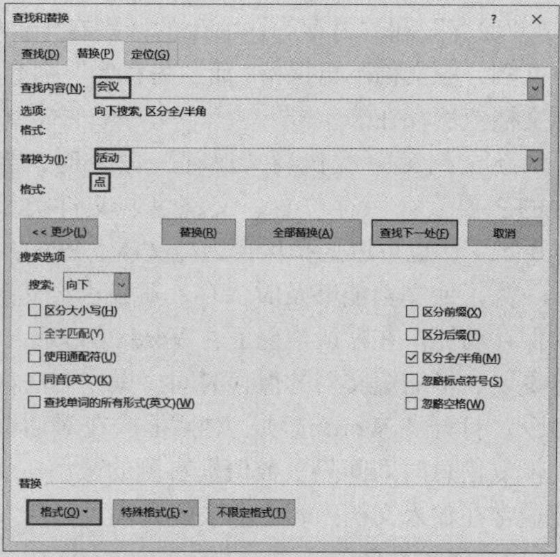

图 3-3 “查找和替换”对话框

注意：在单击“格式”按钮进行设置前，光标应定位在“替换为”组合框中，如果不小心把“查找内容”组合框中的文字进行了格式设置，则可以单击“不限定格式”按钮来取消该格式，重新进行操作。

5）检查拼写和语法

用户输入的文本，难免会出现拼写和语法上的错误。Word 2019 提供了自动拼写和语法检查功能，这是由其拼写检查器和语法检查器来实现的。

单击“审阅”选项卡的“校对”组中的“拼写和语法”按钮，拼写检查器就会使用拼写

词典检查文章中的每一个词，如果该词在拼写词典中，拼写检查器就认为它是正确的，否则就会加红色波浪线来报告错词信息，并根据拼写词典中能够找到的词给出修改建议。如果 Word 2019 指出的错误不是拼写或语法错误（如人名、公司或专业名称的缩写等），则可以单击“忽略”或“全部忽略”按钮忽略错误提示，继续文档其余内容的检查工作；也可以把这些词添加到拼写词典中，避免以后再出现同样的问题。语法检查器会根据当前语言的语法结构，指出文章中潜在的语法错误，并给出解决方案，帮助用户校正句子的结构或词语的使用。

目前，Word 2019 对英文的拼写和语法检查的正确率较高，对中文校对的作用不大。

3.2.4 保存和保护文档

用户输入和编辑的文档是存放在内存中并显示在屏幕上的，如果不执行存盘操作，一旦计算机死机或断电，所做的工作就可能因为得不到保存而丢失。只有外存（如磁盘）上的文件才可以长期保存，所以当完成文档的编辑工作后，应及时把工作成果保存到外存上。

1. 保存文档

保存文档的常用方法有以下两种。

（1）单击快速访问工具栏中的“保存”按钮。

（2）单击“文件”按钮，在菜单中选择“保存”或“另存为”命令。

“保存”和“另存为”命令的区别在于：“保存”命令是以新替旧，用新编辑的文档取代原文档，原文档不再保留；而“另存为”命令相当于文件复制，即建立当前文件的一个副本，原文档依然存在。

新文档第一次执行“保存”命令时，会出现“另存为”对话框。此时，需要指定文件的三要素：保存位置、文件名、文件类型。Word 2019 默认的文件类型是“Word 文档(*.docx)”，也可以选择保存为纯文本、PDF、HTML 或其他文档。

为了使文档能够及时保存，避免因突然断电等情况造成文件丢失，Word 2019 设置了自动保存功能。在默认情况下，Word 2019 每 10 min 自动保存一次，如果用户所编辑的文档十分重要，可缩短文档的保存时间，操作方法如下：单击“文件”按钮，在菜单中选择“选项”命令，打开“Word 选项”对话框，在对话框左侧选择“保存”选项卡，然后单击“保存自动恢复信息时间间隔”数值框右侧的微调按钮，设置需要的数值即可。需要注意的是，该功能通常在输入文档内容之前设置，而且只对 Word 文档有效。

2. 保护文档

当用户所编辑的文档属于机密文件时，为了防止其他用户随便查看，可使用密码将其保护起来。操作方法如下：单击“文件”按钮，在菜单中选择“信息”命令，显示“信息”界面，单击该界面中的“保护文档”下拉按钮，在下拉列表中选择“用密码进行加密”命令，然后在打开的“加密文档”与“确认密码”对话框中分别输入所设置的密码，单击“确定”按钮即可。如果要取消文档的密码保护，其操作与设置密码一样。不同的是，在打开“加密文档”对话框后，将“密码”文本框中所设置的密码删除。

需要注意的是，上述这种操作方法只能设置文件的打开密码。如果既需要设置文件的打开密码，又需要设置文件的修改密码（防止对此文件误编辑），操作方法如下：单击“文件”按钮，在菜单中选择“另存为”命令，选择保存位置后，打开“另存为”对话框；单击对话框中的“工具”下拉按钮，在下拉列表中选择“常规选项”命令，打开“常规选项”对话框；在“打开文件时的密码”文本框和“修改文件时的密码”文本框中分别输入密码，单击“确定”按钮；在打开的“确认密码”对话框中再次分别输入密码并确定，最后单击“保存”按钮。

3.2.5 打开和打印文档

单击“文件”按钮，在菜单中选择“打开”命令，可以选择打开最近使用过的文档、云OneDrive上的文档、此电脑上的文档以及其他外部存储设备（如U盘、移动硬盘）上的文档等。

如果想把计算机中编辑排版后的文档变成书面文档，为计算机添加打印机并连接就可以将其打印输出。在打印输出前，可以对文档进行预览和相应的设置，如页面布局、打印份数、纸张大小、打印方向等的设置。这可以通过单击“文件”按钮，在菜单中选择“打印”命令来实现。

3.3 文档排版

文档编辑好后，就可以按要求对文本外观进行修饰了，使其变得美观易读、丰富多彩。这就是文档排版。按照操作对象从小到大的顺序，文档排版包括字符排版、段落排版和页面排版。文档排版一般在页面视图下进行，它与编辑文档一样，同样需要遵守“先选定，后执行”的原则。

3.3.1 字符排版

字符是指文档中输入的汉字、字母、数字、标点符号和其他各种符号。字符排版有两种：字符格式化和中文版式。字符格式化包括字符的字体、字号、字形（加粗和倾斜）、字符颜色、下划线、着重号、删除线、上标、下标、文本效果、字符缩放、字符间距、字符和基准线的上下位置等。

1. 字符格式化

对字符进行格式设置需要先选定文本，否则格式设置只对光标处新输入的字符有效。字符格式化设置主要包括以下几个方面。

（1）字体：指文字在屏幕或纸张上呈现的书写形式。字体包括中文字体和英文字体，英文字体只对英文字符起作用，而中文字体对汉字、英文字符均起作用。字体数量取决于计算机中安装的字体文件的数量。

（2）字号：指文字的大小。字号有汉字数码表示和阿拉伯数字表示两种方法。其中，汉字数码越小，字号越大；阿拉伯数字越小，字号越小。默认状态下，字体为宋体，字号为五号。

（3）字形：指常规、倾斜、加粗、加粗倾斜等形式。

（4）字符颜色：指字符的颜色。

（5）字符缩放：指对字符的横向尺寸进行缩放，以改变字符横向和纵向的比例。

（6）字符间距：指两个字符的间隔距离，标准的字符间距为 0 。当规定了一行的字符数后，可通过加宽或紧缩字符间距进行调整，以保证一行能够容纳规定的字符数。

（7）字符位置：指字符在垂直方向上的位置，包括字符的上升和下降。

（8）特殊效果：指根据需要进行多种设置，包括删除线、上标、下标、文本效果等。其中，文本效果可以为 Word 文档中的普通文本应用多彩的艺术字效果，使文本更加多样、美观。设置时，可以直接使用 Word 2019 中预设的外观效果，也可以从轮廓、阴影、映像、发光 4 个方面进行自定义设置。

字符格式设置一般通过“开始”选项卡的“字体”组中的相应按钮（见图 3-4）及“字体”对话框来实现。单击“字体”组的对话框启动器按钮，打开“字体”对话框，其中有“字体”和“高级”两个选项卡，如图 3-5 所示。

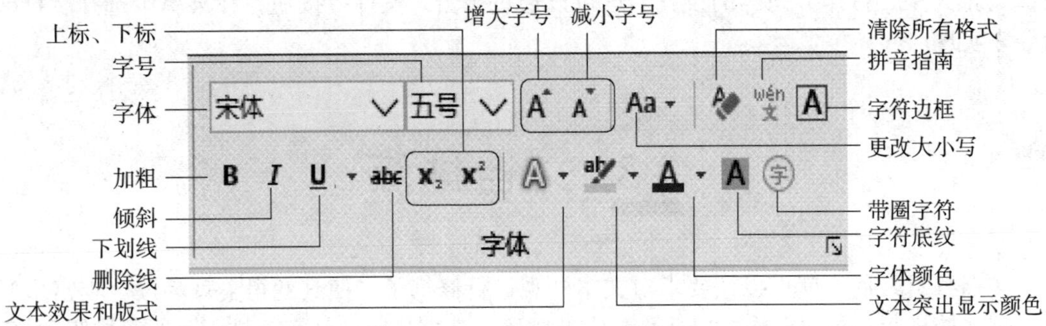

图 3-4 “字体”组中各按钮的功能

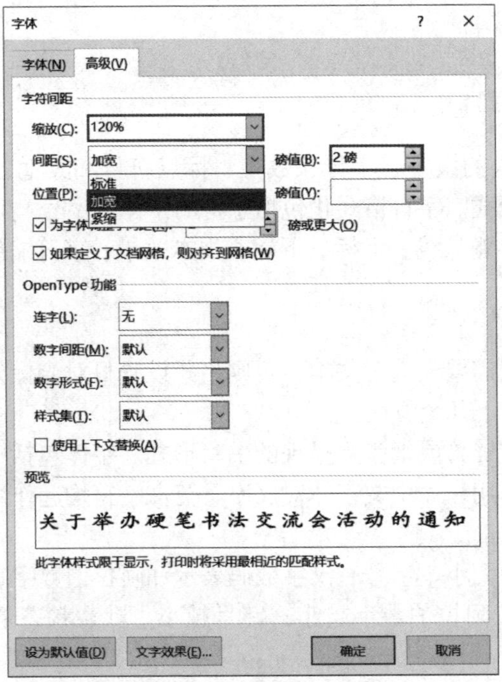

图 3-5 “字体”对话框

- “字体”选项卡：用于设置字体、字号、字形、字体颜色、下划线、着重号和静态效果。
- “高级”选项卡：用于设置字符的缩放比例、间距、位置等内容。

注意：选定文本后，文本右上角会出现“字体”浮动工具栏，设置字符格式也可以通过单击其中的相应按钮快速完成。

2. 中文版式

对于中文字符，Word 2019 提供了具有中文特色的特殊版式（中文版式），如简体和繁体的转换、加拼音、加圈、纵横混排、双行合一、合并字符等，其效果如图 3-6 所示。

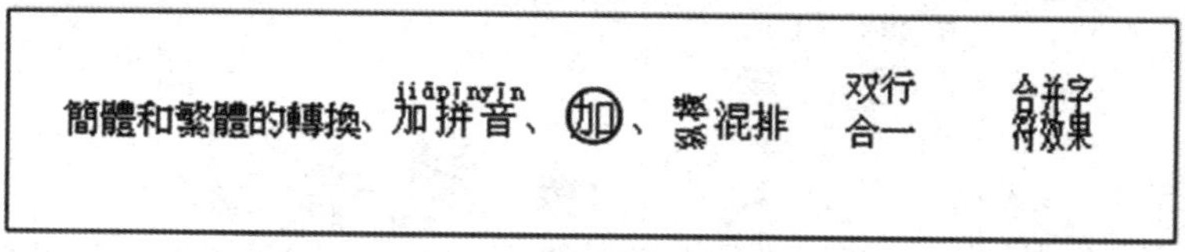

图 3-6 中文版式的效果

其中，简体和繁体的转换可以通过单击“审阅”选项卡的“中文简繁转换”组中的相应按钮来实现，加拼音、加圈则通过分别单击“开始”选项卡的“字体”组中的“拼音指南”和“带圈字符”按钮来实现，其他功能则通过单击“开始”选项卡的“段落”组中的“中文版式”下拉按钮，在下拉列表中选择相应的命令来完成。

【例 3-3】 打开例 3-2 中的“一则通知”文档，进行字符排版。

①将标题“关于举办硬笔书法交流会活动的通知”设为华文楷体、四号、加粗；字符缩放 120%，加宽 2 磅。

②使用喜欢的文本效果预设样式设置标题“关于举办硬笔书法交流会活动的通知”，并自定义阴影效果。

③给活动主题中的“弘扬书法文化，陶冶艺术情操”加波浪线。

④为标题中的“硬笔书法”添加拼音。

最后的字符排版效果如图 3-7 所示。

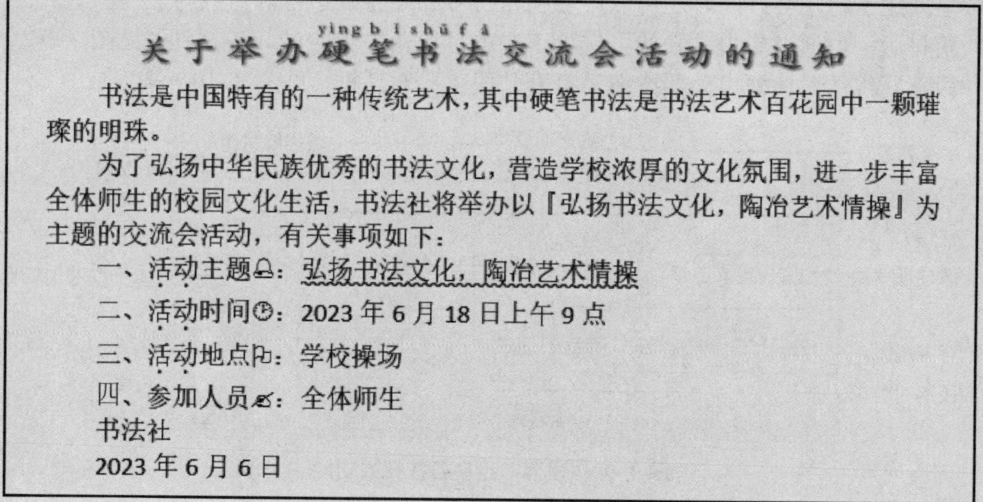

关于举办硬笔书法交流会活动的通知

书法是中国特有的一种传统艺术，其中硬笔书法是书法艺术百花园中一颗璀璨的明珠。

为了弘扬中华民族优秀的书法文化，营造学校浓厚的文化氛围，进一步丰富全体师生的校园文化生活，书法社将举办以『弘扬书法文化，陶冶艺术情操』为主题的交流会活动，有关事项如下：

一、活动主题：弘扬书法文化，陶冶艺术情操

二、活动时间：2023 年 6 月 18 日上午 9 点

三、活动地点：学校操场

四、参加人员：全体师生

书法社

2023 年 6 月 6 日

图 3-7 “一则通知”文档的字符排版效果

操作步骤如下。

①打开文档，选中标题“关于举办硬笔书法交流会活动的通知”，在“开始”选项卡的“字体”组中分别设置“华文楷体”“四号”“加粗”，然后单击该组的对话框启动器按钮，打开“字体”对话框，进行相应设置，如图 3-5 所示，单击“确定”按钮。

②选中标题，单击“开始”选项卡的“字体”组中的“文本效果和版式”下拉按钮，在弹出的文本效果库中选择喜欢的样式（如“填充：蓝色，主题色 1：阴影”）；再次单击“文本效果和版式”下拉按钮，在下拉列表中选择“阴影”命令，在展开的阴影效果库中选择一种效果（如“外部”区的“偏移：右下”）。

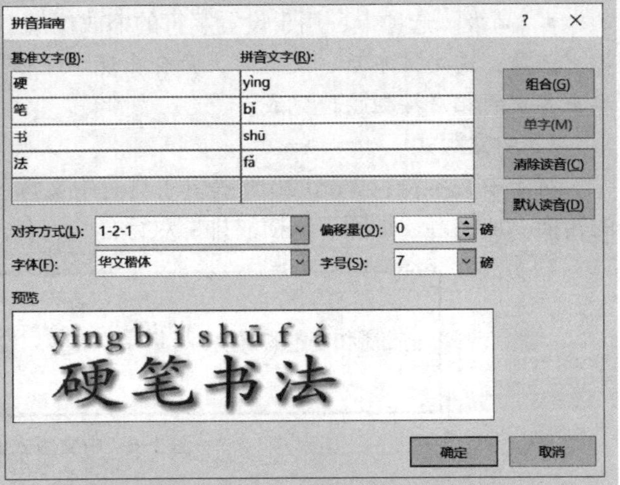

图 3-8 “拼音指南”对话框

③选中活动主题中的文本“弘扬书法文化，陶冶艺术情操”，单击“开始”选项卡的“字体”组中的“下划线”按钮，在展开的下划线库中选择波浪线。

④选中标题中的“硬笔书法”，单击“开始”选项卡的“字体”组中的“拼音指南”按钮，打开“拼音指南”对话框，选择合适的字体和字号等，如图 3-8 所示，单击“确定”按钮。

注意：若要清除文档中的所有样式、文本效果和字体格式，单击“开始”选项卡中的“字体”组中的“清除所有格式”按钮即可。

3.3.2 段落排版

完成字符排版后，应该对段落进行排版。段落由一些字符和其他对象组成，最后是段落标记（↵，按 Enter 键产生）。段落排版是指对整个段落进行设置，包括对齐方式、段落缩进、段落间距、行距等，同时还可以添加项目符号和编号、边框和底纹等。

段落排版一般通过单击“开始”选项卡中的“段落”组中的相应按钮（见图 3-9），或者单击“段落”组的对话框启动器按钮，打开“段落”对话框（见图 3-10）来完成。

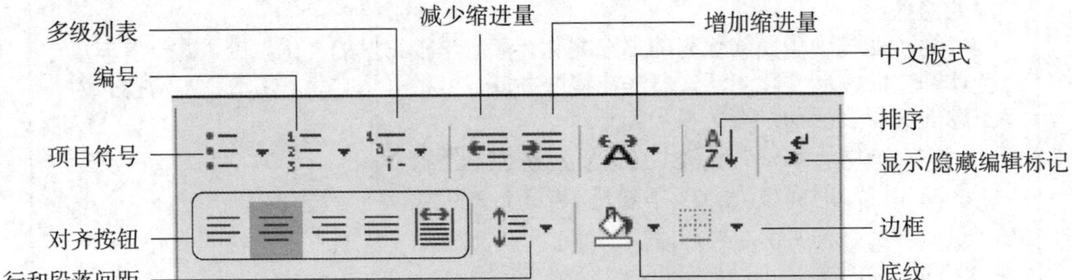

图 3-9 “段落”组中各按钮的功能

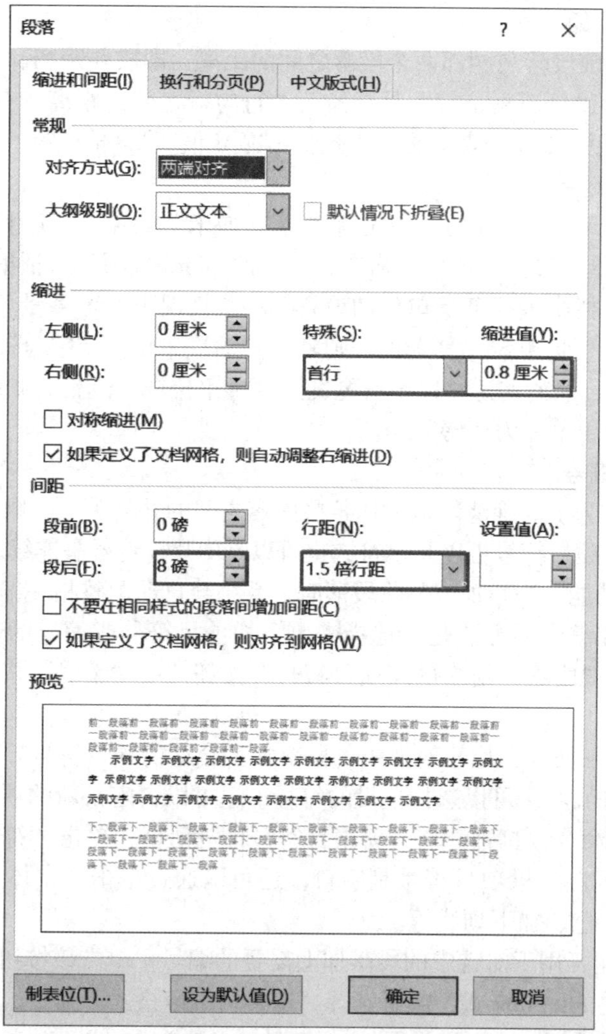

图 3-10 “段落”对话框

段落排版主要是从以下几个方面进行设置的。

1. 对齐方式

在文档中对齐文本可以使文本清晰易读。对齐方式一般有 5 种：左对齐、居中、右对齐、两端对齐和分散对齐。两端对齐以词为单位，自动调整词与词间空格的宽度，使正文沿页面的左、右边界对齐。这种对齐方式可以防止英文文本中一个单词跨两行的情况出现，但对于中文文本，其效果等同于左对齐。分散对齐使字符均匀地分布在一行上。

2. 段落缩进

段落缩进是指段落各行相对于页面边界的距离。一般规定段落首行缩进两个字符，为了强调某些段落，也可以适当地改变缩进。Word 2019 提供了以下 4 种段落缩进方式。

（1）首行缩进：段落第一行的左边界向右缩进一段距离，其余行的左边界不变。

（2）悬挂缩进：段落第一行的左边界不变，其余行的左边界向右缩进一段距离。

（3）左缩进：整个段落的左边界向右缩进一段距离。

（4）右缩进：整个段落的右边界向左缩进一段距离。

3. 段落间距与行距

段落间距是指当前段落与相邻两个段落之间的距离，即段前距离和段后距离，加大段落的间距可使文档显示得更清晰。行距是指段落中行与行之间的距离，有单倍行距、1.5倍行距等，如果选择“行距”下拉列表中的“最小值”“固定值”“多倍行距”选项，可在“设置值”数值框中选择或输入磅数。

设置段落缩进、间距和行距时，单位有“磅”“厘米”“字符”“英寸”等，可以通过单击“文件”按钮，在菜单中选择“选项”命令，打开“Word选项”对话框，然后单击“高级”选项卡，在“显示”栏中进行度量单位的设置。一般情况下，若度量单位选择“厘米”，且勾选“以字符宽度为度量单位”复选框，则默认的缩进单位为“字符”，对应的段落间距和行距单位为“行”；若取消勾选“以字符宽度为度量单位”复选框，则缩进单位为“厘米”，对应的段落间距和行距单位为“磅”。

4. 项目符号和编号

在文档处理中，为了准确清楚地表达某些内容之间的并列关系、顺序关系等，经常要用到项目符号和编号。项目符号可以是字符，也可以是图片；编号是连续的数字和字母。Word 2019具有自动编号功能，当增加或删除段落时，系统会自动调整相关编号的顺序。

创建项目符号和编号的方法是：选择需要添加项目符号或编号的若干段落，然后单击“开始”选项卡中的“段落”组中的“项目符号”按钮、“编号”按钮和“多级列表”按钮。

（1）“项目符号”按钮：用于对选中的段落加上合适的项目符号。单击该按钮右边的下拉按钮，弹出项目符号库，可以选择预设的符号，也可以自定义新的项目符号。选择其中的“定义新项目符号”命令，打开“定义新项目符号”对话框，单击“符号”和“图片”按钮可以选择符号的样式。如果项目符号是字符，还可以通过单击“字体”按钮进行格式化设置，如改变大小和颜色、加下划线等。

（2）“编号”按钮：用于对选中的段落加上需要的编号。单击该按钮右边的下拉按钮，弹出编号库，选择需要的编号样式，或者选择“定义新编号格式”命令，打开“定义新编号格式”对话框，在该对话框中，可以设置编号的字体、样式、格式、对齐方式等。

（3）“多级列表”按钮：用于创建多级列表。多级列表可以清晰地表明各层次的关系。创建多级列表时，需先确定多级格式，然后输入内容，再通过“段落”组中的“减少缩进量”按钮和“增加缩进量”按钮确定层次关系。图3-11显示了编号、项目符号和多级列表的设置效果。

编号	项目符号	多级列表
A. 字符排版	字符排版	1 字符排版
B. 段落排版	段落排版	1.1 段落排版
C. 页面排版	页面排版	1.1.1 页面排版

图3-11　编号、项目符号和多级列表的设置效果

要去掉项目符号、编号和多级列表，只需要再次单击相应的按钮，在项目符号库、编号库或列表库中单击“无”按钮即可。

5. 边框和底纹

给段落加上边框和底纹，可以起到强调和美观的作用。

简单地添加边框和底纹，可以分别单击“开始”选项卡中的“段落”组中的“边框”按钮和“底纹”按钮，较复杂的效果则通过“边框和底纹”对话框来完成。选中段落，单击“开始”选项卡中的“段落”组中的“边框”下拉按钮，在下拉列表中选择“边框和底纹”命令，打开“边框和底纹”对话框，如图 3-12 所示，其中有“边框”“页面边框”“底纹”3 个选项卡。

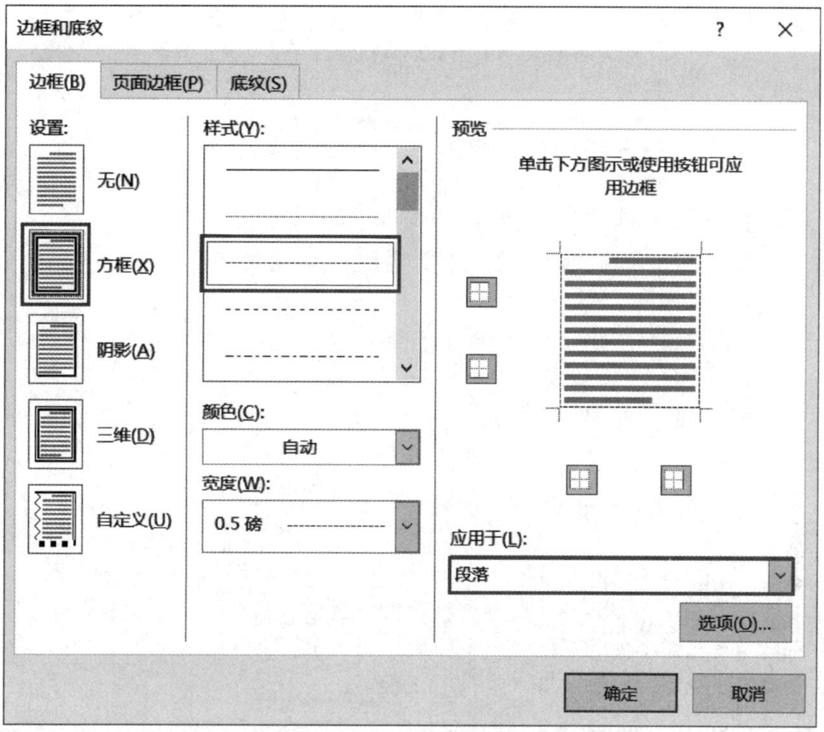

图 3-12 “边框和底纹”对话框

（1）“边框”选项卡：用于对选定的段落或文字加边框。可以选择边框的类型、样式、颜色和线条宽度等。如果需要对某些边设置边框线，如只对段落的上、下边框设置边框线，可以单击“预览”栏中的左、右边框按钮将左、右边框线去掉。

（2）“页面边框”选项卡：用于对页面或整个文档加边框。该选项卡的设置与“边框”选项卡类似，但增加了“艺术型”下拉列表框。

（3）“底纹”选项卡：用于对选定的段落或文字加底纹。其中，“填充”下拉列表框用于设置底纹的背景色；“样式”下拉列表框用于设置底纹的图案样式（如浅色上斜线）；“颜色”下拉列表框用于设置底纹图案中点或线的颜色。

注意：在设置段落的边框和底纹时，要在“应用于”下拉列表中选择“段落”选项，设置文字的边框和底纹时，要在“应用于”下拉列表中选择“文字”选项。

【例 3-4】 打开例 3-3 的“一则通知”文档，进行段落排版。

①将全文设置首行缩进 0.8 厘米，行距为“1.5 倍行距”，段后间距为 8 磅。

②将标题设置为居中对齐，并添加一个外粗内细的边框和一个细虚线的边框和一个“白色，背景 1，深色 5%”的底纹。

③将最后两段“书法社”和“2023年6月6日”设置为右对齐，并给整个页面添加一个艺术型页面边框。

段落排版效果如图3-13所示。

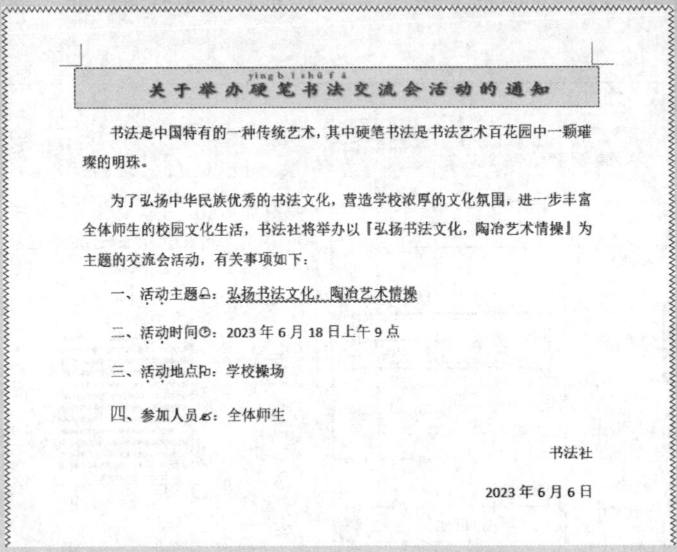
关于举办硬笔书法交流会活动的通知

书法是中国特有的一种传统艺术，其中硬笔书法是书法艺术百花园中一颗璀璨的明珠。

为了弘扬中华民族优秀的书法文化，营造学校浓厚的文化氛围，进一步丰富全体师生的校园文化生活，书法社将举办以『弘扬书法文化，陶冶艺术情操』为主题的交流会活动，有关事项如下：

一、活动主题：弘扬书法文化，陶冶艺术情操

二、活动时间：2023年6月18日上午9点

三、活动地点：学校操场

四、参加人员：全体师生

书法社

2023年6月6日

图3-13 “一则通知”段落排版效果

操作步骤如下。

①单击“文件”按钮，在菜单中选择“选项”命令，打开“Word选项”对话框，单击“高级”选项卡，在“显示”栏中确保度量单位是“厘米”，注意取消勾选“以字符宽度为度量单位”复选框，如图3-14所示。

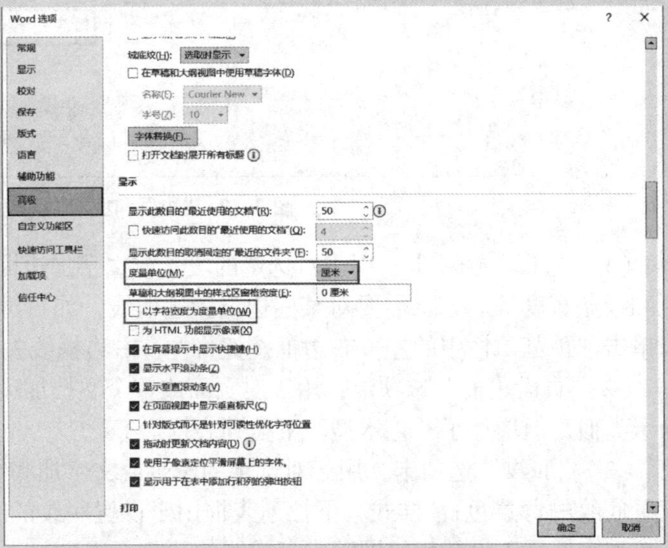

图3-14 设置段落缩进和间距的度量单位

选中全文（注意要将段首的空格删除，否则特殊格式的度量值会是字符，而不是厘米），单击“开始”选项卡中的“段落”组的对话框启动器按钮，打开“段落”对话框，进行相应设置，如图3-10所示，单击“确定”按钮。

②选中标题，单击“开始”选项卡中的“段落”组中的“居中”按钮；然后单击“开始”选项卡中的“段落”组中的“边框”下拉按钮，在下拉列表中选择“边框和底纹”命令，打开“边框和底纹”对话框。在“边框”选项卡的“样式”列表框中选择虚线线型，在“应用于”下拉列表中选择“段落”（见图3-12），再单击“底纹”选项卡，在“填充”下拉列表的“主题颜色”区中选择“白色，背景1，深色5%”选项，最后单击“确定”按钮。

③选中最后两段，单击“开始”选项卡中的“段落”组中的“右对齐”按钮。将光标置于文档中的任意位置，如前所述打开“边框和底纹”对话框，在“页面边框”选项卡的“艺术型”下拉列表中选择喜欢的类型，然后单击“确定”按钮。

6. **格式刷**

有时候需要对多个段落使用同一种格式，利用“开始”选项卡中的“剪贴板”组中的“格式刷”按钮，可以快速地复制格式，提高效率。该按钮也可用来实现字符格式的快速复制。格式刷的使用方法如下。

（1）选定要复制格式的文本或段落（如果是段落，在该段落的任意处单击即可）。

（2）单击“开始”选项卡中的“剪贴板”组中的“格式刷”按钮。

（3）用鼠标拖曳经过要应用此格式的文本或段落（如果是段落，则在该段落的任意处单击即可）。

如果同一种格式要多次复制，则在步骤（2）中双击“格式刷”按钮。若需要退出多次复制的操作，则再次单击“格式刷”按钮或按 Esc 键。

3.3.3 页面排版

页面排版反映了文档的整体外观和输出效果，主要包括页面设置、页眉和页脚、脚注和尾注、特殊格式设置（首字下沉、分栏、文档竖排、页面背景）等。

1. **页面设置**

页面设置通常包括设置页边距、纸张大小、页眉和页脚的位置、每页容纳的行数和每行容纳的字数等，可以通过单击“布局”选项卡中的“页面设置”组中的相应按钮或通过“页面设置”对话框来实现。

“页面设置”对话框通过单击“布局”选项卡中的“页面设置”组的对话框启动器按钮打开，如图 3-15 所示，该对话框有以下 4 个选项卡。

（1）“页边距”选项卡：用于设置文档内容与纸张四边的距离，从而确定文档版心的大小。通常正文显示在页边距以内，包括脚注和尾注，而页眉和页脚显示在页边距上。页边距包括上边距、下边距、左边距和右边距。通过“页面设置”对话框设置页边距的同时，还可以设置装订线位置或选择纸张方向等。还可以通过“页面设置”组中的“页边距”下拉按钮快速设置页边距，其中提供了“普通”“窄”“适中”“宽”“对称”5 种预设方式。纸张方向也可以通过该组中的“纸张方向”下拉按钮快速设置。

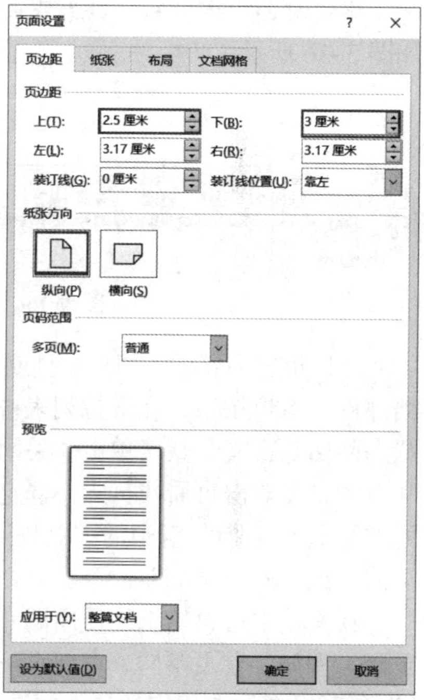

图 3-15 “页面设置”对话框

（2）“纸张”选项卡：用于选择纸张的大小，一般默认值为 A4 纸。如果当前使用的纸张为特殊规格，则在“页面设置”对话框的“纸张”选项卡中，选择“纸张大小”下拉列表中的“自定义大小”选项，并通过“高度”和“宽度”数值框定义纸张大小。也可以通过“页面设置”组中的“纸张大小”下拉按钮快速设置纸张大小。

（3）“布局”选项卡：用于设置节的起始位置、页眉和页脚的特殊选项（如奇偶页不同、首页不同、距页边界的距离）、页面内容的垂直对齐方式等。

（4）“文档网格”选项卡：用于设置每页容纳的行数和每行容纳的字数，文字打印方向，以及行、列网格线是否要打印等。

通常，页面设置作用于整个文档，如果对部分文档进行页面设置，应在“页面设置”对话框的“应用于”下拉列表中选择范围。

2. 页眉和页脚

在文档排版打印时，有时需要在每页的顶部和底部加入一些说明性信息，这些信息称为页眉和页脚。页眉和页脚可以是文字、图形、图片等，还可以是用来生成各种文本的域代码（如日期、页码等）。域代码与普通文本不同，它在显示和打印时会被当前的最新内容代替。例如，日期域代码可根据显示或打印时系统的时钟生成当前的日期，同样，页码域代码可根据文档的实际页数生成当前的页码。

视频：页眉和页脚

Word 2019 中内置了 20 多种页眉和页脚样式，可以直接应用于文档中。这是通过单击“插入”选项卡中的“页眉和页脚”组中的相应按钮来完成的。选择页眉和页脚样式并输入内容后，可以双击正文部分返回文档的正文编辑状态。

插入页眉的时候，选好页眉样式，进入页眉编辑区，此时正文呈浅灰色，表示不可编辑。页眉内容输入完毕，双击正文部分完成操作。插入页脚和页码的操作方法与此类似。

编辑时，双击页眉、页脚或页码，窗口中会出现“页眉和页脚工具”→“设计”选项卡，如图 3-16 所示。

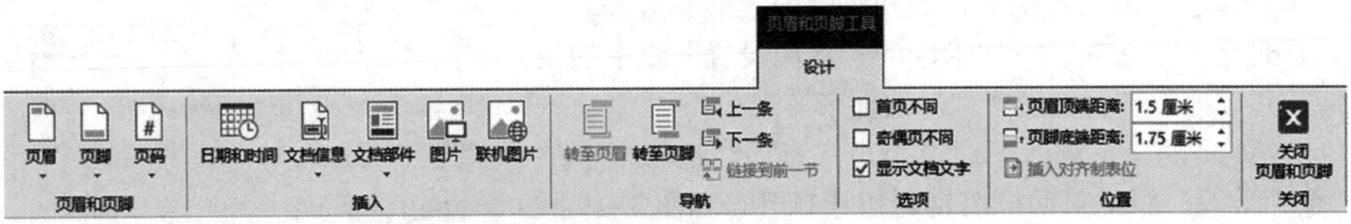

图 3-16 “页眉和页脚工具”→“设计”选项卡

可以根据需要插入图片、日期或时间、域（单击“插入”选项卡中的“文本”组中的“文档部件”下拉按钮，在下拉列表中选择“域”命令）等内容。如果要关闭页眉和页脚的编辑状态而回到正文，直接单击“关闭”组中的“关闭页眉和页脚”按钮即可。如果要删除页眉和页脚，先双击页眉或页脚，选定要删除的内容，按 Delete 键，或者单击“插入”选项卡中的“页眉和页脚”组中的“页眉”或“页脚”下拉按钮，在下拉列表中选择相应的“删除页眉”或“删除页脚”命令。

在文档中可自始至终使用同一个页眉或页脚，也可在文档的不同部分使用不同的页眉和页脚。例如，首页不同、奇偶页不同，这需要在“页眉和页脚工具”→“设计”选项卡中的“选项”组中勾选相应的复选框。如果文档被分为多个节，也可以设置节与节之间的页眉和页脚互不相同。

3. 脚注和尾注

脚注和尾注用于给文档中的文本加注释。脚注用于对文档某处内容进行注释说明，通常位于页面底端；尾注用于说明引用文献的来源，一般位于文档末尾。在同一个文档中可以同时包括脚注和尾注，一般在页面视图下可见。

脚注和尾注由两部分组成：注释引用标记和与其对应的注释文本。对于注释引用标记，Word 2019 可以自动为其编号，还可以创建自定义标记。添加、删除或移动自动编号的注释时，Word 2019 将对注释引用标记重新编号。注释可以使用任意长度的文本，可以像处理其他文本一样设置文本格式，还可以自定义注释分隔符，即用来分隔文档正文和注释文本的线条。

要设置脚注和尾注，可以通过单击“引用”选项卡中的“脚注”组中的相应按钮，或者单击“脚注”组的对话框启动器按钮，在打开的“脚注和尾注”对话框中进行，如图 3-17 所示。

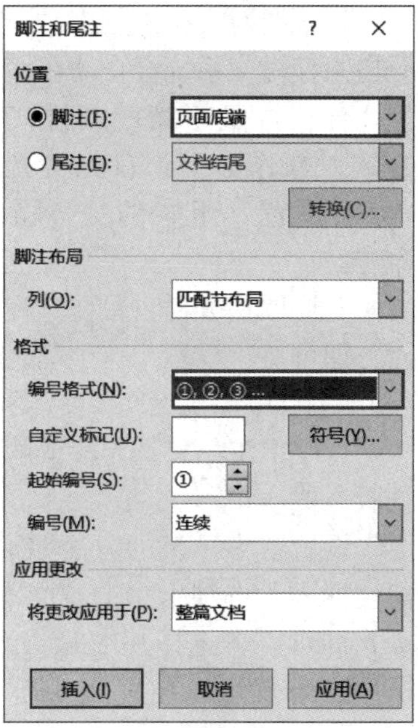

图 3-17　“脚注和尾注”对话框

要删除脚注和尾注，只要将光标定位在脚注和尾注的引用标记前，按 Delete 键即可，这样引用标记和注释文本同时被删除。

4. 特殊格式设置

1）分栏

分栏是指将一页纸的版面分为几栏，使页面更生动和更具可读性，这种排版方式在报纸、杂志中经常用到。

分栏排版是通过单击“布局”选项卡中的“页面设置”组中的“栏”下拉按钮实现的。如果分栏较复杂，则需要在打开的下拉列表中选择“更多栏”命令，打开“栏”对话框进行设置，如图 3-18 所示。该对话框的“预设”栏用于设置分栏方式，可以等宽地将版面分成两栏、三栏；若栏宽不等，则只能分成两栏。此外，用户可以选择分栏时各栏之间是否带“分隔线”，还可以自定义分栏形式，按需要设置“栏数”“宽度”“间距”。

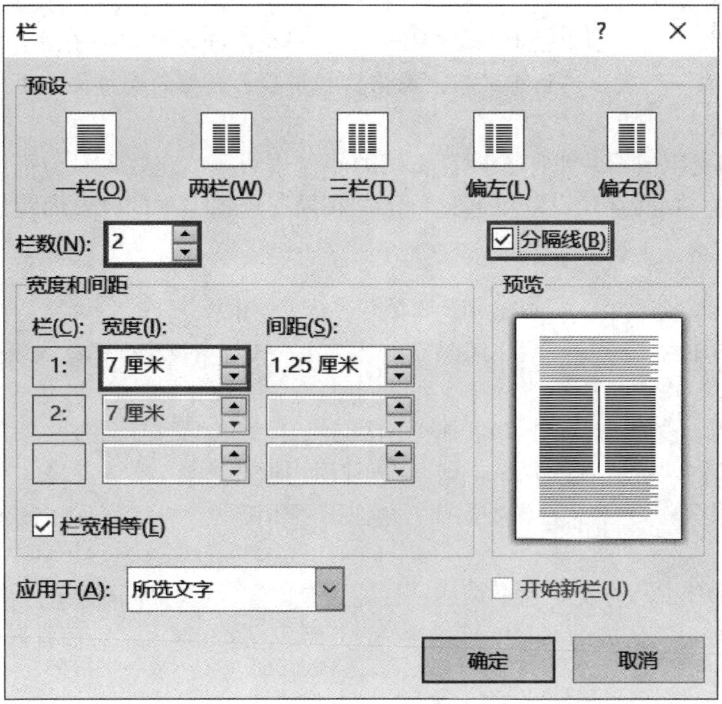

图 3-18　“栏”对话框

如果要对文档进行多种分栏，只要分别选择需要分栏的段落，执行分栏操作即可。多种分栏并存时，系统会自动在栏与栏之间增加双虚线的分节符（草稿视图下可见）。

分栏排版不满一页时，会出现分栏长度不一致的情况，采用等长栏排版可使栏长一致，操作如下：首先将光标移到分栏文本的结尾处，然后单击“布局”选项卡中的“页面设置”组中的“分隔符”下拉按钮，在下拉列表中选择“分节符”→“连续”命令。

若要取消分栏，只要选择已分栏的段落，打开“栏”对话框，在“预设”栏中选择“一栏”即可。

2）首字下沉

首字下沉是将选定段落的第一个字放大数倍，以引导阅读，这也是报纸、杂志中常用的排版方式。

设置首字下沉的方法如下：选中段落或将光标定位在需要设置首字下沉的段落中，单击“插入”选项卡中的“文本”组中的“首字下沉”下拉按钮，在下拉列表中选择需要的形式即可。若选择其中的“首字下沉选项”命令，将打开“首字下沉”对话框。在该对话框中，不仅可以设置“下沉”或“悬挂”位置，还可以设置字体、下沉行数及与正文的距离。

若要取消首字下沉，只要选定已设置首字下沉的段落，单击“插入”选项卡中的“文本”组中的“首字下沉”下拉按钮，在下拉列表中选择“无”命令即可。

3）文档竖排

通常情况下，文档都是从左至右横排的，但是有时需要特殊效果，如古文、古诗的排版需要竖排。这时，可以单击“布局”选项卡中的“页面设置”组中的“文字方向”下拉按钮，在下拉列表中根据需要选择其中的一种竖排样式。

注意：如果把一篇文档中的部分文字竖排，竖排文字会单独占一页进行显示。若想在一页上既出现横排文字，又出现竖排文字，则需要利用后面介绍的竖排文本框。

4）页面背景

为文档添加文字或图片水印、设置文档的颜色或图案填充效果、为页面添加边框可以使页面更加美观。页面背景设置可通过单击“布局”选项卡中的“页面背景”组中的相应按钮来实现。

【例 3-5】 打开例 3-4 中的“一则通知”文档，进行页面排版。

①设置上边距为 2.5 厘米，下边距为 3 厘米，纸张方向为纵向，纸张大小为 Letter，文档中每行 35 个字。

②设置页眉，内容为“关于举办硬笔书法交流会活动的通知”，选择喜欢的样式插入页码，并为第一段的“硬笔书法”添加脚注，脚注引用标记是①，脚注注释文本是“本次活动书写工具主要为钢笔”。为文档添加尾注，尾注引用标记是“*”，尾注注释文本是“学校社团通知”。

③将正文的第二段分为等宽的两栏，栏宽为 7 厘米，栏间加分隔线。并将正文的第一段设置首字下沉，字体为隶书，下沉行数为 2，距正文 0.3 厘米。页面排版效果如图 3-19 所示。

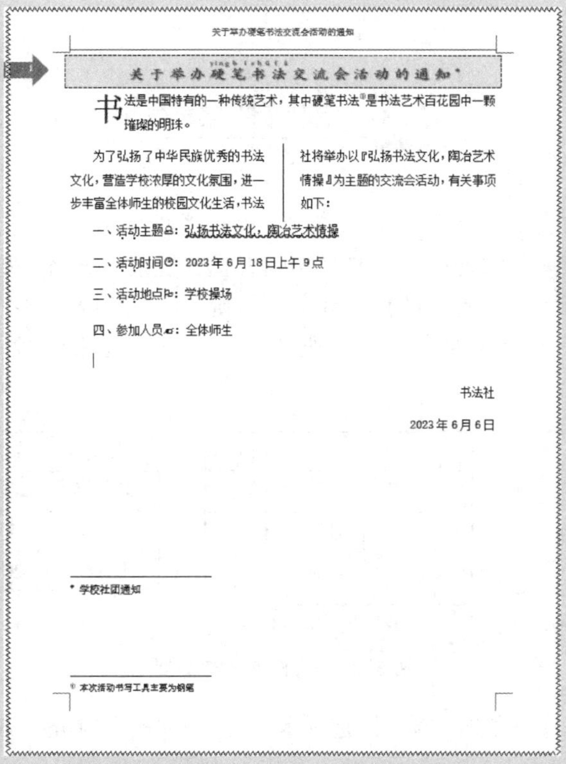

关于举办硬笔书法交流会活动的通知

关于举办硬笔书法交流会活动的通知*

书法是中国特有的一种传统艺术，其中硬笔书法①是书法艺术百花园中一颗璀璨的明珠。

为了弘扬了中华民族优秀的书法文化，营造学校浓厚的文化氛围，进一步丰富全体师生的校园文化生活，书法社将举办以『弘扬书法文化，陶冶艺术情操』为主题的交流会活动，有关事项如下：

一、活动主题：弘扬书法文化，陶冶艺术情操

二、活动时间：2023 年 6 月 18 日上午 9 点

三、活动地点：学校操场

四、参加人员：全体师生

书法社

2023 年 6 月 6 日

* 学校社团通知

① 本次活动书写工具主要为钢笔

图 3-19 “一则通知”页面排版效果

操作步骤如下。

①打开文档，单击“布局”选项卡中的“页面设置”组的对话框启动器按钮，打开“页面设置”对话框。在“页边距”选项卡中进行相应设置，如图 3-15 所示。

在“纸张”选项卡的“纸张大小”下拉列表中选择“Letter”选项。

在“文档网格”选项卡的“网格”栏中选中“指定行和字符网格”单选按钮，在“每页”数值框中选择或输入“35”。

②单击“插入”选项卡中的“页眉和页脚”组中的“页眉”下拉按钮，在展开的页眉库中选择“空白”样式，在页眉编辑区输入文字“关于举办硬笔书法交流会活动的通知”。在“页眉和页脚工具”选项卡中的“页眉和页脚”组中单击“页码”下拉按钮，在下拉列表中选择“页边距”，在“带有多种形状”区中选择“箭头（左侧）”命令，最后双击正文或单击“关闭”组中的“关闭页眉和页脚”按钮。

将光标定位在第一段的“硬笔书法”后面，单击“引用”选项卡中的“脚注”组的对话框启动器按钮，打开“脚注和尾注”对话框。选中“脚注”单选按钮，在“编号格式”下拉列表中选择“①，②，③…”（见图 3-17），再单击“插入”按钮，进入脚注区，输入脚注注释文本“本次活动书写工具主要为钢笔”。

将光标定位在标题的最后，单击“引用”选项卡中的“脚注”组的对话框启动器按钮，打开“脚注和尾注”对话框，选择“尾注”单选按钮，单击“自定义标记”旁边的“符号”按钮，在打开的“符号”对话框中选择“*”，单击“确定”按钮，再单击“插入”按钮，进入尾注区，输入尾注注释文本“学校社团通知”，在尾注区外单击结束输入。

③选定正文第二段，单击“布局”选项卡中的“页面设置”组中的“栏”下拉按钮，在下拉列表中选择“更多栏”命令，打开“栏”对话框。“栏数”设置为“2”，“宽度”设为“7 厘米”，勾选“分隔线”复选框（见图 3-18），然后单击“确定”按钮。

选定正文第一段，单击“插入”选项卡中的“文本”组中的“首字下沉”下拉按钮，在下拉列表中选择“首字下沉选项”命令，在打开的“首字下沉”对话框中进行相应设置，然后单击“确定”按钮。

3.4 制作表格

Word 2019 提供的表格处理功能可以方便地处理各种表格，特别适用于简单表格（如课程表、作息时间安排表等）的处理。若要制作较大型、复杂的表格（如年度销售报表），或者要对表格中的数据进行大量、复杂的计算和分析，则 Excel 2019 是更好的选择。

Word 2019 中的表格有 3 种类型：规则表格、不规则表格、文本转换成的表格，如图 3-20 所示。

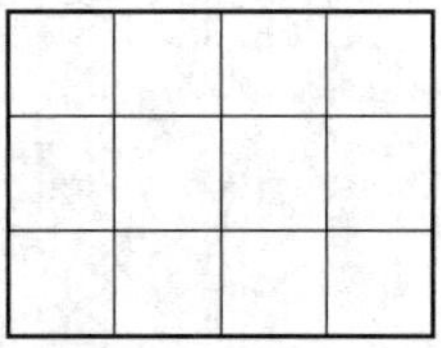

（a）规则表格

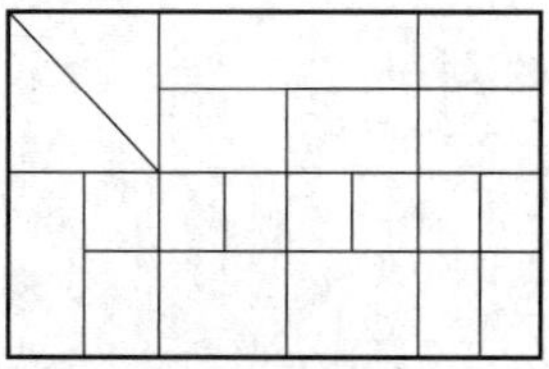

（b）不规则表格

乐器名称	数量	单价（元）
电子琴	100	1800
钢琴	5	11000
小提琴	20	900

（c）文本转换成的表格

图 3-20　表格的 3 种类型

对表格的操作可以通过单击“插入”选项卡中的“表格”组中的“表格”下拉按钮来完成。

3.4.1　创建表格

1．建立规则表格

建立规则表格常用的方法是：单击“插入”选项卡中的“表格”组中的“表格”下拉按钮，在下拉列表中选择“插入表格”命令，在打开的“插入表格”对话框中设置所需的行数和列数，单击“确定”按钮，如图 3-21 和图 3-22 所示。

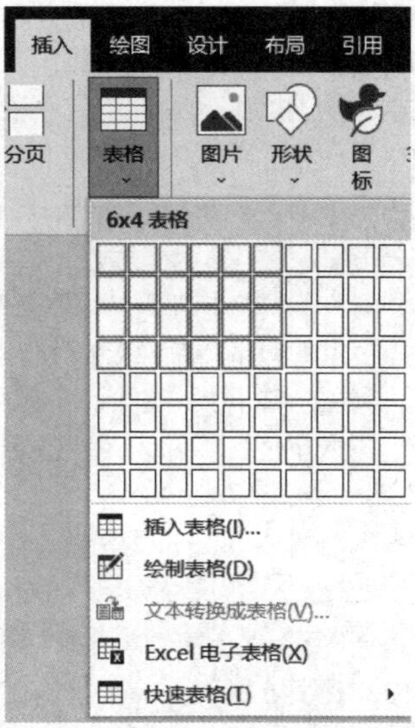

图 3-21　“表格”下拉按钮

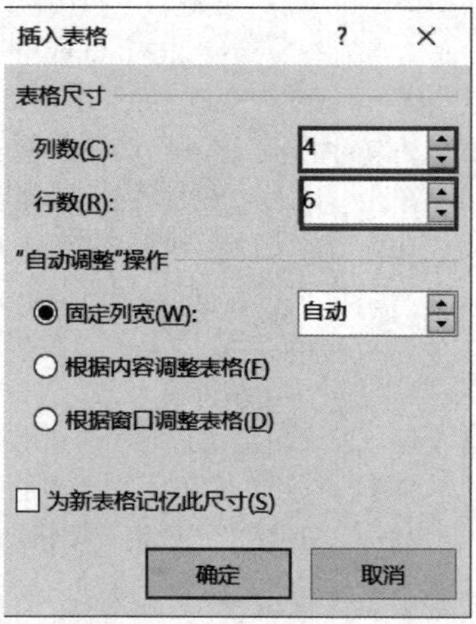

图 3-22　“插入表格”对话框

2. 建立不规则表格

单击“插入”选项卡中的“表格”组中的“表格”下拉按钮，在下拉列表中选择“绘制表格”命令。此时，鼠标指针呈铅笔状，可直接绘制表格外框、行列线和斜线（在线段的起点单击并拖曳至终点释放），表格绘制完成后，单击“表格工具”→“布局”选项卡中的“绘制表格”按钮，取消选定状态。在绘制过程中，可以根据需要选择表格线的线型、宽度和颜色等。单击“橡皮擦”按钮，按住鼠标左键沿表格线拖曳，松开鼠标左键即可删除多余的线段，也可以直接单击需要删除的线段。

3. 将文本转换成表格

按规律分隔的文本可以转换成表格，文本的分隔符可以是空格、制表符、逗号或其他符号等。要将文本转换成表格，需先选定文本，再单击“插入”选项卡中的“表格”组中的“表格”下拉按钮，在下拉列表中选择“文本转换成表格”命令即可。

注意：文本分隔符不能是中文或全角状态的符号，否则转换不成功。

创建表格时，有时需要绘制斜线表头，即将表格中第一行第一个单元格用斜线分成几部分，每一部分对应表格中行和列的内容。对于表格中的斜线表头，可以单击“插入”选项卡中的“插图”组中的“形状”下拉按钮，通过使用形状库中“线条”区的“直线”和“基本形状”区的“文本框”共同完成。

3.4.2 输入表格内容

创建好表格后，可以在表格的任意一个单元格中定位光标并输入文字，还可以插入图片、图形、图表等内容。

当内容输入完成后，可以为表格插入题注。题注可以为表格、图表、图片的名称和编号，当需要插入新题注时可以快速更新题注编号。具体方法为选择表格，单击“引用”选项卡中“题注”组中的“插入题注”按钮，在弹出的“题注”对话框中进行设置，如图3-23所示。

图3-23 “题注”对话框

输入题注时，按Tab键使光标往下一个单元格移动，按Shift + Tab快捷键使光标往前一个单元格移动，也可以将鼠标指针直接指向所需的单元格后单击。

要设置表格的单元格中文字的对齐方式，可以选中文字，在“表格工具”→“布局”选项卡中的“对齐方式”组中选择需要的对齐方式。也可以分别设置文字在单元格中的水平对齐方式和垂直对齐方式。设置水平对齐方式可以利用“开始”选项卡中的“段落”组中的对齐按钮进行操作，设置垂直对齐方式则需要在“表格工具”→“布局”选项卡中的“表”组中单击“属性”按钮（也可以右击任意的空白单元格，在快捷菜单中选择“表格属性”命令），打开“表格属性”对话框，在“单元格”选项卡中进行操作。

其他设置，如字体、缩进等，与前面介绍的文档排版的操作相同。

【例 3-6】 创建一个表格，如图 3-24 所示，要求表格中文字的对齐方式为水平居中对齐（水平方向和垂直方向都是居中对齐），并为表格插入题注。

2022年中国城市GDP五强

GDP排名	城市	2022年GDP（亿元）	2021年GDP（亿元）
1	上海	44652.80	43214.85
2	北京	41610.90	41045.60
3	深圳	32387.68	30664.85
4	重庆	29129.03	27894.02
5	广州	28839.00	28231.97

图 3-24 创建“2022 年中国城市 GDP 五强”表格

操作步骤如下。

①新建一个文档，单击“插入”选项卡中的“表格”组中的“插入表格”命令，在打开的“插入表格”对话框中输入列数“4”和行数“6”，如图 3-22 所示，单击“确定”按钮。

②在表格的其他单元格中输入相应内容，然后选定整个表格中的文字，在“表格工具”→“布局”选项卡中的“对齐方式”组中单击“水平居中”按钮。

③选中表格，单击“引用”选项卡中“题注”组中的“插入题注”按钮，在弹出的“题注”对话框中进行设置，如图 3-23 所示，单击“确定”按钮。选定题注文字，在“开始”选项卡中的“段落”组中单击“居中”按钮。

3.4.3 编辑表格

表格的编辑操作同样应遵守“先选定，后执行”的原则，选定表格的操作如表 3-1 所示。

表 3-1 选定表格

选取范围	鼠标操作
一个单元格	将鼠标指针指向单元格内左下角处，鼠标指针呈向右上方黑色实心箭头时单击
一行	将鼠标指针指向该行左端边沿处（选定区）时单击
一列	将鼠标指针指向该列顶端边沿处，鼠标指针呈向下黑色实心箭头时单击
整个表格	单击表格左上角的符号⊞

表格的编辑包括缩放表格，调整行高和列宽，增加或删除行、列和单元格，表格计算，表格排序，拆分和合并表格、单元格等。这些主要通过“表格工具”→“布局”选项卡中的相应按钮（见图 3-25）或快捷菜单中的相应命令来完成。

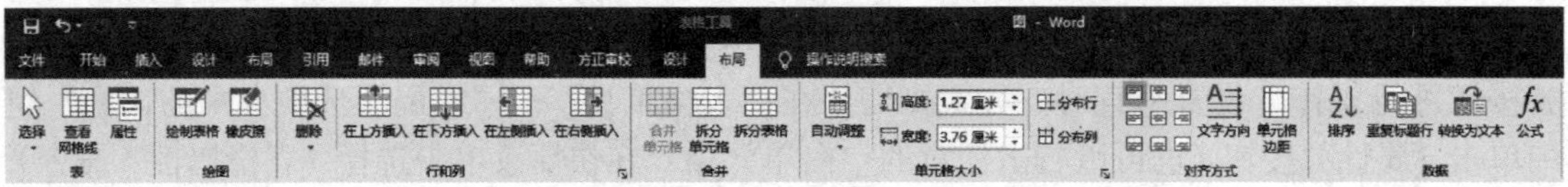

图 3-25 “表格工具”→“布局”选项卡中的按钮

1. 缩放表格

当鼠标指针位于表格中时，在表格的右下角会出现符号□，称为句柄。将鼠标指针移动到句柄上，当鼠标指针变成双向箭头形状时，按住鼠标左键拖曳可以缩放表格。

2. 调整行高和列宽

根据不同情况，调整行高和列宽有以下3种方法。

（1）局部调整：可以采用拖曳标尺或表格线的方法。

（2）精确调整：选定表格，在“表格工具”→“布局”选项卡的“单元格大小”组中的“高度”数值框和“宽度”数值框中设置具体的行高和列宽；或者单击“表”组中的“属性”按钮；或者在快捷菜单中选择“表格属性”命令，打开“表格属性”对话框，在“行”和“列”选项卡中进行相应设置。

（3）自动调整列宽和均匀分布：选定表格，单击“表格工具”→“布局”选项卡中的“单元格大小”组中的“自动调整”下拉按钮，在下拉列表中选择相应的调整方式；或者在快捷菜单中选择“自动调整”中的相应命令。

3. 增加或删除行、列和单元格

增加或删除行、列和单元格可以利用“表格工具”→“布局”选项卡的“行和列”组中的相应按钮或快捷菜单中的相应命令完成。如果选定的是多行或多列，那么增加或删除的也是多行或多列。

4. 表格计算

在表格中可以完成一些简单的计算，这些计算可以通过Word 2019提供的函数快速实现。这些函数包括求和（Sum）、平均值（Average）、最大值（Max）、最小值（Min）、条件统计（If）等。但是，与Excel电子表格相比，Word中表格计算的自动化能力差，当不同单元格进行同种功能的统计时，必须重复编辑公式或调用函数，效率低。此外，Word表格计算的最大问题是，当单元格的内容发生变化时，结果不能自动重新计算，必须选定结果，然后按F9键方可更新。

视频：表格计算

在Word 2019中，单击“表格工具”→“布局”选项卡中的“数据”组中的“公式”按钮fx使用函数或直接输入计算公式。在计算过程中，经常要用到表格的单元格地址。单元格地址用字母后面跟数字的方式来表示，其中字母表示单元格所在列标，每一列标依次用字母A，B，C，…表示，数字表示行号，每一行号依次用数字1，2，3，…表示，如B3表示第2列第3行的单元格。作为函数自变量的单元格表示方法如表3-2所示。

表3-2　单元格表示方法

函数自变量	含义
LEFT	左边所有单元格
ABOVE	上边所有单元格
单元格1: 单元格2	从单元格1到单元格2矩形区域内的所有单元格。例如，A1:A2表示A1、B1、A2、B2共4个单元格中的数据参与计算
单元格1，单元格2，…	计算所有列出来的单元格1、单元格2……的数据

注意：其中的“:”和“,”必须是英文的标点符号，否则会导致计算错误。

5. 表格排序

除表格计算外，Word 2019还可以根据数值、笔画、拼音、日期等方式对表格数据按升序或降序排列。表格排序的关键字最多有 3 个：主要关键字、次要关键字和第三关键字。若按主要关键字排序时出现相同的数据，则可以根据次要关键字排序；若按次要关键字排序时出现相同的数据，则可以根据第三关键字继续排序。

【例 3-7】 对例 3-6 中的表格进行编辑。

①设置行高为 1 厘米，列宽为 3 厘米，并在表格的最右边添加“增量”列。

②计算每个城市的 GDP 增量（要求保留 2 位小数），并对表格按照增量进行降序排列。表格计算和排序结果如图 3-26 所示。

2022年中国城市GDP五强

GDP排名	城市	2022年GDP（亿元）	2021年GDP（亿元）	增量
3	深圳	32387.68	30664.85	1722.83
1	上海	44652.80	43214.85	1437.95
4	重庆	29129.03	27894.02	1235.01
5	广州	28839.00	28231.97	607.03
2	北京	41610.90	41045.60	565.3

图 3-26 表格计算和排序结果

操作步骤如下。

①选定整个表格，单击“表格工具”→“布局”选项卡中的“单元格大小”组中的“高度”数值框，选择或输入“1 厘米”。同样，在“宽度”数值框中设置“3 厘米”。

选中最后一列，单击“表格工具”→“布局”选项卡中的“行和列”组中的“在右侧插入”按钮，然后在新插入列的第一个单元格中输入“增量”。设置新增加的列中的文字对齐方式为“水平居中”。

②单击“增量”列的第一个空白单元格，然后单击“表格工具”→“布局”选项卡中的“数据”组中的“公式”按钮，打开“公式”对话框，此时 Word 自动提供的公式“= SUM（ABOVE）”是错误的，需要将括号中的内容进行更改，直接在“公式”文本框中输入“= C2-D2”（其中的字母大小写均可），如图 3-27 所示，单击“确定”按钮。用同样的方法计算出其他城市的 GDP 增量。

选定表格，单击“表格工具”→“布局”选项卡中的“数据”组中的“排序”按钮，在打开的“排序”对话框中设置“主要关键字”及相应的排序方式，如图 3-28 所示，单击“确定”按钮。

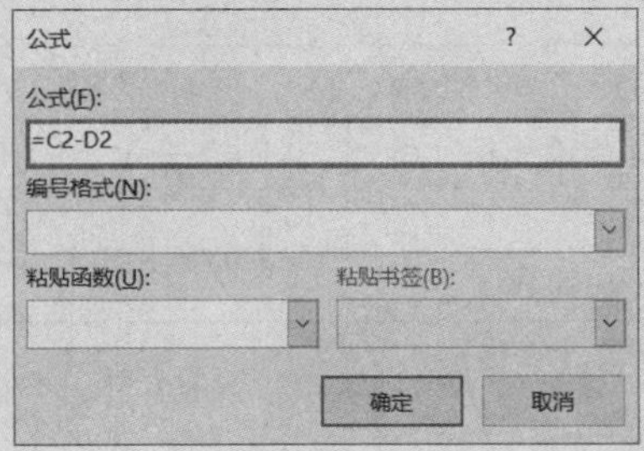

图 3-27 计算增量

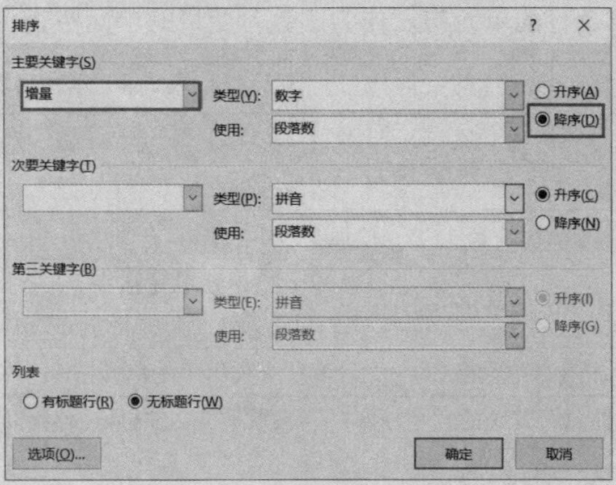

图 3-28 “排序”对话框

6. 拆分和合并表格、单元格

拆分表格是指将一个表格分为两个表格的情况。首先将鼠标指针移到表格将要拆分的位置，即第2个表格的第1行，然后单击“表格工具”→“布局”选项卡中的“合并”组中的“拆分表格”按钮，此时在两个表格中产生一个空行。删除这个空行，两个表格又合并成一个表格。

拆分单元格是指将一个单元格分为多个单元格，合并单元格则恰恰相反。要拆分和合并单元格，可以利用“表格工具”→“布局”选项卡中的“合并”组中的“拆分单元格”按钮和“合并单元格”按钮进行。

3.4.4 格式化表格

1. 自动套用表格格式

Word 2019为用户提供了百余种表格样式，这些样式包括表格边框、底纹、字体、颜色的设置等，使用它们可以快速地格式化表格。这些通过“表格工具”→“设计”选项卡中的“表格样式”组中的相应按钮来实现。

2. 边框与底纹

自定义表格外观，最常见的是为表格添加边框和底纹。使用边框和底纹可以使每个单元格或每行、每列呈现出不同的风格，使表格更加清晰明了。这些通过单击“表格工具”→“设计”选项卡中的“边框”组中的“边框”下拉按钮，在下拉列表中选择“边框和底纹”命令，打开“边框和底纹”对话框进行操作，其设置方法与段落的边框和底纹的设置方法类似，只是在“应用于”下拉列表中选择“表格”选项。

【例3-8】 将例3-7中的表格设置为论文中常用的三线表样式，效果如图3-29所示。

2022年中国城市GDP五强

GDP排名	城市	2022年GDP（亿元）	2021年GDP（亿元）	增量
3	深圳	32387.68	30664.85	1722.83
1	上海	44652.80	43214.85	1437.95
4	重庆	29129.03	27894.02	1235.01
5	广州	28839.00	28231.97	607.03
2	北京	41610.90	41045.60	565.3

图3-29 三线表样式

操作步骤如下。

①全选表格，单击“表格工具”→“设计”选项卡中的“边框”组中的“边框”下拉按钮，在下拉列表中选择“边框和底纹”命令，打开“边框和底纹”对话框，如图 3-30 所示，设置合适的线条宽度（如 1.5 磅），然后只选中上框线和下框线按钮，单击“确定”按钮。

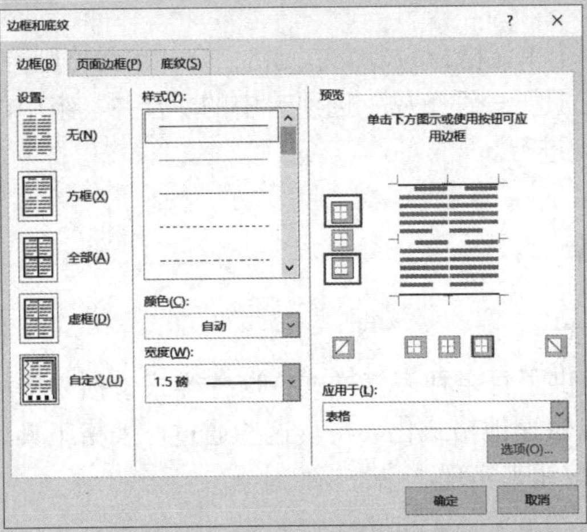

图 3-30 “边框和底纹”对话框

②框选第一行表格，在“表格工具”→“设计”选项卡中的“边框”组中，选择笔画粗细为 0.5 磅，在“边框”下拉按钮对应的下拉列表中选择“下边框”。

3.5 插入对象

目前，Word 2019 不仅仅能进行文字的处理，还能插入各种各样的媒体对象，使文章的可读性、艺术性和感染力大大增强。在 Word 2019 中，可以插入的对象包括各种类型的图片、图形对象（如形状、SmartArt 图形、文本框、艺术字等）、公式和图表等，如图 3-31 所示。

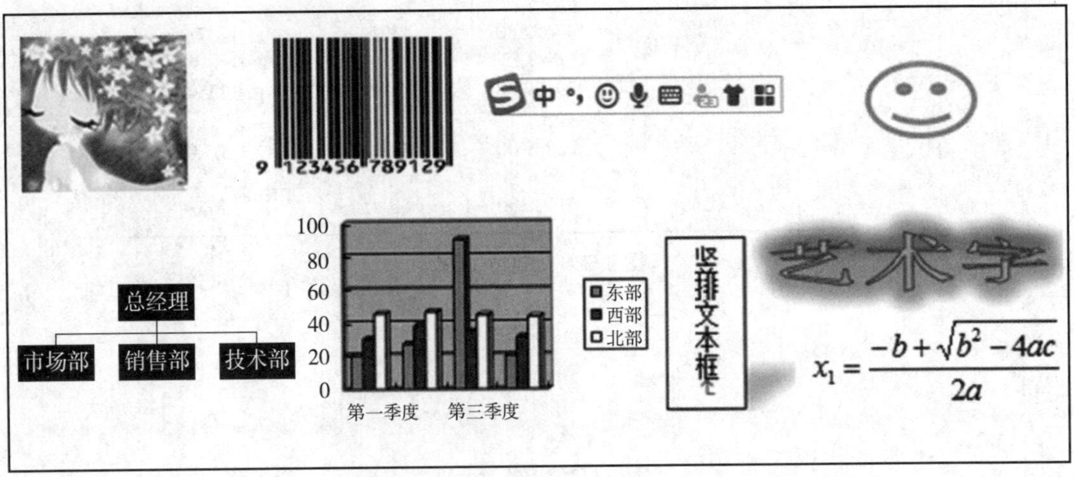

图 3-31 Word 2019 中可以插入的对象

要在文档中插入这些对象，可以单击“插入”选项卡中的“插图”组中的相应按钮，“文本”组中的“文本框”下拉按钮、“艺术字”下拉按钮和“符号”组中的“公式”下拉按钮来完成。

如果要对插入的对象进行编辑和格式化操作，可以利用各自的快捷菜单及对应的选项卡进行操作。图片对应的是“图片工具”选项卡，图形对象对应的分别是“绘图工具”“SmartArt 工具”“公式工具”“图表工具”等选项卡。选定对象，这些工具选项卡就会出现。

3.5.1 插入图片

要在文档中插入图片，可以通过单击“插入”选项卡中的“插图”组中的相应按钮进行操作。

【例 3-9】 新建一个空白文档，插入一张图片、一个程序窗口图像（截取整个程序窗口）以及搜狗拼音输入法状态栏图标（截取窗口中的部分内容）。

操作步骤如下。

（1）插入图片文件。

①将光标移到文档中需要放置图片的位置。

②单击“插入”选项卡中的“插图”组中的“图片”按钮，打开“插入图片”对话框，选择图片所在的位置和图片名称，单击“插入”按钮，将图片文件插入文档中。也可以单击“插入”选项卡中的“插图”组中的“联机图片”按钮，从各种联机来源（网络和 OneDrive）中查找和插入图片。

（2）插入一个程序窗口图像（截取整个程序窗口）。

①打开一个程序窗口，如“画图”程序，然后将光标移到文档中需要放置图片的位置。

②单击“插入”选项卡中的“插图”组中的“屏幕截图”下拉按钮，在下拉列表中可以看到当前打开的程序窗口，单击需要截取画面的程序窗口即可。也可以打开程序窗口后，按 Alt ＋ PrintScreen 快捷键将其复制到剪贴板，然后粘贴至文档。

注意： 如果是截取整个桌面图像，可以在显示桌面后，按 PrintScreen 键将其复制到剪贴板，然后粘贴至文档。

（3）插入图标。

①显示搜狗拼音输入法状态栏，将其移到屏幕上的空白区域（方便截取）。

②单击“插入”选项卡中的“插图”组中的“屏幕截图”下拉按钮，在下拉列表中选择“屏幕剪辑”命令，然后迅速将鼠标指针移动到系统的任务栏处，单击截取画面的程序图标（此处是 Word 程序窗口），激活该程序。等待几秒，当画面处于半透明状态时，在要截图的位置处（搜狗拼音输入法状态栏）拖曳鼠标指针，选中要截取的范围，然后释放鼠标左键完成截图操作。

对于插入文档中的图片，除复制、移动和删除等常规操作外，还可以进行调整图片的大小、裁剪图片（按比例或形状裁剪）等操作；可以设置图片排列方式（图片的文字环绕方式），如嵌入型及其他非嵌入型，其他非嵌入型包括四周型、紧密型等；可以调整图片的颜色（亮度、对比度、颜色设置等）；可以删除图片背景，使文字内容和图片互相映衬；可以设置图片的艺术效果，包括标记、铅笔灰度、铅笔素描、线条图、粉笔素描、画图刷、发光散射、虚化、浅色屏幕、水彩海绵、胶片颗粒等效果；可以设置图片样式（样式是多种格式的总和，包括为图片添加边框等）。如果是多张图片，可以进行组合和取消组合的操作，多张图片叠放在一起时，还可以通过调整叠放次序得到最佳效果（此时图片的文字环绕方式不能是嵌入型）。

上述操作主要通过使用“图片工具”→“格式”选项卡和快捷菜单中的相应命令来实现。

“图片工具”→“格式”选项卡如图 3-32 所示。

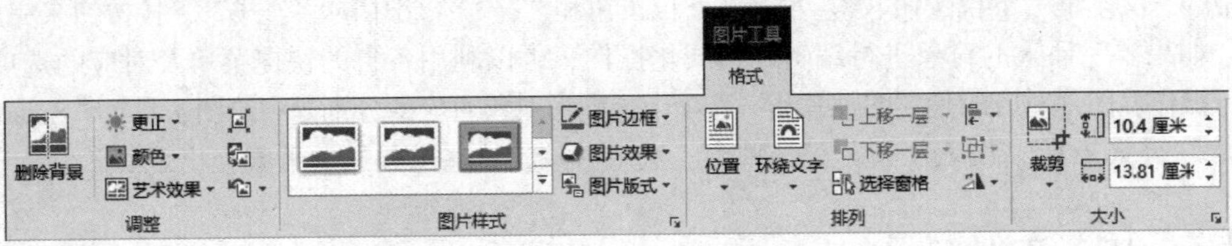

图 3-32 “图片工具”→“格式”选项卡

图片刚插入文档时往往尺寸很大，这就需要调整图片尺寸的大小，常用的方法是：单击图片，此时图片四周出现 8 个方向的控制句柄，拖曳它们可以进行图片缩放。如果需要准确地改变图片尺寸，可以右击图片，在快捷菜单中选择“大小和位置”命令，打开“布局”对话框，在“大小”选项卡中完成操作；也可以在“图片工具”→“格式”选项卡中的“大小”组中进行设置。

图片插入文档后，常常会把周围的正文“挤开”，形成文字对图片的环绕。文字对图片的环绕方式主要分为两类：一类是将图片视为文字对象，与文档中的文字一样占有实际位置，图片在文档中与上、下、左、右文本的位置始终保持不变，如嵌入型，这是系统默认的文字环绕方式；另一类是将图片视为区别于文字的外部对象处理，如四周型、紧密型、衬于文字下方、浮于文字上方、上下型和穿越型（前 4 种更为常用）。其中，四周型是指文字沿图片四周呈矩形环绕；紧密型的文字环绕形状随图片形状不同而不同（如图片是圆形，则文字环绕形状是圆形）；衬于文字下方是指图片位于文字下方；浮于文字上方是指图片位于文字上方。

设置文字环绕方式最快捷的方法是选中图片，单击旁边出现的“布局选项”按钮，在展开的列表中选择合适的环绕方式。

此外还有两种方法：一是单击图片，在“图片工具”→“格式”选项卡中的“排列”组中，单击“环绕文字”下拉按钮，在下拉列表中选择需要的环绕方式；二是右击图片，在快捷菜单中选择“环绕文字”命令，在级联菜单中选择所需的环绕方式。

如果在文档中插入图片时发生图片显示不全的情况，只要将文字环绕方式由“嵌入型”改为其他任何一种方式即可。

在非嵌入型文字环绕方式中，衬于文字下方比浮于文字上方更为常用，但图片衬于文字下方会使字迹不清晰，可以利用图片着色效果使图片颜色淡化，方法如下：单击“图片工具”→“格式”选项卡中的“调整”组中的“颜色”下拉按钮，在下拉列表中的“重新着色”区中选择“冲蚀”命令。

视频：图文混排

3.5.2 插入图形对象

图形对象包括形状、SmartArt 图形和艺术字等。

1. 形状

Word 2019 中的形状包括线条、矩形、基本形状、箭头总汇、公式形状、流程图、星与旗帜以及标注 8 种类型，每种类型又包含若干图形样式。插入的形状还可以添加文字，以及设置阴影、发光、三维旋转等各种特殊效果。

插入形状是通过单击“插入”选项卡中“插图”组中的“形状”下拉按钮来完成的。在形状库中单击需要的图标，然后在文本区拖曳鼠标指针，从而形成所需要的形状。对形状进行编辑和格式化时，先选中形状，然后在“绘图工具”→“格式”选项卡或快捷菜单中操作。

形状最常用的编辑和格式化操作包括缩放和旋转、添加文字、组合与取消组合、调整叠放次序、设置形状格式等。

（1）缩放和旋转：单击图形，在图形四周会出现 8 个方向的控制句柄和一个旋转句柄，拖动控制句柄可以进行图形缩放，拖动旋转句柄可以进行图形旋转。

（2）添加文字：在需要添加文字的图形上右击，从快捷菜单中选择“添加文字”命令。这时光标就出现在选定的图形中，输入需要添加的文字内容即可。这些输入的文字会变成图形的一部分，当移动图形时，图形中的文字也跟随移动。

（3）组合与取消组合：如果要使画出的多个图形构成一个整体，以便同时编辑和移动，可以用先按住 Shift 键再分别单击图形的方法来选定所有图形，然后移动鼠标指针，至鼠标指针呈十字形箭头形状时右击，选择快捷菜单中的“组合”→“组合”命令。若要取消组合，则右击图形，在快捷菜单中选择“组合”→“取消组合”命令即可。

（4）调整叠放次序：当在文档中绘制多个重叠的图形时，每个重叠的图形有叠放次序，这个次序与绘制图形的顺序相同，最先绘制的图形在最下面。可以利用快捷菜单中的“叠放次序”命令调整图形的叠放次序。

（5）设置形状格式：右击形状，在快捷菜单中选择“设置形状格式”命令，打开“设置形状格式”任务窗格，在其中完成操作。

【例 3-10】 绘制一个图 3-33 所示的流程图，要求将流程图的各个部分组合为一个整体。

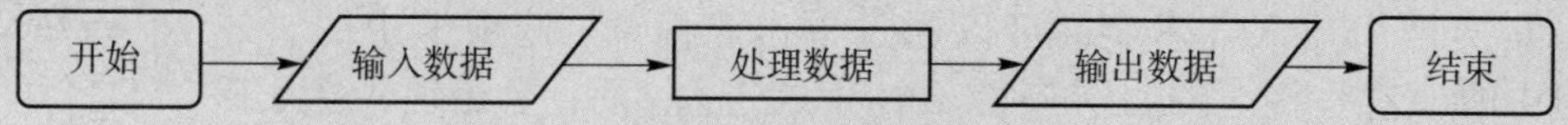

图 3-33 绘制流程图

操作步骤如下。

①新建一个空白文档，单击“插入”选项卡中的“插图”组中的“形状”下拉按钮，在形状库的“流程图”区中选择相应图形。第 1 个是圆角矩形，在文档中合适位置绘图，并适当调整大小。右击图形，在快捷菜单中选择“添加文字”命令，在图形中输入文字“开始”。

②在形状库的“线条”区中单击单向箭头按钮，绘制出向右的箭头。

③重复第①步和第②步，继续插入其他形状，直至完成绘图。

④按住 Shift 键，依次单击所有图形，全部选中后，在图形中间右击，在快捷菜单中选择“组合”→“组合”命令，将多个图形组合在一起。

注意：形状库的“基本形状”区中包括文本框和竖排文本框，使用它们可以方便地将文字放置到文档中的任意位置。制作无边框的文本框时，右击文本框，在快捷菜单中选择“设置形状格式”命令，在“设置形状格式”任务窗格的“填充”选项卡和“线条”选项卡中分别选中“无填充”和“无线条”单选按钮即可。在文本框中输入文字时，若文本框中的部分文字不可见，可以通过调整文本框的大小来解决。

2. SmartArt 图形

SmartArt 图形是 Word 中预设的形状、文字及样式的集合，包括列表、流程、循环、层次结构、关系、矩阵、棱锥图和图片 8 种类型，每种类型下有多种图形样式，用户可以根据文档的内容选择需要的图形样式，然后对图形的内容和效果进行编辑。

【例 3-11】 组织结构图是由一系列图框和连线来表示组织机构和层次关系的图形。绘制一个组织结构图，如图 3-34 所示。

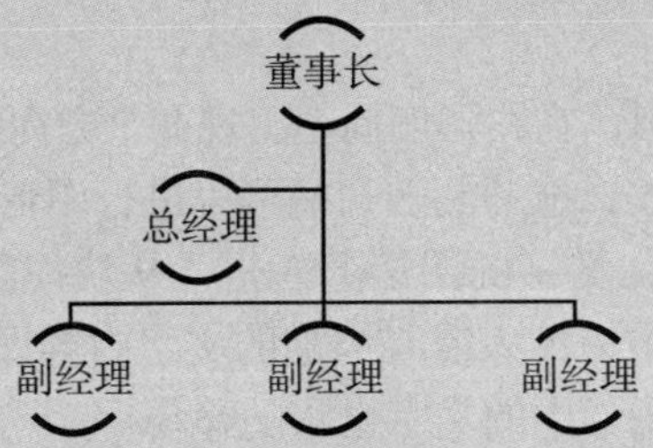

图 3-34　绘制组织结构图

操作步骤如下。

①新建一个空白文档，单击“插入”选项卡中的“插图”组中的“ SmartArt”按钮，打开“选择 SmartArt 图形”对话框。在“层次结构”选项卡中选择“半圆组织结构图”选项，单击“确定”按钮。

②单击各个“文本框”，从上至下依次输入“董事长”、“总经理”和 3 个“副经理”。

③单击文档中任意位置，组织结构图绘制完成。插入 SmartArt 图形后，可以利用“ SmartArt 工具”选项卡完成设计和格式的编辑操作。

3. 艺术字

艺术字以普通文字为基础，通过添加阴影、改变文字的大小和颜色、把文字变成多种预定义的形状等来突出和美化文字。艺术字常用来创建旗帜鲜明的标志或标题。

要在文档中插入艺术字，可以通过单击“插入”选项卡中的“文本”组中的“艺术字”下拉按钮来实现。生成艺术字后，会出现“绘图工具”→“形状格式”选项卡，可以在其中的“艺术字样式”组中进行编辑操作，如改变艺术字样式、增加艺术字效果等。

视频：插入 SmartArt 图形

如果要删除艺术字，只要选中艺术字，按 Delete 键即可。

【例 3-12】 制作如图 3-35 所示的艺术字效果。

图 3-35　艺术字效果

操作步骤如下。

①单击“插入”选项卡中的“文本”组中的“艺术字”下拉按钮，在展开的艺术字样式库中选择“填充：红色，主题色 2”；边框：红色，主题色 2”样式，输入文字“三人行，必有我师焉”。

②选中文字，单击“绘图工具”→“形状格式”选项卡中的“艺术字样式”组中的“文字效果”下拉按钮，在下拉列表中指向“发光”命令，在“发光变体”区中选择“发光：18 磅；蓝色，主题色 1”选项。继续在“艺术字样式”组中单击“文字效果”下拉按钮，在下拉列表中指向“转换”命令，在“弯曲”区中选择“波形 2”选项。

3.5.3 插入公式

在编写论文或一些学术著作时，经常需要处理数学公式。利用 Word 2019 的公式编辑器，可以方便地制作具有专业水准的数学公式。数学公式可以像对图形一样进行编辑操作。

视频：创建公式

要创建数学公式，既可以单击“插入”选项卡中的“符号”组中的“公式”下拉按钮，在下拉列表中选择预定义的公式，也可以通过选择“插入新公式”命令来自定义公式。此时，出现公式输入框和“公式工具”→“设计”选项卡，帮助完成公式的输入，如图 3-36 所示。

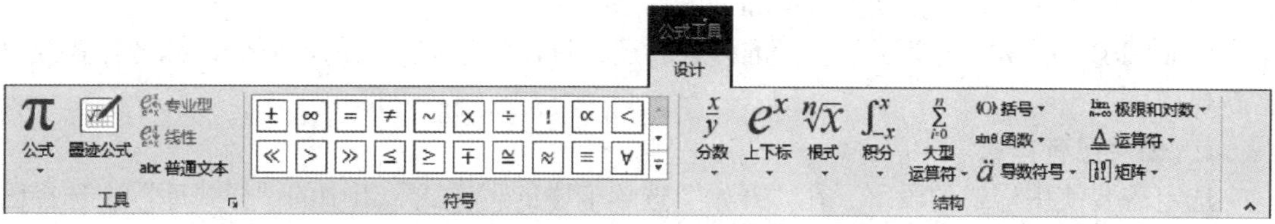

图 3-36 “公式工具”→“设计”选项卡

注意：在输入公式时，光标的位置很重要，它决定了当前输入的内容在公式中所处的位置，在所需的位置处单击可以改变光标位置。

【例 3-13】 输入如下公式。

$$s=\sqrt{\sum_{i=1}^{n}x_i^2-n\overline{x}^2}+1$$

操作步骤如下。

①单击“插入”选项卡中的“符号”组中的“公式”下拉按钮，在下拉列表中选择“插入新公式”命令。

②在公式输入框中输入“$s=$”；单击“公式工具”→“设计”选项卡中的“结构”组中的“根式”下拉按钮，在“根式”区中选择$\sqrt{\square}$；单击根号中的虚线框，再单击“结构”组中的“大型运算符”下拉按钮，在“求和”区中选择$\sum_{\square}^{\square}\square$，然后单击每个虚线框，依次输入相应内容：“$n$”“$i=1$”“$x$”；接着选中“$x$”，单击“结构”组中的“上下标”下拉按钮，在“下标和上标”区中选择$\square_{\square}^{\square}$，单击上标、下标虚线框，分别输入“2”和“$i$”；在$x_i^2$后单击（注意此时的光标位置），输入“$-$”（应仍然位于根式中）；继续输入“$n$”，再单击“标注符号”下拉按钮，选择$\overline{\square}$，选中虚线框，单击“上下标”下拉按钮，在“下标和上标”区中选择$\square^{\square}$，输入“x”和“2”；在$\overline{x^2}$后单击（注意此时的光标位置），输入“$+$”和“1”。

③在公式输入框外单击，结束公式的输入。

3.6 高效排版

为了提高排版效率，Word 2019 提供了一些高效排版功能，包括样式和自动生成目录等。

3.6.1 样式的创建及使用

视频：样式的创建及使用

样式是一组命名的字符和段落排版格式的组合。例如，一篇文档有各级标题、正文、页眉和页脚等，它们分别有各自的字符格式和段落格式，并分别以其样式名存储以便使用。

使用样式有以下两个优点。

（1）可以轻松、快捷地编排具有统一格式的段落，使文档格式严格地保持一致，而且，样式便于修改，如果文档中多个段落使用了同一样式，只要修改样式，就可以修改文档中带有此样式的所有段落。

（2）有助于在长文档中构造大纲和创建目录。

Word 2019 不仅预定义了很多标准样式，还允许用户根据自己的需要修改标准样式或自己新建样式。

1．使用已有样式

选定需要使用样式的段落，在“开始”选项卡中的“样式”组中的“样式库”中选择已有的样式，或者单击“样式”组的对话框启动器按钮，打开“样式”任务窗格，在列表框中选择相应的样式。

2．新建样式

当 Word 2019 提供的样式不能满足用户需要时，用户可以自己创建新样式。

单击“样式”任务窗格左下角的“新建样式”按钮，打开“根据格式化创建新样式”对话框。在该对话框中输入样式名称，选择样式类型、样式基准，设置该样式的格式，再勾选“添加到样式库”复选框。在“根据格式化创建新样式”对话框中设置样式的格式时，可以通过“格式”栏中的相应按钮快速、简单地设置，也可以单击“格式”下拉按钮，在下拉列表中选择相应的命令详细设置。

新样式在建立后，就可以像已有样式一样被直接使用了。

3．修改和删除样式

如果对已有的段落样式和格式不满意，可以进行更改和删除。更改样式后，所有应用了该样式的文本都会随之改变。

修改样式的方法是：在“样式”任务窗格中，右击需要修改的样式名，在快捷菜单中选择“修改”命令，在打开的“修改样式”对话框中设置所需的格式即可。

删除样式的方法与上面类似，不同的是应该在快捷菜单中选择删除样式的相关命令，此时，带有此样式的所有段落自动应用“正文”样式。

3.6.2 自动生成目录

编写完长文档后，需要为其制作目录，以便读者阅读和大概了解文档的层次结构及主要内容。除手工输入目录外，Word 2019 还提供了自动生成目录的功能。

1．创建目录

要自动生成目录，前提是将文档中的各级标题用样式库中的标题样式统一地格式化。一般情况下，目录分为 3 级，可以使用相应的 3 级标题样式“标题 1”“标题 2”“标题 3”，也可以使用其他几级标题样式或自己创建的标题样式来格式化，然后单击“引用”选项卡中的

“目录”组中的“目录”下拉按钮，在下拉列表中选择“自动目录1”或“自动目录2”命令。如果没有需要的格式，可以在下拉列表中选择“自定义目录”命令，打开“目录”对话框进行自定义操作。

注意：Word 2019默认的目录显示级别为3级，如果需要改变设置，在“目录”对话框的“显示级别”数值框中选择或直接输入相应级别的数字即可。

2. 更新目录

如果文字内容在编制目录后发生了变化，Word 2019可以很方便地对目录进行更新。方法是：在目录中单击，目录区左上角会出现“更新目录”按钮，单击该按钮，打开“更新目录”对话框，选中“更新整个目录”单选按钮，再单击“确定”按钮即可；也可以单击“引用”选项卡中的“目录”组中的“更新目录”按钮。

3.7 Word 2019综合案例

论文排版是每个学生应该掌握的文档基本操作技能。通过本案例的学习，学生对论文的排版可以有一个整体的认识，并掌握长文档的高级排版技巧。

1. 操作要求

打开文档“Word.docx”，根据以下要求进行排版。

1）正文排版

对正文进行排版，其中：

①章名使用样式“标题1”，居中显示；编号格式为第*X*章，其中*X*为自动排序。

②小节名使用样式“标题2”，左对齐；编号格式为多级符号“*X.Y*”，其中*X*为章数字序号，*Y*为节数字序号，如1.1。

③新建样式，样式名为“样式1234”。其中：

- 字体：中文字体为“楷体”，西文字体为“Times New Roman”，字号为“小四”。
- 段落：首行缩进2字符，段前间距为0.5行，段后间距为0.5行，1.5倍行距。
- 其余格式：默认设置。

将该样式应用到正文中无编号的文字。

注意：不包括章名、小节名、表文字、表和图的题注。

④对出现“1.”“2.”等处，进行自动编号，编号格式不变；对出现“1）”“2）”等处，进行自动编号，编号格式不变。

⑤为正文文字（不包括标题）中首次出现“人力资源管理系统”的地方插入脚注，添加文字“Human Resource Management System，简称HRMS”。

⑥对正文中的表添加题注“表”，位于表上方，居中。要求：编号为“章序号”-“表在章中的序号”（如第1章中第1张表的题注编号为1-1）；表的说明使用表上一行的文字，格式同表编号；表居中放置。

⑦对正文中出现“如下表所示”的“下表”，使用交叉引用，改为“如表*X-Y*所示”，其中“*X-Y*”为表题注的编号。

⑧对正文中的图添加题注“图”，位于图下方，居中。要求：编号为“章序号”-“图在

章中的序号”（如第 1 章中第 2 幅图的题注编号为 1–2）；图的说明使用图下一行的文字，格式同图编号；图居中放置放置。

⑨对正文中出现“如下图所示”的“下图”，使用交叉引用，改为“如图 *X–Y* 所示”，其中“*X–Y*”为图题注的编号。

2）设置分节

对正文做分节处理，每章为单独一节。

3）生成目录

在正文前按序插入节，单击“引用”选项卡中的“目录”按钮，根据以下要求生成目录。

①第 1 节：目录。

- “目录”使用样式“标题 1”，居中显示。
- “目录”下为目录项。

②第 2 节：表目录。

- “表目录”使用样式“标题 1”，居中显示。
- “表目录”下为表目录项。

③第 3 节：图目录。

- “图目录”使用样式“标题 1”，居中显示。
- “图目录”下为图目录项。

4）添加页脚

使用域，在页脚中插入页码，居中显示。

①正文前的节，页码采用“i，ii，iii…”格式，页码连续，居中对齐。

②正文中的节，页码采用“1，2，3…”格式，页码连续，居中对齐。

③更新目录、表目录和图目录。

5）添加页眉

添加正文的页眉。使用域，按以下要求添加内容，居中显示。

①对于奇数页，页眉中的文字为“章序号”＋“章名”。

②对于偶数页，页眉中的文字为“节序号”＋“节名”。

2. 操作步骤

具体的操作步骤如下。

1）正文排版

（1）设置章名和小节名使用的编号。

将光标置于“第一章”标题文字前，单击“开始”选项卡中的“段落”组中的“多级列表”下拉按钮，在下拉列表中选择“定义新的多级列表”命令，在打开的“定义新多级列表”对话框中单击左下角的“更多”按钮。在“单击要修改的级别”列表框中选择级别“1”，在“输入编号的格式”文本框中将会自动出现带灰色底纹的数字“1”，即自动编号，在数字“1”的前面和后面分别输入文字“第”和“章”。在“将级别链接到样式”下拉列表中选择“标题 1”，如图 3–37 所示。章名编号设置完毕。

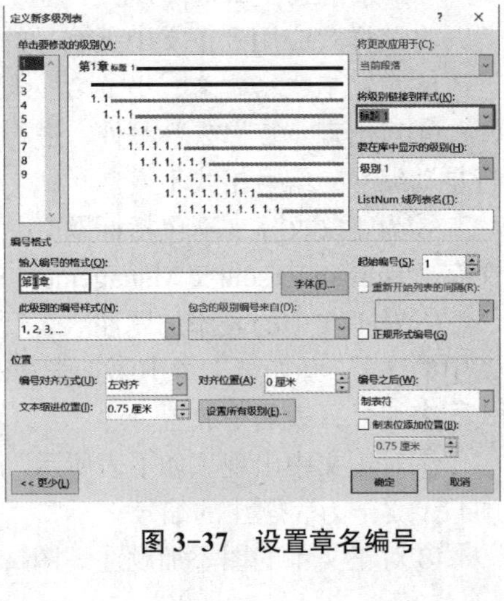

图 3–37　设置章名编号

接着在“单击要修改的级别”列表框中选择级别“2”，即用来设定小节名标题样式。在“输入编号的格式”文本框中将自动出现带灰色底纹的数字“1.1”，即自动编号。在“将级别链接到样式”下拉列表中选择“标题 2”，在“要在库中显示的级别”下拉列表中选择“级别 2”，单击“确定”按钮，此时，在“开始”选项卡“样式”组中的样式库中将会出现图 3–38 所示的“标题 1”和“标题 2”样式。

图 3–38　“标题 1”和“标题 2”样式

（2）设置各章标题和各小节标题的格式。

选中各章标题，单击“开始”选项卡中的“样式”组中的样式库中的“第 1 章　标题 1”选项，再单击“段落”组中的“居中”按钮。选中各小节标题，单击“开始”选项卡中的“样式”组中的样式库中的“1.1　标题 2”选项。注意删除标题中的原有编号。

（3）新建样式。

将光标置于第 1 段正文处，单击“开始”选项卡中的“样式”组中的对话框启动器按钮，打开“样式”任务窗格，在左下角单击“新建样式”按钮，打开“根据格式化创建新样式”对话框。在“名称”文本框中输入样式名称“样式 1234”，然后单击“格式”下拉按钮，在下拉列表中选择“字体”命令，在打开的“字体”对话框中设置：中文字体为“楷体”，西文字体为“Times New Roman”，字号为“小四”，单击“确定”按钮返回。

继续单击“格式”下拉按钮，在下拉列表中选择“段落”命令，在打开的“段落”对话框中设置：首行缩进 2 字符，段前间距 0.5 行，段后间距 0.5 行，1.5 倍行距，单击“确定”按钮返回。其余格式不要改动，在“根据格式化创建新样式”对话框中勾选“自动更新”复选框，单击“确定”按钮结束。可以看到，在“样式”任务窗格及“样式”组中的样式库中均增加了一项“样式 1234”。

将光标依次置于各段正文中（不包括章名、小节名、表文字、表和图的题注），然后单击“开始”选项卡中的“样式”组中的样式库中的“样式 1234”选项，即可快速设置所有正文样式。

（4）自动编号。

逐次选中或将光标置于“1.”“2.”等处（若连续可同时选中），单击“开始”选项卡中的“段落”组中的“编号”下拉按钮即可；用同样的方法对“1）”“2）”等处进行自动编号的格式设置。

（5）插入脚注。

将光标置于文档开始处，单击“开始”选项卡中的“编辑”组中的“查找”按钮，打开“导航”任务窗格，在文本框中输入“人力资源管理系统”，按 Enter 键。查找结果如图 3–39 所示。

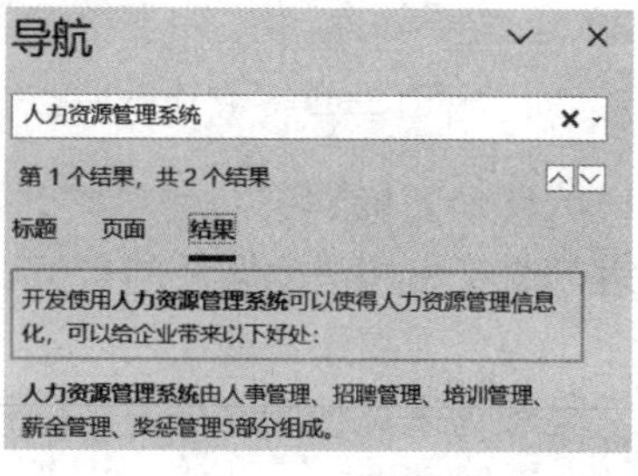

图 3–39　查找结果

将光标置于第 1 个查找结果的文字后，单击“引用”选项卡中的“脚注”组中的“插入脚注”按钮，光标自动跳转到插入脚注文本的当前页面底部，输入注释文字“Human Resource Management System，简称 HRMS”。插入脚注的注释文字后会自动添加注释引用标记，且本页底部有相应的注释文字。

（6）为表添加题注。

将光标置于表的上方文字前。单击“引用”选项卡中的“题注”组中的“插入题注”按钮，打开“题注”对话框。单击“新建标签”按钮，打开“新建标签”对话框，在“使用标签”文本框中输入“表”，单击“确定”按钮，返回“题注”对话框。然后在“选项”栏中的“标签”下拉列表中选择“表”选项，单击“编号”按钮，打开“题注编号”对话框，勾选“包含章节号”复选框，单击“确定”按钮返回。

然后单击“自动插入题注”按钮，打开“自动插入题注”对话框，在“插入时添加题注”列表框中勾选“Microsoft Word 表格”复选框，在“使用标签”下拉列表中选择“表”选项，在“位置”下拉列表中选择“项目上方”选项，如图 3-40 所示，单击“确定”按钮。如果表格文字前没有插入题注，再次单击“引用”选项卡中的“题注”组中的“插入题注”按钮，在“选项”栏中的“标签”下拉列表中选择“表”选项，确认题注正确后，单击“确定”按钮。分别选中题注和表，单击“开始”选项卡中的“段落”组中的“居中”按钮。

（7）为表设置交叉引用。

前提和准备：必须对该表用插入题注的方法生成表的题注编号，然后查找或移动到文档中第 1 处“如下表所示”，并选中“下表”两字。

单击“引用”选项卡中的“题注”组中的“交叉引用”按钮，打开“交叉引用”对话框，在“引用类型”下拉列表中选择“表”选项，在“引用内容”下拉列表中选择“仅标签和编号”选项，此时“引用哪一个题注”(即要连接的表题注）为“表 4-1 奖惩表结构”，如图 3-41 所示，单击“插入”按钮。此时，原来文字“如下表所示”自动变成“如表 4-1 所示”，即完成第 1 处插入。

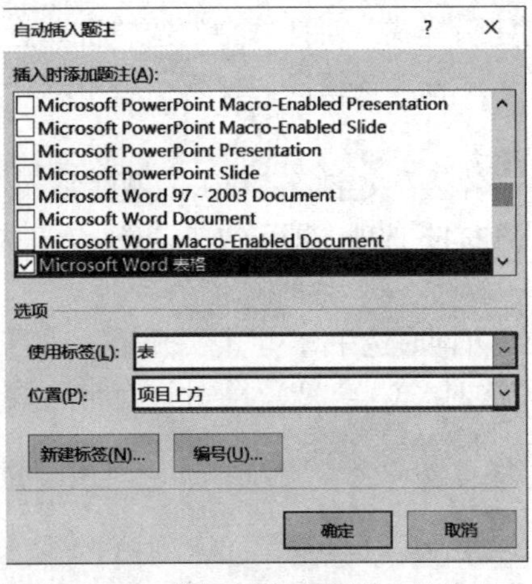

图 3-40 “自动插入题注”对话框

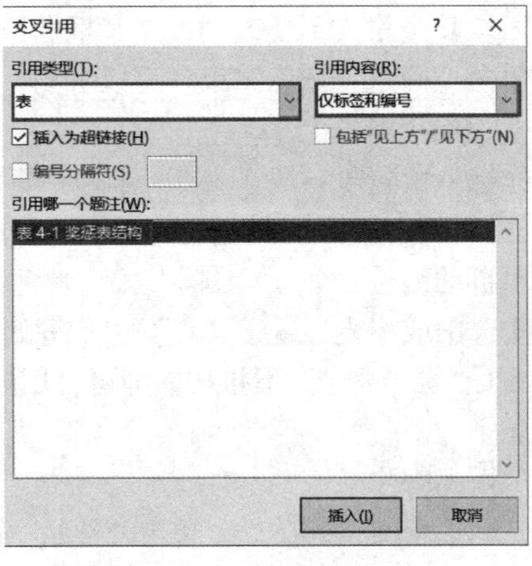

图 3-41 “交叉引用”对话框

移动光标到下一处“如下表所示”，并选中“下表”两字。使用同样的方法，设置其他表的交叉引用。当题注的交叉引用发生变化后，也可以按 F9 键更新域。

（8）为图添加题注。

和为表添加题注的方法一样，将光标置于图的下方文字前，打开“题注”对话框，并新建“图”标签。在“选项”栏的“标签”下拉列表的中选择“图”选项，单击“编号”按钮，打开“题注编号”对话框，勾选“包含章节号”复选框，单击“确定”按钮，返回“题注”

对话框，再单击“确定”按钮。如果图文字前没有插入题注，可以再次单击“引用”选项卡中的“题注”组中的“插入题注”按钮，在“选项”栏中的“标签”下拉列表中选择“图”选项，确认题注正确后，单击“确定”按钮。为其他图片插入题注很简单，选中图片后右击，在快捷菜单中选择“插入题注”命令，在打开的“题注”对话框中直接单击“确定”按钮。如果需要在编号后再增加一些说明文字，可以在“题注”对话框中的“题注”文本框的题注编号后直接输入说明文字。分别选中题注和图，单击“开始”选项卡中的“段落”组中的“居中”按钮。

（9）为图设置交叉引用。

和为表设置交叉引用的方法一样，查找或移动到文档中第1处“如下图所示”，并选中“下图”两字。单击“交叉引用”按钮，打开“交叉引用”对话框，在“引用类型”下拉列表中选择“图”选项，在“引用内容”下拉列表中选择“仅标签和编号”选项，此时“引用哪一个题注”（要连接的图题注）为“图5-1 用户登录模块流程图”，然后单击“插入”按钮。此时，原来文字“如下图所示”自动变成“如图5-1所示”，即完成第1处插入。

移动光标到下一处“如下图所示”，并选中“下图”两字。使用同样的方法，设置其他图的交叉引用。

2）设置分节

节是文档版面设计的最小有效单位，可以以节为单位设置页边距、纸型和方向、页眉和页脚、页码、脚注和尾注等多种格式类型。Word将新建的整篇文档默认为一节，划分为多节主要是通过“布局”选项卡中的“页面设置”组中的“分隔符”下拉按钮来实现的。设置后在草稿视图方式下可以用删除字符的方法删除分节符。分节符类型共有4种：下一页（新节从下一页开始）、连续（新节从同一页开始）、偶数页（新节从下一个偶数页开始）、奇数页（新节从下一个奇数页开始）。

将光标置于文字“第2章”后（文字“系统设计相关原理”前），单击“布局”选项卡中的“页面设置”组中的“分隔符”下拉按钮，在下拉列表的“分节符”区中选择“下一页”命令。使用同样的方法，完成其他章的分节。

3）生成目录

在文档最前面插入3节。单击“视图”选项卡的“视图”组中的“草稿”按钮，进入草稿视图模式。选中“第1章”文字，单击“布局”选项卡中的“页面设置”组中的“分隔符”下拉按钮，在下拉列表的“分节符”区中选择“下一页”命令。重复上述操作，再插入两个“下一页”分节符。

（1）为“目录”“表目录”“图目录”使用“标题1”样式。

单击第1个分节符（下一页），输入文字“目录”，按两次Enter键（目的是在目录文字下产生一个空行）。选中“目录”，单击“开始”选项卡中的“段落”组中的“编号”按钮，取消目录前的自动编号。目录自动使用“标题1”样式，并居中显示。

单击第2个分节符（下一页），输入文字“表目录”，按两次Enter键（目的是在表目录文字下产生一个空行）。选中“表目录”，单击“开始”选项卡中的“段落”组中的“编号”按钮，取消表目录前的自动编号。表目录自动使用“标题1”样式，并居中显示。

单击第3个分节符（下一页），输入文字“图目录”，按两次Enter键（目的是在图目录文字下产生一个空行）。选中“图目录”，单击“开始”选项卡中的“段落”组中的“编号”按钮，取消图目录前的自动编号。图目录自动使用“标题1”样式，并居中显示。

（2）创建文档目录、表目录、图目录。

将光标置于“目录”下的空行（即段落标记前，如果段落标记不可见，单击“开始”选项卡中的“段落”组中的“显示 / 隐藏编辑标记”按钮，则显示段落标记），单击“引用”选项卡中的“目录”组中的“目录”下拉按钮，在下拉列表中选择“自定义目录”命令，打开“目录”对话框，如图 3-42 所示，单击“确定”按钮。其中“显示级别”数值框可以根据实际需要设定，这里不需要改动。

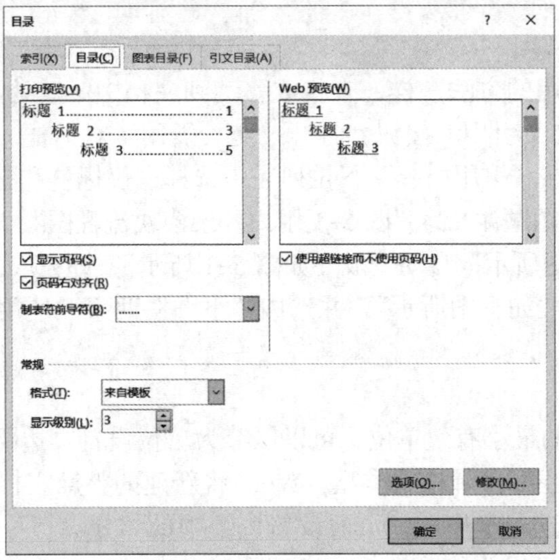

图 3-42 创建文档目录

将光标置于“表目录”下的空行，单击“引用”选项卡中的“题注”组中的“插入表目录”按钮，打开“图表目录”对话框，单击“确定”按钮。

将光标置于“图目录”下的空行，单击“引用”选项卡中的“题注”组中的“插入表目录”按钮，打开“图表目录”对话框，在“题注标签”下拉列表中选择“图”选项，单击“确定”按钮。

从创建的 3 种目录可以看出，自动生成的目录都带有灰色的域底纹，都是域。当标题和页号发生变化时，与题注和交叉引用一样，目录也可以用更新域的方式更新。在生成的目录区中右击，在快捷菜单中选择“更新域”命令，在打开的“更新目录”对话框中选中“只更新页码”或“更新整个目录”单选按钮，单击“确定”按钮就可以完成目录的更新。

4）添加页脚

（1）为正文前的节插入相应样式的页码。

在页面视图下，将光标置于第 1 节中，单击“插入”选项卡中的“页眉和页脚”组中的“页码”下拉按钮，在下拉列表中指向“页面底端”，在“简单”区中选择“普通数字 2”选项。接着在“页眉和页脚工具”→“设计”选项卡中的“页眉和页脚”组中单击“页码”下拉按钮，在下拉列表中选择“设置页码格式”命令，打开“页码格式”对话框。在“编号格式”下拉列表中选择“i,ii,iii…”选项，在“页码编号”栏中选中“续前节”单选按钮，单击“确定”按钮。

单击选中第 2 节页面底端的页码，在“页眉和页脚工具”→“设计”选项卡中的“页眉和页脚”组中单击“页码”下拉按钮，在下拉列表中选择“设置页码格式”命令，打开“页码格式”对话框。在“编号格式”下拉列表中选择“ i，ii，iii…”选项，在“页码编号”栏中选中“续前节”单选按钮，单击“确定”按钮。

单击选中第 3 节页面底端的页码，使用相同的方法，完成正文前的各节的设置。

（2）为正文中的节插入相应样式的页码。

单击选中第 4 节页面底端的页码（位于第 1 章首页），在“页眉和页脚工具”→“设计”选项卡中的“页眉和页脚”组中单击“页码”下拉按钮，在下拉列表中选择“设置页码格式”命令，打开“页码格式”对话框，在“编号格式”下拉列表中选择“1，2，3…”选项，在“页码编号”栏中选中“起始页码”单选按钮，单击“确定”按钮。最后在“页眉和页脚工具”→“设计”选项卡中的“关闭”组中单击“关闭页眉和页脚”按钮。

（3）更新目录、表目录、图目录。

拖动鼠标选中“目录”“表目录”“图目录”各节，右击，在快捷菜单中选择“更新域”命令，相继弹出“更新目录”对话框、“更新图表目录”对话框，直接单击“确定”按钮。

5）添加页眉

在前面的应用中多处出现了域。如自动添加的章节编号和名称、题注的引用、页脚中的页码、自动创建的目录等这些在文档中可能发生变化的数据，都是域。域由 3 部分组成：域名、域参数和域开关。域名是关键字，域参数是对域的进一步说明，域开关是特殊命令，用来引发特定操作。常用的域有 Page 域（插入当前页的页码）、NumPages 域（插入文档中的总页数）、TOC 域（建立并插入目录）、StyleRef 域（插入具有样式的文本）和 MergeField 域（插入合并域，在邮件合并中使用）等。

使用域时，通常单击“插入”选项卡中的“文本”组中的“文档部件”下拉按钮，在下拉列表中选择“域”命令，打开“域”对话框进行操作。插入域后，指向“域”并右击，可以在快捷菜单中选择相应命令进行编辑域、更新域、删除域等操作。

（1）页面设置。

将光标置于第 1 章所在节中，单击“布局”选项卡中的“页面设置”组中的对话框启动器按钮，打开“页面设置”对话框，在其中的“布局”选项卡中进行设置。在“节的起始位置”下拉列表中选择“新建页”选项，在“页眉和页脚”栏中勾选“奇偶页不同”复选框，在“应用于”下拉列表中选择“本节”选项，如图 3-43 所示，单击“确定”按钮。重复上述步骤，直到每章都设置完毕。

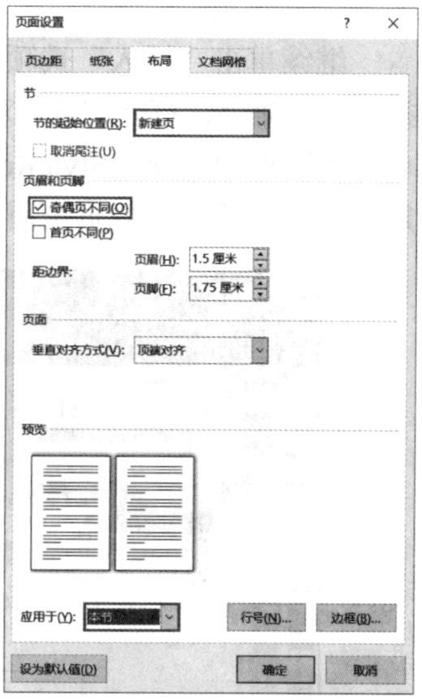

图 3-43 “页面设置”对话框

（2）创建奇数页页眉。

双击第 1 章所在的页眉区域，光标将自动置于奇数页页眉处，并且自动出现“页眉和页脚工具”选项卡。单击“导航”组中的“链接到前一条页眉”按钮，使得页眉处“与上一节相同”取消，使本节设置的奇数页页眉不影响前面各节的奇数页页眉的设置。

将光标置于奇数页页眉处，单击“插入”选项卡中的“文本”组中的“文档部件”下拉按钮，在下拉列表中选择“域”命令，打开“域”对话框。在“类别”下拉列表中选择“链接和引用”选项，在“域名”列表框中选择“ StyleRef”选项，在“样式名”列表框中选择“标题 1”选项，在“域选项”栏中勾选“插入段落编号”复选框，如图 3-44 所示，单击“确定”按钮，插入奇数页页眉中的“章序号”。

②表格外框线为单实线、3 磅、紫色，内框线为单实线、1 磅、黑色，底纹为“白色，背景 1.15%”。

③在“照片”处插入图片以替换照片文字，文字环绕方式为嵌入型。

个人简历表

姓名		性别		出生日期		照片
民族		文化程度		政治面貌		
婚姻状况		身高		体重		
联系地址				邮政编码		
联系电话				E-mail		

图 3-46　制作表格

3. 请按照以下要求完成流程图的绘制。

①参照图 3-47 所示绘制流程图。

②流程图的填充色为白色，线条为实线，颜色为黑色，线型为单线，宽度为 0.75 磅，文字居中；小箭头为实线，颜色为黑色，线型为单线，宽度为 1.5 磅；大箭头为右箭头，填充颜色为红色，线条为实线，颜色为红色，线型为单线，宽度为 1 磅，文字右对齐。

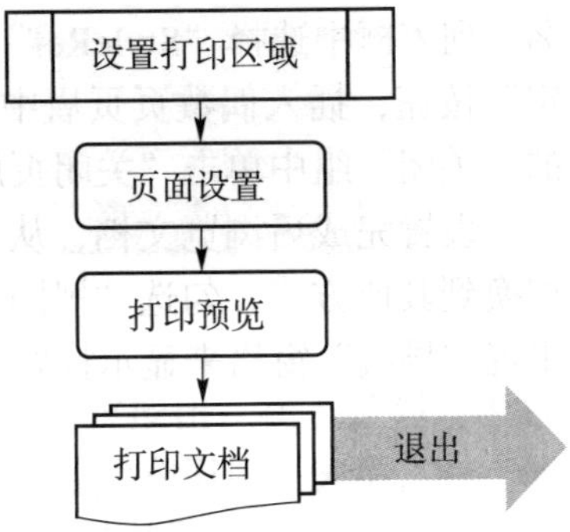

图 3-47　流程图

第4章

电子表格处理

人们在日常生活与工作中经常会遇到各种计算问题，可以通过电子表格处理软件来处理。电子表格处理软件是一种专门用于数据计算、统计分析和报表处理的软件，它帮助人们摆脱乏味、烦琐的重复计算，以图表形式专注于对计算结果的分析评价，有助于人们提高工作效率。本章将以 Microsoft Excel 2019 为例，介绍电子表格处理软件的基本功能和使用方法。

4.1　Excel 2019 基础知识

4.1.1　Excel 2019 的工作窗口

Excel 2019 常用的启动方法是选择“开始”→“ Excel”命令，进入 Excel 2019 的工作窗口，如图 4-1 所示。

Excel 2019 的工作窗口与 Word 2019 的基本相同，不同之处主要有以下几个。

1. 编辑栏

编辑栏是 Excel 的工作窗口特有的，用来显示和编辑数据、公式。编辑栏由 3 部分组成：左端是名称框（活动单元格地址），当选择单元格或单元格区域时，相应的地址或区域名称会显示在该框中；右端是编辑框，在单元格中编辑数据时，其内容同时出现在编辑框中，如果是较长的数据，默认宽度的单元格通常显示不了全部数据，此时可以在编辑框中编辑数据；中间是“插入函数”按钮 fx，单击该按钮可打开“插入函数”对话框，同时在它的左边会出现“取消”按钮 ✕ 和“输入”按钮 ✓。

2. 工作表标签

工作表标签可以用来标识和切换工作表，通常位于工作表底部的选项卡上，每个工作表都有一个唯一的标签，可以通过单击标签快速切换并激活相应的工作表。此外，工作表标签还可以进行重命名、调整顺序、设置颜色等操作，以便更好地组织和管理工作表。

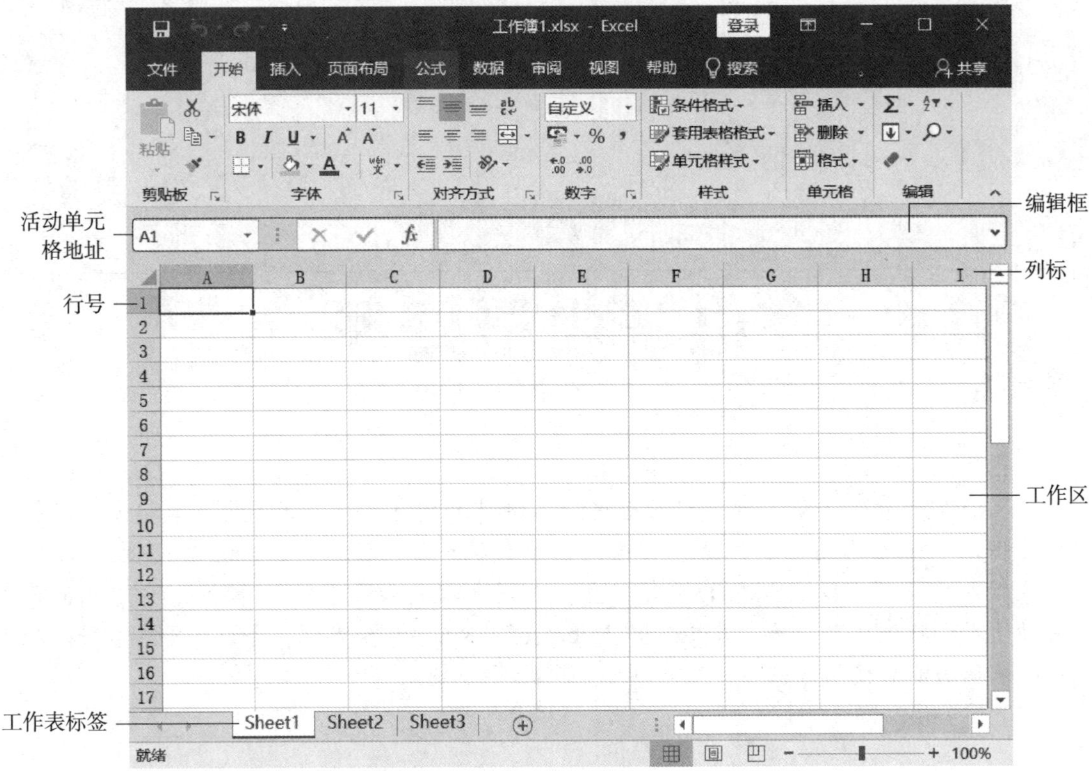

图 4-1　Excel 2019 的工作窗口

4.1.2　Excel 2019 中的基本概念

1．工作簿

Excel 的工作区显示的是当前打开的工作簿的内容。工作簿是指在 Excel 中用来存储并处理数据的文件，其扩展名为“xlsx”。工作簿由若干个工作表组成，默认为一个工作表，名称为 Sheet1，可以重命名，可以增加和删除工作表。Excel 可同时打开若干个工作簿，可以平铺、水平并排、垂直并排和层叠排列。

2．工作表

工作表是一个有 1 048 576 行、16 384 列的表格，行号自上而下为 1 ～ 1 048 576，列标从左到右为 A，B，C，…，X，Y，Z，AA，AB，AC，…，AZ，BA，BB，BC，…，XFD。每个工作表都有一个工作表标签，单击工作表标签，可以实现工作表间的切换。

3．单元格

行和列的交叉部分称为单元格，单元格是存放数据的最小单元。单元格的内容可以是数字、字符、公式、日期、图形或声音文件等。每个单元格都有固定地址，用列标和行号表示，如 D4 指的是第 4 列第 4 行交叉位置上的单元格。为了区分不同工作表的单元格，需要在单元格地址前加工作表名称，如 Sheet1!A1 表示 Sheet1 工作表的 A1 单元格。

4．活动单元格和活动单元表

当前正在使用的单元格称为活动单元格，用框线包围，如图 4-1 中的 A1 单元格。活动单元格用于输入数据、编辑内容、进行格式化、执行公式计算等操作。在 Excel 中只有一个活动单元格，可以按键盘上的方向键或单击其他单元格进行切换。

活动单元表是指当前选中的工作表。在 Excel 中只有一个活动单元表，可以通过单击其他工作表标签进行切换。活动单元表可以用于在不同工作表之间进行切换、执行工作表相关的操作（如复制、移动、重命名、设置打印选项等）。

4.2　Excel 2019 基本操作

Excel 2019 的基本操作主要包括创建、编辑和格式化工作表。这些操作可以通过单击“文件”按钮，然后在菜单中选择相应的命令，以及通过单击“开始”和“公式”选项卡的相应按钮来实现。

4.2.1　新建工作表

启动 Excel 2019 后，单击“文件”按钮，在菜单中选择“新建”命令，单击“空白工作簿”按钮来创建空白工作簿；右击桌面的空白区域，在快捷菜单中选择“新建”命令，然后选择“ XLS 工作表”选项，桌面上就会出现一个新建的空白工作表文件。Excel 2019 为每个新建的工作簿创建了一个工作表，标签名称为 Sheet1。

Excel 还可以根据工作簿模板来建立新工作簿。

4.2.2　输入数据

视频：数据的录入与格式设置

1. 直接输入数据

单击某一单元格，可以直接在单元格或编辑框中输入数据，结束时按 Enter 键。输入的数据可以是文本型、数值型、日期和时间型。默认情况下，文本型数据左对齐，数值型、日期和时间型数据右对齐。

（1）文本型数据：文本是指键盘上可以输入的任何符号。对于数字形式的文本型数据，如编号、学号、电话号码等，应在数字前加英文单引号（′）。例如，输入编号 0101，应输入“′0101”，此时 Excel 以 0101 显示，把它当作字符沿单元格左对齐。

（2）数值型数据：数值除了包括由数字（0～9）组成的字符串外，还包括+、−、/、E、e、$、% 以及小数点（.）和千分位符号（,）等特殊字符，如“ $150,000.5”。对于分数的输入，为了与日期的输入相区别，应先输入“0”和空格。例如，要输入 1/2，应输入“0 1/2”，如果直接输入“1/2”，系统就会自动将其处理为日期。

（3）日期和时间型数据：Excel 内置了一些日期和时间格式，当输入的数据与这些格式匹配时，Excel 将自动识别它们。Excel 常见的日期和时间格式为 mm/dd/yy、dd-mm-yy、hh:mm（AM/PM），其中 AM/PM 与分钟之间应有空格，如 8:30 AM，否则将被当作字符处理。

2. 快速输入

当要在工作表的某一列输入一些相同的数据时，可以使用 Excel 提供的快速输入方法——记忆式输入和下拉列表输入。

（1）记忆式输入：当输入的字符与同一列中已输入的内容相匹配时，系统将自动填写其他字符，这时按 Enter 键，表示接受提供的字符；也可以不采用提供的字符，而继续手工输入。

（2）下拉列表输入：用人工方法输入数据可能会使输入内容不一致。例如，同一种商品可能输入为不同的名字（如空调、空调器或空调机），这会使统计结果不准确。为避免这类事情的发生，可以在选取单元格后右击，在快捷菜单中选择“从下拉列表中选择”命令，或者按 Alt ＋ ↓ 快捷键，两种方法都会显示一个输入列表，从中选择需要的输入项即可。

3. 利用自动填充功能输入

自动填充功能根据初始值来决定以后的填充项，可利用自动填充功能输入等差序列、等比序列、系统预定义序列和用户自定义序列。用鼠标指针指向初始值所在单元格右下角的小黑方块（称为“填充柄”，如图 4-2 所示），此时鼠标指针变为黑十字形状，向右（行）或向下（列）拖曳至要填充的最后一个单元格，即可完成自动填充。

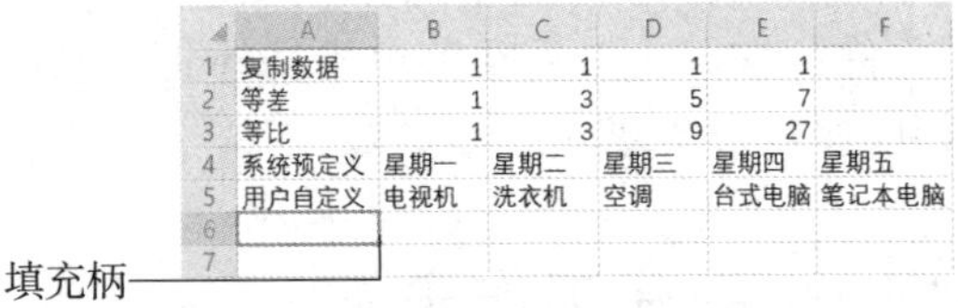

图 4-2　自动填充示例

自动填充存在以下 3 种情况。

（1）填充相同数据（复制数据）：单击该数据所在的单元格，沿水平或垂直方向拖曳填充柄，就会产生相同数据。

（2）填充序列数据：若是日期型序列，则只需要输入一个初始值，然后直接拖曳填充柄即可。若是数值型序列，则必须输入前两个单元格的数据，然后选定这两个单元格，拖曳填充柄，系统默认为等差关系，在拖曳到的单元格内依次填充等差序列数据。若需要填充等比序列数据，则可以在拖曳生成等差序列数据后，选中这些数据，单击“开始”选项卡中的“编辑”组中的“填充”下拉按钮，在下拉列表中选择“序列”命令，在打开的“序列”对话框中选择“类型”为“等比序列”，并设置合适的步长值（比值）。

（3）填充用户自定义序列数据：在实际工作中经常需要输入单位部门设置、商品名称、课程科目、公司在各大城市的办事处名称等，可以将这些有序数据自定义为序列，从而节省输入的工作量，提高效率。

单击“文件”按钮，在菜单中选择“选项”命令，打开“ Excel 选项”对话框，切换到“高级”选项卡，在右边的“常规”栏中单击“编辑自定义列表”按钮，打开“自定义序列”对话框，在其中添加新序列。有两种方法：一是在“输入序列”列表框中直接输入，每输入一项按一次 Enter 键，输入完后单击“添加”按钮；二是从工作表中直接导入，只需在“自定义序列”对话框中单击“折叠对话框”按钮，然后选中工作表中的一系列数据，再单击“折叠对话框”按钮返回，最后单击“导入”按钮即可。

4. 获取外部数据

单击“数据”选项卡中的“获取和转换数据”组中的相应按钮，可以导入其他数据库（如 Access、SQL Server）中的文件，还可以导入文本文件、XML 文件等。在向工作表输入数据的过程中，用户可能会输入一些不合要求的数据，即无效数据。为避免发生这种情况，在输入数据前，单击“数据”选项卡中的“数据工具”组中的“数据验证”下拉按钮，在下拉列表中选择“数据验证”命令，设置数据的验证条件。例如，在输入学生成绩时，数据应该为 0 ～ 100 的整数，这就有必要设置数据的验证条件。先选中需要进行验证的单元格区域，单击“数据”选项卡中的“数据工具”组中的“数据验证”下拉按钮，在下拉列表中选择“数据验证”命令，在打开的“数据验证”对话框的“设置”选项卡中进行相应设置，如图 4-3 所示。设置好数据验证条件后，Excel 就可以监督数据的输入是否正确了。

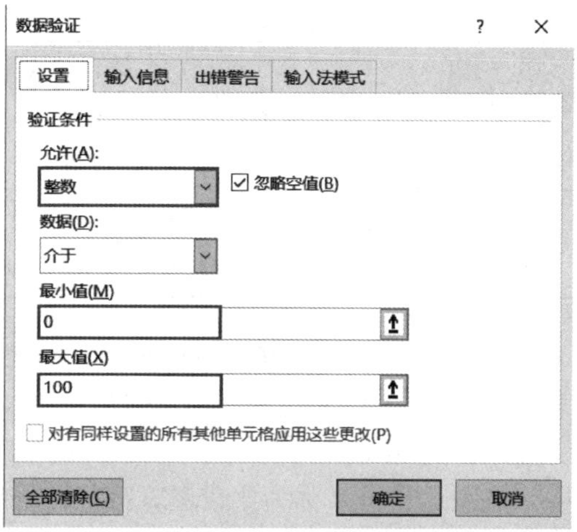

图 4-3　设置数据验证条件

4.2.3　计算数据

Excel 的主要功能不仅限于它能输入、显示和存储数据，更重要的是它对数据的计算能力。Excel 可以对工作表中某一区域的数据进行求和、求平均值、计数、求最大值、求最小值以及其他更为复杂的运算。在 Excel 中，修改数据后，公式的计算结果也会自动更新，这是手工计算无法比拟的。在 Excel 的工作表中，所有的计算工作都是通过公式和函数来完成的。

1. 使用公式计算数据

可以在单元格或编辑框中直接输入公式。公式是利用单元格的引用地址对存放在其中的数值数据进行分析和计算的等式，如“= A1 + B1 + C1”。公式与普通数据之间的区别在于：公式是由“=”引导的，后面是计算的内容，由常量、单元格引用地址、运算符和函数组成。

（1）常量：常量是一个固定的值，从字面上就能知道该值是什么或它的大小是多少。公式中的常量有数值型常量、文本型常量和逻辑型常量。

数值型常量可以是整数、小数、分数、百分数，不能带千位分隔符和货币符号，如 100、2.8、1/2、15% 等。文本型常量是用英文双引号引起来的若干字符，但其中不能包含英文双引号，如“平均值是”“总金额”等。逻辑型常量只有 True（真）和 False（假）两个值。

（2）单元格引用地址：在输入公式时，之所以不用数字本身而用单元格引用地址（如 A1、B1、C1 等），是为了使计算分析的结果始终准确地反映单元格的当前数据。只要改变了数据单元格中的内容，公式单元格中的结果立刻随之改变。如果在公式中直接书写数据，那么一旦单元格中的数据发生变化，公式计算的结果不会自动更新。

（3）运算符：Excel 公式中常用的运算符分为 4 类，如表 4-1 所示。

表 4-1　运算符

类型	表示形式	优先级
算术运算符	+（加）、-（减）、*（乘）、/（除）、%（百分比）、^（乘方）	从高到低分为 3 个级别：百分比和乘方、乘和除、加和减。优先级相同时，按从左到右的顺序计算

续表

类型	表示形式	优先级
关系运算符	=（等于）、>（大于）、<（小于）、>=（大于或等于）、<=（小于或等于）、<>（不等于）	优先级相同
文本运算符	&（文本的连接）	
引用运算符	:（区域）、,（联合）、空格（交叉）	从高到低依次为区域、联合、交叉

其中，算术运算符用来对数值进行算术运算，结果还是数值。算术运算符的优先级如表 4-1 所示。例如，公式“1 ＋ 2% － 3^4/5*6”的计算顺序是“ %、^、/、*、＋、－”，计算结果是“－ 9618%”。

关系运算符又称为比较运算符，用来比较两个文本、数值、日期、时间的大小，结果是一个逻辑值。各种数据类型的比较规则：数值型——按照数值的大小进行比较；日期型——昨天＜今天＜明天；时间型——过去＜现在＜未来；文本型——按照字典顺序比较。

文本运算符用来将多个文本连接为一个组合文本，如“Microsoft”&“ Excel”的结果为“Microsoft Excel”。

引用运算符用来将单元格区域合并运算，如表 4-2 所示。

表 4-2　引用运算符

引用运算符	含义	示例
:（区域）	包括两个引用在内的所有单元格的引用	SUM(A1:C3)
,（联合）	将多个引用合并为一个引用	SUM(A1,C3)
空格（交叉）	产生同时隶属于两个引用的单元格区域的引用	SUM(A1:C4 B2:D3)

4 类运算符的优先级从高到低依次为引用运算符、算术运算符、文本运算符、关系运算符。当多个运算符同时出现在公式中时，Excel 按运算符的优先级进行运算，优先级相同时，自左向右进行运算。

【例 4-1】 有一个创建完成而未格式化的“2022 年下半年各类能源发电量统计表 .xlsx”文件，使用公式计算所有能源每个月的发电量，以及各类能源下半年的累计发电量。

操作步骤如下。

①打开“2022 年下半年各类能源发电量统计表”文件，将光标定位在“所有能源发电量”所在行的 B8 单元格。在 B8 单元格中输入公式“＝ B3 ＋ B4 ＋ B5 ＋ B6 ＋ B7”(或在编辑框中输入“＝ B3 ＋ B4 ＋ B5 ＋ B6 ＋ B7”)，按 Enter 键，Excel 自动计算并将结果显示在单元格中，同时公式内容显示在编辑框中。

输入单元格引用地址更简单的方法是，依次单击数据源单元格，该单元格的引用地址会自动出现在编辑框中，如图 4-4 所示，此时再按 Enter 键就可以得到计算结果。

②计算火力能源下半年累计发电量和上述步骤类似，将光标定位到 H3 单元格，在 H3 单元格或编辑框中输入公式“＝ B3 ＋ C3 ＋ D3 ＋ E3 ＋ F3 ＋ G3”，按 Enter 键，Excel 自动计算并将结果显示在单元格中。

③其他月份所有能源的发电量以及其他能源下半年的累计发电量可利用公式的自动填充功能（复制公式）快速完成。移动鼠标指针到公式所在单元格右下角的填充柄处，当鼠标指针变成黑十字时，按住鼠标左键拖曳经过目标区域，到达最后一个单元格时松开鼠标左键，公式自动填充完毕。

	A	B	C	D	E	F	G	H	I
1	2022年下半年各类能源发电量统计表（单位：亿千瓦时）								
2	指标	2022年7月	2022年8月	2022年9月	2022年10月	2022年11月	2022年12月	累计发电量	平均发电量
3	火力发电量	5559.6	5989.3	4838.7	4453.1	4754.1	5549.5		
4	风力发电量	456.4	462.6	476.1	613.3	602	723		
5	水力发电量	1462.6	1226.5	989.9	993.5	779.5	747.1		
6	核能发电量	369.7	363.2	323.5	360.1	373.6	397.3		
7	太阳能发电量	210.8	206.4	201.8	190	157.5	161.6		
8	所有能源发电量	=B3+B4+B5+B6+B7							
9	注：主要能源产品产量月度统计范围为规模以上工业法人单位，即年主营业务收入2000万元及以上的工业企业。								
10	数据来源：国家统计局								

图 4-4　使用公式计算所有能源发电量

当公式输入错误时，可以进行修改，方法是：选择需要修改公式的单元格，然后在编辑框中修改，最后按 Enter 键即可。如果为方便检查公式的正确性，可以设置在单元格中显示公式，方法是：在“公式”选项卡的“公式审核”组中单击“显示公式”按钮。

2. 使用函数计算数据

函数是 Excel 自带的一些已经定义好的公式，格式如下：

函数名称（参数 1，参数 2，…）

其中，参数可以是常量、单元格、单元格区域、公式或其他函数。例如，在求和函数 SUM(A1:A8) 中，A1:A8 是参数，指明操作对象是单元格区域 A1:A8 中的数值。

视频：SUM 函数

与直接创建公式比较［如公式“= A1 + A2 + A3 + A4 + A5 + A6 + A7 + A8”与函数“= SUM(A1:A8)”］，使用函数可以减少输入的工作量，减小出错概率。对于一些复杂的运算（如开平方根、求标准偏差等），如果由用户自己设计公式来完成会很困难。Excel 2019 提供了许多功能完备、易于使用的函数，涉及财务、逻辑、文本、日期和时间、查找与引用、数学与三角函数、统计、工程、多维数据集、信息等多方面，此外，用户还可以通过 VBA（Visual Basic for Applications）自定义函数。

Excel 的 5 个基本函数是 SUM（求和）、AVERAGE（求平均值）、COUNT（计数，注意只有数值型数据才能被计数）、MAX（最大值）和 MIN（最小值）。

函数的输入有以下两种方法。

（1）直接输入法：直接在单元格或编辑框内输入函数，适用于比较简单的函数。

（2）插入函数法：较第一种方法更常用。可以通过单击“公式”选项卡中的“函数库”组中的“插入函数”按钮或单击编辑栏中的“插入函数”按钮，打开“插入函数”对话框进行操作。也可以通过单击“公式”选项卡中的“函数库”组中对应的分类函数下拉按钮，在下拉列表中选择需要的函数来完成，如图 4-5 所示。例如，对于 5 个基本函数，可以单击“公式”选项卡中的“函数库”组中的“自动求和”下拉按钮，在下拉列表中选择相应命令，将自动对活动单元格上方或左侧的数据进行这 5 种基本计算。

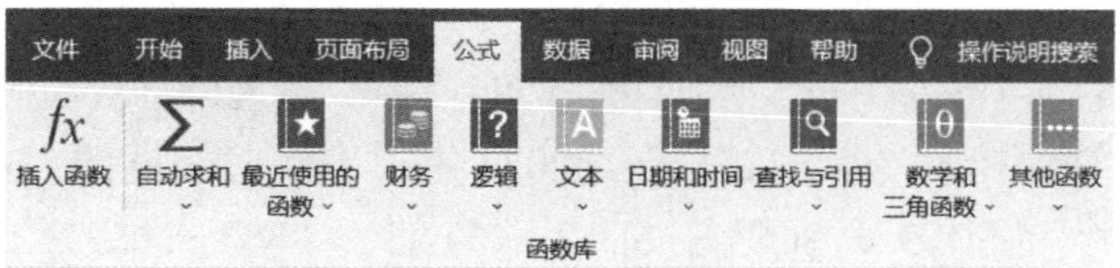

图 4-5　插入函数法

【例 4-2】 使用插入函数法计算“2022 年下半年各类能源发电量统计表”中各类能源每个月的平均发电量。

操作步骤如下。

①在“2022 年下半年各类能源发电量统计表”中单击用于存放平均发电量的 I3 单元格。

②单击“公式”选项卡中的“插入函数”按钮 *fx*，打开“插入函数”对话框，在“或选择类别”下拉列表中选择“常用函数”选项，再在“选择函数”列表框中选择“AVERAGE”选项。

③单击“确定”按钮，弹出所选函数的“函数参数”对话框。此时，系统自动提供数据单元格区域 B3:H3，这里不应该包括累计发电量，所以需要重新选择，方法是，单击“Number1”文本框右侧的“折叠对话框”按钮，从工作表中重新选定相应的单元格区域 B3:G3，再单击“展开对话框”按钮恢复对话框，最后单击“确定”按钮。

④实际上，可以使用快捷方法完成计算，方法如下：将光标放在存放平均值的 I3 单元格中，单击“公式”选项卡中的“函数库”组中的“自动求和”下拉按钮，在下拉列表中选择“平均值”命令，Excel 将自动出现求平均值函数 AVERAGE 及相应的数据区域，如图 4-6 所示。检查系统自动给出的数据区域是否正确，这里是 B3:H3，需要重新用鼠标选择（此时鼠标指针应为白色粗十字），也可以直接输入正确的数据区域 B3:G3，然后按 Enter 键。

	A	B	C	D	E	F	G	H	I	J	K
1	2022年下半年各类能源发电量统计表（单位：亿千瓦时）										
2	指标	2022年7月	2022年8月	2022年9月	2022年10月	2022年11月	2022年12月	累计发电量	平均发电量		
3	火力发电量	5559.6	5989.3	4838.7	4453.1	4754.1	5549.5	31144.3	=AVERAGE(B3:H3)		
4	风力发电量	456.4	462.6	476.1	613.3	602	723	3333.4	AVERAGE(**number1**, [number2], ...)		
5	水力发电量	1462.6	1226.5	989.9	993.5	779.5	747.1	6199.1			
6	核能发电量	369.7	363.2	323.5	360.1	373.6	397.3	2187.4			
7	太阳能发电量	210.8	206.4	201.8	190	157.5	161.6	1128.1			
8	所有能源发电量	8059.1	8248	6830	6610	6666.7	7578.5	43992.3			
9	注：主要能源产品产量月度统计范围为规模以上工业法人单位，即年主营业务收入2000万元及以上的工业企业。										
10	数据来源：国家统计局										

图 4-6 自动求平均值操作

3. 公式和函数中单元格的引用地址

视频：单元格的引用地址

使用公式和函数计算数据非常简单，只要计算出第一个数据，其他的都可以利用公式的自动填充功能完成。公式的自动填充操作实际上就是复制公式。为什么同一个公式复制到不同单元格会有不同的结果呢？究其原因是相对引用地址在起作用。

公式和函数中经常包含单元格的引用地址，它有以下 3 种表示方式。

（1）相对引用地址：由列标和行号表示，如 B1、A2:C4 等，是 Excel 默认的引用方式。它的特点是公式在复制或移动时，其地址会根据移动的位置自动调节。例如，在“2022 年下半年各类能源发电量统计表”中将公式从 H3 单元格复制到 H4 单元格，列标没变，行号加 1，所以公式从“= B3 + C3 + D3 + E3 + F3 + G3”自动变为“= B4 + C4 + D4 + E4 + F4 + G4”。假如将公式从 H3 单元格复制到 I4 单元格，列标加 1，行号也加 1，公式将自动变为“= C4 + D4 + E4 + F4 + G4 + H4”。相对引用地址常用来快速实现大量数据的同类运算。

（2）绝对引用地址：在列标和行号前都加上符号“$”，如 $I$8。它的特点是公式在复制或移动时，其地址始终保持不变。例如，在“2022 年下半年各类能源发电量统计表”中，将 H3 单元格的公式改为“= $B$3 + $C$3 + $D$3 + $E$3 + $F$3 + $G$3”，再将公式复制到 H4 单元格，会发现 H4 单元格的结果与 H3 单元格一样，公式没变，仍然是“= $B$3 + $C$3 +

$D$3 + $E$3 + $F$3 + $G$3”。符号“$”就好像一个钉子，钉住了参加运算的单元格，使它们不会随着公式位置的变化而变化。

（3）混合引用地址：是在列标或行号前加上符号“$”，如 $B1 和 B$1。它是相对引用地址和绝对引用地址的混合使用。$B1 是列标不变，行号变化；B$1 则是列标变化，行号不变。

【例 4-3】 在例 4-2 中的工作表的“所有能源发电量”的下一行添加“发电量比较”行，若每个月的所有能源发电量高于平均值，则显示“高”，否则显示“低”，如图 4-7 所示。

	A	B	C	D	E	F	G	H	I
1	2022年下半年各类能源发电量统计表（单位：亿千瓦时）								
2	指标	2022年7月	2022年8月	2022年9月	2022年10月	2022年11月	2022年12月	累计发电量	平均发电量
3	火力发电量	5559.6	5989.3	4838.7	4453.1	4754.1	5549.5	31144.3	5190.7
4	风力发电量	456.4	462.6	476.1	613.3	602	723	3333.4	555.6
5	水力发电量	1462.6	1226.5	989.9	993.5	779.5	747.1	6199.1	1033.2
6	核能发电量	369.7	363.2	323.5	360.1	373.6	397.3	2187.4	364.6
7	太阳能发电量	210.8	206.4	201.8	190	157.5	161.6	1128.1	188.0
8	所有能源发电量	8059.1	8248	6830	6610	6666.7	7578.5	43992.3	7332.1
9	发电量比较	高	高	低	低	低	=IF(G8>$I$8,"高","低")		
10	注：主要能源产品产量月度统计范围为规模以上工业法人单位，即年主营业务收入2000万元及以上的工业企业。								
11	数据来源：国家统计局								

图 4-7　绝对引用地址示例

操作步骤如下。

①单击 A9 单元格，输入文字“发电量比较”。

②单击 B9 单元格，输入“= IF（B8 > $I$8，“高”，“低”）”，按 Enter 键。这是一个条件函数，它表示的含义是如果 B8 单元格的数据小于 I8 单元格的数据（所有能源平均发电量），就在当前单元格中显示“高”，否则显示“低”。

③利用公式的自动填充功能，完成对其他月份发电量与平均值的比较。

4.2.4　编辑工作表

工作表的编辑主要包括工作表中数据的编辑，单元格、行、列的插入和删除，以及工作表的插入、移动、复制、删除、重命名等。工作表的编辑遵守“先选定，后执行”的原则。

工作表中常用的选定操作如表 4-3 所示。

表 4-3　工作表中常用的选定操作

选取范围	操作
单元格	单击或按方向键（←、→、↑、↓）
多个连续单元格	从单元格区域左上角拖曳至右下角；或者单击选择区域左上角的单元格，按住 Shift 键，单击单元格区域右下角的单元格
多个不连续单元格	按住 Ctrl 键的同时，用鼠标进行单元格的选择或单元格区域的选择
整行或整列	单击工作表相应的行号或列标
相邻行或列	鼠标拖曳行号或列标
整个表格	单击工作表左上角行列交叉的全选按钮；或者按 Ctrl + A 快捷键
单个工作表	单击工作表标签
多个连续工作表	单击第一个工作表标签，然后按住 Shift 键，单击要选择的最后一个工作表标签
多个不连续工作表	按住 Ctrl 键，分别单击需选择的工作表标签

1．工作表中数据的编辑

在工作表中输入数据时，经常需要对数据进行清除、移动和复制等编辑操作。

Excel 中的清除和删除这两个概念是有区别的。

（1）清除：清除针对的是单元格中的数据，单元格本身仍保留在原位置。选取单元格或单元格区域后，单击“开始”选项卡中的“编辑”组中的“清除”下拉按钮，在下拉列表中选择相应命令，可以清除单元格格式、内容、批注和超链接中的任意一种，或者全部清除。按 Delete 键清除的只是内容。

（2）删除：删除针对的是单元格，是把单元格连同其中的内容从工作表中删除。

在移动或复制数据时，可以替换目标单元格的数据，也可以保留目标单元格的数据，将移动或复制的单元格插入该单元格之前。如果要替换目标单元格的数据，可以选定源单元格数据并右击，在快捷菜单中根据需要选择“剪切”或“复制”命令，再定位到目标单元格并右击，在快捷菜单中选择“粘贴”命令。如果要保留目标单元格的数据，在执行“剪切”或“复制”命令后，应选择快捷菜单中的“插入剪切的单元格”或“插入复制的单元格”命令。

在 Excel 中，一个单元格通常包含很多信息，如内容、格式、公式及批注等。复制数据时可以复制单元格的全部信息，也可以只复制部分信息，还可以在复制数据的同时进行算术运算、行列转置等，这些都是通过“选择性粘贴”命令来实现的。具体操作方法如下：先选定数据，右击，在快捷菜单中选择“复制”命令，再单击目标单元格，右击，在快捷菜单中选择“选择性粘贴”命令，在打开的“选择性粘贴”对话框中进行相应设置。在该对话框中的“粘贴”栏列出了粘贴单元格中的部分信息，其中常用的是公式、数值、格式；“运算”栏表示了源单元格中的数据与目标单元格的数据的运算关系；“转置”复选框表示将源单元格区域中的数据交换行列后粘贴到目标单元格区域。

2．单元格、行、列的插入和删除

数据在输入时难免出现遗漏，有时可能漏掉一个数据，有时可能漏掉一行或一列，单元格、行、列的插入操作可以通过单击“开始”选项卡中的“单元格”组中的“插入”下拉按钮完成，也可以利用快捷菜单中的“插入”命令来实现。单元格、行、列的删除操作则可以通过单击“开始”选项卡中的“单元格”组中的“删除”下拉按钮完成，也可以利用快捷菜单中的“删除”命令实现。

3．工作表的插入、移动、复制、删除、重命名

如果一个工作簿中包含多个工作表，可以使用 Excel 提供的工作表管理功能对工作表进行管理。常用的方法是在工作表标签上右击，在快捷菜单中选择相应的命令。Excel 允许将某个工作表在同一个或多个工作簿中移动或复制，如果是在同一个工作簿中操作，只需单击该工作表标签，将它直接拖曳到目的位置实现移动，在拖曳的同时按住 Ctrl 键实现复制。如果是在多个工作簿中操作，首先应打开这些工作簿，然后右击工作表标签，在快捷菜单中选择“移动或复制”命令，打开“移动或复制工作表”对话框，在“工作簿”下拉列表中选择所需工作簿（如没有出现所需工作簿，说明此工作簿未打开），从“下列选定工作表之前”列表框中选择插入位置来实现移动。若是进行复制操作，还需勾选“建立副本”复选框。

注意： 在删除工作表的时候一定要慎重，工作表一旦被删除后将无法恢复。如果工作簿中工作表太多，为了更加清楚地区分工作表，可以利用快捷菜单中的相应命令设置工作表标签的颜色，使之醒目显示，或者对工作表进行重命名。

4.2.5　格式化工作表

视频：格式化工作表

制作一个好的工作表除保证数据正确外，还应对工作表的外观进行修饰（格式化），达到整齐、鲜明和美观的目的。

工作表的格式化主要包括格式化数据、调整工作表的列宽和行高、设置对齐方式、添加边框和底纹、使用条件格式以及自动套用格式等。

1．格式化数据

1）设置数据格式

在 Excel 中，可以设置不同的小数位数、货币符号、是否使用千位分隔符等来表示同一个数，如 1234.56、￥1234.56、1,234.56。这时单元格中显示的是格式化后的数字，编辑栏显示的是系统实际存储的数据。

设置数据格式，可以通过单击“开始”选项卡中的“数字”组中的相应按钮完成，或者单击该组的对话框启动器按钮，打开“设置单元格格式”对话框，在“数字”选项卡中完成，如图 4–8 所示。右击单元格，选择快捷菜单中的“设置单元格格式”命令，也可以打开该对话框。

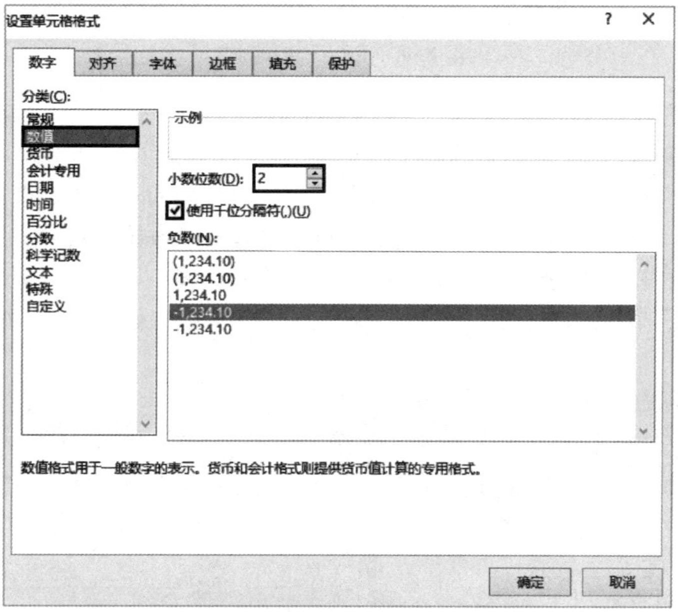

图 4–8　“设置单元格格式”对话框

2）对数据进行字符格式化

在 Excel 中，为了美化数据，经常会对数据进行字符格式化，如设置数据字体、字形和字号，为数据加下划线、删除线、上下标及改变数据颜色等。这主要是通过单击“开始”选项卡中的“字体”组中的相应按钮，或者单击该组的对话框启动器按钮，打开“设置单元格格式”对话框，在“字体”选项卡中完成的。它的操作与 Word 2019 中的“字体”对话框类似。

注意：要取消数据格式的单击，可以选择“开始”选项卡中的“编辑”组中的“清除”下拉按钮，在下拉列表中选择“清除格式”命令。取消其他工作表的格式也是这样操作。

2. 调整工作表的列宽和行高

设置每列的宽度和每行的高度是改善工作表外观经常用到的手段。例如，在单元格中输入的文字内容太长时，文字内容将会延伸到相邻的单元格中，如果相邻单元格中已有内容，那么该文字内容就被截断；对于数值型数据，则以一串“#”提示用户该单元格列宽不够，无法显示该数值型数据。

调整列宽和行高最快捷的方法是利用鼠标来完成，将鼠标指针指向要调整列宽（或行高）的列标（或行号）之间的分隔线上，当鼠标指针变成带一个双向箭头的十字形时，拖曳分隔线到需要的位置即可。

如果要精确调整行高和列宽，可以通过单击“开始”选项卡中的“单元格”组中的“格式”下拉按钮，在下拉列表中选择“行高”和“列宽”命令，将分别打开“行高”和“列宽”对话框，用户可以输入需要的行高或列宽，如图 4–9 所示。

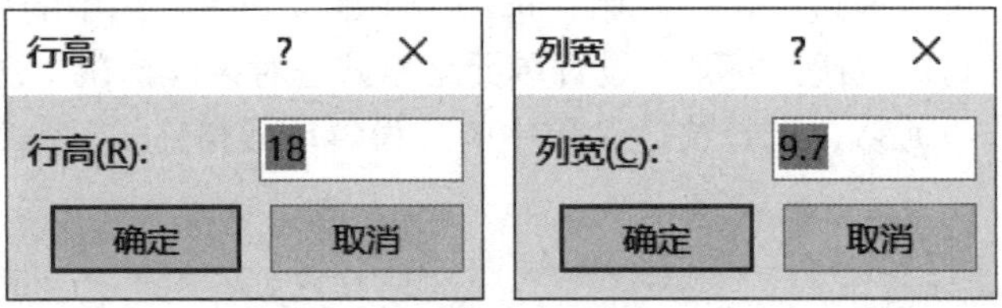

图 4–9　设置行高和列宽

3. 设置对齐方式

输入单元格中的数据通常具有不同的数据类型。在 Excel 中，不同类型的数据在单元格中以某种默认方式对齐。例如，文本为左对齐，数值、日期和时间为右对齐，逻辑值和错误值为居中对齐等。如果对默认的对齐方式不满意，可以改变数据的对齐方式。这可以通过单击“开始”选项卡中的“对齐方式”组中的相应按钮来完成。如果有更高的要求，就需要通过单击“对齐方式”该组的对话框启动器按钮，打开“设置单元格格式”对话框，在“对齐”选项卡中进行设置。

除了设置对齐方式，在“对齐”选项卡中还可以对文本进行显示控制，有效解决文本的显示问题，如自动换行、缩小字体填充、合并单元格、改变文字方向和旋转文字角度等。

4. 添加边框和底纹

为工作表添加各种类型的边框和底纹，可以起到美化工作表的目的，还可以使工作表更加清晰明了。

如果要给某一单元格或某一单元格区域添加边框，首先选择相应的区域，然后右击，在快捷菜单中选择“设置单元格格式”命令，打开“设置单元格格式”对话框，在“边框”选项卡中进行设置，如图 4–10 所示。

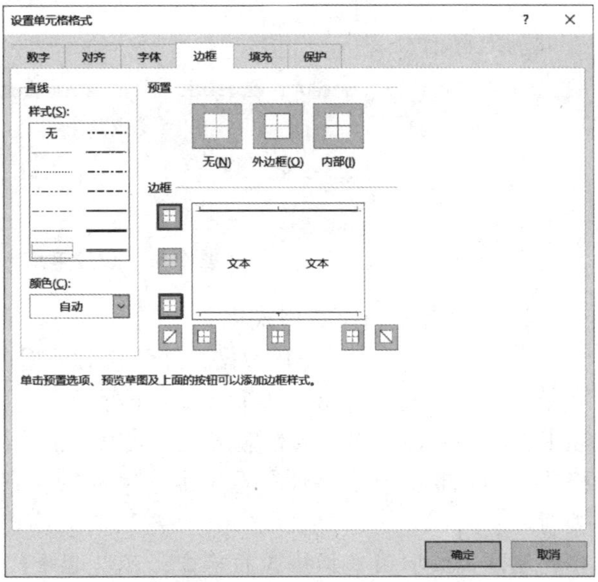

图 4–10　“边框”选项卡

除了为工作表添加边框外，还可以为工作表添加背景颜色或图案，即底纹。这通过在“设置单元格格式”对话框的“填充”选项卡中操作来完成。

【例 4-4】 对例 4-3 中的“2022 年下半年各类能源发电量统计表”进行格式化。

①将表中所有的发电量数据都保留 2 位小数。

②将标题设为华文楷体、12 磅、加粗，将行高设置为 24 磅，将 A1 到 I1 单元格设置为合并后居中；最后两行文字设为华文楷体、8 磅，将行高设置为 12 磅；将其他行的行高设置为 18 磅。

③将统计表的底纹改为“绿色，个性色 6，淡色 80%”，将表格第 2 行的边框设置为黑色的上粗框线和下细框线，第 8、9 行的外边框设置为黑色的细上框线和粗下框线，效果如图 4-11 所示。

	A	B	C	D	E	F	G	H	I
1	2022年下半年各类能源发电量统计表（单位：亿千瓦时）								
2	指标	2022年7月	2022年8月	2022年9月	2022年10月	2022年11月	2022年12月	累计发电量	平均发电量
3	火力发电量	5559.60	5989.30	4838.70	4453.10	4754.10	5549.50	31144.30	5190.72
4	风力发电量	456.40	462.60	476.10	613.30	602.00	723.00	3333.40	555.57
5	水力发电量	1462.60	1226.50	989.90	993.50	779.50	747.10	6199.10	1033.18
6	核能发电量	369.70	363.20	323.50	360.10	373.60	397.30	2187.40	364.57
7	太阳能发电量	210.80	206.40	201.80	190.00	157.50	161.60	1128.10	188.02
8	所有能源发电量	8059.10	8248.00	6830.00	6610.00	6666.70	7578.50	43992.30	7332.05
9	发电量比较	高	高	低	低	低	高		
10	注：主要能源产品产量月度统计范围为规模以上工业法人单位，即年主营业务收入2000万元及以上的工业企业。								
11	数据来源：国家统计局								

图 4-11　“2022 年下半年各类能源发电量统计表”格式化后的效果

操作步骤如下。

①选定 B3:I8 单元格区域，右击，在快捷菜单中选择“设置单元格格式”命令，打开“设置单元格格式”对话框，在“数字”选项卡的“分类”列表框中选择“数值”选项，在“小数位数”数值框中选择或输入“2”。

②单击行号 1，选定标题行（第 1 行），在“设置单元格格式”对话框的“字体”选项卡中设置字体为“华文楷体”，字号为“12”，加粗，单击“确定”按钮。也可以利用“开始”选项卡中的“字体”组中的对应按钮完成。

单击“开始”选项卡中的“单元格”组中的“格式”下拉按钮，在下拉列表中选择“行高”命令，在打开的“行高”对话框中输入“24”。选中 A1:I1 单元格区域，打开“设置单元格格式”对话框，在“对齐”选项卡中设置水平对齐为“居中”，确认垂直对齐为“居中”，勾选“合并单元格”复选框，单击“确定”按钮；也可以单击“开始”选项卡中的“对齐方式”组中的“合并后居中”按钮快速完成。

使用同样的方法将最后两行文字设置为华文楷体、8 磅，将行高设置为 12 磅，将其他行的行高设置为 18 磅。

③选中整个表格（A1:I11 单元格区域），单击“开始”选项卡中的“字体”组中的“填充颜色”下拉按钮，选择“绿色，个性色 6，淡色 80%”选项；也可以在“设置单元格格式”对话框的“填充”选项卡中进行选择。

选中整个表格的第 2 行（A2:I2 单元格区域），在“设置单元格格式”对话框中的“边框”选项卡中先选择线条颜色为“黑色”，样式为“粗线”，单击“边框”栏中的“上边框”按钮，再选择线条样式为“细线”，单击“边框”栏中的“下边框”按钮，如图 4-10 所示，单击“确定”按钮。选中表格第 8、9 行（A8:I9 单元格区域），单击“开始”选项卡中的“字体”组中的“边框”下拉按钮，在下拉列表中选择“上框线和粗下框线”命令，完成工作表的边框设置。

5. 使用条件格式

条件格式可以使数据在满足不同的条件时，显示不同的格式。

【例 4-5】 对例 4-4 中的工作表设置条件格式：将 2022 年下半年各类能源的发电量大于对应能源的平均发电量的单元格设置成“黄填充色深黄色文本”效果，小于对应能源的平均发电量的单元格设置成“绿色、加双下划线”效果。其效果如图 4-12 所示。

	A	B	C	D	E	F	G	H	I
1	2022年下半年各类能源发电量统计表（单位：亿千瓦时）								
2	指标	2022年7月	2022年8月	2022年9月	2022年10月	2022年11月	2022年12月	累计发电量	平均发电量
3	火力发电量	5559.60	5989.30	4838.70	4453.10	4754.10	5549.50	31144.30	5190.72
4	风力发电量	456.40	462.60	476.10	613.30	602.00	723.00	3333.40	555.57
5	水力发电量	1462.60	1226.50	989.90	993.50	779.50	747.10	6199.10	1033.18
6	核能发电量	369.70	363.20	323.50	360.10	373.60	397.30	2187.40	364.57
7	太阳能发电量	210.80	206.40	201.80	190.00	157.50	161.60	1128.10	188.02
8	所有能源发电量	8059.10	8248.00	6830.00	6610.00	6666.70	7578.50	43992.30	7332.05
9	发电量比较	高	高	低	低	低	高		
10	注：主要能源产品产量月度统计范围为规模以上工业法人单位，即年主营业务收入2000万元及以上的工业企业。								
11	数据来源：国家统计局								

图 4-12　设置条件格式后的效果

操作步骤如下。

①选定要设置格式的数据区域 B3:G3（注意不要选中“火力发电量”单元格）。单击“开始”选项卡中的“样式”组中的“条件格式”下拉按钮，在下拉列表单中选择“突出显示单元格规则”→“大于”命令，打开“大于”对话框，在左边的文本框中输入火力能源的月平均发电量，即“5190.72”，也可以单击相应的单元格进行选择，在右边的“设置为”下拉列表中选择“黄填充色深黄色文本”选项，如图 4-13 所示，单击“确定”按钮。

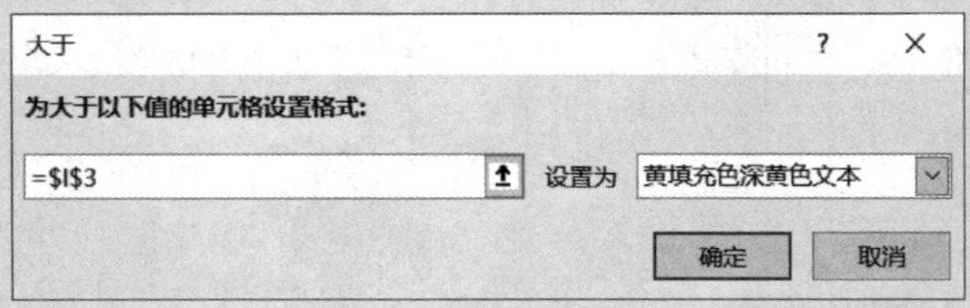

图 4-13 “大于”对话框

②用同样的方法，选择“小于”命令，打开“小于”对话框，在左边的文本框中输入“5190.72”，在右边的“设置为”下拉列表中选择“自定义格式”选项，打开“设置单元格格式”对话框，在“字体”选项卡中设置颜色为“绿色”，下划线为“双下划线”，然后连续单击“确定”按钮。

③类似地，重复以上操作，对其他各类能源的发电量进行条件格式设置。需要注意的是，要选择对应的各类能源的数据范围以及在文本框输入对应能源的月平均发电量。

6. 自动套用格式

自动套用格式是一组已定义好的格式的组合，包括数字、字体、对齐、边框、颜色、行高和列宽等格式。Excel 2019 提供了许多种漂亮、专业的表格格式，可以快速实现工作表格式化。这可以通过“开始”选项卡中的“样式”组中的“套用表格格式”按钮来实现。

4.2.6 打印工作表

Excel 电子表格编辑完成后需要打印时，可以进行相应的设置，然后将其打印输出。

Excel 2019 工作表的打印，根据打印内容分为 3 种情况：打印活动工作表、打印整个工作簿、打印选定区域。这可以通过单击“文件”按钮，在菜单中选择“打印”命令，在打印界面的“设置”栏中进行相应设置。Excel 的打印界面与 Word 的打印界面非常类似。

如果打印时需要为工作表加上页眉和页脚，可以单击打印界面最下面的“页面设置”链接，打开“页面设置”对话框，切换到其中的“页眉 / 页脚”选项卡，在“页眉”和“页脚”区域内编辑。

4.3　制作图表

Excel 能够将电子表格中的数据转换成各种类型的统计图表，更直观地揭示数据之间的关系，反映数据的变化规律和发展趋势，使用户能直观地进行数据分析。当工作表中的数据发生变化时，图表会相应地改变，不需要重新绘制。

Excel 2019 提供了十余种图表类型，每一种又有若干种子类型，并且有很多二维和三维图表类型可供选择。常用的图表类型有以下几种。

（1）柱形图：用于显示一段时间内数据变化或各项之间的比较情况。柱形图简单易用，是较受欢迎的图表形式。

（2）折线图：将同一数据系列的数据点在图中用直线连接起来，以等间隔显示数据的变化趋势。

（3）饼图：能够反映出统计数据中各项所占的百分比或某个单项占总体的比例，使用该类图表便于查看整体与个体之间的关系。

（4）条形图：可以看作横放的柱形图，用来描绘各个项目之间数据差别情况，强调的是在特定的时间点上进行分类和数值的比较。

（5）面积图：用于显示某个时间阶段总数与数据系列的关系，又称为面积形式的折线图。

（6）*XY* 散点图：通常用于显示两个变量之间的关系。利用散点图可以绘制函数曲线。

（7）圆环图：类似于饼图，但在中央空出了一个圆形的空间。圆环图也用来表示各个部分与整体之间的关系，而且可以包含多个数据系列。

（8）气泡图：类似于 *XY* 散点图，但是气泡图是对成组的 3 个数值而非 2 个数值进行比较。

（9）地图：可创建地图图表来比较值和跨地理区域显示类别。当数据中含有地理区域（如国家 / 地区、省 / 自治区 / 直辖市、市 / 县或邮政编码）时，可以使用地图图表。

（10）雷达图：用于显示数据中心点以及数据类别之间的变化趋势，可以对数值无法表现的倾向分析提供良好的支持。为了能在短时间内把握数据相互间的平衡关系，也可以使用雷达图。

（11）漏斗图：显示流程中多个阶段的值，通常情况下，数值逐渐减小，从而使条形图呈现出漏斗形状。

Excel 可以方便快速地制作一些商务图表，如层次结构图表中的树状图、旭日图，统计图表中的直方图、箱形图，以及瀑布图等。Excel 还可以创建自定义组合图。

4.3.1 创建图表

在 Excel 2019 中，创建图表快速、简便，只需要选择数据源，然后单击“插入”选项卡的“图表”组中的相应图表类型的下拉按钮，在下拉列表中选择具体的类型即可。也可以单击“推荐的图表”按钮，在打开的“插入图表”对话框中的“所有图表”选项卡中进行选择，如图 4-14 所示。

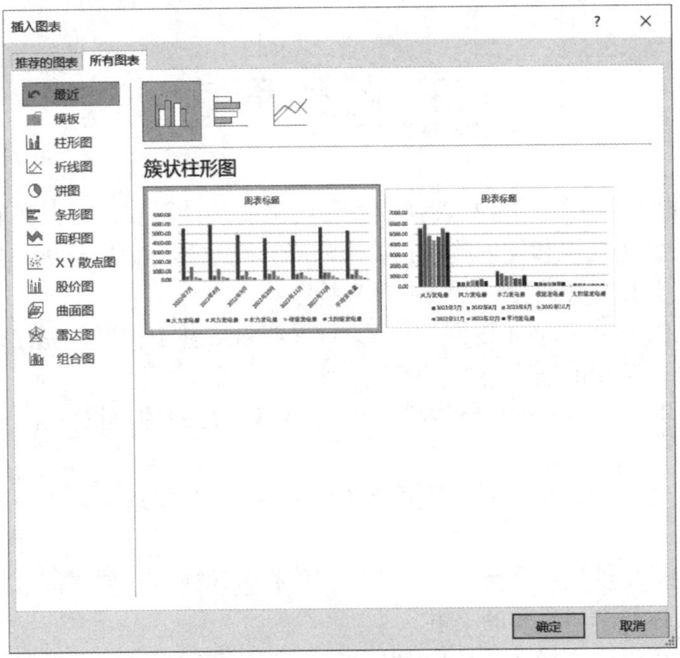

图 4-14 “所有图表”选项卡

视频：创建图表

【例 4-6】 根据例 4-5 工作表中各类能源每个月的发电量及其对应的平均发电量，制作一个簇状柱形图，如图 4-15 所示。

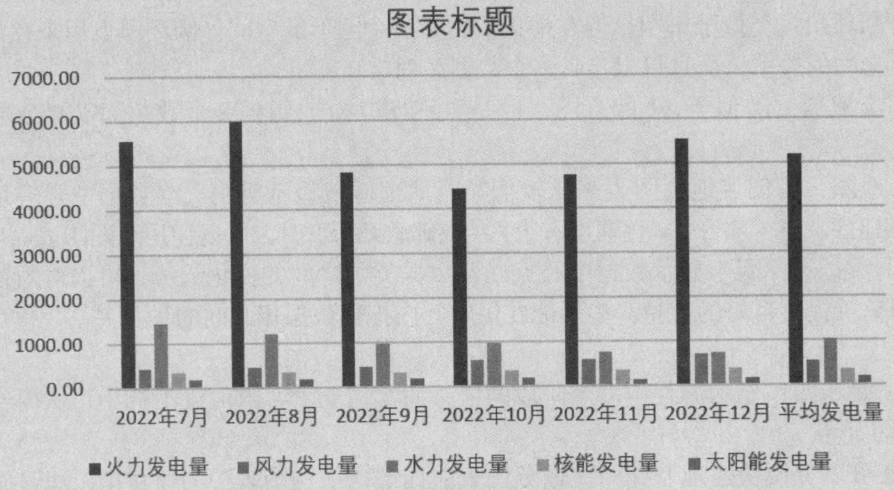

图 4-15 簇状柱形图

操作步骤如下。

①选定建立图表的数据源，这一步非常重要。方法如下：先选定连续的范围，即各类能源每个月的发电量（A2:G7 单元格区域），按住 Ctrl 键，再选定“平均发电量”列中对应的范围（I2:I7 单元格区域）。

②单击“插入”选项卡中的“图表”组中的“插入柱形图或条形图”下拉按钮，在下拉列表的“二维柱形图”区中选择“簇状柱形图”选项，然后将图表调整至合适大小。

4.3.2　编辑图表

在创建图表之后，还可以对图表进行编辑，包括更改图表类型，以及选择图表布局和图表样式等。这可以通过“图表工具”选项卡中的相应功能来实现。“图表工具”选项卡在选定图表后便会自动出现，它包括两个部分：“设计”和“格式”。

（1）在“设计”部分可以进行如下操作。

①添加图表元素：显示或隐藏主要横坐标轴与主要纵坐标轴；显示或隐藏网格线；添加或修改图表标题、坐标轴标题、图例、数据标签和数据表；添加误差线、趋势线、涨 / 跌柱线和线条等，如图 4–16 所示。

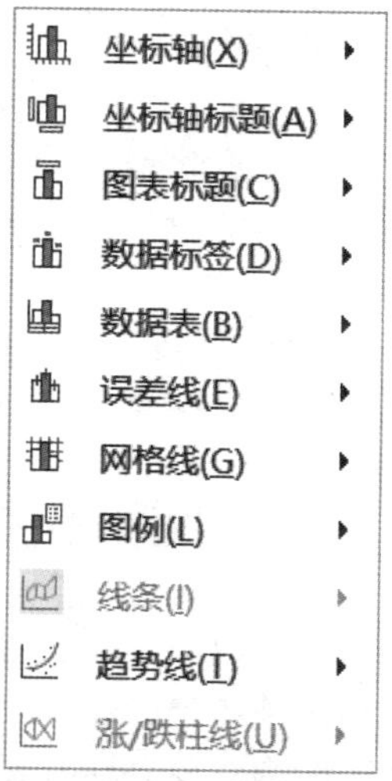

图 4–16　添加图表元素

②快速布局：快速套用集中内置的布局样式，更改图表的整体布局。

③更改颜色：自定义图表的快速颜色。

④更改图表样式：为图表应用内置样式。

⑤切换行 / 列：将图表的 *X* 轴数据和 *Y* 轴数据对调。

⑥选择数据：打开“选择数据源”对话框，在其中可以编辑、修改系列和分类轴标签。

⑦更改图表类型：重新选择合适的图表。

⑧移动图表：在本工作簿中移动图表或将图表移动到其他工作簿。

（2）在“格式”部分可以进行如下操作。

①设置所选内容格式：在“当前所选内容”组中快速定位图表元素，并设置所选内容格式。

②插入形状：在图表中插入形状。

③编辑形状样式：套用快速样式，设置形状填充、形状轮廓以及形状效果。

④插入艺术字：快速套用艺术字样式，设置艺术字颜色、外边框或艺术效果。

⑤排列图表：排列图表元素的对齐方式等。

⑥设置图表大小：设置图表的宽度与高度、裁剪图表。

【例 4–7】 对例 4–6 中的图表进行编辑。

①标题改为“2022 年下半年各类能源发电量统计表”，设置填充色为“白色，背景 1，深色 5%”；

②添加 *X* 轴标题“每月发电量及平均发电量”，*Y* 轴标题“亿千瓦时”。效果如图 4–17 所示。

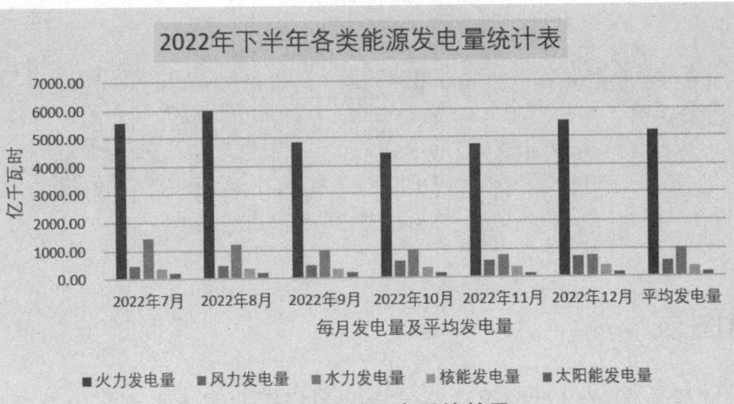

图 4-17　编辑图表后的效果

操作步骤如下。

①单击“图表标题”文本框，在其中输入“2022 年下半年各类能源发电量统计表”。在“图表工具”→“格式”选项卡中的“形状样式”组中，单击“形状填充”下拉按钮，选择颜色为“白色，背景 1，深色 5%”。

②在“图表工具”→“设计”选项卡中的“图表布局”组中，单击“添加图表元素”下拉按钮，在下拉列表中选择“坐标轴标题”→“主要横坐标轴”命令，在出现的“坐标轴标题”文本框中输入“每月发电量及平均发电量”。

在“图表工具”→“设计”选项卡中的“图表布局”组中，单击“添加图表元素”下拉按钮，在下拉列表中选择“坐标轴标题”→“主要纵坐标轴”命令，在出现的“坐标轴标题”文本框中输入“亿千瓦时”，并适当调整图表大小。

4.3.3　格式化图表

生成一个图表后，为了获得更理想的显示效果，可以对图表的各个对象进行格式化。这通过单击“图表工具”→“格式”选项卡中的相应按钮来完成。也可以双击要进行格式设置的图表对象，在打开的任务窗格中进行设置。

【例 4-8】 为例 4-7 中的簇状柱形图的系列图例项设置一个喜欢的快速样式，设置绘图区的背景为纯色填充“蓝色，个性色 1，淡色 80%”。效果如图 4-18 所示。

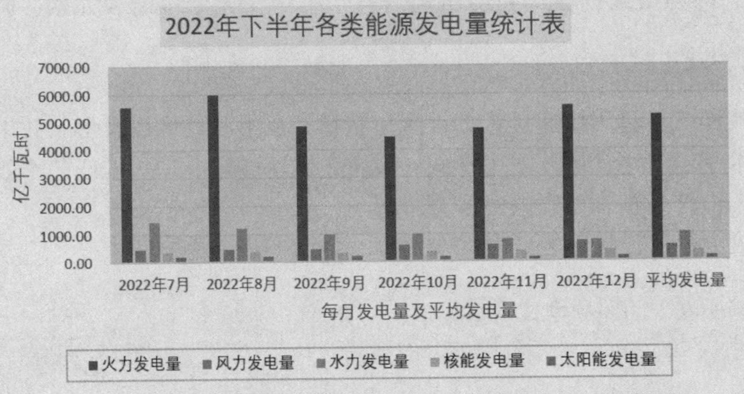

图 4-18　格式化图表的效果

操作步骤如下。

①选中图表标题，在“图表工具”→“格式”选项卡中的“形状样式”组中的快速形状样式库中，选择“主题样式”区最后一排中的形状样式“强烈效果－金色，强调颜色 4”。

②在“图表工具”→“格式”选项卡中的“当前所选内容”组中，单击“图表元素”下拉按钮，在下拉列表中选择“绘图区”，单击“设置所选内容样式”按钮，打开“设置图表区格式”任务窗格。

或者将鼠标指针移至绘图区（鼠标指针在图表对象中移动时旁边会提示该对象名称），双击即可打开“设置绘图区格式”任务窗格。在“填充”选项卡中选中“纯色填充”单选按钮，然后在“颜色”下拉列表中选择“蓝色，个性色 1，淡色 80%”选项，最后单击任务窗格右上角的“关闭”按钮。

4.4　数据管理和分析

Excel 不仅具有数据计算与处理的能力，而且具有数据库管理的一些功能。利用 Excel，可以方便、快捷地对数据进行排序、筛选、分类汇总、创建数据透视表等统计分析工作。

4.4.1　建立数据清单

如果要使用 Excel 的数据管理功能，首先必须将电子表格创建为数据清单。数据清单又称为数据列表，是由 Excel 工作表中的单元格构成的矩形区域，即一张二维表。数据清单是一种特殊的表格，必须包括两部分，即表结构和表记录。表结构是数据清单中的第 1 行，即列标题（又叫作字段名），Excel 利用这些字段名对数据进行查找、排序及筛选等操作。表记录则是 Excel 实施管理功能的对象，该部分不允许有非法数据内容出现。要正确创建数据清单，应遵循以下准则。

（1）避免在一个工作表中建立多个数据清单，如果在工作表中还有其他数据，要在它们与数据清单之间留出空行、空列。

（2）通常在数据清单的第 1 行创建字段名。字段名必须唯一，且每一字段的数据类型必须相同，如字段名是“部门”，则该列存放的必须全部是部门名称。

（3）数据清单中不能有完全相同的两行记录。

4.4.2　数据排序

在实际应用中，为了方便查找和使用数据，用户通常按一定顺序对数据清单进行重新排列。其中数值按大小排序，时间按先后排序，英文字母按字母顺序（默认不区分大小写）排列，汉字按拼音首字母或笔画排序。

视频：数据排序

用来排序的字段称为关键字。排序方式分为升序（递增）和降序（递减），排序方向有按行排序和按列排序，此外，还可以采用自定义排序。

数据排序有两种形式：简单排序和复杂排序。

（1）简单排序：指对一个关键字（单一字段）进行升序或降序排列。可以单击“数据”选项卡中的“排序和筛选”组中的“升序”按钮、“降序”按钮快速实现，也可以通过单击“排序”按钮，打开“排序”对话框进行操作。

（2）复杂排序：指对一个以上关键字（多个字段）进行升序或降序排列。当排序的字段值相同时，可按另一个关键字继续排序，可以设置多个排序关键字。复杂排序必须通过单击“数据”选项卡中的“排序和筛选”组中的“排序”按钮，打开“排序”对话框来实现，如图 4-19 所示。

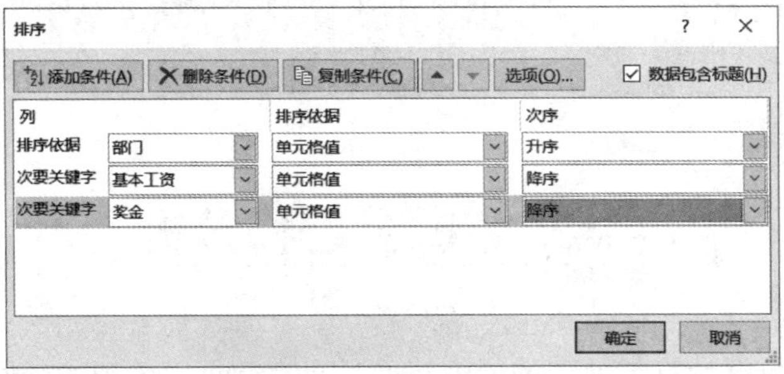

图 4-19 “排序”对话框

【例 4-9】 有创建完成的“公司员工工资表 .xlsx”，对其进行排序，按主要关键字“部门”升序排列，部门相同时，按次要关键字“基本工资”降序排列，部门和基本工资都相同时，按次要关键字“奖金”降序排列。复杂排序结果如图 4-20 所示。

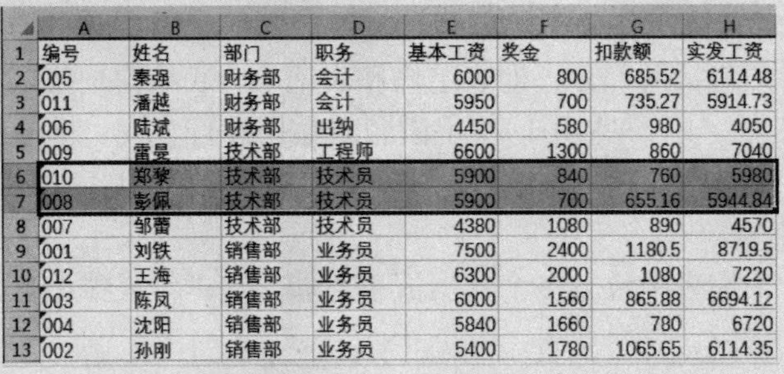

	A	B	C	D	E	F	G	H
1	编号	姓名	部门	职务	基本工资	奖金	扣款额	实发工资
2	005	秦强	财务部	会计	6000	800	685.52	6114.48
3	011	潘越	财务部	会计	5950	700	735.27	5914.73
4	006	陆斌	财务部	出纳	4450	580	980	4050
5	009	雷曼	技术部	工程师	6600	1300	860	7040
6	010	郑黎	技术部	技术员	5900	840	760	5980
7	008	彭佩	技术部	技术员	5900	700	655.16	5944.84
8	007	邹蕾	技术部	技术员	4380	1080	890	4570
9	001	刘铁	销售部	业务员	7500	2400	1180.5	8719.5
10	012	王海	销售部	业务员	6300	2000	1080	7220
11	003	陈凤	销售部	业务员	6000	1560	865.88	6694.12
12	004	沈阳	销售部	业务员	5840	1660	780	6720
13	002	孙刚	销售部	业务员	5400	1780	1065.65	6114.35

图 4-20 复杂排序结果

操作步骤如下。

①建立工资表数据清单。在工作表中选定数据区域 A2:H13，右击，在快捷菜单中选择“复制”命令，然后新建一个工作簿，选中 Sheet1 工作表中的 A1 单元格，右击，在快捷菜单中选择“选择性粘贴”命令，在弹出的“选择性粘贴”对话框中的“粘贴”栏中选中“数值”单选按钮，单击“确定”按钮。

②单击数据清单中的任意单元格，单击“数据”选项卡中的“排序和筛选”组中的“排序”按钮，打开“排序”对话框。选择主要关键字为“部门”。排序依据为“单元格值”、次序为“升序”；单击“添加条件”按钮，选择次要关键字为“基本工资”、排序依据为“单元格值”、次序为“降序”；单击“添加条件”按钮，选择次要关键字为“奖金”、排序依据为“单元格值”、次序为“降序”，单击“确定”按钮。在“排序”对话框中，勾选“数据包含标题”复选框是为了避免字段名也成为排序对象；“选项”按钮用来打开“排序选项”对话框，进行一些与排序相关的设置，如排列字母时区分大小写、改变排序方向（按行）或汉字按笔画排序等。

4.4.3　数据筛选

视频：数据筛选

当数据列表中的数据非常多，用户却只对其中一部分数据感兴趣时，可以使用 Excel 的数据筛选功能将用户不感兴趣的数据暂时隐藏起来。当筛选条件被清除时，隐藏的数据又恢复显示。

数据筛选有两种：自动筛选和高级筛选。自动筛选可以实现单个字段筛选及多字段筛选的“逻辑与”关系（同时满足多个条件），操作简便，能满足大部分应用需求；高级筛选可以实现多字段筛选的“逻辑或”关系，操作较复杂，需要在数据清单以外建立一个条件区域。

1. 自动筛选

通过单击“数据”选项卡中的“排序和筛选”组中的“筛选”按钮来实现。在所需筛选的字段名下拉列表中选择符合的条件，若没有，则选择“文本筛选”或“数字筛选”级联菜单中的“自定义筛选”命令，在打开的“自定义自动筛选方式”对话框中输入条件。如果要使数据恢复显示，则单击“排序和筛选”组中的“清除”按钮。如果要取消自动筛选功能，就再次单击“筛选”按钮。

【例 4-10】 在“公司员工工资表”（数据清单）中，筛选出销售部基本工资大于或等于 6 000 元且奖金大于或等于 2 000 元的记录。自动筛选结果如图 4-21 所示。

	A	B	C	D	E	F	G	H
1	编号	姓名	部门	职务	基本工资	奖金	扣款额	实发工资
2	001	刘铁	销售部	业务员	7500	2400	1180.5	8719.5
13	012	王海	销售部	业务员	6300	2000	1080	7220

图 4-21　自动筛选结果

操作步骤如下。

①单击数据清单中的任意单元格。

②单击“数据”选项卡中的“排序和筛选”组中的“筛选”按钮，在各个字段名的右边会出现筛选按钮，单击“部门”列的筛选按钮，在下拉列表中仅选中“销售部”，使筛选结果只显示销售部的员工记录，单击“确定”按钮。

③单击“基本工资”列的筛选按钮，在下拉列表中选择“数字筛选”→“大于或等于”命令，打开“自定义自动筛选方式”对话框。在“大于或等于”下拉列表框右边的文本框中输入“6000”，单击“确定”按钮，此时，筛选结果只显示销售部员工中基本工资大于或等于 6 000 元的记录。

④用同样的方法进行“奖金”列的筛选。

2. 高级筛选

当筛选的条件较为复杂，或者出现多字段间的“逻辑或”关系时，单击“数据”选项卡中的“排序和筛选”组中的“高级”按钮更为方便。

在进行高级筛选时，字段名的右边不会出现筛选按钮，而是需要在条件区域输入条件。条件区域应建立在数据清单以外，用空行或空列与数据清单分隔。输入筛选条件时，首行输入条件字段名，从第 2 行起输入筛选条件，输入在同一行上的条件关系为“逻辑与”，输入在不同行上的条件关系为“逻辑或”。单击“数据”选项卡中的“排序和筛选”组中的“高级”按钮，在打开的“高级筛选”对话框内进行数据区域和条件区域的选择，筛选结果可以在原数据清单位置显示，也可以在数据清单以外的位置显示。

【例 4-11】 在“公司员工工资表”（数据清单）中，筛选销售部基本工资大于 6 000 元或财务部基本工资小于 6 000 元的记录，并将筛选结果显示在原有区域。高级筛选结果如图 4-22 所示。

	A	B	C	D	E	F	G	H
1	编号	姓名	部门	职务	基本工资	奖金	扣款额	实发工资
2	001	刘铁	销售部	业务员	7500	2400	1180.5	8719.5
7	006	陆斌	财务部	出纳	4450	580	980	4050
12	011	潘越	财务部	会计	5950	700	735.27	5914.73
13	012	王海	销售部	业务员	6300	2000	1080	7220

图 4-22 高级筛选结果

操作步骤如下。

①在数据清单以外选择一个空白区域，在首行输入字段名“部门”和“基本工资”，在第 2 行对应字段下面输入条件“销售部”和“> 6000”，在第 3 行对应字段下面输入条件“财务部”和“< 6000”，如图 4-23 所示。

②选择数据清单中的任意单元格，单击“数据”选项卡中的“排序和筛选”组中的“高级”按钮，打开“高级筛选”对话框。选中“在原有区域显示筛选结果”单选按钮，再确认给出的列表区域是否正确，如果不正确，可以单击“列表区域”文本框右侧的“折叠对话框”按钮，用鼠标在工作表中重新选择后再单击“展开对话框”按钮返回。然后单击“条件区域”文本框右侧的“折叠对话框”按钮，用鼠标在工作表中选择条件区域后再单击“展开对话框”按钮返回，单击“确定”按钮。

	A	B	C	D	E	F	G	H
2	001	刘铁	销售部	业务员	7500	2400	1180.5	8719.5
3	002	孙刚	销售部	业务员	5400	1780	1065.65	6114.35
4	003	陈凤	销售部	业务员	6000	1560	865.88	6694.12
5	004	沈阳	销售部	业务员	5840	1660	780	6720
6	005	秦强	财务部	会计	6000	800	685.52	6114.48
7	006	陆斌	财务部	出纳	4450	580	980	4050
8	007	邹蕾	技术部	技术员	4380	1080	890	4570
9	008	彭佩	技术部	技术员	5900	700	655.16	5944.84
10	009	雷曼	技术部	工程师	6600	1300	860	7040
11	010	郑黎	技术部	技术员	5900	840	760	5980
12	011	潘越	财务部	会计	5950	700	735.27	5914.73
13	012	王海	销售部	业务员	6300	2000	1080	7220
14								
15	部门	基本工资						
16	销售部	>6000	——条件区域					
17	财务部	<6000						

图 4-23 建立条件区域

4.4.4 分类汇总

实际工作中经常用到分类汇总，如仓库的库存管理员经常要统计各类产品的库存总量，商店的销售管理员经常要统计各类商品的售出总量等。上述工作的共同特点是首先要进行分类（排序），将同类别数据放在一起，然后进行数量求和之类的汇总运算。Excel 提供了分类汇总功能。

视频：分类汇总

分类汇总就是对数据清单按某个字段进行分类，将字段值相同的连续记录作为一类，进行求和、求平均值、计数等汇总运算。针对同一个分类字段，可进行多种方式的汇总。

需要注意的是，首先，在分类汇总前必须对分类字段排序，否则将得不到正确的分类汇总结果；其次，在分类汇总时要清楚对哪个字段分类，对哪些字段汇总及汇总方式，这些都需要在“分类汇总”对话框中逐一设置。

分类汇总有两种形式：简单汇总和嵌套汇总。

（1）简单汇总：对数据清单的一个或多个字段仅进行一种方式的汇总。

【例 4-12】 在“公司员工工资表”（数据清单）中，求各部门基本工资、奖金和实发工资的平均值。简单汇总结果如图 4-24 所示。

	A	B	C	D	E	F	G	H
1	编号	姓名	部门	职务	基本工资	奖金	扣款额	实发工资
2	005	秦强	财务部	会计	6000	800	685.52	6114.48
3	006	陆斌	财务部	出纳	4450	580	980	4050
4	011	潘越	财务部	会计	5950	700	735.27	5914.73
5			**财务部 平均值**		5466.667	693.3333		5359.737
6	007	邹蕾	技术部	技术员	4380	1080	890	4570
7	008	彭佩	技术部	技术员	5900	700	655.16	5944.84
8	009	雷曼	技术部	工程师	6600	1300	860	7040
9	010	郑黎	技术部	技术员	5900	840	760	5980
10			**技术部 平均值**		5695	980		5883.71
11	001	刘铁	销售部	业务员	7500	2400	1180.5	8719.5
12	002	孙刚	销售部	业务员	5400	1780	1065.65	6114.35
13	003	陈凤	销售部	业务员	6000	1560	865.88	6694.12
14	004	沈阳	销售部	业务员	5840	1660	780	6720
15	012	王海	销售部	业务员	6300	2000	1080	7220
16			**销售部 平均值**		6208	1880		7093.594
17			**总计平均值**		5851.667	1283.333		6256.835

图 4-24　简单汇总结果

根据分类汇总的要求，实际是对“部门”字段分类，对“基本工资”“奖金”“实发工资”进行汇总，汇总方式是求平均值。

操作步骤如下。

①选择 C 列（“部门”数据），单击“数据”选项卡中的“排序和筛选”组中的“升序”按钮，对“部门”字段升序排列。

②单击数据清单中的任意单元格，单击“数据”选项卡中的“分级显示”组中的“分类汇总”按钮，打开“分类汇总”对话框。在“分类字段”下拉列表中选择“部门”选项，在“汇总方式”下拉列表中选择“平均值”选项，在“选定汇总项”（汇总字段）列表框中勾选“基本工资”“奖金”“实发工资”复选框，并清除其余默认汇总项，其设置如图 4-25 所示，单击“确定”按钮。在该对话框中，勾选“替换当前分类汇总”复选框的含义是，用此次分类汇总的结果替换已存在的分类汇总结果。

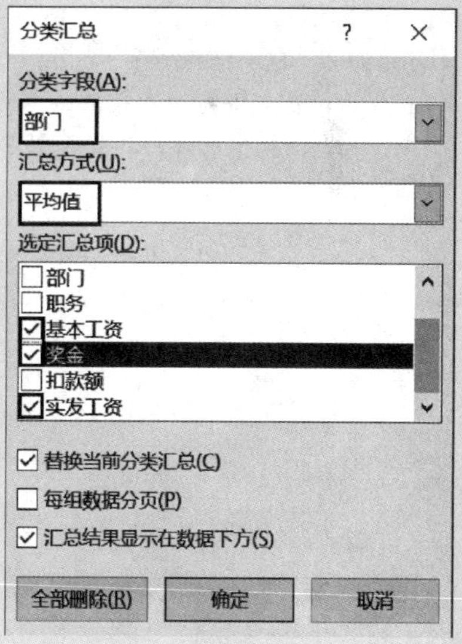

图 4-25　简单“分类汇总”对话框的设置

分类汇总后，默认情况下，数据会分 3 级显示，可以单击分级显示区上方的 1 2 3 按钮控制，单击 1 按钮，只显示数据清单中的列标题和总计结果；单击 2 按钮，显示各个分类汇总结果和总计结果；单击 3 按钮，显示全部的详细数据。

（2）嵌套汇总：对同一字段进行多种不同方式的汇总。

【例 4-13】 在例 4-12 求各部门基本工资、实发工资和奖金的平均值的基础上，统计各部门人数。嵌套汇总结果如图 4-26 所示。

	A	B	C	D	E	F	G	H
1	编号	姓名	部门	职务	基本工资	奖金	扣款额	实发工资
2	005	秦强	财务部	会计	6000	800	685.52	6114.48
3	006	陆斌	财务部	出纳	4450	580	980	4050
4	011	潘越	财务部	会计	5950	700	735.27	5914.73
5			**财务部 计数**	3				
6			**财务部 平均值**		5466.667	693.3333		5359.737
7	007	邹蕾	技术部	技术员	4380	1080	890	4570
8	008	彭佩	技术部	技术员	5900	700	655.16	5944.84
9	009	雷旻	技术部	工程师	6600	1300	860	7040
10	010	郑黎	技术部	技术员	5900	840	760	5980
11			**技术部 计数**	4				
12			**技术部 平均值**		5695	980		5883.71
13	001	刘铁	销售部	业务员	7500	2400	1180.5	8719.5
14	002	孙刚	销售部	业务员	5400	1780	1065.65	6114.35
15	003	陈凤	销售部	业务员	6000	1560	865.88	6694.12
16	004	沈阳	销售部	业务员	5840	1660	780	6720
17	012	王海	销售部	业务员	6300	2000	1080	7220
18			**销售部 计数**	5				
19			**销售部 平均值**		6208	1880		7093.594
20			**总计数**	12				
21			**总计平均值**		5851.667	1283.333		6256.835

图 4-26　嵌套汇总结果

这需要分两次进行分类汇总。先按例 4-12 的方法求平均值，再在平均值汇总的基础上计数。

操作步骤如下。

①按例 4-12 的方法进行平均值汇总。

②在平均值汇总的基础上统计各部门人数。统计人数时“分类汇总”对话框的设置如图 4-27 所示。需要注意的是，不能勾选“替换当前分类汇总”复选框。

若要取消分类汇总，在“分类汇总”对话框中单击“全部删除”按钮即可。

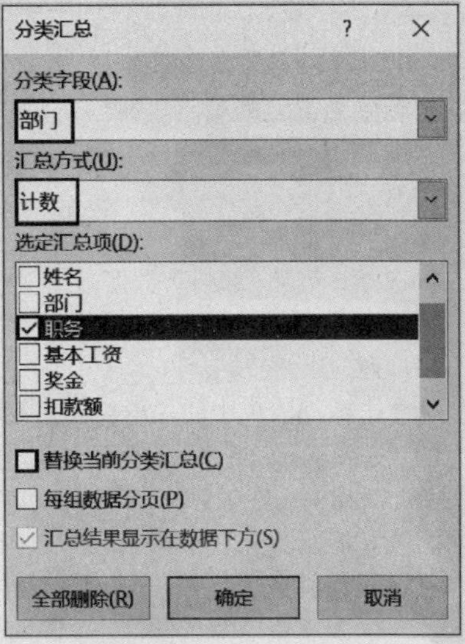

图 4-27　嵌套“分类汇总”对话框的设置

4.4.5　数据透视表

分类汇总适合按一个字段进行分类，对一个或多个字段进行汇总。如果要对多个字段进行分类并汇总，就需要利用数据透视表这个工具来解决问题。

视频：数据透视表

【例 4-14】 在“公司员工工资表”（数据清单）中，统计各部门各职务的人数。数据透视表的统计结果如图 4-28 所示。

	A	B	C	D	E	F	G
1							
2							
3	计数项:部门	列标签 ▾					
4	行标签 ▾	出纳	工程师	会计	技术员	业务员	总计
5	财务部	1		2			3
6	技术部		1		3		4
7	销售部					5	5
8	总计	1	1	2	3	5	12

图 4-28　数据透视表的统计结果

本例既要按“部门”分类，又要按“职务”分类，这时需要使用数据透视表。

操作步骤如下。

①单击数据清单中的任意单元格。

②单击“插入”选项卡中的“表格”组中的“数据透视表”按钮，打开“创建数据透视表”对话框。确认选择要分析的数据的范围（如果系统给出的单元格区域的选择不正确，用户可拖曳鼠标选择单元格区域）及数据透视表的放置位置（可以放在新工作表中，也可以放在现有工作表中），然后单击“确定”按钮。此时出现“数据透视表字段”任务窗格，把要分类的字段拖入“行”区和“列”区，使之成为数据透视表的行、列标题，将要汇总的字段拖入“∑值”区，本例“部门”字段作为行标签，“职务”字段作为列标签，统计的数据项也是“职务”，如图 4-29 所示。默认情况下，数据项如果是非数值型字段，则对其计数，否则求和。

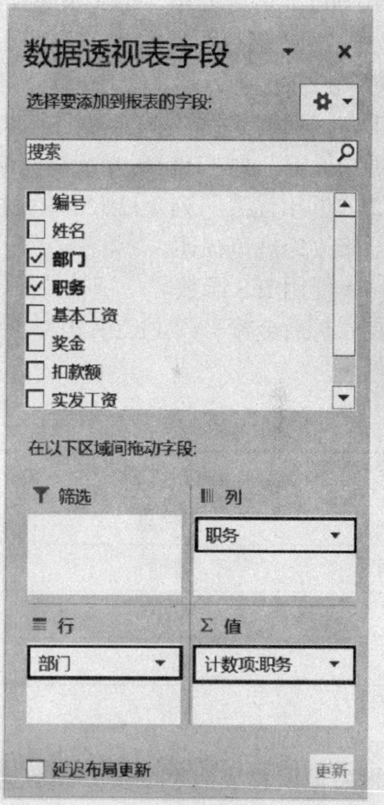

图 4-29　“数据透视表字段”任务窗格

创建数据透视表后，“数据透视表工具”选项卡会自动出现，该选项卡可以用来修改数据透视表，如更改数据透视表布局、改变汇总方式和数据更新等。

4.5 Excel 2019 综合案例

简单数据的分析、汇总和管理是学生未来就业之后日常工作中的重要内容。通过本案例的学习，学生可掌握电子表格处理的操作技巧。

1. 操作要求

打开电子表格“Excel.xlsx”，根据以下要求对工作簿中的工作表进行处理。

（1）字体设置。

在“销售记录”工作表中，在D1:G1单元格区域中已有内容后面增加“(自动计算)”字样，新增的内容需要换行显示，字号设置为“9”。

（2）使用条件格式。

在“销售记录”工作表中，使用条件格式对“购买金额”列（I2:I20单元格区域）进行标注：大于或等于20 000元的单元格，单元格底纹显示浅蓝色（颜色面板第2行第5个）；小于10 000元的单元格，单元格底纹显示浅橙色（颜色面板第2行第8个）。

（3）数据验证。

对“折扣优惠”列（J2:J20单元格区域）中的内容进行规范填写，要求如下。

①在该列的单元格中插入下拉列表，下拉列表的内容需要引用“基础信息表”工作表中的“折扣优惠”列（H3:H6单元格区域）；

②“折扣优惠”列（J2:J20单元格区域）中原本描述与下拉列表内容不一致的单元格，需重新修改为规范描述。

（4）使用IFS函数。

在“折后金额”列（K2:K20单元格区域）中使用IFS函数，按表4-4所示的规则计算折后金额。

表4-4 折算规则表

折扣优惠	折后金额
无优惠	购买金额 ×100%
普通	购买金额 ×95%
VIP	购买金额 ×85%
SVIP	购买金额 ×80%

（5）冻结窗格。

将表格设置成上下翻页查看数据时，标题行始终显示；左右滚动查看数据时，“日期”和“客户名称”列始终显示。

（6）设置打印页面。

将“销售记录”工作表横向打印在A4纸上，每页都打印标题行。

（7）创建数据透视表。

在“销售记录”工作表中，对 A1:K20 单元格区域创建数据透视表，要求如下。

①将生成的数据透视表放置在“统计表”工作表中，用于统计不同品牌、不同品类的购买数量、购买金额。

②数据透视表左侧标题为“品类”，上方第 1 行标题为“品牌”，每个品牌下方的 2 级标题，分别为“数量”和“金额”，数据透视表的展示效果参考表 4–5（“###”代表具体数据）。

表 4–5　销售记录表

	H 品牌		M 品牌		T 品牌		数量汇总	金额汇总
品类	数量	金额	数量	金额	数量	金额		
手机	###	###	###	###	###	###	###	###
电视	###	###	###	###	###	###	###	###
洗衣机	###	###	###	###	###	###	###	###
总计	###	###	###	###	###	###	###	###

③将数据透视表中的所有“金额”列设置成“货币”格式（示例效果：¥1,234.56）。

④将数据透视表中的数据按“金额汇总”降序排列。

（8）查找和替换及限制权限。

在“基础信息表”中进行如下操作。

①使用查找和替换功能将“商品名称”（B3:B17 单元格区域）中的“(内销)”和“(出口)”内容清除。

②将“基础信息表”设置成默认禁止编辑。

（9）设置超链接和套用表格样式。

在“目录”工作表中，按如下要求进行设置。

①对 B3:B5 单元格区域，分别设置超链接，单击单元格能自动跳转至对应工作表，设置完成后，3 个单元格需要恢复默认效果（字体为“黑体”，字号为“10”，字体颜色为“黑色，文字 1”）。

②选中 A2:C5 单元格区域，插入表格，将表格样式修改为“白色，表样式中等深浅 1”。

2. 操作步骤

具体操作步骤如下。

（1）字体设置。

在“销售记录”工作表中，将光标置于“商品名称”后面。单击“开始”选项卡中的“对齐方式”组中的“自动换行”按钮（或者按 Alt ＋ Enter 快捷键换行），在光标后输入“(自动计算)”。选中“(自动计算)”，在“开始”选项卡中的“字体”组中，将“字号”设置为“9”。使用相同的方法输入其他文字并进行字体设置。

（2）使用条件格式。

选中“销售记录”工作表的 I2:I20 单元格区域，单击“开始”选项卡中的“样式”组中的“条件格式”下拉按钮，在下拉列表中选择“突出显示单元格规则”→“其他规则”命令，打开“新建格式规则”对话框，在第 2 个下拉列表中选择“大于或等于”，在其右侧输入“20000”，单击“格式”按钮，在“图案”选项卡中，选择“浅蓝色”（第 2 行第 5 个），结果如图 4-30 所示，依次单击“确定”按钮。

选中 I2:I20 单元格区域，单击“开始”选项卡中的“样式”组中的“条件格式”下拉按钮，在下拉列表中选择“突出显示单元格规则”→“其他规则”命令，打开“新建格式规则”对话框，在第 2 个下拉列表中选择“小于”，在其右侧输入“10000”，单击“格式”按钮，在“图案”选项卡中，选择“浅橙色”(第 2 行第 8 个)，依次单击“确定”按钮。

（3）数据验证。

①选中 J2:J20 单元格区域，单击“数据”选项卡中的“数据工具”组中的“数据验证”按钮，打开“数据验证”对话框，在“允许”下拉列表中选择“序列”，在“来源”文本框中输入“基础信息表 !$H$3:$H$6”，勾选“对有同样设置的所有其他单元格应用这些更改”复选框，如图 4-31 所示，单击“确定”按钮。

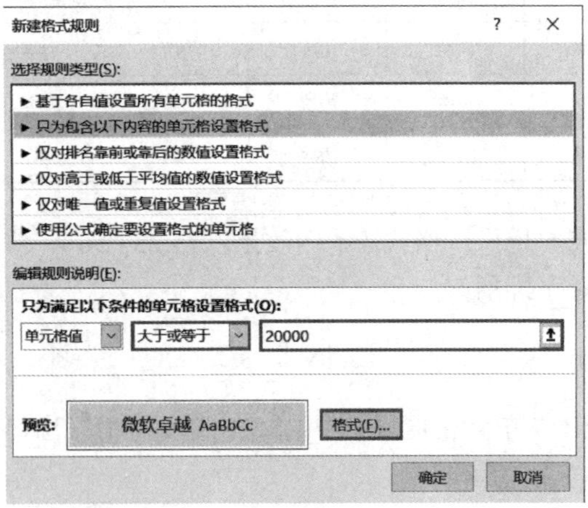

图 4-30 “新建格式规则”对话框

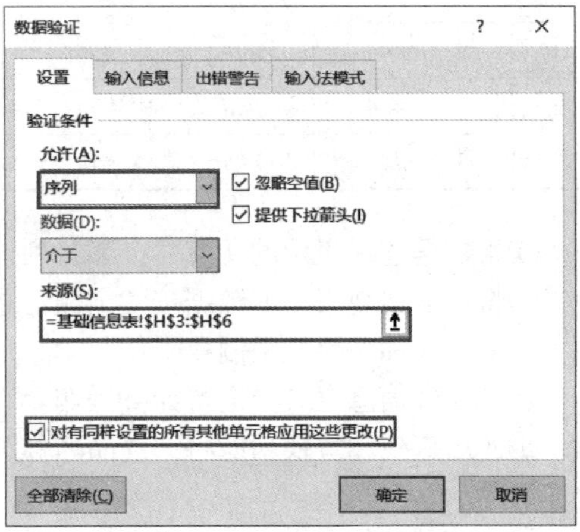

图 4-31 “数据验证”对话框

②若单元格的描述与下拉列表中的内容不一致，则将其修改成一致：单击单元格右侧的下拉按钮，选择不一致的选项，如将“无”修改为“无优惠”等。

（4）使用 IFS 函数。

IFS 函数通常用来判断一组数据是否满足一个或多个条件，且返回符合第 1 个 TRUE 条件的值。IFS 函数可以取代多个嵌套的 IF 语句，并且有多个条件时更方便阅读。其基本语法结构为“= IFS（条件 1，值 1，条件 2，值 2……条件 N，值 N)”。

将光标定位在 K2 单元格中，输入公式“ =IFS（J2=" 无优惠 ", I2，J2=" 普通 ", I2*0.95, J2="VIP", I2*0.85, J2="SVIP"，I2*0.8）”，按 Enter 键，此时，在该单元格中已经使用 IFS 函数计算出折后金额，双击 K2 单元格右下角的填充柄，便可完成整列的填充。

（5）冻结窗格。

单击 C2 单元格，在“视图”选项卡中，单击“窗口”组中的“冻结窗格”下拉按钮，在下拉列表中选择“冻结窗格”命令，此时就冻结了工作表的第 1 行和 B 列。

（6）设置打印页面。

在“页面布局”选项卡中，单击“页面设置”组中的“打印标题”按钮，打开“页面设置”对话框，在“顶端标题行”文本框中输入“ $1:$1”，如图 4-32 所示，单击“确定”按钮。单击“文件”按钮，在菜单中选择“打印”命令，设置纸张方向为“横向”，纸张大小为“A4”，单击“无缩放”下拉按钮，在下拉列表中选择“将所有列调整在一页”命令。

图 4-32　“页面设置”对话框

（7）创建数据透视表。

①选中“销售记录”工作表的 A1:K20 单元格区域，单击“插入”选项卡中“表格”组中的“数据透视表”按钮，打开“来自表格或区域的数据透视表”对话框，在“选择放置数据透视表的位置”栏中选中“现有工作表”单选按钮，并在“位置”文本框中输入“统计表 !$A$1”，如图 4-33 所示，单击“确定”按钮。

②在右侧的“数据透视表字段”任务窗格中，将“字段列表”中的“品类（自动计算）”字段拖曳到“数据透视表区域”的“行”列表框中，将“品牌（自动计算）”字段拖曳到“列”列表框中，将“购买数量”和“购买金额”字段均拖曳到“值”列表框中，参照表 4-5 所示修改各单元格的名称，如图 4-34 所示。

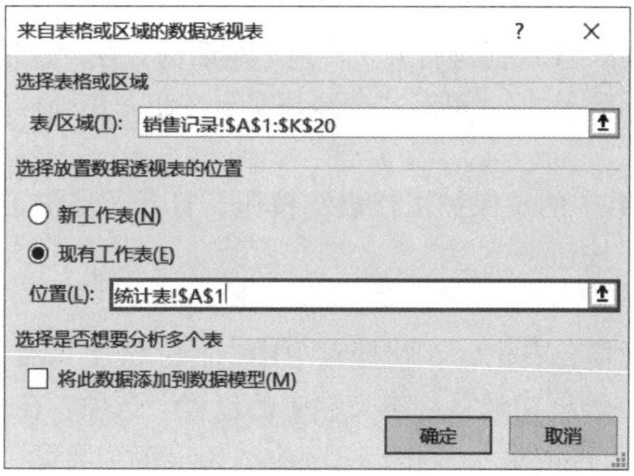

图 4-33　“来自表格或区域的数据透视表”对话框

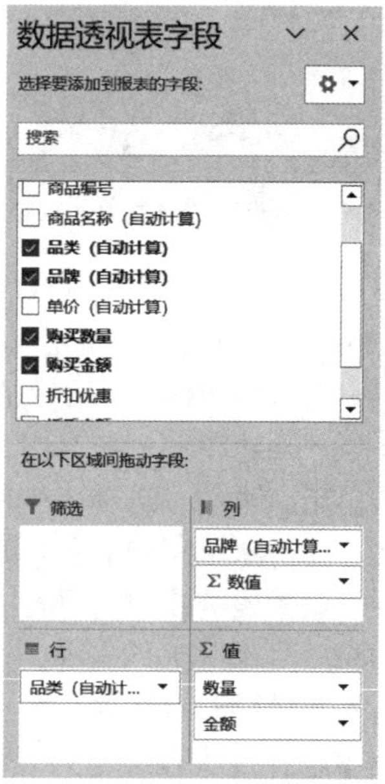

图 4-34　“数据透视表字段”任务窗格

选中数据透视表区域，单击“开始”选项卡中的“对齐方式”组中的“居中”按钮，选中 B2:C2 单元格区域，单击“数据透视表工具”→“数据透视表分析”选项卡，在“数据透视表”组中单击“数据透视表选项”按钮，在打开的“数据透视表选项”对话框中，勾选“合并且居中排列带标签的单元格”复选框。用同样的方法设置“M 品牌”和“T 品牌”。

③选中所有“金额”列（按住 Ctrl 键选中不连续区域），右击，在弹出的快捷菜单中选择“设置单元格格式”命令，打开“设置单元格格式”对话框，在“数字”选项卡的“分类”列表框中选择“货币”选项，其他参数保持默认设置，如图 4-35 所示，单击“确定”按钮。

④单击 A3 单元格右侧的下拉按钮，选择“其他排序选项”命令，打开“排序（品类（自动计算））”对话框，在“降序排序（Z 到 A）依据”下拉列表中选择“金额”，如图 4-36 所示。单击“其他选项”按钮，打开“其他排序选项（品类（自动计算））”对话框，选中“排序依据”栏的“所选列中的值”单选按钮，选择 I4:I6 单元格区域，依次单击“确定”按钮。

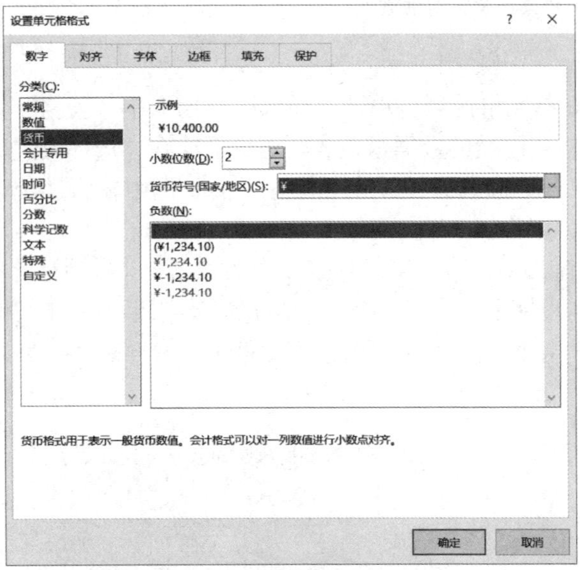

图 4-35 “设置单元格格式”对话框

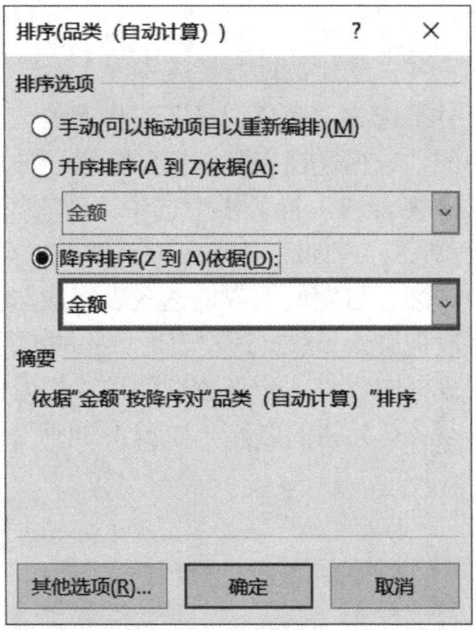

图 4-36 “排序（品类（自动计算））”对话框

（8）查找和替换及限制权限。

①在“基础信息表”工作表中，按 Ctrl ＋ H 快捷键打开“替换”对话框，在“查找内容”组合框中输入“(内销)”(括号是英文状态下输入的)，单击“全部替换”按钮。用同样的方法删除文字“(出口)”。

②单击“审阅”选项卡中的“保护”组中的“保护工作表”按钮，打开“保护工作表”对话框，保持默认参数不变，单击“确定”按钮。

（9）设置超链接和套用表格样式。

①在“目录”工作表中，选中 B3 单元格，右击，在快捷菜单中选择“链接”命令，打开“插入超链接”对话框，在“链接到”列表框中选择“本文档中的位置”选项，在“或在此文档中选择一个位置”列表框中选择“销售记录”，如图 4-37 所示，单击“确定”按钮。用同样的方法设置其他两个超链接。选中 B3:B5 单元格区域，在“开始”选项卡的“字体”

组中，将“字体”设置为“黑体”，将“字号”设置为“10”，将“字体颜色”设置为“黑色，文字 1”。

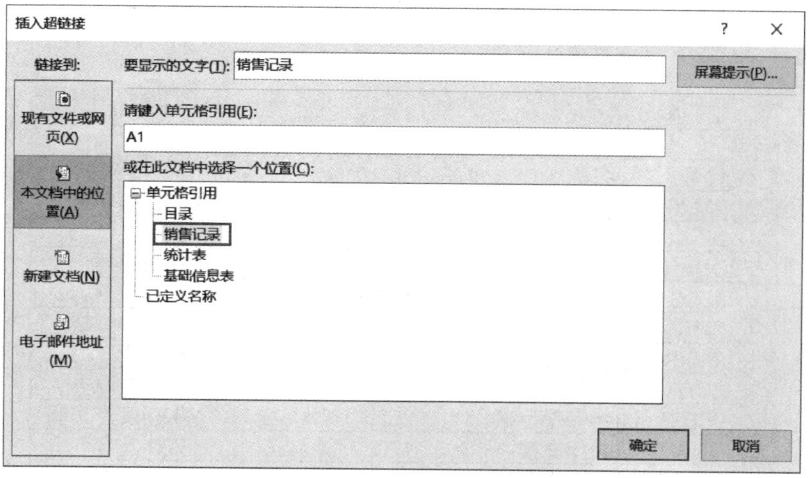

图 4-37 “插入超链接”对话框

②选中 A2:C5 单元格区域，单击“开始”选项卡中的“样式”组中的“套用表格样式”下拉按钮，在下拉列表中的“中等色”区中选择“白色，表样式中等深浅 1”选项，打开“创建表”对话框，单击“确定”按钮，打开“表格工具”→“表设计”选项卡，在“表格样式选项”组中取消勾选“筛选按钮”复选框。保存并关闭文件。

习 题 4

1. 请按照以下要求对 Excel 文档进行编辑、排版和图形制作。

①在 Sheet1 工作表中制作图 4-38 所示的表格。在表的第 1 行输入标题“商品销售统计表”，将标题字体设置为华文彩云、加粗、16 磅，标题要求合并单元格（在一行内合并多列，且两端与数据表对齐），居于表的中央（在水平和垂直两个方向均居中）。增加表格线（包括标题），第 1 列单元格的底纹为浅绿色。

	A	B	C	D	E	F	G
1	商品销售统计表						
2	商品名称	北京	天津	上海	广州	合计	平均销量
3	电视机	6500	3000	5000	4500		
4	洗衣机	2600	1200	2000	1600		
5	冰箱	1800	1000	3000	2000		
6	空调	1600	1400	1550	1520		
7							（单位：台）

图 4-38 商品销售统计表

②统计每种商品在各地销售量的合计值，要求必须使用公式或函数计算。

③计算每种商品在各地的平均销量，要求必须使用公式或函数计算，结果保留 1 位小数。

④选定“商品名称”“北京”“天津”“上海”“广州”5列的所有内容，绘制簇状柱形图，分类（X）轴标题为“商品名称”，图表标题为“商品销售统计表”。

2. 请按照以下要求对Excel文档进行数据管理操作。

①建立图4-39所示的工作表。

	A	B	C	D	E	F
1	报刊订阅表					
2	代号	名称	年价（元）	份数	总价（元）	单位
3	RMRB	人民日报	288	2	576	团委
4	DZ	读者	192	1	192	工会
5	DNAHZ	电脑爱好者	360	1	360	团委
6	BDDSB	半岛都市报	252	2	504	党政办
7	DZ	读者	192	2	384	资料室
8	RMRB	人民日报	288	3	864	党政办
9	RCYJ	市场研究	96	2	192	党政办
10	BDDSB	半岛都市报	252	10	2520	生产车间
11	QNWZ	青年文摘	120	6	720	工会
12	BDDSB	半岛都市报	252	5	1260	工会

图4-39　报刊订阅表

②对订阅记录按“名称”字段进行升序排列，“名称”字段相同时，则按“份数”字段降序排列。

③筛选出订阅《读者》的数据记录。

④采用Excel的高级筛选功能，筛选出订阅《半岛都市报》且份数大于2的记录。

⑤按订阅报刊的单位，对所订阅报刊的“总价”进行分类汇总求和。

第5章

演示文稿制作

演示文稿制作软件已广泛应用于会议报告、课程教学、广告宣传、产品演示等方面，成为人们在各种场合下进行信息交流的重要工具，利用它可以制作集文字、图形、声音、动画、电影、特技于一体的演示文稿。制作的演示文稿可以在计算机或投影屏幕上播放，也可以打印成幻灯片或透明胶片，还可以生成网页后在网络上展示。本章将以 PowerPoint 2019 为例，介绍演示文稿制作软件的基本功能和使用方法。

5.1 PowerPoint 2019 基础知识

5.1.1 PowerPoint 2019 的工作窗口

PowerPoint 2019 常用的启动方法是选择“开始”→“PowerPoint”命令，进入 PowerPoint 2019 的工作窗口，如图 5-1 所示。

PowerPoint 2019 的工作窗口与前面介绍的 Excel 2019 和 Word 2019 的工作窗口基本相同，不同之处主要有以下几个。

1. 占位符

在 PowerPoint 2019 中，占位符是一种用来帮助用户添加内容的预定义区域。通常占位符用于布局幻灯片的主要元素，如标题、正文、图片、媒体和表格等。用户可以根据需要调整占位符的大小和位置。占位符的虚线框内一般会有相应的提示信息，如“单击此处添加标题”，当输入相应的内容时会替换提示信息。

2. “备注”与“批注”窗格

“备注”窗格用于在幻灯片中添加个人备注和要提醒的内容。用户可以在“备注”窗格中添加文本，提醒自己或其他人需要注意的事项。演讲时，使用演讲者放映模式，该备注内容仅供演讲者查看，不会在幻灯片上显示出来。

“批注”窗格用于在幻灯片中添加注释和反馈的信息。用户可以在“批注”窗格中添加注释，以便更好地解释幻灯片的内容。批注的内容不会在放映过程中显示出来。

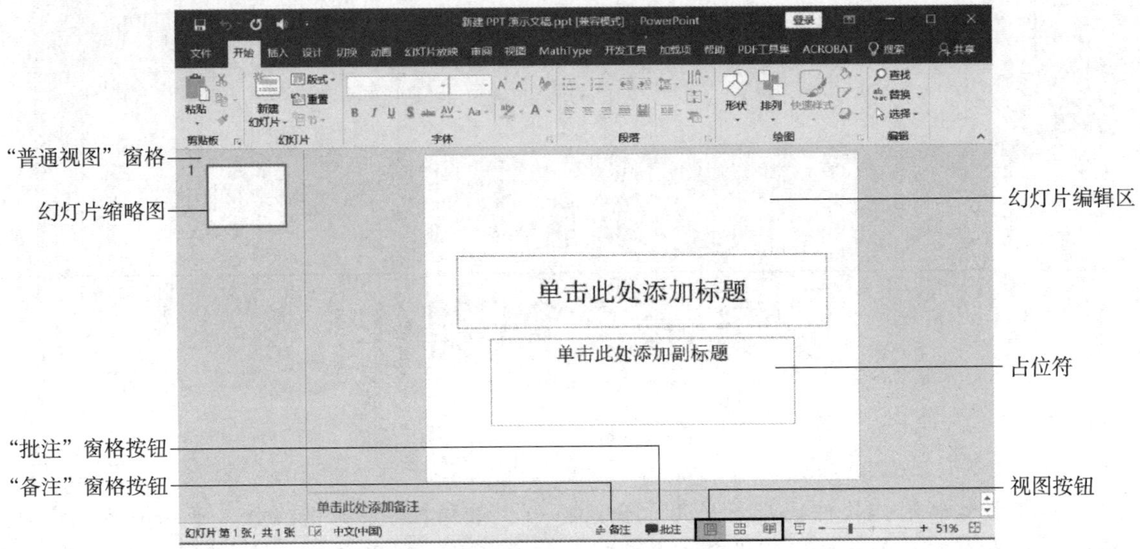

图 5-1　PowerPoint 2019 工作窗口

3. 视图按钮

PowerPoint 2019 根据建立、编辑、浏览、放映幻灯片的需要，提供了 5 种视图方式，包括普通视图、幻灯片浏览视图、阅读视图、大纲视图、备注页视图。PowerPoint 2019 的工作窗口底部显示了 3 种常用的视图按钮，分别对应普通视图、幻灯片浏览视图、阅读视图。视图不同，演示文稿的显示方式不同，对演示文稿的加工也不同。另外，用户可以根据需要通过"视图"选项卡中的相应按钮进行视图切换。

（1）普通视图：图 5-1 所示的就是普通视图，它是系统默认也是用户最常用的视图模式，只能显示一张幻灯片。在普通视图中，用户可以编辑和格式化幻灯片的所有内容，包括文本、图片、表格、图表等元素。在普通视图中，按照幻灯片的编号顺序显示演示文稿中的全部幻灯片。

（2）幻灯片浏览视图：在幻灯片浏览视图中，可以同时显示多张幻灯片，方便对幻灯片进行移动、复制、删除等操作，但需要注意的是，不能编辑单张幻灯片的具体内容。

（3）阅读视图：若希望在一个方便审阅的窗口中查看演示文稿，而不想使用全屏的幻灯片放映视图，则可以使用阅读视图。在阅读视图中，用户可以浏览幻灯片的全部内容，包括幻灯片上的所有文本、图片和媒体。如果要更改演示文稿，可随时从阅读视图切换到其他视图。

（4）大纲视图：用于显示幻灯片内容的大纲。在大纲视图中，用户可以看到幻灯片标题和正文内容的层次结构，可以快速查看幻灯片的结构和内容，也可以编辑幻灯片的标题和正文内容。

（5）备注页视图：用于添加和查看幻灯片的备注。在备注页视图中，用户可以在幻灯片下方添加备注文本，以便在演示幻灯片时查看。

5.1.2　PowerPoint 2019 中的基本概念

1. 演示文稿

演示文稿是指整个 PowerPoint 文件，一个完整的演示文稿往往由多张幻灯片组成，包含所有幻灯片、文本、图像、音频和视频内容，其默认扩展名为“pptx”。一个演示文稿是用户创建和编辑幻灯片的主要工作区域，用户可以在其中添加、删除、编辑和格式化幻灯片内容。

2. 幻灯片

幻灯片是演示文稿的基本组成部分，是演示文稿中的单个页面。每张幻灯片通常包含一个主题、标题、文本、图片等元素，并且可以向观众展示相关信息。在幻灯片中，用户可以添加文本框、形状、图片、表格、图表等元素来更好地展示幻灯片内容。

在 PowerPoint 2019 中，用户可以使用多种布局来创建幻灯片，如标题幻灯片、标题和内容幻灯片、两栏内容幻灯片等。幻灯片布局可以帮助用户更好地组织幻灯片的内容，并使幻灯片更具可读性和易理解性。

5.2 PowerPoint 2019 基本操作

5.2.1 创建演示文稿

利用 PowerPoint 2019 创建演示文稿的常用方法有以下两种。

1. 新建空白演示文稿

用户如果希望建立具有自己风格和特色的幻灯片，可以从空白演示文稿开始设计。在 PowerPoint 2019 工作界面中单击“文件”按钮，在菜单中选择“新建”命令，在“新建”界面中单击“空白演示文稿”按钮，工作窗口中就会出现一张空白的标题幻灯片，按照占位符中的文字提示输入内容，还可以通过“插入”选项卡中的相应按钮插入需要的各种对象，如表格、图片、屏幕截图、链接、文本、符号、媒体等。

2. 根据模板创建演示文稿

PowerPoint 2019 为用户提供了大量的系统自带的模板，如图 5-2 所示。用户可以利用内置模板快速地形成每张幻灯片的外观，其创建方法和创建空白演示文稿类似。在 PowerPoint 2019 工作界面中单击“文件”按钮，在菜单中选择“新建”命令，在“新建”界面中选择所需的模板。除内置模板外，还可以联机在 Office.com 上搜索和下载更多的 PowerPoint 模板。

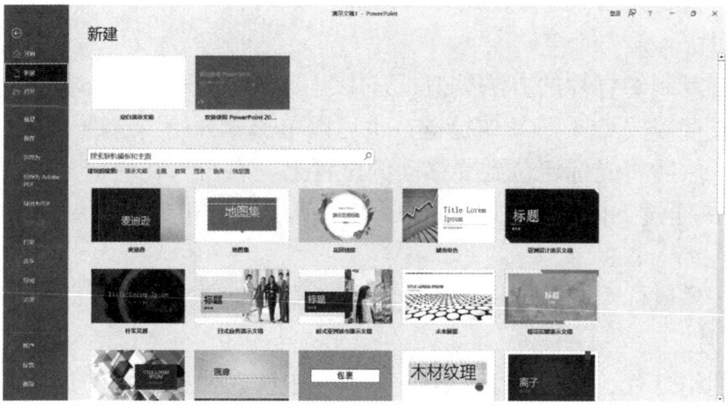

图 5-2 根据模板创建演示文稿

5.2.2 编辑演示文稿

演示文稿的编辑主要包括幻灯片的新建、选择、移动、复制、删除等操作，通常在幻灯片浏览视图或普通视图中，通过编辑命令或快捷操作方式进行。

1. 新建幻灯片

新建幻灯片有多种方法，单击“开始”或“插入”选项卡中的“幻灯片”组中的“新建幻灯片”下拉按钮，在展开的幻灯片版式库中单击需要的版式，如图 5-3 所示，然后开始新幻灯片的制作。另外，在普通视图的普通窗格中，选中一张幻灯片缩略图，右击，在快捷菜单中选择“新建幻灯片”命令或直接按 Enter 键或按 Ctrl ＋ M 快捷键，即可在该幻灯片下方创建一张新的空白幻灯片，此时新建幻灯片的版式与前一张幻灯片一样。

在 PowerPoint 2019 中预设了标题幻灯片、标题和内容、节标题、两栏内容等 11 种幻灯片版式。要修改幻灯片的版式时，选定幻灯片，单击“开始”选项卡中的“幻灯片”组中的“版式”下拉按钮，在幻灯片版式库中重新选择即可。

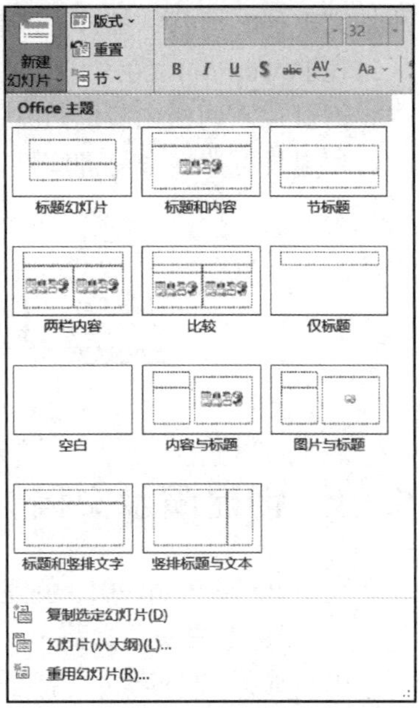

图 5-3　新建幻灯片

2. 选择幻灯片

选择单张幻灯片，直接单击幻灯片即可；选择多张连续的幻灯片，需按住 Shift 键，先后单击需要选中的第 1 张和最后一张幻灯片；选择多张不连续的幻灯片，需按住 Ctrl 键，逐个单击要选择的幻灯片即可。

3. 复制幻灯片

复制幻灯片有多种方法，常用的方法主要是：在幻灯片缩略图区域中，选中需要复制的幻灯片，右击，在快捷菜单中选择“复制”命令或直接按 Ctrl ＋ C 快捷键，也可以单击“开始”选项卡中的“剪切板”组中的“复制”按钮；然后将光标定位到要复制的位置，右击，在快捷菜单中选择“粘贴”命令或按 Ctrl ＋ V 快捷键，也可以通过单击“剪切板”组中的“粘贴”按钮完成幻灯片的复制。

选中幻灯片并右击，在快捷菜单中选择“复制幻灯片”命令或按 Ctrl ＋ D 快捷键，即可复制该幻灯片，并将其插入选中的幻灯片后面。

4. 移动幻灯片

移动幻灯片和复制幻灯片的方法类似，选中需要移动的幻灯片，右击，选择快捷菜单中的“剪切”命令或直接按 Ctrl ＋ X 快捷键，也可以单击“开始”选项卡中的“剪切板”组中的“剪切”按钮；然后将光标定位到要移动的位置上，右击，在快捷菜单中选择“粘贴”命令或按 Ctrl ＋ V 快捷键，同样也可以通过单击“剪切板”组中的“粘贴”按钮完成幻灯片的移动。

也可以直接按住鼠标左键，拖曳鼠标，将幻灯片移动到指定位置即可。

5. 删除幻灯片

选中要删除的幻灯片，然后按下 Delete 键或右击，在快捷菜单中选择“删除幻灯片”命令即可。

注意：如果不想删除某张幻灯片，又不想在幻灯片放映过程中显示它，可以选中该幻灯片，右击，在快捷菜单中选择“隐藏幻灯片”命令，此时该幻灯片缩略图会变暗，其序号上显示斜杠，表示该幻灯片已经被隐藏。

5.2.3　插入幻灯片对象

在幻灯片上插入对象的方法有两种：建立幻灯片时，通过选择幻灯片版式为添加的对象提供占位符，再插入需要的对象；或者通过单击“插入”选项卡中的相应按钮（如“图片”“图表”等）来实现。

在幻灯片上除了可以插入文本框、图片、表格、SmartArt、图表、公式等外，为了丰富演示文稿的内容，还可以插入视频、音频、屏幕录制和超链接等。部分对象的插入操作与 Word 2019 相似。

1．插入文本框

打开需要编辑的幻灯片，在“插入”选项卡的“文本”组中，单击“文本框”下拉按钮，在下拉列表中根据需要选择“绘制横排文本框”或“竖排文本框”命令（见图 5-4），单击并拖曳鼠标在幻灯片上创建文本框。

输入文字后，就可以通过单击“开始”选项卡中的“字体”或“段落”组中的相关按钮来更改文本框中的字体、格式和对齐方式等。右击文本框，在快捷菜单中选择“设置形状格式”命令，在打开的“设置形状格式”任务窗格中（见图 5-5），以及通过单击“绘图工具”→“格式形状”选项卡中的相关按钮，可以对文本框的形状、样式进行设置。

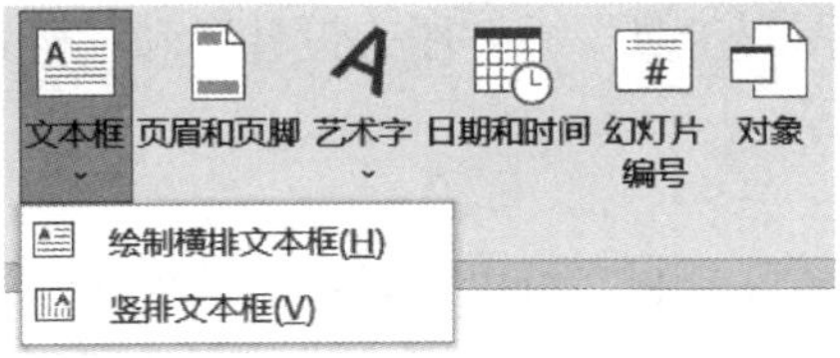

图 5-4　插入文本框的命令

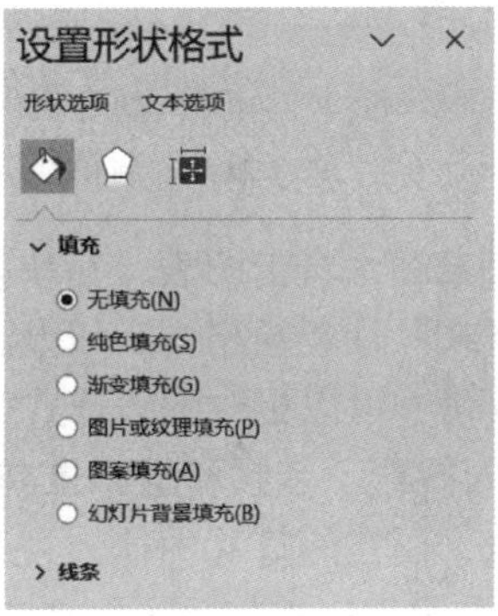

图 5-5　“设置形状格式”任务窗格

2．插入图片

在幻灯片中除了可以插入本地图片和联机图片，还可以插入屏幕截图。具体操作方法如下：单击“插入”选项卡中的“图像”组中的“图片”或“屏幕截图”下拉按钮，在下拉列表中选择相应命令。如果要插入的图片已存在计算机中，可以选择“图片”→“此设备”命令，然后浏览到图片的保存位置并选择；如果想从互联网上获取图片，可以选择“图片”→“联机图片”命令，然后使用关键字在搜索框中进行搜索；如果想插入目前已打开的屏幕的截图，单击“屏幕截图”下拉按钮，在下拉列表的“可用的视窗”区中进行屏幕窗口的选择。

插入图片后，右击，在快捷菜单中选择“设置图片格式”命令，在打开的“设置图片格式”任务窗格中，以及通过单击“绘图工具”→“图片格式”选项卡中的相关按钮，可以更改图片样式、剪裁图片、删除图片背景、调整图片亮度和对比度等。

3. 插入图表

与 Excel 2019 一样，PowerPoint 2019 提供了十余种图表类型，常用的图表类型包括柱形图、折线图、饼图、条形图等。插入图表的具体操作方法如下：单击“插入”选项卡中的“插图”组中的“图表”按钮，在打开的“插入图表”对话框（见图 5-6）中选择需要的图表类型，单击“确定”按钮，这时，幻灯片中的图表还关联了一个有着基础数据的 Excel 表格。可以对 Excel 表格进行编辑，如图 5-7 所示，输入相应的数据和内容之后，幻灯片中的图表会自动更新，输入完成后，单击 Excel 窗口中的“关闭”按钮即可。如果需要更改图表的数据，可以选中图表，右击，在快捷菜单中选择“编辑数据”命令，在弹出的 Excel 窗口中进行修改。

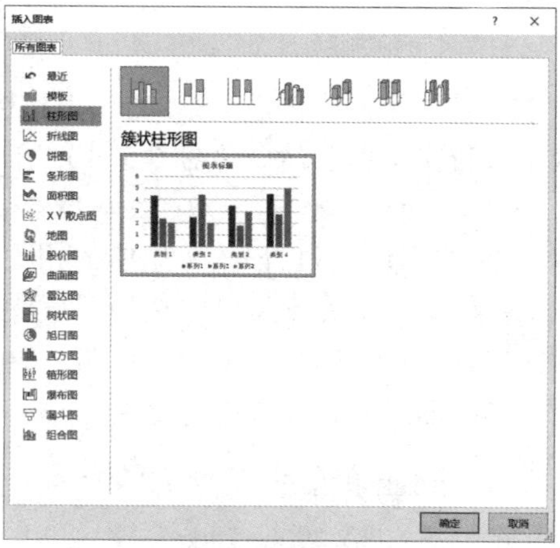

图 5-6 “插入图表”对话框

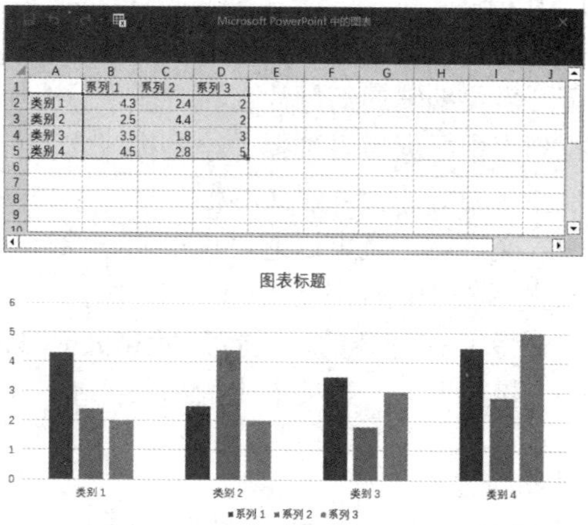

图 5-7 在 Excel 表格中输入数据

插入图表后，右击图表，在快捷菜单中选择“设置图表区域格式”命令，在打开的“设置图表区格式”任务窗格中，以及通过单击“图表工具”→“图表设计”和“格式”选项卡中的相关按钮，可以更改图表样式、图表布局等。

4. 插入视频、音频和屏幕录制

类似地，要在幻灯片中插入视频、音频和屏幕录制，可以通过单击“插入”选项卡中的“媒体”组中的相应按钮来实现。视频包括联机视频、PC 上的视频；音频包括 PC 上的音频、录制音频；屏幕录制是录制计算机屏幕和相关音频，然后将录制内容插入幻灯片中。

插入媒体后，幻灯片中会出现相应的音/视频图标和播放控制条，如图 5-8 所示。选中音/视频，右击，在快捷菜单中选择“设置视频格式”或“设置图片格式”命令，也可以通过单击“视频工具”（或“音频工具”）→“视频格式”（或“音频格式”）

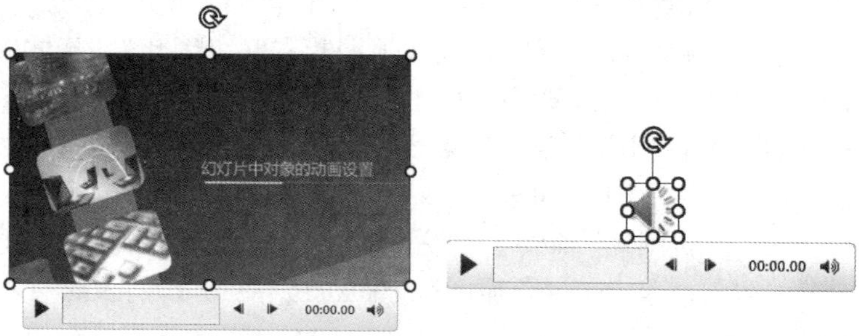

图 5-8 音/视频图标和播放控制条

和“格式”选项卡中的相关按钮，对音 / 视频进行格式和播放设置。

5. 插入超链接

用户可以在幻灯片中插入超链接，利用它能跳转到同一文档的某张幻灯片上，或者跳转到其他的演示文稿、Word 文档、网页或电子邮件地址等。超链接只能在幻灯片放映视图下起作用。

超链接有以下两种形式。

1）以下划线表示的超链接

选中要设置超链接的文字或其他对象，单击“插入”选项卡中的“链接”组中的“链接”按钮，在弹出的“插入超链接”对话框中进行设置，如图 5-9 所示。

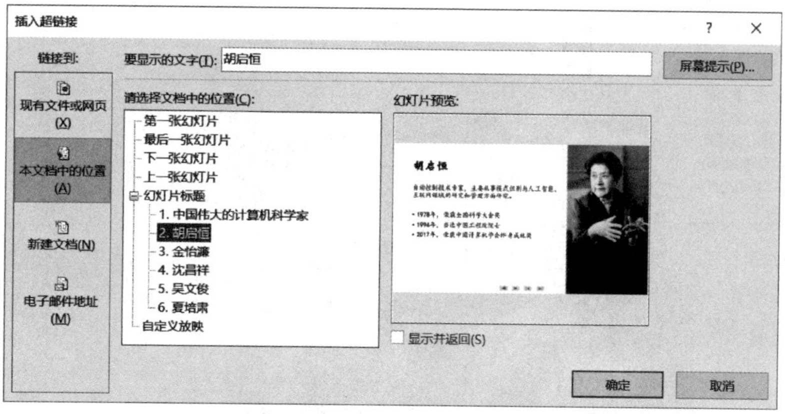

图 5-9 “插入超链接”对话框

2）以动作按钮表示的超链接

单击“插入”选项卡中的“插图”组中的“形状”下拉按钮，在下拉列表中的“动作按钮”区（见图 5-10）中选择相应的动作按钮，单击并拖曳鼠标在幻灯片上创建动作按钮，在弹出的“操作设置”对话框中进行设置，如图 5-11 所示。

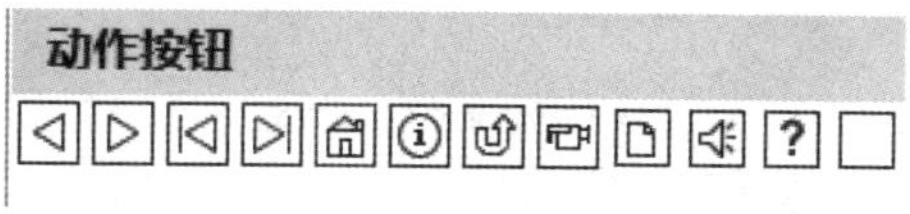

图 5-10　动作按钮

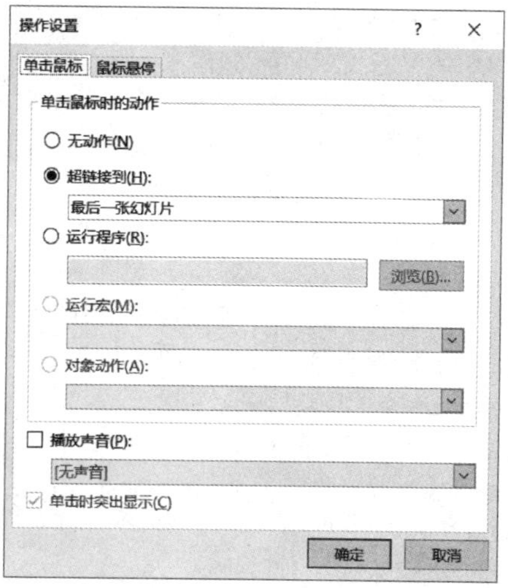

图 5-11 “操作设置”对话框

对幻灯片上插入的对象可以进行缩放、修改、移动、复制、删除等编辑操作。操作方法与 Word 2019 相同。

【例 5-1】 新建“中国伟大的计算机科学家”演示文稿，共 7 张幻灯片。

①第 1 张幻灯片：输入标题，设置字体为华文新魏、黑色、加粗、54 磅，居中对齐；插入 SmartArt，输入相应内容，设置字体为华文新魏、黑色、加粗、28 磅，插入以下划线表示的超链接以及音频（“高山流水 .mp3”），将音频设置为自动、跨幻灯片播放。

②第 2 张幻灯片：输入相应内容，设置标题为华文新魏、加粗、44 磅，正文为楷体、24 磅，插入以动作按钮表示的超链接，插入相应图片（“胡启恒 .jpg”）。

③第 3 ～ 7 张幻灯片：由第 2 张幻灯片复制而成，更改文字和照片。“中国伟大的计算机科学家”演示文稿的制作效果如图 5-12 所示。

图 5-12 “中国伟大的计算机科学家”演示文稿的制作效果

操作步骤如下。

①在 PowerPoint 中单击“文件”按钮，在菜单中选择“新建”命令，在“新建”界面中单击“空白演示文稿”按钮。选择第 1 张幻灯片，单击“开始”选项卡中的“版式”组中的“版式”下拉按钮，在展开的版式库中选择“仅标题”选项。

单击“标题”占位符，输入文字“中国伟大的计算机科学家”，并在“开始”选项卡中的“字体”组中设置字体为华文新魏、黑色、加粗、54 磅，在“段落”组中设置居中对齐。

单击“插入”选项卡中的“插图”组中的“SmartArt”按钮，打开“选择 SmartArt 图形”对话框，在“列表”列表框中选择“垂直框列表”选项，单击“确定”按钮。选择插入的“垂直框列表”，单击“SmartArt 工具”→“SmartArt 设计”选项卡中的“创建图形”组中的“文本窗格”按钮，在文本窗格中按 Enter 键添加列表，输入相应的文本内容并格式化，调整垂直框列表的大小及颜色，如图 5-13 所示。

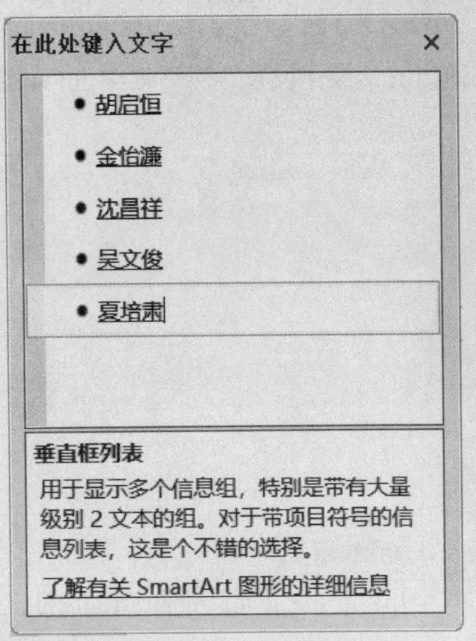

图 5-13 文本窗格

单击“插入”选项卡中的“媒体”组中的“音频”下拉按钮，在下拉列表中选择“PC 上的音频”命令，在“插入音频”对话框中找到音频文件“高山流水 .mp3”并将其插入幻灯片。插入音频文件后，幻灯片中出现一个声音图标。选中声音图标，在“音频工具”→“播放”选项卡中的“音频选项”组中，勾选“跨幻灯片播放”复选框，在“开始”处选择“自动”选项。

②单击“开始”选项卡中的“幻灯片”组中的“版式”下拉按钮，在展开的版式库中选择“标题和内容”选项。在占位符中输入相应内容，并调整占位符的大小，选中标题，单击“开始”选项卡中的“字体”组中的相应按钮，设置标题为华文新魏、加粗、44 磅，设置正文为楷体、24 磅。

单击“插入”选项卡中的“图像”组中的“图片”下拉按钮，在下拉列表中选择“此设备”命令，在“插入图片”对话框中找到图片文件“胡启恒 .jpg”并将其插入幻灯片。插入图片后，选择图片，在“图片工具”→“图片格式”选项卡中的“大小”组中，单击“剪裁”按钮，将图片剪裁至合适大小，拖曳图片调整至合适位置。

单击“插入”选项卡中的“插图”组中的“形状”下拉按钮，在“动作按钮”区中选择“动作按钮：后退或前一项”，将它画在幻灯片的合适位置，在出现的“操作设置”对话框中确认超链接到上一张幻灯片，单击“确定”按钮。单击“绘图工具”→“形状格式”选项卡中的“形状样式”组中的“形状填充”和“轮廓填充”按钮，选择喜欢的颜色。使用同样的方法添加另外 3 个动作按钮。选择这 4 个动作按钮，单击“绘图工具”→“形状格式”选项卡中的“排列”组中的“组合”按钮，将这 4 个按钮组合在一起。

③选中第 2 张幻灯片，右击，在快捷菜单中选择“复制幻灯片”命令，在第 3 张幻灯片中更改标题和正文。选中图片，右击，在快捷菜单中选择“更改图片”→“此设备”命令，在“插入图片”对话框中选择相应图片。用同样的方法制作第 4 ～ 7 张幻灯片。

④选中第 1 张幻灯片 SmartArt 中的第 1 行文字，单击“插入”选项卡中的“链接”组中的“链接”按钮，在打开的“插入超链接”对话框中，选择“本文档中的位置”选项，在“请选择文档中的位置”列表框中选择第 2 张幻灯片“2. 胡启恒”，单击“确定”按钮，如图 5-9 所示。用同样的方法，将其他幻灯片也链接到第 1 张幻灯片 SmartArt 中的相应文字中。

5.2.4 打印和输出演示文稿

要打印演示文稿，通过单击“文件”按钮，在菜单中选择“打印”命令来实现。

演示文稿制作完后，可以输出为不同格式的文件，可以创建 PDF/XPS 文档，创建视频，将演示文稿打包成 CD 等。通过单击“文件”按钮，在菜单中选择“导出”命令，在“导出”界面的“导出”栏中选择相应的选项来实现。

视频：打印、输出演示文稿

【例 5-2】 将例 5-1 中的演示文稿以讲义形式用 A4 纸打印出来，每页打印 3 张幻灯片。

操作步骤如下。

①打开演示文稿。

②单击“文件”按钮，在菜单中选择“打印”命令，在“打印”界面中，在“设置”栏单击“整页幻灯片”下拉按钮，在下拉列表中单击“讲义”区中的“3 张幻灯片”按钮，在预览区域内即可看到打印效果，预览满意后单击“打印”界面的“打印”按钮。

5.3 美化演示文稿

演示文稿制作好后，接下来的工作就是对演示文稿的外观进行美化，以求达到最佳的视觉效果。美化演示文稿包括两部分：一是对每张幻灯片分别进行美化；二是统一设置演示文稿中幻灯片的外观，进行美化。

5.3.1 格式化幻灯片

为了使幻灯片更加美观、易读，除了对幻灯片的文字和段落，以及插入的文本框、图片、自选图形、表格、图表等其他对象进行格式化操作，还需要对幻灯片整体进行格式化，如设置幻灯片的大小、主题和背景格式等，通过单击“设计”选项卡中的“主题”和“自定义”组中的相应按钮来操作。

1. 设置幻灯片大小

新建演示文稿时，PowerPoint 2019 默认设置了幻灯片的大小和方向，用户可以根据具体需要对其进行重新设置。具体操作方法如下：单击“设计”选项卡中的“自定义”组中的“幻灯片大小”下拉按钮，在下拉列表中一般有“标准（4 ∶ 3）”以及“宽屏（16 ∶ 9）”两种比例可供选择，也可以选择“自定义幻灯片大小”命令，在弹出的“幻灯片大小”对话框中设置幻灯片的大小和方向，如图 5-14 所示。

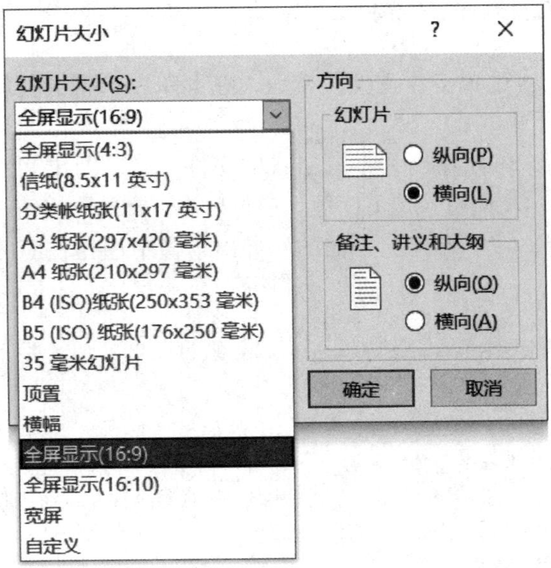

图 5-14 “幻灯片大小”对话框

2. 设置幻灯片主题

主题是指应用到幻灯片的颜色、字体和背景设计方案。PowerPoint 2019 内置了多种主题样式，通过使用主题，可以轻松地对演示文稿进行格式化，其中的文本和图形也会自动采用主题定义的大小、颜色和位置。具体操作方法如下：直接单击“设计”选项卡中的“主题”组中的主题样式，还可以单击“其他”下拉按钮，从弹出的主题库中进行选择，如图 5-15 所示，此时，整个演示文稿都会应用该主题。

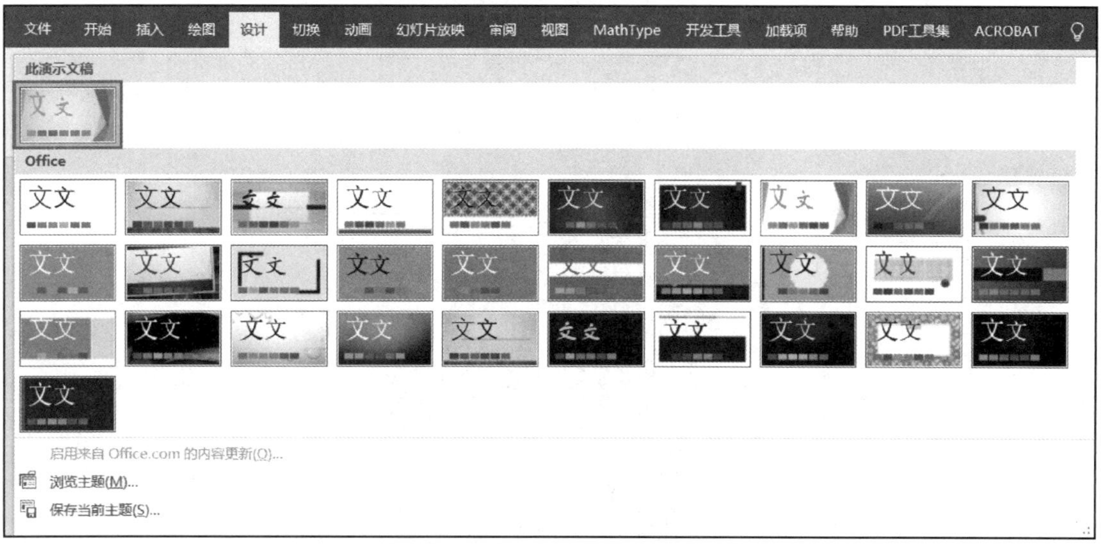

图 5-15　在主题库中设置幻灯片主题

如果只针对某个幻灯片应用主题，那么需要右击该主题，在快捷菜单中选择“应用于选定幻灯片”命令，此时主题仅应用于单张幻灯片上。如果要想试用某个主题，那么将鼠标指针停放在该主题上即可，此时幻灯片的外观会相应地变化。

选中主题之后，还可以在此主题的基础之上选择相应的变体，应用不同的颜色、字体、效果和背景样式。在“设计”选项卡中的“变体”组中单击“其他”下拉按钮，在下拉列表中可以进行相应的设置，如图 5-16 所示。

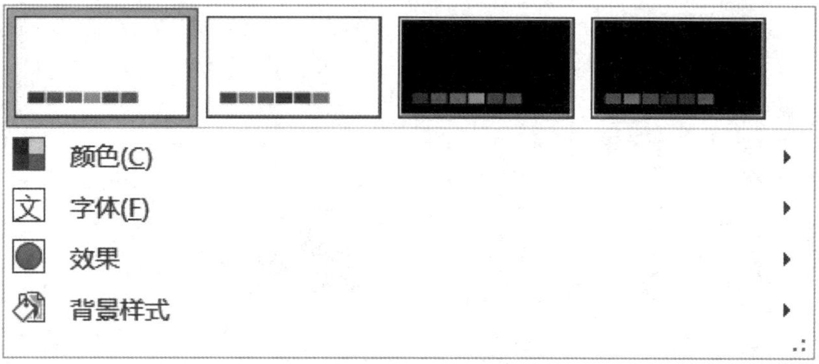

图 5-16　“其他”下拉列表

3. 设置幻灯片背景

在 PowerPoint 2019 中，可以单独设置幻灯片的背景格式，也可以将设置好的背景格式应用到整个演示文稿中。具体操作方法如下：单击“设计”选项卡中的“自定义”组中的“设置背景格式”按钮，在打开的“设置背景格式”任务窗格中进行操作，如图 5-17 所示，可以选择纯色填充、渐变填充、图片或纹理填充及图案填充等。

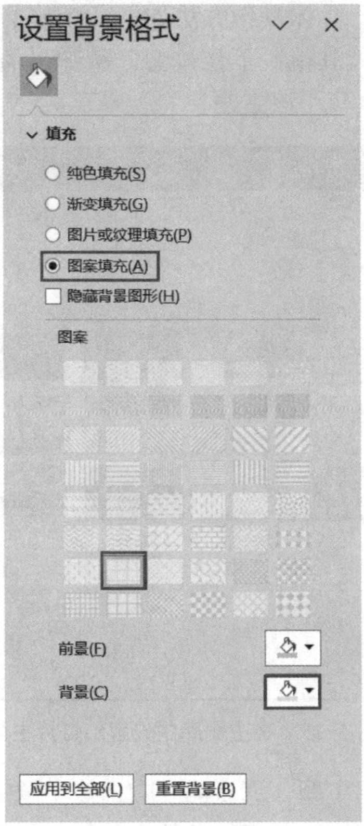

图 5-17 “设置背景格式”任务窗格

【例 5-3】 将例 5-1 演示文稿中的幻灯片进行格式化。

①将整个演示文稿的幻灯片主题设置为“平面”，背景样式选择“样式 10”。

②将第 1 张幻灯片的背景格式设置为“图案填充：虚线网格”，背景为“白色，背景色 1，深色 5%”。

美化幻灯片的效果如图 5-18 所示。

图 5-18 美化幻灯片的效果

操作步骤如下。

①打开演示文稿，单击“设计”选项卡中的“主题”组的“其他”下拉按钮，在主题库中选择 Office 区中的“平面”选项，然后在“变体”组的“其他”下拉列表中，单击“背景样式”选项，选择“样式 10”选项。

②选中第 1 张幻灯片，单击“设计”选项卡中的“自定义”组中的“设置背景格式”按钮，打开“设置背景格式”任务窗格。单击“填充”选项卡，选中“图案填充”单选按钮，在“图案”库中选择“虚线网格”选项，单击“背景”下拉按钮，将颜色改为“白色，背景色 1，深色 5%”，如图 5-17 所示。

5.3.2　使用幻灯片母版

一个演示文稿由若干张幻灯片组成，为了保持风格一致和布局相同，提高编辑效率，可以通过 PowerPoint 2019 提供的母版功能来设计好一张母版，并将其应用于所有幻灯片。母版包括可出现在每一张幻灯片上的元素，可以对整个演示文稿中的幻灯片进行统一调整，避免重复制作。

1. 母版的分类

PowerPoint 2019 的母版分为幻灯片母版、讲义母版和备注母版。单击“视图”选项卡中的“母版视图”组中的相应按钮，可以打开对应的母版视图及其选项卡。

1）幻灯片母版

幻灯片母版是最常用的，它可以控制当前演示文稿中相同幻灯片版式上输入的标题和文本的格式与类型，使它们具有相同的外观。如果需要统一修改多张幻灯片的外观，没有必要一张张地对幻灯片进行修改，只需修改相应幻灯片版式的母版即可。若用户希望某张幻灯片与幻灯片母版的效果不同，则直接修改该幻灯片即可。

2）讲义母版

有时用户需要将演示文稿打印出来，将其当作讲义使用，但是一张幻灯片打印在一张纸上有些浪费，尤其当演示文稿中的幻灯片数量较多时。使用讲义母版，可以设置将多张幻灯片一起排版，还可以设置讲义方向、幻灯片大小、每页讲义的幻灯片数量以及页眉和页脚等。“讲义母版”视图如图 5-19 所示。

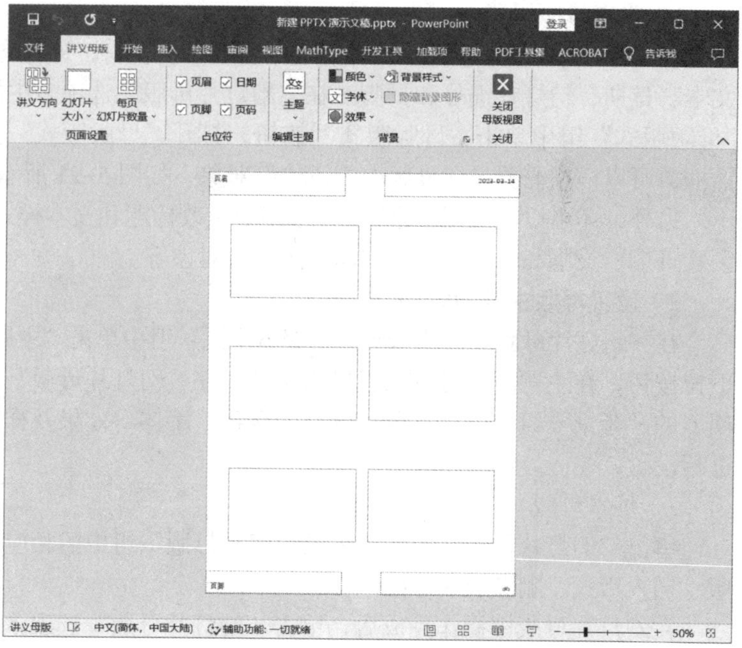

图 5-19　“讲义母版”视图

3）备注母版

备注母版主要提供演讲者备注使用的空间以及设置幻灯片备注页的格式。“备注母版”视图如图 5-20 所示。

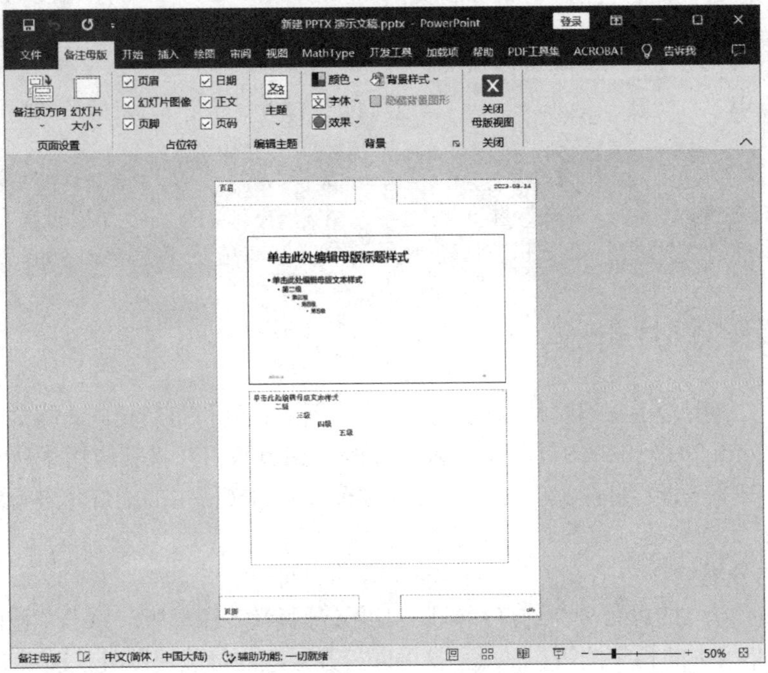

图 5-20 “备注母版”视图

2．设置幻灯片母版

单击“视图”选项卡中的“母版视图”组中的“幻灯片母版”按钮，进入“幻灯片母版”视图。在缩略图区域中，第 1 张幻灯片被称为幻灯片母版，对该幻灯片进行设置，会改变演示文稿中所有的幻灯片。在第 1 张幻灯片下面有多张不同版式的幻灯片，对这些幻灯片进行设置，会改变应用对应版式的幻灯片。

1）设置母版版式

在“幻灯片母版”视图中，母版通常有 5 个占位符，即标题、文本、日期、幻灯片编号和页脚。在“幻灯片母版”选项卡中的“母版版式”组中单击“母版版式”按钮，打开“母版版式”对话框，可以根据需要设置母版中的占位符对象，如图 5-21 所示。

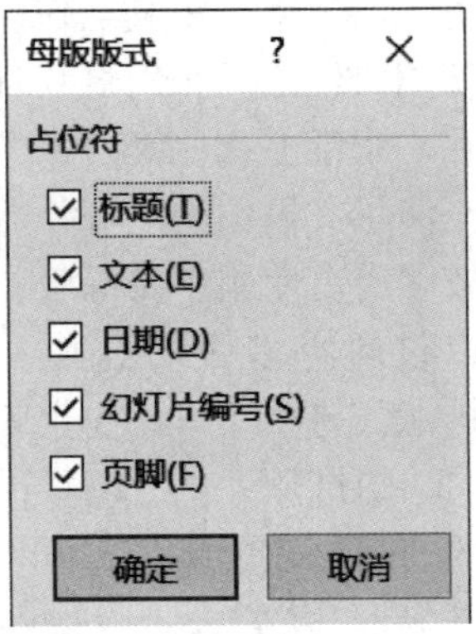

图 5-21 “母版版式”对话框

另外，还可以在母版中进行下列操作：更改标题和文本样式；设置日期、页脚和幻灯片编号；向母版插入对象等。

2）设置母版主题和背景

在“幻灯片母版”选项卡中的“编辑主题”组中单击“主题”下拉按钮，在主题库中可以设置母版主题。在“幻灯片母版”选项卡的“背景”组中可以对母版背景的颜色、字体、效果及样式进行设置。

3）编辑母版

单击“幻灯片母版”选项卡中的“编辑母版”组中的相应按钮，可以进行插入幻灯片母版、插入版式、删除版式等操作。

在幻灯片母版中操作完成后，单击“幻灯片母版”选项卡中的“关闭”组中的“关闭母版视图”按钮返回。

【例 5-4】 在例 5-3 演示文稿中的每张幻灯片的左下角加入幻灯片编号和页脚“中国伟大的计算机科学家”，并在“标题版式”母版中设置页脚和幻灯片编号的字号为 12 磅、加粗。

操作步骤如下。

①单击“插入”选项卡中的“文本”组中的“页眉和页脚”按钮，打开“页眉和页脚”对话框，勾选“幻灯片编号”和“页脚”复选框，并在“页脚”文本框中输入“中国伟大的计算机科学家”，单击“全部应用”按钮。

②单击“视图”选项卡中的“母版视图”组中的“幻灯片母版”按钮，进入“幻灯片母版”视图，在左边窗格中选择幻灯片母版，在页脚区按住 Ctrl 键，先后选中“中国伟大的计算机科学家”和幻灯片编号，在“开始”选项卡的“字体”组中的“字号”下拉列表中选择“12”，单击“加粗”按钮，并将幻灯片编号和页脚移到合适位置，再单击“幻灯片母版”选项卡中的“关闭”组中的“关闭母版视图”按钮返回。

5.4　设置幻灯片的播放效果

设置幻灯片的播放效果包括两部分：一是设置幻灯片中对象的动画效果；二是设置幻灯片间的切换效果。

视频：设计幻灯片中对象的动画效果

5.4.1　设置动画效果

在为幻灯片中的对象设置动画效果时，PowerPoint 2019 提供了 4 种动画效果，分别是进入、强调、退出及动作路径。

（1）进入动画效果：对象进入幻灯片时产生的效果，包括基本型、细微型、温和型及华丽型 4 种。

（2）强调动画效果：用于让对象突出，引人注目，一般是一些较华丽的效果。

（3）退出动画效果：包括飞出、轮子、旋转、弹跳等多种效果，可根据需要进行设置。

（4）动作路径：用于自定义动画的运动路线及方向，也可以采用 PowerPoint 2019 中预设的多种路径。

1. 添加动画

添加动画可以通过单击“动画”选项卡的“动画”组中的动画库的相应按钮来完成，也可以单击该选项卡中的“高级动画”组中的“添加动画”下拉按钮，在下拉列表中选择操作。如果想使用更多的效果，可以选择其中的相应命令，如“更多进入效果”“更多强调效果”“更多退出效果”“其他动作路径”等。例如，选择其中的“更多进入效果”命令，将打开“更改进入效果”对话框，如图 5-22 所示。

注意：如果一个对象需要设置多个动画，应单击“动画”选项卡中的“高级动画”组中的“添加动画”下拉按钮★，在其下拉列表中选择操作。

设置好动画效果后，在“动画”选项卡中的“高级动画”组中单击“动画窗格”按钮，在弹出的“动画窗格”任务窗格中可以查看和编辑添加好的动画，如图 5-23 所示。

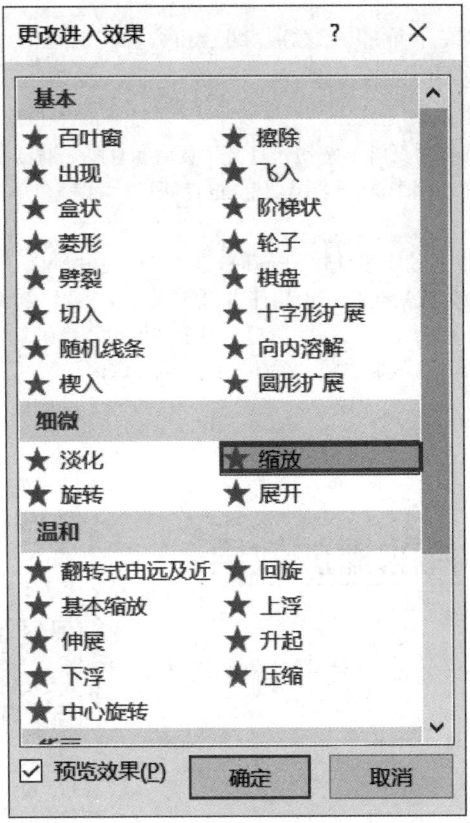

图 5-22 “更改进入效果”对话框

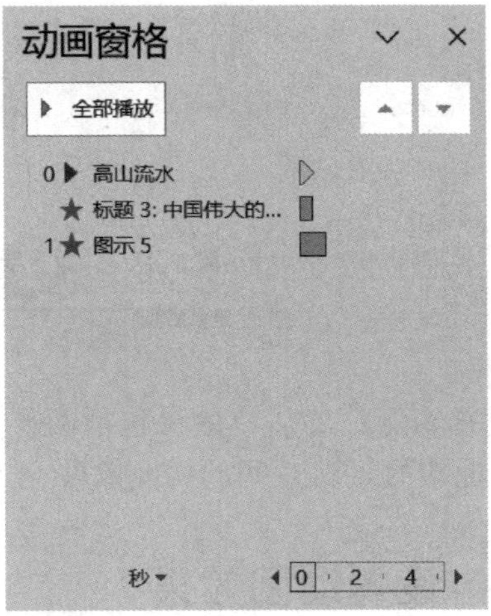

图 5-23 “动画窗格”任务窗格

2. 编辑动画

用户可以对动画方向、开始方式、顺序、声音、动画时长等内容进行编辑，让动画效果更加符合演示文稿的设计意图。

（1）设置动画方向：通过单击“动画”选项卡中的“动画”组中的“效果选项”下拉按钮来完成。

（2）设置动画开始方式：包括“单击时”“与上一动画同时”“上一动画之后” 3 种方式，选中动画，在“动画窗格”任务窗格中右击，在快捷菜单中选择需要的开始方式；也可以在“动画”选项卡中的“计时”组中的“开始”下拉列表中选择。

（3）设置动画顺序：先选定对象，在“动画窗格”任务窗格中，可以直接拖曳调整动画的顺序；也可以单击“计时”组中的“向前移动”或“向后移动”按钮，此时对象左上角的动画序号会相应地发生变化。

（4）添加动画声音：先选定对象，在“动画窗格”任务窗格中右击，在快捷菜单中选择“效果选项”命令，或者单击“动画”选项卡中的“动画”组的对话框启动器按钮，打开对应的效果选项对话框，在“效果”选项卡的“声音”下拉列表中选择合适的声音，如图 5-24 所示。在“效果”选项卡中还可以将文本设置为按字母、词或段落出现。

（5）设置动画时长：动画运行的速度包括非常快、快速、中速、慢速、非常慢 5 种，设置动画时长可以在对应的效果选项对话框的“计时”选项卡中的“期间”下拉列表中选择，如图 5-25 所示。在“计时”选项卡中还可以设置动画运行方式和延迟。

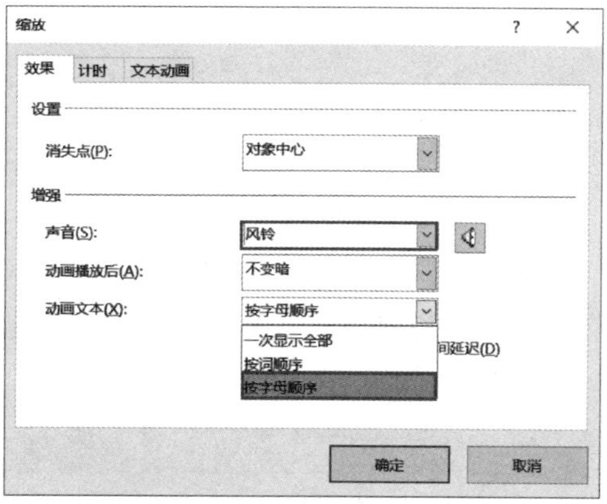

图 5-24　声音和动画文本的设置

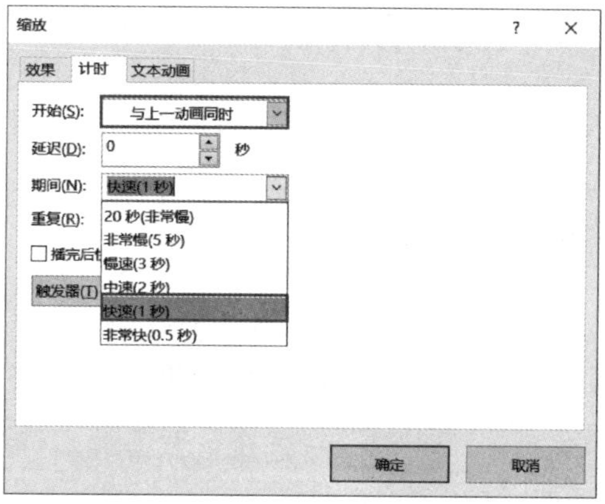

图 5-25　动画运行时长的设置

3. 复制动画

使用动画刷工具可以轻松、便捷地实现幻灯片对象之间的动画效果的复制，其使用方法和“格式刷”类似。具体操作如下：先选中带有动画效果的幻灯片对象，然后单击“动画”选项卡中的“高级动画”组中的“动画刷”按钮，当鼠标指针变为“刷子”形状时，单击目标对象即可实现动画效果的复制。如果双击“动画刷”按钮，那么就可以连续先后单击其他幻灯片对象，将动画效果复制到多个幻灯片对象上。

4. 删除动画

删除演示文稿中的动画，只能在每张幻灯片中进行。打开“动画窗格”，选择需要删除的动画，按 Delete 键直接删除，或者右击，在快捷菜单中选择“删除”命令，此时动画的顺序会自动进行调整。

注意：有时删除整个演示文稿的动画较为麻烦，用户可以在演示时选择不加动画，具体操作方法如下：单击“幻灯片放映”选项卡中的“设置”组中的“设置幻灯片放映”按钮，在打开的“设置放映方式”对话框中，勾选“放映时不加动画”复选框，如图 5-26 所示。

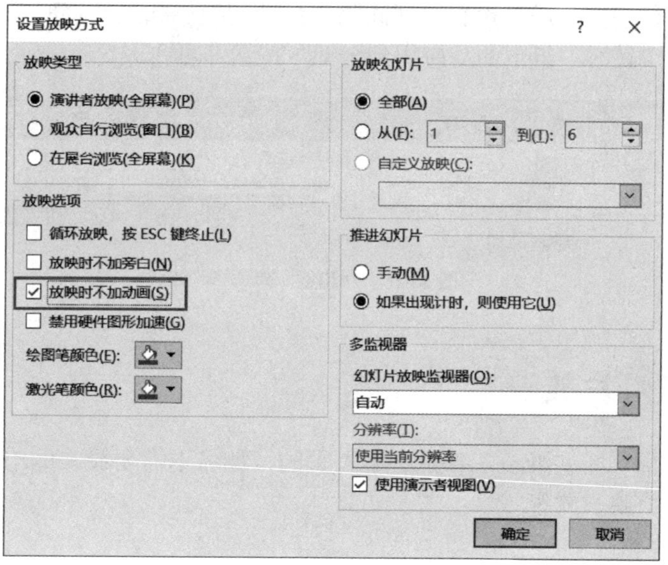

图 5-26　放映时不加动画

5.4.2 添加切换效果

幻灯片间的切换效果是指放映幻灯片时从上一张幻灯片到下一张幻灯片的切换过程中的视觉效果，如平滑、揭开、覆盖、闪光等。添加幻灯片的切换效果，会使演示文稿的播放效果更加生动。

（1）选中需要添加切换效果的幻灯片，选择“切换”选项卡，在“切换到此幻灯片”组的幻灯片切换库中选择一种切换效果，如“平滑”，如图 5-27 所示；单击该组的“效果选项”按钮，可以选择幻灯片切换的方向和属性。

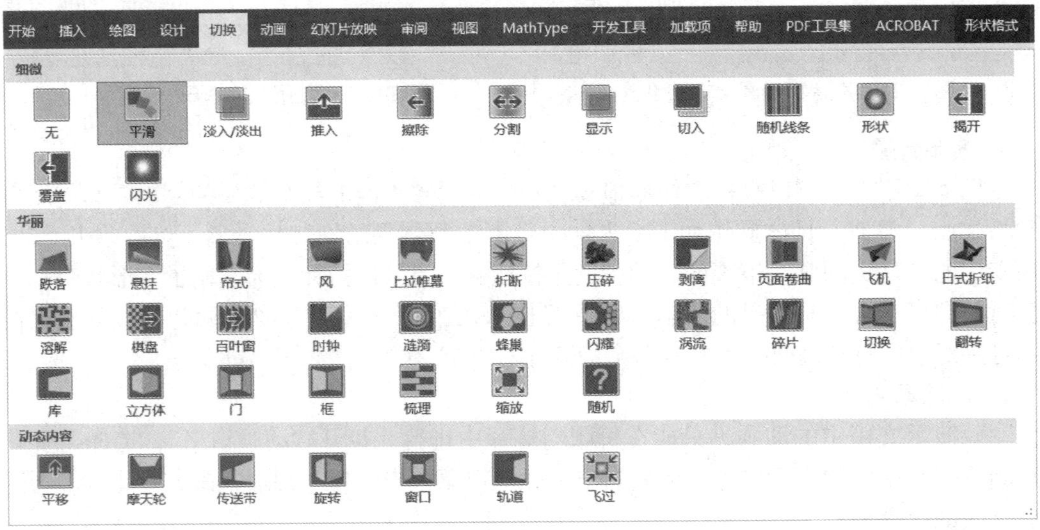

图 5-27　幻灯片切换库

（2）对幻灯片切换效果进行设置，包括切换方式、切换方向、切换声音及换片方式等，通过单击“切换到此幻灯片”组和“计时”组中的相应按钮来实现，如图 5-28 所示。另外，也可以单击鼠标进行切换，或者设置时间间隔来自动切换。如果要将所选的切换效果应用于其他幻灯片，单击“计时”组中的“应用到全部”按钮即可。

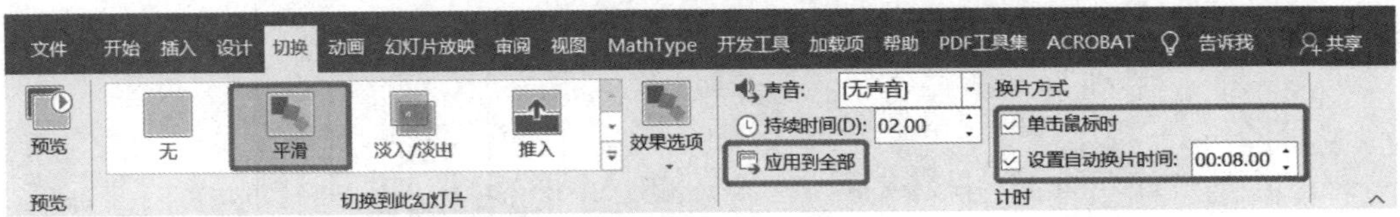

图 5-28　“切换”选项卡

5.4.3 设置幻灯片放映

在放映幻灯片前，一些准备工作是必不可少的，如将不需要放映的幻灯片隐藏、排练计时、设置幻灯片的放映方式等。

1. 隐藏幻灯片

在普通视图的普通窗格中选定幻灯片，右击，在快捷菜单中选择“隐藏幻灯片”命令；或者选中幻灯片，单击“幻灯片放映”选项卡中的“设置”组中的“隐藏幻灯片”按钮。

2．排练计时

排练计时功能可以对幻灯片的放映进行排练，对每个动画所使用的时间进行控制。具体操作方法如下：单击“幻灯片放映”选项卡中的“设置”组中的“排练计时”按钮，此时幻灯片就会自动进入全屏放映模式，同时左上角开始计时。计时框中有两个计时器：前一个是当前页面的耗时，每翻一页就会归零，重新计时；后一个是整个演示文稿的总耗时，计时直到整个演示文稿放映完毕，如图 5-29 所示。

图 5-29　排练计时的“录制”工具栏

放映结束后，系统会提示用户幻灯片放映总共需要的时间并询问是否保留排练时间，单击“是”按钮后，切换至幻灯片浏览视图下，每张幻灯片下方显示放映所需要的时间，下次播放时就可以按照排练计时进行自动播放了。如果要清除排练计时，可以在“设置”组中取消勾选“使用计时”复选框。

3．设置放映方式

在播放演示文稿前，可以根据使用者的不同需要设置不同的放映方式。这通过单击“幻灯片放映”选项卡中的“设置”组中的“设置幻灯片放映”按钮，在打开的“设置放映方式”对话框中操作。

幻灯片有以下 3 种放映方式。

（1）演讲者放映（全屏幕）：以全屏幕形式显示，演讲者可以控制放映的进程，可用绘图笔勾画，适用于大屏幕投影的会议、讲课。

（2）观众自行浏览（窗口）：以窗口形式显示，可编辑和浏览幻灯片，适用于人数少的场合。

（3）在展台浏览（全屏幕）：以全屏幕形式在展台上进行演示，按事先预定的或通过“排练计时”按钮设置的时间和次序放映，不允许现场控制放映的进程。

如果一个演示文稿有很多页面，当我们不需要将其全部播放出来的时候，就可以采用自定义幻灯片放映，它是缩短演示文稿或面向不同受众进行定制放映的好方法。具体方法是：单击“幻灯片放映”选项卡中的“开始放映幻灯片”组中的“自定义幻灯片放映”下拉按钮，在下拉列表中选择“自定义放映”命令，打开“自定义放映”对话框，再单击“新建”按钮，打开“定义自定义放映”对话框，如图 5-30 所示，在其中设置幻灯片放映名称（默认为“自定义放映 1”），并在左侧列表框中选择要显示的幻灯片，单击“添加”按钮将其放入右侧列表框，同时可以单击“向上”或“向下”按钮调整顺序，最后单击“确定”按钮。

如果需要将演示幻灯片的整个过程录制下来，包括语音旁白、墨迹和激光笔手势等，可以单击“幻灯片放映”选项卡中的“设置”组中的“录制”下拉按钮来实现。

播放演示文稿有多种方式：按 F5 键；单击“幻灯片放映”选项卡中的“开始放映幻灯片”组中的“从头开始”按钮和“从当前的幻灯片开始”按钮；单击“自定义幻灯片放映”按钮等。其中，按 F5 键是从第 1 张幻灯片放映到最后一张幻灯片，最后一种方法是从用户自己选择的幻灯片开始放映。

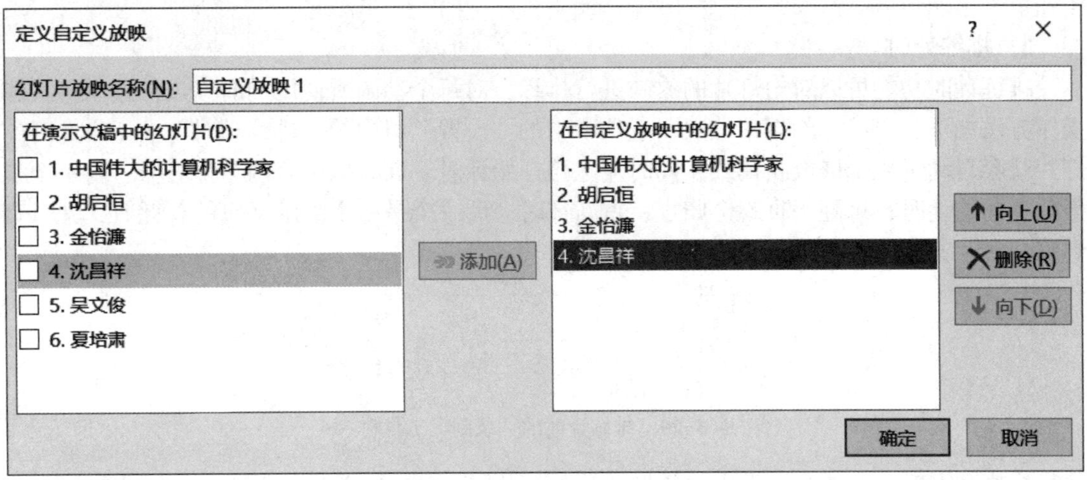

图 5-30 “定义自定义放映”对话框

【例 5-5】 对例 5-4 的演示文稿进行如下设置。

①为第 1 张幻灯片的标题设置“缩放”动画效果，速度为“快速”，声音为“风铃”，动画开始方式为“与上一动画同时”。

②设置全部幻灯片的切换效果为“平滑”，换片方式为“单击鼠标时”换页或“每间隔 8 s 换页”。

操作步骤如下。

①在普通视图的普通窗格中，单击第 1 张幻灯片，选定该幻灯片的标题，单击“动画”选项卡的“动画”组中的动画库中的“更多进入效果”命令，在打开的“更改进入效果”对话框的“细微”区中选择“缩放”选项（见图 5-22），单击“确定”按钮。

选定标题，单击“动画”选项卡中的“动画”组的对话框启动器按钮，打开“缩放”对话框，在“效果”选项卡中设置“声音”为“风铃”（见图 5-24）；然后单击“计时”选项卡，在“开始”下拉列表中选择“与上一动画同时”选项，在“期间”下拉列表中选择“快速（1 秒）”选项（见图 5-25），单击“确定”按钮。

②选中任意幻灯片，单击“切换”选项卡中的“切换到此幻灯片”组中的“幻灯片切换”库中的“平滑”效果，在“计时”组中进行相应设置，单击“应用到全部”按钮（见图 5-28）。按 F5 键放映幻灯片，查看动画效果。

5.5 PowerPoint 2019 综合案例

在日常学习、工作中，PowerPoint 是一项重要的辅助表达的工具。通过本案例的学习，学生可更好地掌握传达信息的方法，提升演示文稿的制作和设计能力。

1. 操作要求

打开“PowerPoint.pptx”演示文稿，根据以下要求进行设计。

（1）幻灯片母版设计。

通过编辑母版功能，对演示文稿进行整体设计。

①将所有幻灯片的背景统一设置为“背景.png”图片。

②将“光盘行动 logo.png”图片批量添加到所有幻灯片页面的右上角，然后单独调整“标题幻灯片”版式的背景格式，使其“隐藏背景图形”。

③将所有幻灯片中的标题字体统一修改为“黑体”。将所有应用了“仅标题”版式的幻灯片（第 2、4、6、8、10 张）的标题的字体颜色修改为自定义颜色，RGB 值为红色 248、绿色 192、蓝色 165。

（2）更改幻灯片版式。

将节标题幻灯片（第 3、5、7、9 张）的版式更改为“节标题”版式。

（3）应用艺术字样式和设置动画效果。

按下列要求，对标题幻灯片（第 1 张）进行排版美化。

①美化幻灯片的标题文本，为主标题应用艺术字的预设样式“渐变填充：橙色，主题色 2；边框：橙色，主题色 2”，为副标题应用艺术字的预设样式“填充：浅灰色，背景色 2，内部阴影”。

②为幻灯片的标题设置动画效果，主标题以“劈裂”方式进入，方向为“中央向左右展开”，副标题以“切入”方式进入，方向为“自底部”，并设置动画开始方式为单击时主、副标题同时进入。

（4）插入超链接。

按下列要求，为演示文稿设置目录导航的交互动作。

①为目录幻灯片（第 2 张）中的 4 张图片分别设置超链接动作，使其在幻灯片放映状态下，通过单击即可跳转到对应的节标题幻灯片（第 3、5、7、9 张）。

②通过编辑母版，为所有幻灯片统一设置返回目录的超链接动作，要求在幻灯片放映状态下，通过单击各张幻灯片右上角的图片即可跳转到目录幻灯片。

（5）插入图片和设置段落格式。

按下列要求，对第 4 张幻灯片进行排版美化。

①在本张幻灯片右下角位置，插入“锄地 .png”图片。

②为两段内容文本设置段落格式，段后间距为 10 磅，1.5 倍行距，并应用预设项目符号“●”。

（6）更改文本框的形状和文本格式。

按下列要求，对第 6 张幻灯片进行排版美化。

①将“近期各国收紧粮食出口的消息”文本框设置为五边形箭头的预设形状。

②将 3 段内容文本分别置于 3 个竖排文本框中，并沿水平方向依次并排展示，相邻文本框之间以 10 厘米高、1 磅粗的白色直线分隔，并适当地对齐。

（7）插入 SmartArt 图形。

将第 8 张幻灯片中的 3 段文本转换为 SmartArt 图形中的“梯形列表”，方向为“从右往左”，颜色为预设的“彩色 - 个性色 4 至 5”，并将整体高度设置为 8 厘米，将宽度设置为 25 厘米。

（8）设置文本框格式和图片效果。

按下列要求，对第 10 张幻灯片进行排版美化。

①将文本框的“文字边距”设置为“宽边距”（上、下、左、右边距均为 0.38 厘米），并将文本框的背景填充颜色的透明度设置为 40%。

②为图片应用“柔化边缘 25 磅”效果，将图层置于文本框下方，使其不遮挡文本。

（9）设置幻灯片的切换方式

为第 4、6、8、10 张幻灯片设置“平滑”切换方式，实现“居安思危”等标题文本从上一张平滑过渡到本页的效果，切换速度设置为 3 秒。除这 4 页外的其他幻灯片，均设置为“随机”切换方式，切换速度设置为 1.5 秒。

2. 操作步骤

具体的操作步骤如下。

（1）幻灯片母版设计。

①打开“ PowerPoint.pptx”演示文稿，单击“视图”选项卡中的“母版视图”组中的“幻灯片母版”按钮，选中第 1 张幻灯片，单击“幻灯片母版”选项卡中的“背景”组中的“背景样式”下拉按钮，在下拉列表中选择“设置背景格式”命令，右侧出现“设置背景格式”任务窗格，在“填充”栏选中“图片或纹理填充”单选按钮，单击“图片源”下方的“插入”按钮，在“插入图片”对话框中单击“来自文件”按钮，选择“背景 .png”图片，单击“插入”按钮。

②单击“插入”选项卡中的“图像”组中的“图片”按钮，在下拉列表中选择“此设备”命令，在“插入图片”对话框中选择“光盘行动 logo.png”图片，单击“插入”按钮。选中插入的图片，单击“图片工具”→“图片格式”选项卡中的“排列”组中的“对齐”下拉按钮，在下拉列表中依次单击“顶端对齐”和“右对齐”命令。选中“标题幻灯片”版式幻灯片（第 2 张），右侧出现“设置背景格式”窗格，在“填充”栏勾选“隐藏背景图形”复选框，如图 5-31 所示。

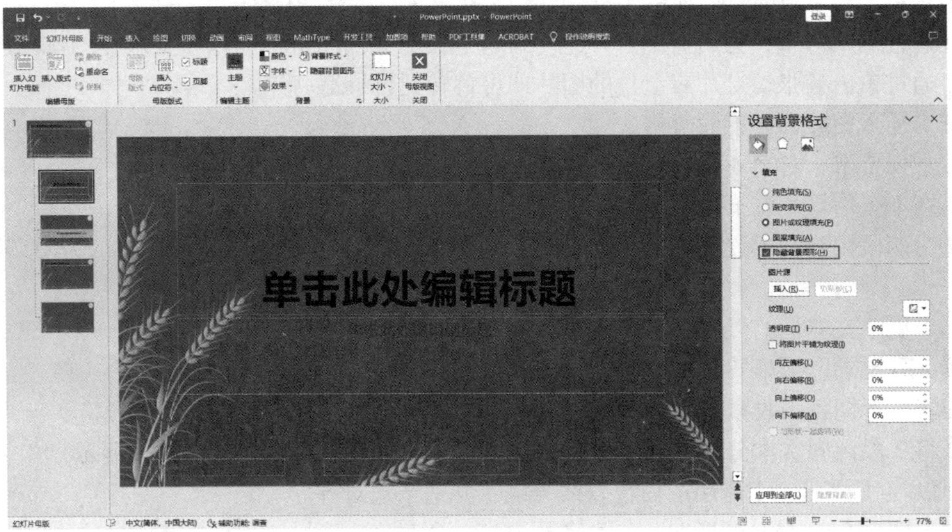

图 5-31　幻灯片母版

③在第 1 张幻灯片中选中标题内容，在“开始”选项卡中，将“字体”设置为“黑体”，选中“仅标题”版式幻灯片（第 4 张），选中其标题内容，单击“绘图工具”→“形状格式”选项卡中的“艺术字样式”组中的“文本填充”下拉按钮，在下拉列表中选择“其他填充颜色”命令，打开“颜色”对话框，将“颜色模式”设置为“RGB”，将“红色”设置为“248”，

将“绿色”设置为“192”，将“蓝色”设置为“165”，如图 5-32 所示，单击“确定”按钮。设置完成后，单击“幻灯片母版”选项卡中的“关闭母版视图”按钮。

（2）更改幻灯片版式。

按住 Ctrl 键，选中第 3、5、7、9 张幻灯片并右击，在弹出的快捷菜单中选择“版式”→“节标题”命令。

（3）应用艺术字样式和设置动画效果。

①应用艺术字样式。选中第 1 张幻灯片，之后选中主标题内容，在“绘图工具”→“形状格式”选项卡中的“艺术字样式”组中，单击预设样式中的“其他”下拉按钮，在文本样式中选择“渐变填充：橙色，主题色 2；边框：橙色，主题色 2”选项，再选中副标题内容，单击预设样式中的“其他”下拉按钮，在文本样式中选择“填充：浅灰色，背景色 2，内部阴影”选项。

②设置动画效果。选中主标题文本框，在“动画”选项卡中的“动画”组中选择“劈裂”，在“效果选项”窗格中，将方向设置为“中央向左右展开”，在“高级动画”组中单击“动画窗格”按钮，在右侧出现的“动画窗格”中可以看到设置的动画。选中副标题文本框，单击“动画”选项卡中的“其他”下拉按钮，在动画样式库中选择“更多进入效果”命令，在弹出的“更改进入效果”对话框中选择“切入”动画，如图 5-33 所示，单击“确定”按钮。在右侧的“动画窗格”中，单击三角形下拉按钮，将“单击开始”设置为“从上一项开始”，默认方向为“自底部”。

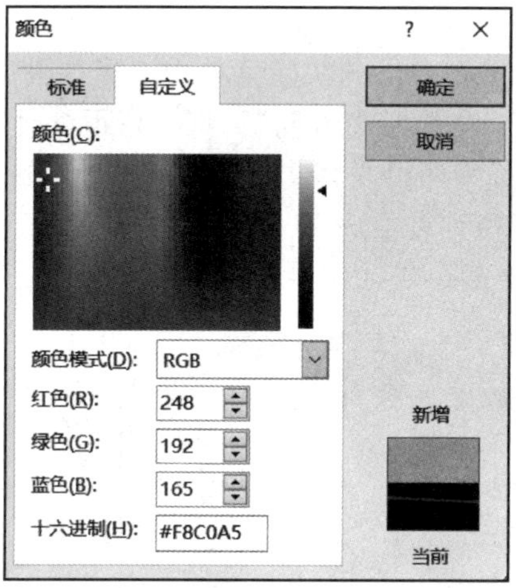

图 5-32　“颜色”对话框

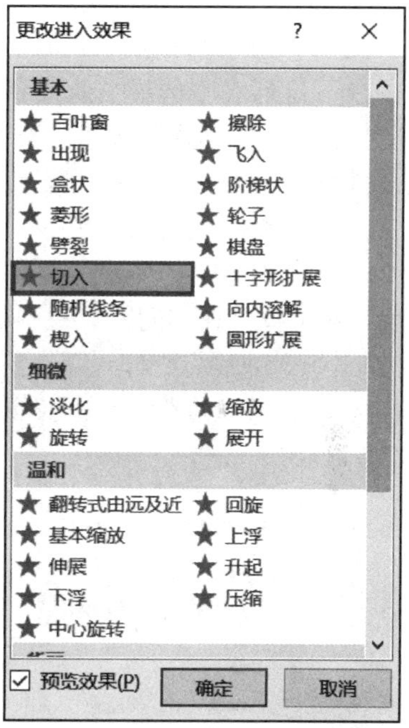

图 5-33　“更改进入效果”对话框

（4）插入超链接。

①选中第 2 张幻灯片的第 1 张图片（“居安思危”），右击，在快捷菜单中选择“超链接”命令，打开“插入超链接”对话框，选择“本文档中的位置”选项，在“请选择文档中的位置”列表框中选择“3. 居安思危”，如图 5-34 所示，单击“确定”按钮。用同样的方法将其他 3 张图片分别链接到相应的幻灯片。

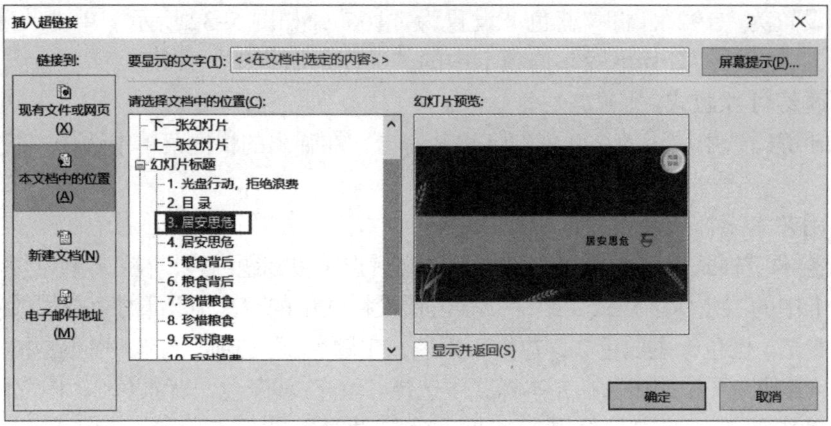

图 5-34 “插入超链接”对话框

②单击“视图”选项卡中的“母版视图”组中的“幻灯片母版”按钮，在打开的幻灯片母版中选中第 1 张幻灯片，然后右击右上角的图片，在快捷菜单中选择“超链接”命令，打开“插入超链接”对话框，选择“本文档中的位置”选项，在“请选择文档中的位置”列表框中选择“2. 目 录”，单击“确定”按钮。设置完成后，单击“幻灯片母版”选项卡中的“关闭母版视图”按钮。

（5）插入图片和设置段落格式。

①插入图片。选中第 4 张幻灯片，单击“插入”选项卡中的“图像”组中的“图片”下拉按钮，在下拉列表中选择“此设备”命令，在打开的“插入图片”对话框中选择“锄地 .png”图片，单击“插入”按钮。选中插入的图片，单击“图片工具”→“图片格式”选项卡中的“排列”组中的“对齐”下拉按钮，在下拉列表中依次选择“底端对齐”和“右对齐”命令，并适当地调整图片的大小。

②设置段落格式。选中两段内容文本，右击，在弹出的快捷菜单中选择“段落”命令，打开“段落”对话框，在“间距”栏中将“段后”设置为“10 磅”，将“行距”设置为“1.5 倍行距”，如图 5-35 所示，单击“确定”按钮。选中两段内容文本，在“开始”选项卡中的“段落”组中，单击“项目符号”下拉按钮，在下拉列表中选择“●”样式。

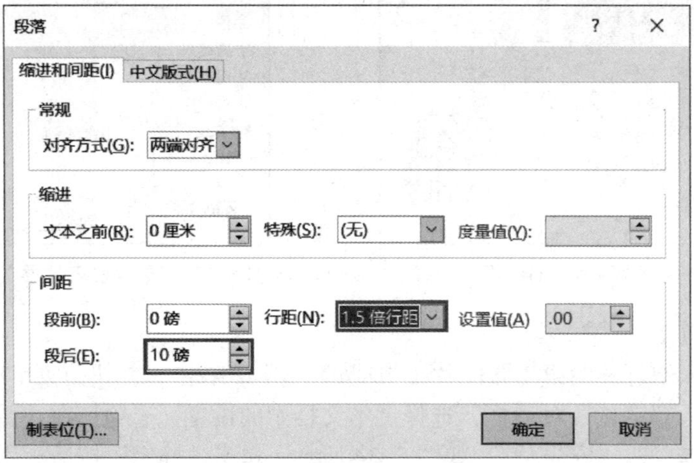

图 5-35 “段落”对话框

（6）更改文本框的形状和文本格式。

①更改文本框形状。在第 6 张幻灯片中选中“近期各国收紧粮食出口的消息”文本框，单击“绘图工具”→“形状格式”选项卡中的“插入形状”组中的“编辑形状”下拉按钮，在下拉列表中选择“更改形状”命令，在“箭头总汇”区选择“箭头：五边形”选项。

②更改内容文本格式。选中第 1 段文本，按 Ctrl + X 快捷键剪切第 1 段内容文本，单击“插入”选项卡中的“文本”组中的“文本框”下拉按钮，在下拉列表中选择“竖排文本框”命令，在幻灯片中绘制一个竖排文本框，按 Ctrl + V 快捷键将第 1 段文本内容粘贴到刚绘制的文本框中。同理，将其他两段文本内容置于竖排文本框中，删除原有的横排文本框。

单击“插入”选项卡中的“插图”组中的“形状”下拉按钮，在下拉列表中的“线条”区选择“直线”选项，在第 1、2 个竖排文本框之间绘制一条竖向直线，在“绘图工具”→“形状格式”选项卡中的“大小”组中将“高度”设置为“10.00 厘米”，在“形状格式”组中，单击“形状轮廓”下拉按钮，在下拉列表中将线条的“颜色”设置为“白色，背景 1”，在“形状轮廓”下拉列表中选择“粗细”命令，将“宽度”设置为“1.00 磅”，按 Ctrl + C 快捷键复制刚绘制的直线，粘贴后将其移至第 2、3 个竖排文本框之间。

适当调整其中一个文本框的高度和宽度后，选中 3 个竖排文本框，单击“绘图工具”→“对齐”下拉按钮，在下拉列表中依次选择“等高”和“等宽”命令，选中 3 个竖排文本框和两条直线，单击“绘图工具”→“形状格式”选项卡中的“排列”组中的“对齐”下拉按钮，在下拉列表中依次选择“垂直居中”和“横向分布”命令。

（7）插入 SmartArt 图形。

选择第 8 张幻灯片，单击“插入”选项卡中的“插图”组中的“SmartArt”按钮，打开“选择 SmartArt 图形”对话框，切换至“列表”选项卡，选择“梯形列表”选项，单击“插入”按钮。按 Ctrl + C 快捷键复制第 1 段文本，按 Ctrl + V 快捷键将其粘贴到第 1 个 SmartArt 图形中，删除 2 级文本标识，用同样的方法将另外两段文本插入 SmartArt 图形中。

选中 SmartArt 图形，单击“SmartArt 工具”→“SmartArt 设计”选项卡，单击“创建图形”组中的“从右往左”按钮，再单击“SmartArt 样式”组中的“更改颜色”下拉按钮，在下拉列表中选择“彩色 - 个性色 4 至 5”，单击“SmartArt 工具”→“格式”选项卡，在“大小”组中将“高度”设置为“8.00 厘米”，将“宽度”设置为“25.00 厘米”，适当调整 SmartArt 图形的位置。

（8）设置文本框格式和图片效果。

①设置文本框格式。单击第 10 张幻灯片，选中文本框，右击，在快捷菜单中选择“大小和位置”命令，在右边的“设置形状格式”任务窗格中的“文本选项”选项卡的“文本框”选项下，将“上边距”“下边距”“左边距”“右边距”均设置为“0.38 厘米”，如图 5-36 所示。在“形状选项”选项卡的“填充”选项下，将“透明度”设置为“40%”。

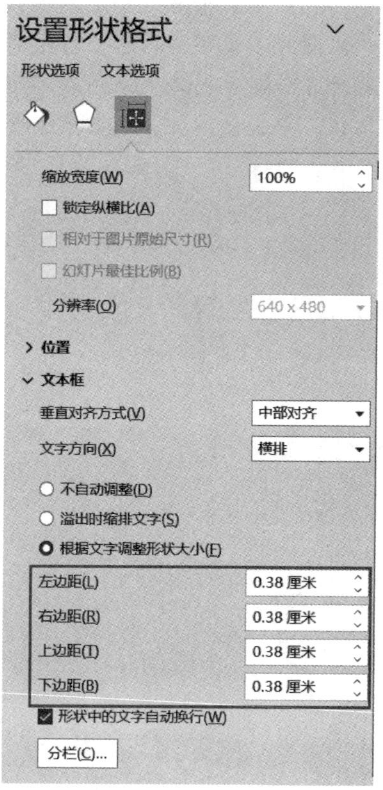

图 5-36　文本框边距设置

②设置图片效果。选中图片，右击，在快捷菜单中选择“设置图片格式”命令，在右边出现的“设置图片格式”任务窗格中，选择“柔化边缘”选项，设置大小为“25 磅”，单击“图片工具”→“图片格式”选项卡中“排列”组中的“下移一层”按钮。

（9）设置幻灯片的切换方式。

选中第 4、6、8、10 张幻灯片，单击“切换”选项卡，在“切换到此幻灯片”组的幻灯片切换库中选择“平滑”选项，在“计时”组中，将“持续时间”设置为“03.00”。选中除这 4 张幻灯片外的其他幻灯片，在“切换”选项卡中的“切换到此幻灯片”组的幻灯片切换库中选择“随机”选项，在“计时”组中将“持续时间”设置为“01.50”。设置完成后，保存并关闭文件。

习　题　5

请按照以下要求对 PowerPoint 文档进行操作。

①演示文稿包含 2 张幻灯片；采用“画廊”主题；幻灯片切换采用“闪光”方式。

②第 1 页以艺术字作为主标题，字体为华文彩云，字号为 40，内容为“奋斗是人生的基石”；副标题为“永不放弃是成功的保证”；在上一动画之后延时 2 秒，以浮入方式显示主标题；单击鼠标，以随机线条方式显示副标题。

③第 2 页中有一个文本框，文本框内有两段励志格言（内容自定，不少于 20 个汉字）和一幅图片，文字为蓝色，均带有动画效果。单击鼠标，以弹跳方式显示两段文字；单击鼠标，延时 2 秒显示图片，采用底部飞入方式，同时伴有鼓掌声；添加“动作按钮”中的“第一张”按钮，单击该按钮，返回第 1 页。

第 6 章

计算机网络与 Internet 应用

随着计算机网络的蓬勃发展，人类进入了信息时代，一方面互联网给人们的生活带来了便捷，另一方面计算机病毒的侵害、信息泄露、网络诈骗层出不穷。本章将主要介绍计算机网络的类型、组成、结构以及 Internet（因特网）的主要应用；用“安全”的概念，讨论网络攻击的防护方法、信息的加密和解密；简单讲述信息素养与社会责任。

6.1 计算机网络基础知识

6.1.1 计算机网络概述

视频：计算机网络概述

计算机网络利用通信设备和传输介质，将分布在不同地理位置上的具有独立功能的计算机连接起来，在网络协议的控制下进行信息交流，实现资源共享和协同工作。

1. 计算机网络的基本类型

计算机网络有多种类型，常用的分类方法是 IEEE（电气与电子工程师学会）根据计算机网络地理范围的大小，将网络分为局域网（Local Area Network，LAN）、城域网（Metropolitan Area Network，MAN）和广域网（Wide Area Network，WAN），如图 6-1 所示。

1）局域网

局域网的覆盖范围通常为一幢建筑物内或相邻几幢建筑物之间，是结构复杂程度最低的计算机网络，也是目前应用最广泛的一类网络。但这并不意味着局域网必定是小型网络。由于光通信技术的发展，局域网的覆盖范围越来越大，直径达数千米的一个连续的园区网（如大学校园网、智能小区网）往往也被归纳到局域网的范围。

2）城域网

城域网的覆盖范围为数百平方千米的一座城市内。城域网往往由许多大型局域网组成。城域网主要为个人用户、企业局域网用户提供网络接入，并将用户信号转发到 Internet 中，其网络结构较为复杂，往往采用点对点、环形、树形等结构相结合的混合结构，信号传输距离比局域网长，信号更加容易受到环境的干扰。

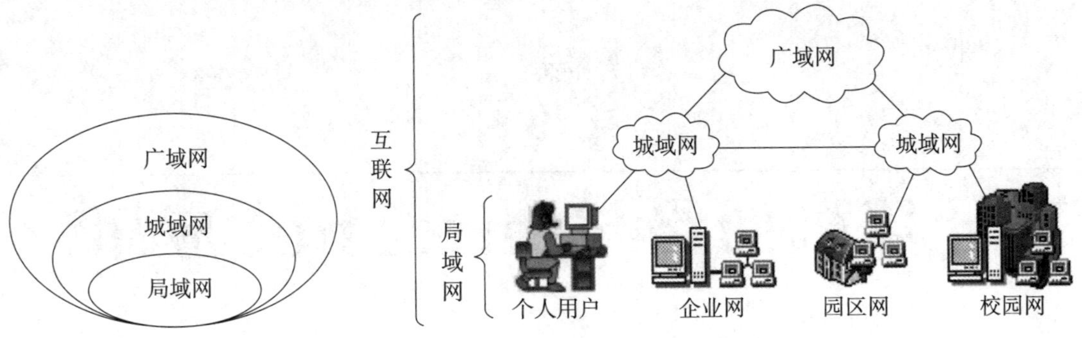

（a）网络类型　　（b）网络之间的互联

图 6-1　IEEE 定义的网络类型

3）广域网

广域网的覆盖范围通常在数千平方千米以上，一般为多个城域网的互联［如 ChinaNet（中国公用计算机互联网）］，甚至是全世界各个国家之间网络的互联（如 Internet），因此广域网能实现大范围的资源共享。广域网一般采用光纤进行信号传输，网络主干线路的数据传输速率非常快，网络结构较为复杂，往往是一种网状结构和其他拓扑结构的混合模式。

2. 网络拓扑结构的类型

在计算机网络中，如果把计算机、服务器、交换机、路由器等网络设备抽象为“点”，把网络中的传输介质抽象为“线”，就可以将一个复杂的计算机网络系统抽象成由点和线组成的几何图形，这种图形称为网络拓扑结构。

如图 6-2 所示，网络的基本拓扑结构有总线型结构、星形结构、环形结构、树形结构、网形结构和蜂窝形结构。大部分网络结构是这些基本拓扑结构的组合形式。

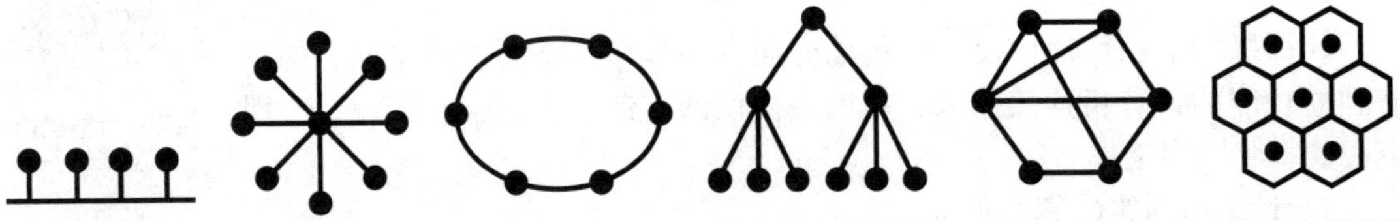

（a）总线型结构　（b）星形结构　（c）环形结构　（d）树形结构　（e）网形结构　（f）蜂窝形结构

图 6-2　网络的基本拓扑结构示意图

1）星形结构

星形结构是目前局域网中应用最普遍的一种结构。如图 6-3（a）所示，星形结构的每个节点都有一条单独的链路与中心节点相连，所有数据都要通过中心节点进行交换，因此中心节点是星形结构的网络的核心。

星形结构的网络采用广播通信技术，局域网的中心节点通常采用交换机。如图 6-3（b）所示，在交换机中，每个端口都挂接在交换机内部背板的总线上，因此，星形以太网虽然在物理上呈星形结构，但逻辑上仍然是总线型结构。

星形网络的结构简单，建设和维护费用少。其一般采用双绞线作为传输介质，中心节点一般采用交换机，这样集中了网络信号流量，提高了链路利用率。

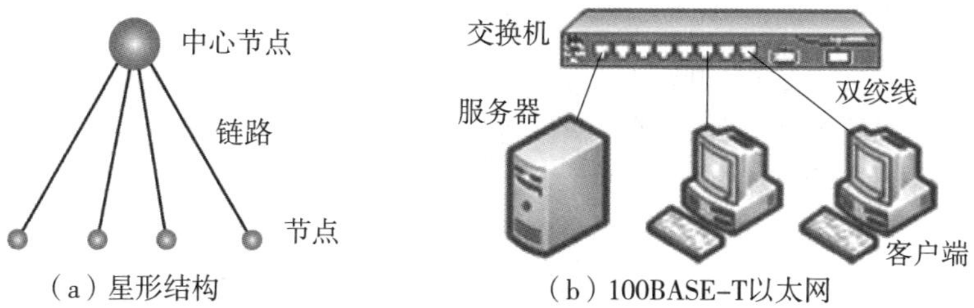

图 6-3　星形结构和以太网

2）环形结构

如图 6-4 所示，在环形结构中，各个节点（如交换中心）通过环接口连接在一条首尾相接的闭合环形通信线路中。环形结构包括单环、环相切、环内切、环相交、环相连等细分结构。在环形结构的网络中，节点之间的信号沿环路顺时针或逆时针方向传输。

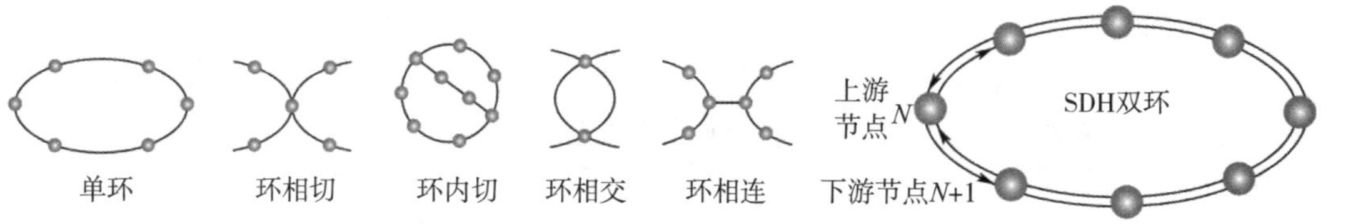

图 6-4　环形结构

环形结构的特点是每个节点都与两个相邻的节点相连，因而是一种点对点通信模式。环形结构的网络采用信号单向传输方式，如图 6-4 所示，如果 $N+1$ 节点需要将数据发送到 N 节点，几乎要绕环一周才能到达 N 节点。因此，环形结构的网络在节点过多时，会产生较大的信号时延。

环形结构的网络的建设成本较高，也不适用于多用户接入，主要用于城域传输网和国家大型骨干传输网。

视频：计算机网络的组成

6.1.2　计算机网络系统的组成

计算机网络系统由计算机系统、通信线路和通信设备、网络协议、网络软件 4 部分组成，如图 6-5 所示。

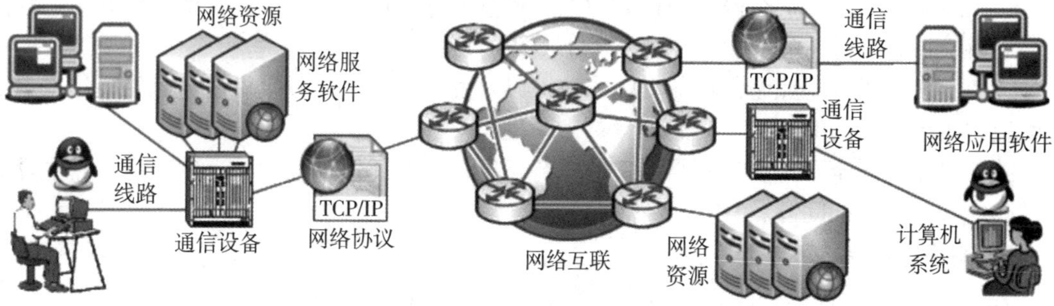

图 6-5　计算机网络系统的基本组成

1. 计算机系统

计算机系统主要负责数据的收集、处理、存储、传播和提供资源共享。网络中连接的计算机可以是微机、大型机及其他数据终端设备。

2. 通信线路和通信设备

通信线路包括传输介质和连接部件，如光缆、双绞线、微波等。通信设备包括服务器、交换机、路由器、防火墙、中继器及调制解调器等。通信线路和通信设备负责控制数据的发送、接收或转发，它们需要进行信号转换、路由选择、信号编码与解码、差错校验、通信控制、网络管理等工作，以完成信息的传输和交换。

3. 网络协议

为了实现网络的正常通信，通信双方必须有一套彼此能够互相理解和共同遵守的网络协议。网络协议规定了网络信号的传输方式（如单工传输或双工传输）、数据包的格式（帧结构）、数据的拆分与重组等。网络通信双方的主机必须遵守相同的协议才能正确地交流信息。

4. 网络软件

网络软件是一种在网络环境下运行或管理网络工作的计算机软件。根据软件的功能，网络软件可分为网络服务器软件和网络客户端软件两大类。

网络服务器软件用于控制和管理网络运行，提供网络通信，分配和共享网络资源，并为用户提供各种网络服务。网络服务器软件包括网络操作系统（如 Linux）、网络通信软件（如 TCP/IP 协议）及各种网络服务软件（如 IIS）等。网络客户端软件是为某一个应用目的而开发的网络软件，常用的网络客户端软件有 Microsoft Edge 浏览器、QQ 即时通信软件、迅雷网络下载软件等。

6.1.3 计算机网络结构

1. 网络协议

对数据发送方的计算机而言，为了把用户数据转换为能够在网络上传输的电信号，需要对用户数据分步骤地进行加工处理。其中，每一个相对完整、独立的步骤可以看作一个处理层，每一个处理层中加工处理这些数据的规范就是网络协议。在计算机网络中，用于规定信息的格式，以及如何发送和接收信息的一系列规则或约定称为“网络协议”。网络协议的 3 个组成要素是语法、语义和时序。

（1）语法：规定了进行网络通信时数据的传输和存储格式，以及通信中需要哪些控制信息。它解决“怎么讲”的问题。

（2）语义：规定了控制信息的具体内容，以及发送主机或接收主机要完成的工作。它主要解决“讲什么”的问题。

（3）时序：规定了计算机网络操作的执行顺序，以及通信过程中的速度匹配。它主要解决“顺序和速度”的问题。

2. 网络层次结构

为了减少网络协议的复杂性，专家们把网络通信问题划分为许多小问题，然后为每一个小问题设计一个通信协议，这样使每个协议的设计、分析、编码和测试都比较容易。协议层次结构就是按照信息的传输过程将网络的整体功能划分为多个不同的功能层，每一层都向它的上一层提供一定的服务。

为了理解网络协议层次结构的概念，我们利用两地之间货物发送和接收的案例进行说明。如图 6-6 所示，假设公司 A 有货物（数据）要发给公司 B，A 按照公司之间发货的规章（协议 A），给货物加了一个说明（数据封装）以识别该货物，然后 A 把加了说明的货物（数据包）交到火车站货运处后，A 就不必管了（分层处理）；火车站货运处按照他们的规章，发现货物太大，于是将货物分成了多个小包裹（分组），并按照他们的规章（协议 B）给每个包裹加上了标签（重新打包），决定将它们交由哪次列车运送（路由），并将包裹交给了车站搬运处（转交下一层处理）；车站搬运处将每个包裹分别装进车厢，堆放在列车规定的位置（协议 C）；然后货物通过铁路（传输介质）到达目的地的火车站（信号传输）。

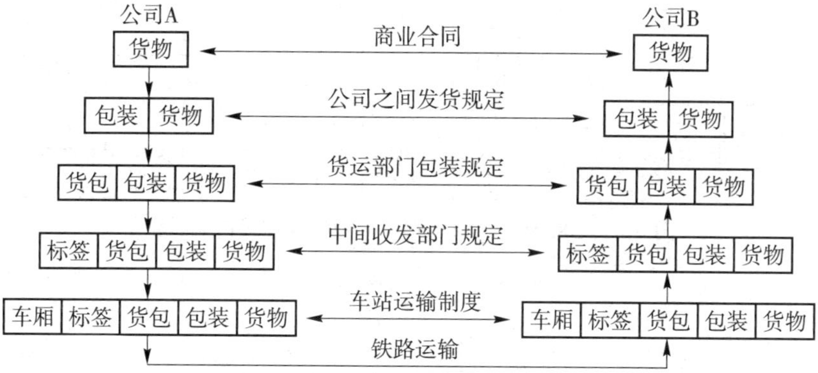

图 6-6　货物运输中层与层之间的关系

到达目的地的火车站后，按照上述过程的逆过程，一层一层去掉封装，每向上传递一层，该层的包装就被剥掉，绝不会出现把下层的包装交给上层的情况（如把车厢连包裹一起交给火车站货运处），直到 B 拿到货物。

计算机网络中信号的传输过程与以上案例类似，要实现多个机器之间的通信，就需要设计许多的网络协议，网络协议层次结构有助于清晰地描述和理解复杂的网络系统，各层之间相互独立、互不影响。

3. 网络互联模型

1）OSI/RM 网络体系结构

网络协议的层次化结构模型和通信协议的集合称为“网络体系结构”。网络体系结构是网络互联的基本模型。常见的计算机网络体系结构有 OSI/RM（Open System Interconnection/Reference Model，开放系统互连参考模型）和 TCP/IP（传输控制协议 / 网际协议）等。如图 6-7 所示，ISO（国际标准化组织）提出的 OSI/RM 将网络体系结构划分为 7 个层次，分别是物理层、数据链路层、网络层、传输层、会话层、表示层和应用层。OSI/RM 还规定了每层的功能，以及不同层之间如何进行通信协调。由于各方面的原因，OSI/RM 网络体系结构并没有在计算机网络中得到实际应用，它往往被作为一个理论模型进行网络分析。

2）TCP/IP 网络体系结构

TCP/IP 是由 IETF（Internet Engineering Task Force，因特网工程任务组）推出的网络互联协议簇，它性能卓越，并且在 Internet 中得到了广泛应用。如图 6-8 所示，TCP/IP 网络协议定义了 4 个层次，分别是网络接口层、网络层、传输层和应用层。TCP/IP 与 OSI/RM 在网络层次上并不完全对应，但是在概念和功能上基本相同。

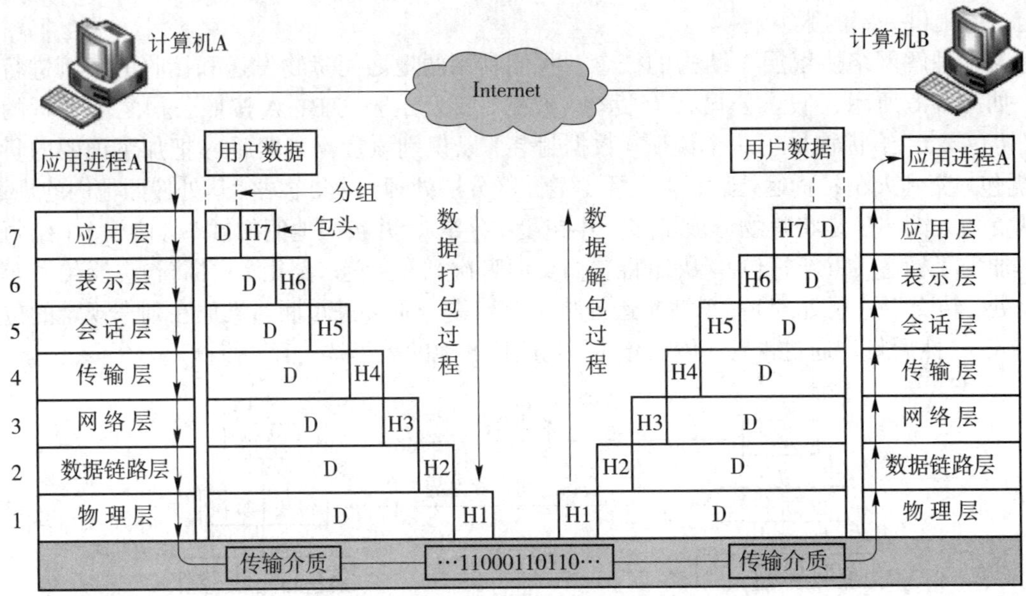

图 6-7 OSI/RM 协议层次结构模型与信号传输过程

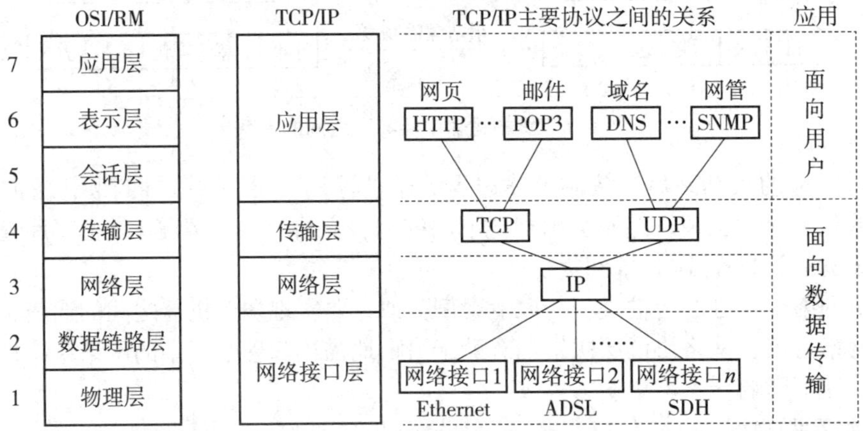

图 6-8 TCP/IP 协议层次结构模型和主要协议

（1）网络接口层：处于 TCP/IP 模型的底层，其主要功能是为网络提供物理连接，将数据包按比特（bit）一位一位地从一台主机（计算机或网络设备）通过传输介质（双绞线或光纤）送往另一台主机，实现主机之间的比特流传输。

（2）网络层：主要功能是为网络内任意两台主机之间的数据交换提供服务，并进行路由选择和流量控制。网络层传输的信息以报文分组为单位，分组是将较长的报文按固定长度分成若干段，每个段按规定格式加上相关信息，如路由控制信息和差错控制信息等。网络层接收到主机的报文后，把它们转换为分组，然后根据路由协议确定送到指定目标主机的路由。当分组到达目标主机后，再还原成报文。

（3）传输层：主要功能是提供端到端的数据包传输服务。传输层由 TCP（Transmission Control Protocol，传输控制协议）和 UDP（User Datagram Protocol，用户数据报协议）两个主要协议组成。TCP 提供可靠传输服务，但传输性能较低；UDP 提供不可靠传输服务，但传输性能较高。

（4）应用层：主要功能是负责两个应用程序进程之间的通信，即为网络用户之间的通信提供专用的应用程序，如网页浏览、即时通信、电子邮件、文件传输、数据库查询等。由于 TCP/IP 提供的网络服务繁多，所以这层的网络协议也非常多。

6.2　Internet 应用

6.2.1　使用浏览器

在使用浏览器前，先来认识一下 WWW、网页、网站、网址和服务器。

（1）WWW：World Wide Web，中文名称为万维网，是 Internet 最广泛的信息浏览方式。

（2）网页：又称为 Web 页面，是 WWW 信息的基本单位，Web 页面之间通过超链接形成信息整体，每个 Web 页面对应磁盘上的一个文件，可以存放文字、表格、图像、音频、视频和动画等信息。

（3）网站：众多相互关联的网页组成了一个网站。

（4）网址：用来标识网页在 Internet 上的位置，每个网页都有一个对应的网址。

（5）服务器：为网站提供存放位置和软、硬件运行环境，这类计算机被称为 Web 服务器。

浏览器是万维网服务的客户端浏览程序，可向万维网服务器发送各种请求，并对服务器发来的超文本信息和各种多媒体数据格式进行解释、显示和播放。目前常用的浏览器有 Microsoft Edge 浏览器、Google Chrome 浏览器、360 浏览器等，不同的浏览器的基本操作和提供的服务相似。下面以 Windows 10 自带的 Microsoft Edge 浏览器为例介绍浏览器的基本操作。

1. 启动浏览器

双击桌面的 Microsoft Edge 浏览器的快捷方式图标，可启动 Microsoft Edge 浏览器。

2. 浏览网页

在浏览器的“地址栏”里输入网页的 URL 地址并按 Enter 键，浏览器就会在 Internet 上找到该网页并显示出来，如图 6-9 所示。打开要浏览的网页后，还可以进行一系列操作，如后退到上一个页面、刷新、返回浏览器主页等。

图 6-9　浏览网页

3. 设置主页

可以将最常用的网站设置为主页，单击左上角的“主页”按钮就可跳转至目标网站。单击浏览器地址栏右侧“设置及其他”按钮，从下拉列表中选择“设置”命令，打开“设置”对话框。在“设置”对话框左侧选择“开始、主页和新建标签页”选项卡，在右侧设置主页的“‘开始’按钮”下的文本框中输入相应的网址，如“http://www.baidu.com”，如图 6-10 所示，单击“保存”按钮。

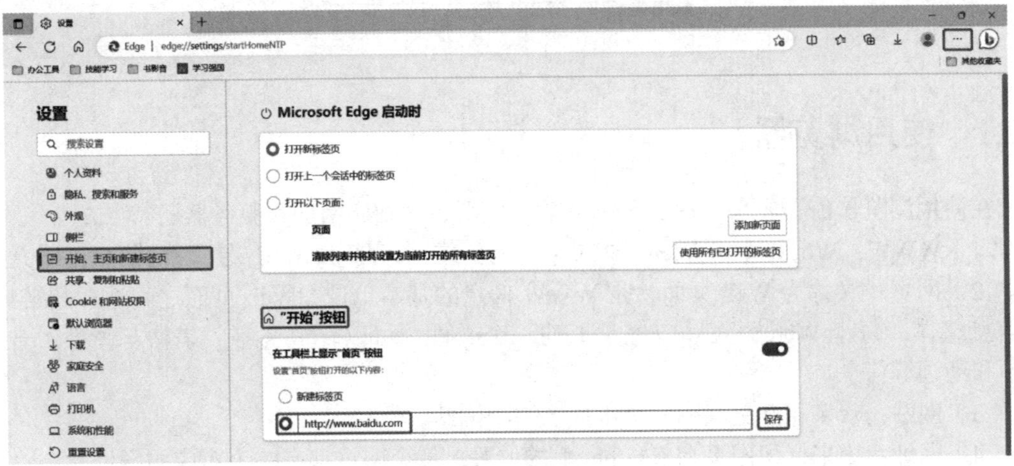

图 6-10　设置主页

4. 保存网页信息

1）保存网页

保存网页，是指将网页的所有信息或其中的部分信息保存到外存上，以便以后打开浏览。具体操作如下：按 Ctrl + S 快捷键或单击浏览器右上角的“设置及其他”按钮，在下拉列表中选择“更多工具”→“将页面另存为”命令，在弹出的“另存为”对话框中，输入文件名，选择保存的位置以及类型，如图 6-11 所示，单击“保存”按钮即可。

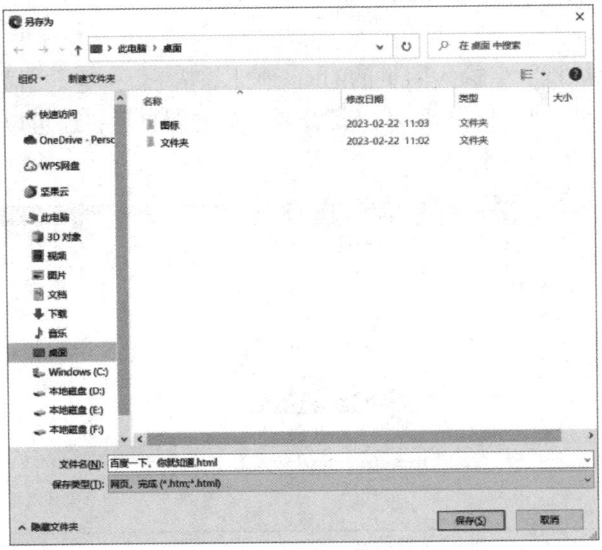

图 6-11　保存网页信息

其中，“保存类型”下拉列表中主要有以下 3 种选项。

（1）网页，完成（*.htm;*.html）：网页默认的保存类型，该类型保存显示网页所需的全部文件，包括所有的文字内容以及图像、声音、动画等。保存后生成一个文件和一个文件夹，.htm 文件保存网页的基本文字信息及其格式；.files 文件夹保存除主页面的文本信息外的图像等。

（2）网页，单个文件（*.mhtml）：该类型将页面保存为一个 .mhtml 文件，所有的相关内容都集成到这个文件中，通过浏览器打开文件。

（3）网页，仅 HTML（*.htm;*.html）：该类型按网页的原始样式保存，但只保存网页的文字及其格式等信息，生成的文件为 HTML 源代码文件。

2）保存图片

要保存网页中图片，可以直接右击图片，在快捷菜单中选择“将图像另存为”命令，在弹出的“另存为”对话框中，输入文件名，选择保存的位置以及类型，如图 6-12 所示，单击“保存”按钮即可。

图 6-12 保存图片

5. 收藏网页

对于感兴趣或经常浏览的网页，用户可以使用收藏夹功能进行收藏并分类管理，这样就不用每次都输入网址。其中“本地收藏夹”是指将浏览器的“收藏夹”存储在本地 PC 上，用户可以将收藏夹进行导入或导出；“网络收藏夹”是指将浏览器的“收藏夹”存储在用户的网络账号内，用户可以登录同一个账号来同步更新收藏夹。

1）将网页的地址添加到收藏夹

将网页的地址添加到收藏夹的具体操作方法为：打开需要收藏的网页，单击地址栏右侧的“将此页面添加到收藏夹”按钮，在“编辑收藏夹”对话框中输入名称，选择收藏位置，可以单击“新建文件夹”按钮并重命名文件夹，单击“保存”按钮，如图 6-13 所示。

2）管理收藏夹

单击浏览器地址栏右侧的“收藏夹”按钮，可以打开收藏夹，右击收藏的网页，可以在快捷菜单中选择相应命令，进行打开、编辑、删除操作，如图 6-14 所示。

图 6-13 保存网址到收藏夹

图 6-14 管理收藏夹

6. 文件下载

为了方便 Internet 用户下载软件，有许多 WWW 网站专门提供了最新的软件，并把这些软件分类整理，还附有软件的必要说明，如软件的大小、运行环境、功能简介、出品公司及其主页地址等，使用户能在功能相近的软件中寻找满足要求的软件。文件下载的基本操作步骤如下：浏览资源网站，选择要下载的资源，选择下载方法，指定文件保存的路径及名称，完成文件下载。

例如，在网络中搜索“pdf 阅读器”文件并下载，其操作如图 6-15 所示。

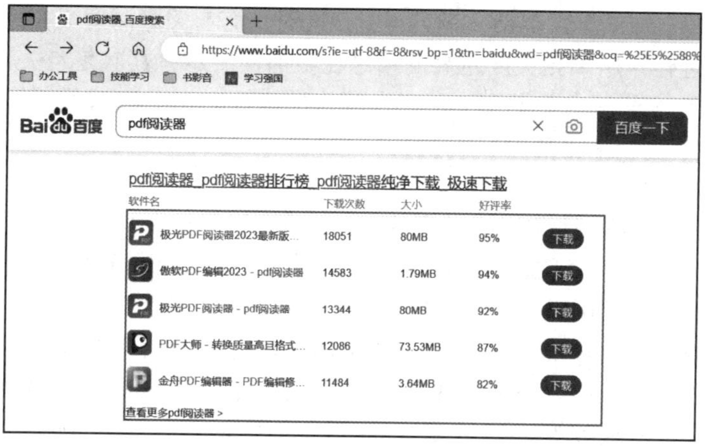

图 6-15　搜索并下载文件

6.2.2　信息检索

在一个信息大爆炸的时代，每个人都必须具备自主学习、主动检索有效信息、使用信息以及评价信息的综合技能。

1．使用搜索引擎

搜索引擎是指一种可以帮助用户在网上搜索、查询信息的网站系统，主流的搜索引擎有百度、Google、微软必应、搜狗等。用户使用搜索引擎，通过输入关键词，可以在信息资源极为丰富的网络上快速方便地找到所需要的信息。

打开搜索引擎（如百度），输入关键词“中国载人航天”，单击“百度一下”按钮或直接按 Enter 键，就会出现如图 6-16 所示的有关中国载人航天的搜索结果。

图 6-16　利用关键词进行搜索

一般说来，搜索结果不仅包括关键词本身，同时也有与关键词意义相近的内容，一般按关键词的相关度进行排序，相关度越高的信息在最前面展示，其次是与关键词相近的内容。如果想精确地只检索某一个关键词，可以在输入关键词时加上双引号，如精确检索“计算机”，这样得到的查询结果更精确。

2. 使用通用信息检索平台

使用搜索引擎只是刚刚打开信息检索的大门，搜索引擎带来的信息往往冗杂且存在重复、虚假、过时等情况，为此，可以通过一些通用信息检索平台来获取更加精准的信息。

（1）综合资讯检索：可以通过一些自媒体平台（如头条号、百家号、企鹅号等）、社交平台（如微信、微博、小红书等），以及社区网站（如知乎、豆瓣等）进行检索。

（2）视频资料检索：国内知名的视频平台有抖音 App、哔哩哔哩弹幕网、央视网、腾讯视频、西瓜视频、好看视频等。

（3）知识百科检索：国内外常用的知识百科检索平台包括百度百科、360 百科、搜狗百科、维基百科等。

（4）学习资料检索：可以通过一些共享文库（如百度文库、道客巴巴、豆丁文库、智库文档、CSDN 文库等）进行检索。

（5）在线课程检索：常用的在线课程平台有中国大学 MOOC、网易公开课、爱课程、学堂在线等。

（6）行业信息检索：可以进入专业论坛（如人大经济论坛、经济学家等）检索相关行业信息。

3. 使用专业信息检索平台

要查找期刊、论文、专利、商标、数字资源等专业信息，需要到专业平台进行检索，例如，可以到“知网”“万方”“维普”搜索期刊、论文，也可以到“国家知识产权局”官网查询专利及商标信息，还可以到各省市的线上图书馆查询相关的图书信息。

例如，利用知网（https://www.cnki.net/）搜索关于“大学生创新创业”的硕博论文。首先打开知网主页，单击“主题”下拉按钮，在下拉列表中选择“主题”选项，在后面的搜索框中输入“大学生创新创业”，在下面的搜索类型中仅勾选“学位论文”复选框，如图 6–17 所示，单击“搜索”按钮，网页就会显示相关的检索结果。

图 6–17　利用知网进行学位论文检索

另外，检索结果还可以根据相关度、出版时间、被引和下载等进行排序，在左侧的分组中勾选主题、学科、学位授予年度、研究层次等，可以获取更精准的文献资料，显示精确检索结果，如图 6-18 所示。

图 6-18 精确检索结果

单击需要下载的论文，进入论文信息页面，如图 6-19 所示，可以查看该论文的摘要、关键词、目录等信息，可以根据需要单击下方的相应按钮下载论文。

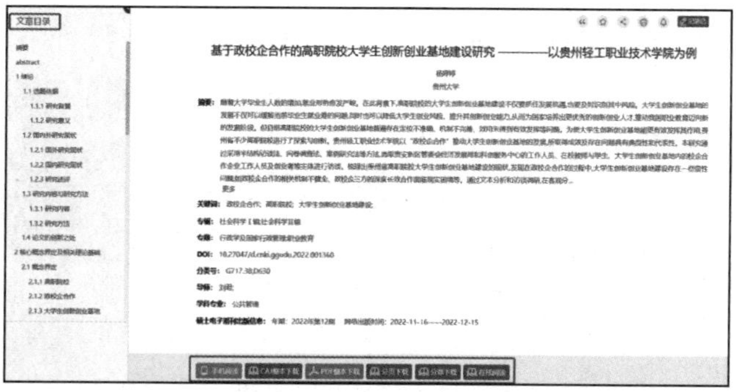

图 6-19 论文信息页面

单击搜索栏右侧的“高级检索”按钮，打开“高级检索”页面，页面默认有主题、作者、文献来源 3 种检索条件，用户可以根据需要增加或减少，还可以根据这些条件之间的逻辑关系 AND（与）、OR（或）、NOT（非），进行精确或模糊查询，如图 6-20 所示。另外，单击“专业检索”“作者发文检索”“句子检索”按钮即可进入相应的页面，用户可以根据需要进行选择查询。

图 6-20 “高级检索”页面

6.2.3 电子邮件

电子邮件（E-mail）是基于计算机网络的通信功能而实现通信的技术，是 Internet 提供的重要服务之一，是网上交流信息的一种重要工具。电子邮件不仅可以传输文本，还可以传输声音、视频等多种类型的文件，用户可以通过计算机和手机等多平台发送和接收电子邮件。

电子邮件地址的格式为“用户名 @ 域名”，如 buptpress3@163.com，其中“ buptpress3”是用户名，即收件人的账号；“163.com”是域名，即电子邮件服务器的名称；“ @”是用于连接用户名和域名的分隔符。

目前，提供免费电子邮箱的网站有很多，包括新浪、网易、腾讯等，在不同网站申请电子邮箱的过程和网站提供的服务十分类似。下面以网易 163 邮箱为例来介绍电子邮箱的使用。

1. 注册电子邮箱

首先打开提供免费电子邮件功能的网站，如 https://mail.163.com/，单击“注册新账号”按钮，在页面中根据需要选择注册方式，这里选择“普通注册”选项，如图 6-21 所示，按照提示填写相关的注册信息，单击“立即注册”按钮，根据提示完成注册。

图 6-21 注册电子邮箱

2. 使用电子邮箱

电子邮箱注册成功之后，就可以通过账号、密码来登录后使用电子邮箱，其主要操作有撰写电子邮件、收发电子邮件以及管理文件夹。

撰写电子邮件的方法如下：单击“写信”按钮，打开“写信”窗口，输入收件人邮箱地址和电子邮件的主题，邮件内容可以是文字、图片和超链接，还可以通过添加附件的方式插入多种类型的文件。邮件撰写完成之后，还可以单击“更多选项”按钮，勾选“已读回执”“定时发送”“邮件加密”等复选框，如图 6-22 所示。

收发电子邮件的主要操作包括接收、阅读、回复和转发电子邮件及下载附件等。登录邮箱，打开收件箱即可查看邮件内容、下载附件，若要回复或转发邮件，则分别单击相应按钮，如图 6-23 所示。

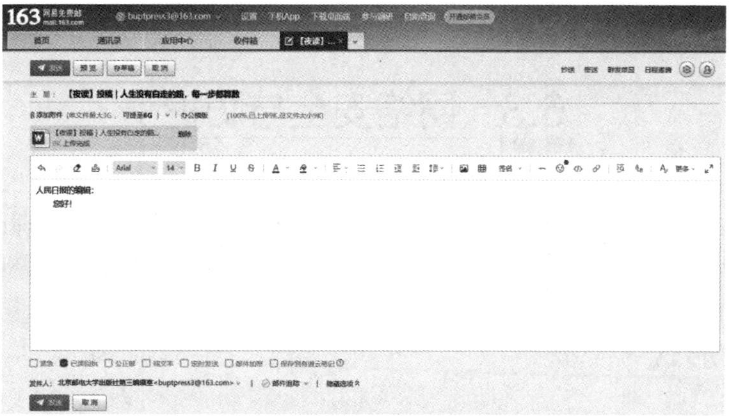

图 6-22　撰写电子邮件

图 6-23　接收电子邮件

管理文件夹主要包括整理收件箱、发件箱、已发送邮件、已删除邮件和草稿文件夹中的邮件。在这些文件夹中对邮件进行整理的操作类似，如图 6-24 所示，可以对收件箱中的某一邮件进行删除、重新设置标记和移动到其他文件夹等操作。

图 6-24　在“收件箱”文件夹中管理文件

6.3 网络安全与防护

信息系统的安全一直是计算机专家努力追求的目标，目前的计算机在理论上还无法避免病毒的破坏和黑客的攻击，最好的方法是尽量减少这些破坏和攻击对系统造成的影响。

6.3.1 入侵形式

1. 黑客攻击

美国国家安全局（National Security Agency，NSA）制定的信息保障技术框架标准认为，黑客攻击有 5 类攻击形式：被动攻击、主动攻击、物理临近攻击、内部人员攻击和分发攻击。

被动攻击是指对信息的保密性进行攻击，包括分析通信流、监视没有保护的通信、破解弱加密通信、获取口令等。被动攻击会造成在没有得到用户同意或告知的情况下，将用户信息或文件泄露给攻击者，如泄露个人信用卡号码等。

主动攻击是指篡改信息来源的真实性、信息传输的完整性和系统服务的可用性，包括试图阻断或攻破安全保护机制、引入恶意代码、偷窃或篡改信息等。主动攻击会造成数据资料的泄露、篡改和传播，或者导致拒绝服务。黑客对网络安全的攻击如图 6-25 所示。

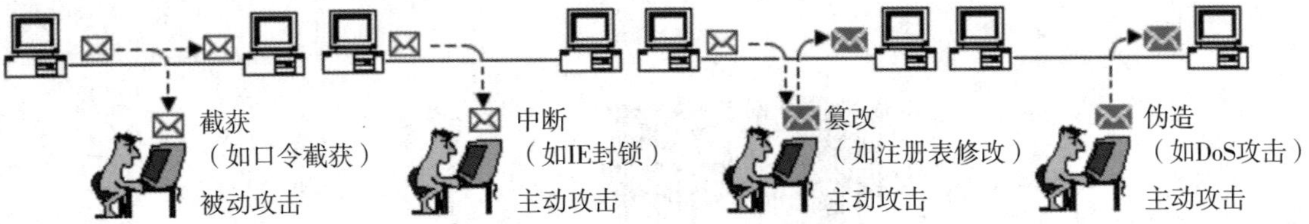

图 6-25　黑客对网络安全的攻击

物理临近攻击是指未被授权的个人，在物理意义上接近网络系统或设备，试图改变和收集信息，或者拒绝他人对信息的访问，如未经授权使用计算机、复制 U 盘数据、电磁信号截获后的屏幕还原等。

内部人员攻击可分为恶意攻击或无恶意攻击。前者是指内部人员对信息的恶意破坏或不当使用，或者使他人的访问遭到拒绝；后者是指由于内部人员粗心、无知及其他非恶意的原因造成的破坏。

分发攻击是指在工厂生产或分销过程中，对硬件和软件进行恶意修改。这种攻击可能是在产品中引入恶意代码，如手机中的后门程序等。

2. 计算机病毒

我国颁布实施的《中华人民共和国计算机信息系统安全保护条例》第二十八条中明确指出："计算机病毒，是指编制或者在计算机程序中插入的破坏计算机功能或者破坏数据，影响计算机使用，并能自我复制的一组计算机指令或者程序代码。"

计算机病毒（以下简称为"病毒"）具有传染性、隐蔽性、破坏性、未经授权性等特点，其中最大的特点是具有传染性。病毒可以侵入计算机的软件系统中，而每个受感染的程序又可能成为一个新的病毒，继续将病毒传染给其他程序，因此，传染性成为判定一个程序是否为病毒的首要条件。

所有杀毒软件要解决的第一个任务是如何发现一个文件是否被病毒感染。因此，杀毒软件必须对常用的文件类型进行扫描，检查其是否含有特定的病毒代码字符串。这种病毒扫描软件由两部分组成：一部分是病毒代码库，含有经过特别筛选的各种病毒的特定字符串；另一部分是扫描程序，扫描程序能识别的病毒数目完全取决于病毒代码库内所含病毒种类的多少。这种技术的缺点是随着硬盘中文件数量的剧增，扫描的工作量巨大，而且容易造成硬盘的损坏。

3. 恶意软件

中国互联网协会于 2006 年公布的恶意软件的定义是：在未明确提示用户或未经用户许可的情况下，在用户计算机或其他终端上安装运行，侵害用户合法权益的软件，但不包含我国法律法规规定的计算机病毒。

具有下列特征之一的软件可以被认为是恶意软件。

（1）强制安装：未明确提示用户或未经用户许可，在用户计算机上安装软件的行为。

（2）难以卸载：未提供程序的卸载方式，或者卸载后仍然有活动程序的行为。

（3）浏览器劫持：未经用户许可，修改用户浏览器的相关设置，迫使用户访问特定网站，或者导致用户无法正常上网的行为。

（4）广告弹出：未经用户许可，利用安装在用户计算机上的软件弹出广告的行为。

（5）垃圾邮件：未经用户同意，用于某些产品广告的电子邮件。

（6）恶意收集用户信息：未提示用户或未经用户许可，收集用户信息的行为。

除此之外，还包括其他侵害用户软件安装、使用和卸载知情权、选择权的恶意行为。

6.3.2 预防攻击

1. 造成网络不安全的主要因素

目前，造成网络不安全的主要因素是操作系统、网络协议、数据库管理系统等软件自身设计的缺陷，或者人为因素产生的各种安全漏洞。

目前，对于操作系统，在结构设计和代码设计时，偏重于考虑系统使用时的易用性，导致系统在远程访问、权限控制和口令管理等许多方面存在安全漏洞。网络互联一般采用 TCP/IP 协议，它是一个工业标准的协议簇，但该协议簇在制定之初对安全问题考虑得不多，协议中有很多的安全漏洞。同样，数据库管理系统也存在数据的安全性、权限管理及远程访问等方面的问题，在数据库管理系统或应用程序中，可以预先设置情报收集、受控激发、定时发作等破坏程序。

2. 黑客攻击网络的一般过程

1）信息的收集

信息的收集并不对目标产生危害，只是为进一步入侵提供有用信息。黑客会利用公开的协议或工具软件，收集网络中某个主机系统的相关信息。

2）系统安全弱点的探测

在收集到一些准备攻击的目标的信息后，黑客就会利用工具软件对整个网络或子网进行扫描，寻找主机的安全漏洞。

3）建立模拟环境，进行模拟攻击

根据前面得到的信息，黑客建立一个类似攻击对象的模拟环境，然后对此模拟环境进行一系列的模拟攻击。在模拟攻击过程中，黑客将检查被攻击方的日志，观察检测工具对攻击的反应，了解攻击过程中留下的“痕迹”，以及被攻击方的状态等，以此来制定一个较为周密的攻击策略。

4）具体实施网络攻击

在进行模拟攻击的实践后，黑客将等待时机，以备实施真正的网络攻击。

3. DDoS 攻击与防范

DoS（Denial of Service，拒绝服务）攻击由来已久，自从有 Internet 后就有了 DoS 攻击方法。美国最新安全损失调查报告指出，DDoS（Distributed Denial of Service，分布式拒绝服务）攻击造成的经济损失已跃居第一位。

1）DDoS 攻击过程

在典型的 Internet 连接中，用户访问一个网站时，客户端会先向网站服务器发送一条信息要求建立连接，只有当服务器确认该请求合法，并将访问许可返回给用户时，用户才可以对该网站进行访问。DoS 攻击的方法是：攻击者会向服务器发送大量连接请求，使服务器呈现满负载状态，并且对所有请求的返回地址进行伪造。这样，在服务器企图将认证结果返回给用户时，它将无法找到这些用户。这时服务器只好等待，有时可能会等上 1 分钟才关闭此连接。可怕的是，在服务器关闭连接后，攻击者又会发送新的一批虚假请求，重复上一次过程，直到服务器因过载而拒绝提供服务。这些攻击事件并没有入侵网站，也没有篡改或破坏资料，只是利用程序在瞬间产生大量的数据包，让对方的网络及主机瘫痪，使正常服务者无法获得网站及时的服务。

有时，攻击者动员了大量“无辜”的计算机向目标网站共同发起攻击，这是一种 DDoS 攻击手段。DDoS 将 DoS 向前发展了一步，其行为更为自动化，它让 DoS 洪流冲击网络，最终使网络因过载而崩溃。

2）DDoS 攻击的预防

如果用户正在遭受 DDoS 攻击，他所能做的防御工作非常有限。因为在用户没有准备好的情况下，大流量的数据包冲向用户主机，很可能在用户还没回过神之际，网络已经瘫痪。要预防这种灾难性的后果，需要进行以下预防工作。

（1）通常黑客会通过很多假 IP 地址发起攻击，因此用户可以使用专业软件检查访问者的来源，检查访问者 IP 地址的真假，如果是假 IP，将它屏蔽。

（2）使用专业软件关闭不必要的服务和端口。例如，黑客从某些端口发动攻击时，用户可把这些端口关闭，以阻击黑客入侵。

（3）利用网络保护设备保护网络资源。网络保护设备有路由器、防火墙、负载均衡设备等，它们可以将网络有效地保护起来。如果被攻击时路由器最先死机，而其他机器没有死机，那么死机的路由器重启后会恢复正常，而且启动很快，没有什么损失。如果服务器死机，其中的数据就会丢失，而且重启服务器是一个漫长的过程，网站会受到无法估量的重创。

4. 提高网络安全的主要技术

1）数据加密

数据加密的目的是保护信息系统的数据、文件、口令和控制信息等，同时可以提高网上传输数据的可靠性。这样，即使黑客截获了网上传输的信息包，一般也无法得到正确的信息。

2）身份认证

通过密码、特征信息、身份认证等技术，确认用户身份的真实性，只对确认了身份的用户给予相应的访问权限。

3）访问控制

系统设置入网访问权限、网络共享资源的访问权限、目录安全等级控制、网络端口和节点的安全控制、防火墙的安全控制等访问控制机制，通过各种访问控制机制的相互配合，才能最大限度地保护系统免受黑客的攻击。

4）审计

可以把系统中与安全有关的事件记录下来，保存在相应的日志文件中。例如，记录网络用户的注册信息（如注册来源、注册失败的次数等），记录用户访问的网络资源等各种相关信息。当遭到黑客攻击时，这些数据可以用来帮助调查黑客的来源，并作为证据来追踪黑客，也可以通过对这些数据的分析来了解黑客攻击的手段，以找出应对的策略。

5）入侵检测

入侵检测技术是近年出现的新型网络安全技术，目的是提供实时的入侵检测及采取相应的防护手段，如记录入侵证据，用于跟踪和恢复、断开网络连接等。

6）其他安全防护措施

不运行来历不明的软件，不随便打开陌生人发来的电子邮件中的附件；经常运行专门的反黑客软件，在系统中安装具有实时检测、拦截和查找黑客攻击程序功能的工具软件；经常检查用户的系统注册表和系统启动文件中的自启动程序项是否有异常；做好系统的数据备份工作，及时安装系统的补丁程序；等等。

6.3.3　信息加密

信息安全主要包括系统安全和数据安全两个方面。保证系统安全一般采用防火墙、防病毒及其他安全防范技术等措施。保证数据安全主要采用现代密码技术对数据进行安全保护，如数据加密、数字签名、身份认证等技术。

课程思政：中国古代信息加密方法

1. 加密技术的原理

加密技术的基本思想就是伪装信息，使非法获取者无法理解信息的真正含义。伪装就是对信息进行一组可逆的数学变换。我们称伪装前的原始信息为“明文”，伪装后的信息为“密文”，伪装的过程为“加密”，用于对信息进行加密的一组数学变换方法为“加密算法”。

为了有效控制加密、解密算法的实现，在这些算法的实现过程中，需要某些只被通信双方掌握的关键信息，这些信息称为“密钥”。

借助加密手段，信息以密文的方式存储在计算机中，或者通过网络进行传输，即使发生非法截取信息或因系统故障和操作人员误操作而造成信息泄露，未经授权者也不能理解信息的真正含义，从而达到了信息保密的目的。

2. 加密系统的组成

加密系统是一个复杂的系统，以常用的 PGP（Pretty Good Privacy，更好的隐私保护）加密软件为例，一个加密系统通常包括 4 个部分：软件组件、加密算法、协议和加密密钥。其中，软件组件负责各功能子系统的协调和用户交互；加密算法根据一定规则对输入信息进行加密处理；协议为加密系统和运行环境所需的规则；加密密钥是用户加密、解密信息所需的钥匙。加密算法的强度和加密密钥的长度是衡量一个加密系统功能的重要指标。

3. 古典密码算法

古典密码有悠久的历史，尽管这些密码大都比较简单，但今天仍有参考价值。较为经典的古典密码算法有棋盘密码、凯撒密码（又称为“循环移位密码”）、代码加密、替换加密、变位加密、一次性密码簿加密等。

公元前 2 世纪，希腊人波利比奥斯（Polybius）设计了一种表格，将 26 个字母放在一个 5×5 的方格里，将 I 和 J 放在同一个格子里，如图 6-26 所示，称为“棋盘密码”。

	0	2	4	6	8
1	A	B	C	D	E
3	F	G	H	I/J	K
5	L	M	N	O	P
7	Q	R	S	T	U
9	V	W	X	Y	Z

图 6-26 棋盘密码

在棋盘密码中，每个字母由两个数构成，如 C 对应 14，S 对应 74 等。例如，若接收到的密文为“381896”，则对应的明文为“KEY”。

4. 密钥与密文的破译方法

密钥是一种参数，它是在将明文转换为密文或将密文转换为明文的算法中输入的数据。在用户看来，密码学中的密钥，十分类似于银行自动取款机的口令，只要输入正确的口令，系统将允许用户进一步使用，否则用户就被拒之门外。

口令的长度通常用数字或字母为单位来计算，密码学中的密钥长度往往以二进制数的位数来衡量。正如不同系统使用不同长度的口令一样，不同加密系统也使用不同长度的密钥。一般来说，在条件相同的情况下，密钥越长，破译越困难，加密系统越可靠。

从窃取者角度来看，主要有 3 种破译密码、获取明文的方法：一是密钥的穷尽搜索；二是密码分析；三是其他密码破译方法。

1）密钥的穷尽搜索

破译密文最简单的方法就是尝试所有可能的密钥组合。虽然大多数尝试都是失败的，但最终总会有一个密钥让破译者得到明文，这个过程称为“密钥的穷尽搜索”。

密钥的穷尽搜索虽然可以用计算机进行破解，但效率很低，甚至有时不可行。例如，PGP 加密算法使用 128 位的密钥时，密钥存在 3.4×10^{38}（2^{128}）种可能性，即使破译的计算机能每秒尝试一亿个密钥，每天 24 小时不停计算，可能仍需要 10^{14} 年才能完成密钥破解。

如果加密系统对密钥生成的概率分布不均匀（如有些密钥的组合根本不会出现，而另一些组合则经常出现），那么密钥的有效长度会减小很多，破译者的搜索进度可能大大加快。例如，用户采用 8 位数字作为口令时，可能的密码组合有 10^8 种；若用户采用 8 位数字的生日作为口令，则年的时间可以控制为 1900～2020，月的时间为 1～12，日的时间为 1～31，这样就大大减少了计算的工作量。

2）密码分析

如果密钥长度是决定加密可靠性的唯一因素，就不需要密码学专家来钻研这门学问，只要用尽可能长的密钥就足够了，可惜实际情况并非如此。在不知道密钥的情况下，利用数学方法破译密文或找到密钥的方法称为“密码分析”。密码分析有两个基本目标：一是利用密文发现明文；二是利用密文发现密钥。

常见的密码分析方法如下。一是已知明文的破译方法。在这种方法中，密码分析员掌握了一段明文和对应的密文，目的是发现加密的密钥；二是选定明文的破译方法。在这种方法中，密码分析员设法让加密者加密一段密码分析员选定的明文，并获得加密后的结果，目的是确定加密的密钥。

3）其他密码破译方法

除对密钥的穷尽搜索和进行密码分析外，在实际工作中，破坏者更可能针对人机系统的弱点进行攻击，而不是攻击加密算法本身，以达到其目的。例如，可以欺骗用户，套出密钥；在用户输入密钥时，应用各种技术手段“窥视”或“偷窃”密钥；利用加密系统实现中的缺陷或漏洞，对用户使用的加密系统“偷梁换柱”；从用户工作和生活环境的其他方面获得未加密的保密信息（如“垃圾分析”）；让通信的另一方透露密钥或信息；胁迫用户交出密钥；等等。虽然这些方法不是密码学研究的内容，但对于每个使用加密技术的用户来说，是不可忽视的问题，甚至比加密算法本身更为重要。

判断加密方法是强还是弱，唯一的办法就是公布它的加密算法，等待其他人能够找出它的弱点。这种同行鉴定的办法虽然不完美，但远比把算法封闭起来不让人推敲好。加密算法的安全性必须建立在公开和广泛的同行鉴定、检查的基础上。

5. 用户认证

1）对称密钥加密

对称密钥加密（简称为“对称加密”）是信息的发送方和接收方使用同一个密钥去加密和解密数据，而且通信双方都要获得这把密钥，并保持密钥的秘密。常见的对称加密算法有 DES（Data Encryption Standard，数据加密标准）、3DES（Triple DES，三重数据加密标准）、IDEA（International Data Encryption Algorithm，国际数据加密算法）等。

对称加密的优点在于加密、解密的高速度和使用长密钥时的难以破解性，但存在密钥过多和密钥分发的问题。

采用对称加密时，两个用户使用对称加密方法交换数据时，最少需要两个密钥。若企业有 n 个用户，则整个企业共需要 $n(n-1)$ 个密钥，如 10 个用户需要 90 个密钥。这么多密钥的管理是一件非常困难的事情。若整个企业共用一个加密密钥，则整个企业文档的保密性便无从谈起。

如果发送方要与另一方使用对称加密方法进行通信，他首先必须告诉对方通信所使用的密钥，这称为“密钥分发”，这个过程实现起来十分困难。发送方必须安全地把密钥护送到接收方，不能泄露其内容。如果密钥能够被安全地送到接收方，那么为何不把通信内容用同一种方法安全地发送出去呢？对于普通用户，对称加密只适用于仅有自己知道密钥的文件加密，几乎不可能用于日常与他人之间的秘密通信。

2）非对称密钥加密

非对称密钥加密（简称为“非对称加密”）是加密和解密使用不同密钥的加密算法。非对称加密技术采用一对匹配的密钥进行加密和解密，它们具有这种性质：每把密钥执行一种对数据的单向处理，每把密钥的功能恰恰与另一把相反，一把密钥用于加密时，则另一把就用于解密。用公钥（公共密钥）加密的文件只能用私钥（私人密钥）解密，而私钥加密的文件只能用公钥解密。公钥是公开的，而私钥必须保密存放。为发送一份保密报文，发送方必须使用接收方的公钥对数据进行加密（类似于"锁"），一旦加密，只有接收方用私钥才能解密（类似于"钥匙"）。与之相反，用户也能用私钥对数据加以处理。换句话说，密钥对可以任选方向。

【例 6-1】 利用素数进行简单的非对称加密。

将素数（如 3，5，7，…，23 456 789 101 112 123 等）相乘的算法作为公钥，将所得的乘积分解成原来的素数的算法作为私钥。加密就是将想要传递的信息在编码时加入素数，编码之后传送给接收方，任何人收到此信息后，若没有私钥，则在解密的过程中（实为寻找素数的过程），将会因为寻找素数的过程（分解质因数）过久而无法解读信息。

非对称加密机动灵活，如果企业有 *n* 个用户，企业需要生成 *n* 对密钥，并分发 *n* 个公钥。由于公钥可以公开，用户只要保管好自己的私钥即可，所以密钥的分发变得十分简单。同时，每个用户的私钥是唯一的，其他用户除了可以通过信息发送方的公钥来验证信息的来源是否真实外，还可以确保发送方无法否认曾发送过该信息。

非对称加密的缺点是加密、解密速度要远慢于对称加密，在某些极端情况下，甚至仅为对称加密速度的千分之一。在实际应用中，通常将两者结合在一起使用。例如，对称加密系统用于大量数据信息的加密，而非对称加密系统则用于加密密钥。

常见的非对称加密算法有 RSA、SSL（传输层安全标准）、ECC（移动设备安全标准）、S-MIME（电子邮件安全标准）、SET（电子交易安全标准）、DSA（数字签名安全标准）等，这些加密算法都是一些"事实标准"。

3）Hash 算法

Hash（哈希）算法是一种单向加密算法，可以通过 Hash 算法对目标信息生成一段特定长度的唯一 Hash 值，却不能通过这个 Hash 值重新获得目标信息。常见的 Hash 算法有 MD5（Message Digest 5，消息摘要第 5 版）等。MD5 常用于密码校验、数字签名等应用中。

网络中经常采用 MD5 算法进行用户密码校验。在大部分系统中，用户密码经过 MD5（或其他算法）运算后存储在文件系统中。当用户登录时，系统将用户输入的密码进行 MD5 运算，然后与系统中保存密码的 MD5 值进行比较，从而确定输入的密码是否正确。通过这样的步骤，系统在并不知道用户密码的情况下，就可以确定用户登录系统的合法性。这样可以避免用户密码被具有系统管理员权限的人员知道。

4）认证技术

认证技术按使用目的可分为消息认证、身份验证和数字签名 3 类。消息认证用于接收方验证收到的消息是不是约定的发送者发来的，并且未被篡改；身份验证用于识别用户身份；数字签名用于让发送方留下安全的难以假冒的签名证据。

数字签名就是信息发送方使用公钥算法技术，产生别人无法伪造的一段数字串。发送方用自己的私钥加密数据传给接收方，接收方用发送方的公钥解开数据后，就可以确定消息来自谁。同时，数字签名也是对发送方发送信息的真实性的一个证明，发送方对所发信息不能抵赖。

数字签名与传统签名的区别在于：需要将签名与消息绑定在一起，通常要考虑防止签名的复制、重用。数字签名对安全、防伪、速度的要求比加密更高。

6.4 信息素养与社会责任

6.4.1 信息素养的概念与组成

在数字化和学习型时代，如何有效地利用信息资源解决问题、决策和创新，推动终身学习是一种能力，而信息素养的水平高低决定着这种能力的高低。

1. 信息素养的概念

信息素养是从图书馆检索技能发展和演变而来的概念，由美国信息产业协会主席保罗 · 泽考斯基（Paul Zurkowski）于 1974 年提出“利用大量的信息工具及主要信息源使问题得到解答的技术和技能”，之后又将其解释为“人们在解决问题时利用信息的技术和技能”。

随着信息技术的飞速发展和人们认识的不断深化，信息素养的含义也经历了不断扩展和演变的过程。如今，信息素养不仅包括熟练运用当代信息技术获取、识别、加工、传递和创造信息的基本技能，更重要的是在数字化和学习型时代中，具备独立学习能力及创新意识、批判精神和强烈的社会责任感。

2. 信息素养的组成

信息素养主要由信息意识、信息知识、信息能力、信息伦理道德 4 个层面构成，其中，信息意识具有先导作用，信息能力是关键能力，信息知识具有基础性的作用，信息伦理道德具有保障作用。构成信息素养的诸多要素相互联系、相互依存并构成一个统一的整体。

（1）信息意识：主要是指人们对信息的感受、判断和洞察的敏锐性，即面对不了解的领域，能积极主动地去寻找答案，并知道答案在哪里、用什么方法去寻找。信息意识具有能动性，良好的信息意识要求人们能够正确理解信息的价值和作用，并将其与自身建立相应的联系。

（2）信息知识：人们对于信息理论及信息技术的了解程度。在当前的信息化社会，信息知识不仅仅要求传统的知识积累，还需要与时俱进，掌握一定的信息工具和技术手段。了解与掌握这些知识，有助于巩固和促进信息意识、信息能力和信息伦理道德等。

（3）信息能力：主要是指人们有效利用信息工具和信息资源，获取信息、加工处理信息、生成新信息的能力，这是信息素养的核心所在，是信息素养水平高低的最直接、最明显的外在表现。信息能力主要体现在可以充分利用各种信息获取工具，能甄别出对自己有用的有价值的信息，并创造新的信息等。

（4）信息伦理道德：在社会的发展过程中，信息的采集、使用和传播均需要遵守相应的道德规范。现代发达的信息技术所带来的安全隐患非常多，引发的信息伦理问题也更加复杂，如信息泄露、电信诈骗等，这不但涉及国家、社会和个人的信息伦理，还可能带来严重的违法犯罪。

近年来我国越来越重视信息素养的培育，教育相关部门发布了一系列相关政策文件：

2018 年 4 月，教育部发布《教育信息化 2.0 行动计划》，提出信息素养全面提升行动；2020 年 6 月，教育部发布《职业院校数字校园规范》，提出注重学生信息素养和信息化职业能力的全面提升；2020 年 12 月，教育部发布《中国教育监测与评价统计指标体系（2020 年版）》，首次将“学生信息素养达标率”纳入其中；2021 年 3 月，教育部发布《高等学校数字校园建设规范（试行）》，提出信息素养方面，以学分课程为主、嵌入式教学为辅。

6.4.2 信息伦理与社会责任

1. 信息社会的常见伦理问题

随着互联网及由此衍生的新媒体的快速发展，信息呈爆发式增长，而网络谣言、虚假信息、隐私泄露、网络犯罪、信息诈骗等多种形式并存的信息伦理失范乱象在当前环境下盛行（见图 6–27）。目前，网络信息的不对称、不透明以及信息技术不可避免的知识技术门槛，客观上会导致并加剧信息隐私、信息安全、信息污染、信息异化、信息鸿沟等伦理问题。

图 6–27 信息伦理失范现象

（1）信息隐私问题：包括用户数据的滥用，个人基本信息被第三方获取，通过数据挖掘用户消费倾向，预测个人未来的身体、经济状况等隐私信息，以及使用网络监控人们的信息隐私和行为活动。

（2）信息安全问题：除了信息泄露问题，信息安全问题还涉及一切危害用户信息的信息破坏行为，如计算机病毒、黑客攻击、钓鱼网站、流氓软件等。

（3）信息污染：主要包括信息骚扰（如营销短信、广告电话等）、有害信息污染（如通过网络编造和散布虚假、恐怖信息），以及违反道德伦理的信息（如散布网络色情和暴力信息、发布丑化英雄和烈士的信息）。

（4）信息异化：主要是指人们对信息过分依赖和盲目崇拜，被信息主宰，成为信息的奴隶。例如，沉迷于网络游戏、甘愿成为“低头族”或因担心信息量太少而盲目下载资料等行为。

（5）信息鸿沟：信息富有者与信息不足者之间的差距。不同群体和个体对信息技术的拥有程度和应用程度等方面存在差异。例如，发达国家与发展中国家存在严重的信息不对称。

2. 法律法规和道德规范

信息化发展带来的一系列信息伦理问题，不仅仅触及道德层面，还严重危害个人权益，甚至触及国家安全等法律层面。

1）法律法规

2023 年 3 月 16 日，中华人民共和国国务院新闻办公室发布《新时代的中国网络法治建设》白皮书，全面介绍了中国网络法治建设情况。自 1994 年接入国际互联网以来，我国已制定出台网络领域的法律法规 140 余部（部分如表 6-1 所示），以此来维护互联网健康有序发展，推动形成健康规范的网络空间秩序。

表 6-1　中国网络立法情况

类型	示例
法律	《电子商务法》《电子签名法》《网络安全法》《数据安全法》《个人信息保护法》《反电信网络诈骗法》
行政法规	《计算机信息系统安全保护条例》《计算机软件保护条例》《互联网信息服务管理办法》《电信条例》《外商投资电信企业管理规定》《信息网络传播权保护条例》《关键信息基础设施安全保护条例》
部门规章	《儿童个人信息网络保护规定》《互联网域名管理办法》《网络交易监督管理办法》《互联网新闻信息服务管理规定》《网络信息内容生态治理规定》《互联网信息服务算法推荐管理规定》
地方性法规	《广东省数字经济促进条例》《浙江省数字经济促进条例》《河北省信息化条例》《贵州省政府数据共享开放条例》《上海市数据条例》
地方政府规章	《广东省公共数据管理办法》《安徽省政务数据资源管理办法》《江西省计算机信息系统安全保护办法》《杭州市网络交易管理暂行办法》

2）道德规范

法律是解决信息化带来的问题的强硬措施，对解决信息技术带来的伦理问题具有重要的作用，但树立正确的道德观、价值观和法治观同样非常重要。

自 2001 年，中国互联网协会陆续发布了《中国互联网行业自律公约》《文明上网自律公约》《互联网站禁止传播淫秽、色情等不良信息自律规范》《用户个人信息收集使用自律公约》《移动互联网环境下促进个人数据有序流动、合规共享自律公约》等自律规范，在个人信息保护、数据安全治理、网络安全建设等方面，倡导行业自律，坚守信息伦理的规范原则，净化网络环境。

对于个人来说，也要增强自身的道德意志、规范自身的道德行为、养成自身良好的道德习惯、培养自身的网络文明素养，成为一个有道德、有社会责任感的数字公民。

3. 信息社会责任

信息社会责任是指信息社会中的个体在文化修养、道德规范和行为自律等方面应尽的责任。作为信息社会的合格公民，需要具有一定的信息安全意识与能力，遵守信息法律法规，信守信息社会的道德与伦理准则，在现实空间和虚拟空间中遵守公共规范；既能有效维护信息活动中个人的合法权益，又能积极维护他人的合法权益和公共信息安全，关注信息技术革命带来的环境问题与人文问题；对于信息技术创新所产生的新观念和新事物，具有积极学习的态度、理性判断和负责行动的能力。

对于大学生来说，可以通过以下几点来对自我行为进行规范，提高信息社会的责任感。

（1）合理、健康上网。登录绿色网站，浏览健康网页，阅读、观看健康有益的电子图书、视频和网络信息；避免网络沉迷和过度娱乐，避免损害自己的身心健康。

（2）遵守网络礼仪和规范。自觉遵守网络使用规范，注意文明礼貌，不辱骂和攻击他人；在线讨论交流时使用文明、规范的词语。

（3）尊重知识产权。熟悉知识产权的相关知识，学习保护自己和他人的知识产权，未经授权不得随意转载别人的文章、资料等数字化作品。

（4）正确鉴别和获取信息。学会甄别网络信息的来源、内容和真伪性，使用正规渠道的信息；不随便打开不明真相的链接、网址和短信等。

（5）注意计算机的安全与防护。在使用文件时注意防止病毒的感染和黑客的破坏，预防计算机犯罪；注意信息系统的维护；熟悉信息系统的安全防护技术等。

（6）重视使用网络时的安全问题。正确使用网络资源，避免网络陷阱的伤害；了解网络交友、聊天中潜在的危险，学习规避风险。

（7）保护个人信息与隐私安全。注意保护个人账户、密码、通讯录、日记等个人信息的隐私安全；谨防信息诈骗，面对信息犯罪能自我保护等。

（8）合理发布、使用与传播信息。信息发布应遵守相应的道德规范，不散布谣言等无根据的虚假信息，不发布有损他人和国家利益的信息；了解网络使用不当产生的行为责任。

（9）自觉维护信息社会环境。约束自己在虚拟网络空间的言行，做到责任自律的同时，能够规劝和阻止他人不正当的言行，共同营造安全、规范的网络信息环境；自觉承担建设和谐信息社会的责任。

（10）遵守信息法律法规。熟悉并遵守计算机、网络使用中的相关法律法规和知识，不利用网络谋取不正当的商业利益，合法地获取、存储、传播文本、数据等网络信息；增强法律意识，明辨是非，学会利用法律维护自己的合法权益等；尊重他人的隐私，保护自己的隐私，未经授权不得随意将他人的照片、视频等内容发到网上等。

习 题 6

1. 计算机网络的类型有哪些？
2. 简要说明广域网的特点。
3. 简要说明 TCP/IP 协议层次模型中各个层次的功能。
4. 使用浏览器，完成以下操作。

①打开中国大学生在线网站（网址是 https://dxs.moe.gov.cn/zx/），将其收藏到收藏夹，并命名为“中国大学生在线”。

②浏览中国大学生在线网站，单击“读书”标题栏，打开并将该网页以及网页上的任意一张图片保存至计算机上。

③浏览中国大学生在线网站，单击“活动”标题栏，在“活动”栏的“活动公告”页面中，打开“关于第六届‘全国大学生网络文化节’和‘全国高校网络教育优秀作品推选展示活动’遴选结果的公示”，并将通知中的附件 1 下载至本地，命名为“网络文化节入选作品名单”。

5. 给同学的邮箱地址发一封电子邮件，具体要求如下。

主题：照片。

邮件内容：大学照片，请查收。

附件：可以是已经准备好的“大学照片 .jpg”，也可以是从网上下载的图片。

6. 简述信息检索的方法。

7. 简要说明外部对计算机的攻击有哪些形式。

8. 简要说明非对称加密的基本特征。

9. 简要说明信息素养的组成。

10. 在信息社会，大学生应该如何规范自我行为？

第 7 章

新一代信息技术

计算机新技术的研究热点很多，如大数据、云计算、人工智能、物联网、现代通信、区块链、量子计算机、机器学习、3D 打印、虚拟现实（Virtual Reality，VR)、增强现实（Augmented Reality，AR)、无线传感器网络、移动计算等。本章主要讨论几种影响较大的新一代信息技术。

7.1 大数据技术

视频：什么是大数据

7.1.1 大数据概述

1. 大数据的定义

随着互联网、物联网、社交网络等信息技术的发展，数据呈现爆炸式增长，美国互联网数据中心指出，互联网上的数据每年增长 50%，每两年翻一番，目前世界上 90% 以上的数据是最近几年才产生的。为此，对数据的处理和分析迎来了巨大的挑战。

大数据（Big Data）是一个体量规模巨大，数据类别特别多的数据集，并且无法通过目前主流软件工具，在合理时间内提取、管理、处理并整理成为有用的信息。它具有 4 个特征，即海量的数据规模、快速的数据流转、多样的数据类型和价值密度低。

2. 大数据的特点

大数据具有规模性、多样性、高速性和价值性。

（1）规模性（volume）：大数据中的数据不再以几个 GB 或几个 TB 为单位来衡量，而是以 PB、EB 或 ZB 为计量单位。

（2）多样性（variety）：由于数据来自多种数据源，所以数据类型和格式非常丰富，有结构化数据（如数组、二维表等)、半结构化数据（如树结构数据、文本文字等）及非结构化数据（如图片、视频、音频、地理位置信息等)。

（3）高速性（velocity）：大数据对处理数据的响应速度有更严格的要求，在数据量非常庞大的情况下，需要做到数据的实时处理。

（4）价值性（value）：尽管企业拥有大量数据，但是发挥价值的仅是其中非常小的部分，因为数据采集并非都是及时的，样本的数量有限，数据不完全连续。但是当数据的体量越来越大时，可以从海量数据中提取有价值的信息，为决策提供支撑。

7.1.2　大数据的关键技术

根据大数据处理的流程（见图 7-1），大数据关键技术主要包括数据获取、数据清洗、数据挖掘、数据可视化。

图 7-1　大数据处理流程的示意图

1．数据获取技术

数据获取过程中最重要的是数据来源和数据采集方式。

1）大数据的来源

大数据的来源一般可以分为 3 种，即互联网数据、平台自营型数据和其他主体运营数据。

（1）互联网数据：散布于互联网中的数据，包括通信记录及 QQ、微信、微博等社交媒体产生的数据，其数据复杂且难以被利用。这种数据可以通过网络爬虫实现自动获取。

（2）平台自营型数据：大数据项目建设单位自主运营维护的软件平台所产生的内部数据，包括软件平台生成的结构化或非结构化数据，也包括自主运营维护的传感器终端通过通信获取的数据。采集工具都源于平台内部，多用于采集系统日志。

（3）其他主体运营数据：存储在其他单位服务器的外部数据，往往需要通过建立在某种商业模式意义下的交换而获得，可以在商务合作的基础上通过抽取、转换、加载实现交换，或者通过对方预留的数据访问接口获取。

2）大数据的采集方法

针对不同的数据源，大数据的采集方法有以下几类。

（1）互联网数据采集：利用互联网收集信息是基本的数据采集方式，主要通过网络爬虫或网站公开 API 等方式，从网站上获取数据。这样可将非结构化数据（如图片）、半结构化数据（如树结构数据）从网页中提取出来，并以结构化的方式（如数组、文本、二维表）存储为本地的数据文件。

通过大数据导航网站（网址 https://hao.199it.com/），可以获取非常多的数据资源。

（2）数据库采集：传统企业会使用传统的关系型数据库软件 MySQL 和 Oracle 等存储数据，随着大数据时代的到来，Redis、MongoDB 和 HBase 等 NoSQL 数据库软件也常用于数据采集。企业通过在采集端部署大量数据库，并在这些数据库之间进行负载均衡和分片，完成大数据采集工作。

（3）日志采集系统：许多公司的业务平台每天都会产生大量的日志数据。日志采集系统要做的事情就是收集业务日志数据供离线和在线的分析系统使用。高可用性、高可靠性、可扩展性是日志采集系统的基本特征。日志采集系统均采用分布式架构，能够满足每秒数百兆的日志数据采集和传输需求。

（4）其他数据采集方法：可以通过采集 RFID 射频数据、传感器网络数据、移动互联网数据等，获取各种类型的结构化、半结构化和非结构化的海量数据。

2. 数据清洗技术

数据清洗是对数据进行重新审查和校验的过程，目的在于删除重复信息、纠正错误信息，并保证数据一致性。常见的数据清洗方式包括以下几种。

1）估算代替

对无效值和缺失值可以用某个变量的样本均值、中位数或众数代替。这种办法简单，但误差可能较大。另一种办法是通过变量之间的相关分析或逻辑推论进行估计。

2）删除

删除含有缺失值的样本数据，这种方法可能导致有效样本量大大减少。因此，这种方法只适合非关键变量缺失，或者含有无效值或缺失值的样本比重很小的情况。若某一变量的无效值和缺失值很多，而该变量对研究的问题不是特别重要，则可以考虑删除该变量。这样减少了变量数目，但没有改变样本量。成对删除是用一个特殊码（通常是 9、99、999 等）代表无效值和缺失值，同时保留数据集中的全部变量和样本。

3）去重处理

对于重复记录的基本处理方法是“排序与合并”。先将数据记录按一定规则排序，然后通过比较邻近记录是否相似来检测记录是否重复。这里包含两个操作，一是排序，二是计算相似度，然后将重复的样本进行简单的删除处理。

4）噪声处理

大部分数据挖掘方法都将离群点视为噪声而丢弃，然而在一些特殊应用（如欺诈检测）中，会对离群点做异常挖掘。而且有些点从局部看属于离群点，但从全局看是正常的。对噪声的处理主要采用分箱法与回归法。

3. 数据挖掘技术

数据挖掘是从大量数据中通过算法搜索隐藏在其中信息的过程，以此为依据来支持决策和预测。数据挖掘的原则：要全体不要抽样，要效率不要绝对精确，要相关不要因果。数据挖掘算法包含分类算法、预测算法、聚类分析、关联分析 4 种类型，如图 7-2 所示。

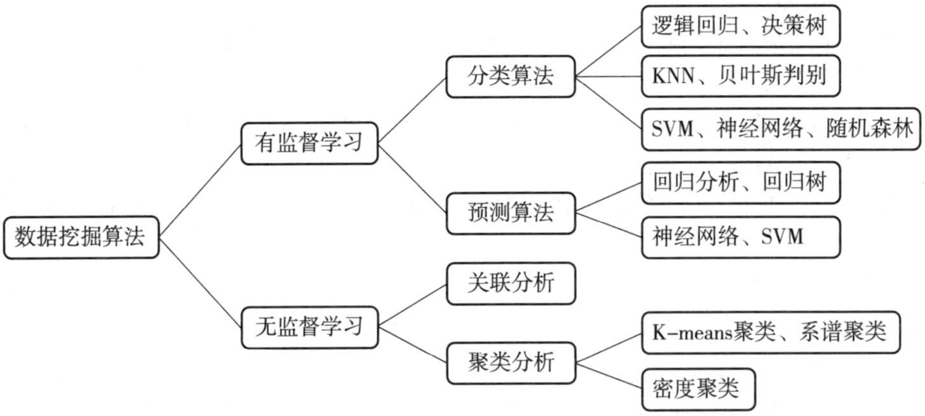

图 7-2　数据挖掘算法

（1）分类算法：目标变量是离散型。离散变量指变量值可以按顺序列举，通常是以整数取值的变量，如职工人数、设备台数等。常见的分类算法有 KNN（K 最近邻）、朴素贝叶斯、SVM（Support Vector Machines，支持向量机）、决策树、线性回归、随机森林、神经网络等。一般来说，分类器需要进行训练，也就是告诉分类算法每个类的特征是什么，分类器才能识别新的数据。

（2）预测算法：目标变量是连续型。在一定区间内可以任意取值的变量称为连续变量，连续变量的数值是连续不断的，相邻两个数值之间可取无限多个数值。例如，生产零件的尺寸、人体测量的身高体重、员工工资、企业产值、商品销售额等都为连续变量。常见的预测算法有线性回归（见图 7-3）、回归树、神经网络、SVM 等。

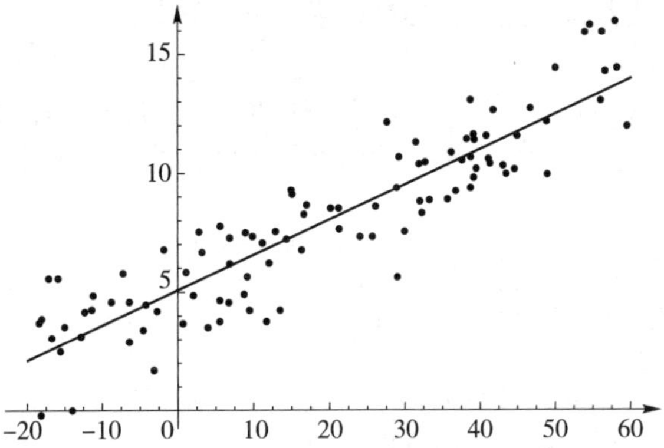

图 7-3　线性回归的示例

（3）聚类分析：目的是实现对样本数据的细分，使同一簇中的样本特征较为相似，不同簇中的样本特征差异较大。聚类分析有基于层次的聚类算法（如 BIRCH）、基于划分方法的聚类算法（如 K-means）、基于密度的聚类算法（如 DBSCAN）、基于统计网格的聚类算法（如 STING）等。

（4）关联分析：目的是找出项目之间的内在联系，常用于购物分析，即分析消费者通常会同时购买哪些产品，从而有助于商家的捆绑销售。

4. 数据可视化

数据可视化是指通过图表、地图、仪表盘等方式，将数据可视化展示，以便用户理解和分析数据。常见的数据可视化方式包括以下几种。

（1）图表：通过柱状图、折线图、散点图等方式，展示数据的分布和变化趋势。

（2）地图：通过地图展示数据的空间分布和相关性。

（3）仪表盘：通过仪表盘展示数据的关键指标和变化趋势，以便用户实时监控和决策。

（4）交互式可视化：通过交互式可视化，用户可以自由探索和分析数据，以发现隐藏的信息和模式。

7.1.3 大数据的应用

大数据的应用十分广泛，涉及电商、政府、医疗、安防等多个领域。

1. 电商领域

大数据技术在电商领域的应用十分广泛，如淘宝、京东等电商平台利用大数据技术挖掘用户的行为习惯和喜好，可以从凌乱的数据背后找到符合用户兴趣和习惯的产品与服务，并对这些产品与服务进行针对性的优化。

2. 政府领域

智慧城市已经在多地尝试运营，通过大数据，政府部门得以感知社会的发展变化需求，从而更加科学化、精准化、合理化地为市民提供相应的公共服务并调整资源配置。

3. 医疗领域

医疗行业通过临床数据对比、实时统计分析、远程病人数据分析、就诊行为分析等，辅助医生进行临床决策，规范诊疗路径，提高医生的工作效率。

4. 安防领域

利用大数据技术，安防行业可实现视频与图像模糊查询、快速检索、精准定位，并能够进一步挖掘海量视频监控数据背后有价值的信息，从而辅助决策判断。

5. 金融领域

在用户画像的基础上，银行可以根据用户的年龄、资产规模、理财偏好等，对用户群进行精准定位，分析出潜在的金融服务需求。

6. 电信领域

电信行业拥有庞大的数据，大数据技术可以应用于网络管理、客户关系管理、企业运营管理等，并且使数据对外商业化，实现单独盈利。

7. 教育领域

通过大数据进行学习分析，教育行业能够为每位学生创设量身定制的个性化课程，为学生提供一个富有挑战性的学习计划。

8. 交通领域

大数据技术可以预测未来交通情况，为改善交通状况提供优化方案，有助于交通部门提高对道路交通的把控能力，缓解和防止交通拥堵，提供更加人性化的服务。

7.2　云计算技术

7.2.1　云计算概述

1. 云计算的定义

云计算（Cloud Computing）是一种基于互联网的计算方式，提供了一种在网络上共享计算资源的方式，使用户可以根据需要获取计算能力、存储空间、应用程序和服务，而不必拥有这些资源的实体。云计算是基于虚拟化技术，通过将大量的计算资源（如服务器、存储设备、网络设备等）集中在一起（见图 7–4），形成一个巨大的计算资源池，用户可以通过互联网按需使用这些资源，从而实现高效、低成本、高灵活性的计算服务。

图 7–4　云计算

2. 云计算的服务模式

云计算的服务模式有 3 种：软件即服务（SaaS）、平台即服务（PaaS）、基础设施即服务（IaaS），如表 7–1 所示。

表 7–1　云计算的 3 种服务模式

服务模式	定义	相关公司及应用
SaaS	通过互联网提供软件应用程序，云计算提供商托管和管理软件应用程序，并允许其用户连接到应用程序并通过全球互联网访问应用程序	Salesforce 的 CRM、Workday 的 HRM、Microsoft 的在线办公、Google Apps、用友的云 ERP、恒生电子、泛微网络、金山办公等
PaaS	为开发人员提供通过全球互联网构建应用程序和服务的平台。PaaS 为开发、测试和管理软件应用程序提供按需开发环境	Google 的 Google App Engine 平台、Salesforce 的 force.com 平台等
IaaS	向云计算提供商为个人或组织提供虚拟化计算资源，如虚拟机、存储空间、网络和操作系统	IBM 的蓝云、亚马逊 AWS的 EC2、阿里云、腾讯云、华为云等

7.2.2 云计算的关键技术

1. 虚拟化技术

虚拟化技术是指计算元件在虚拟的基础上而不是在真实的基础上运行，它可以扩大硬件的容量，简化软件的重新配置过程，减少软件虚拟机相关的开销和支持更广泛的操作系统。虚拟化技术可实现软件应用与底层硬件相隔离，包括将单个资源划分成多个虚拟资源的裂分模式，也包括将多个资源整合成一个虚拟资源的聚合模式。虚拟化技术根据对象可分成存储虚拟化、计算虚拟化、网络虚拟化等，计算虚拟化又分为系统级虚拟化、应用级虚拟化和桌面虚拟化等。在云计算的实现中，计算系统虚拟化是建立在“云”上的一切服务与应用的基础。虚拟化技术主要应用在 CPU、操作系统、服务器等多个方面，是提高服务效率的最佳解决方案。

2. 分布式数据存储技术

云计算系统由大量服务器组成，同时为大量用户服务，因此云计算系统采用分布式存储方式存储数据，用冗余存储方式（集群计算、数据冗余和分布式存储）保证数据的可靠性。冗余存储方式通过任务分解和集群，用低配机器替代超级计算机的性能来保证低成本，这种方式保证分布式数据的高可用性、高可靠性和经济性，即为同一份数据存储多个副本。云计算系统中广泛使用的数据存储系统是 Google 的 GFS 和 Hadoop 团队开发的 GFS 的开源实现 HDFS。

3. 数据管理技术

云计算需要对分布的、海量的数据进行处理、分析，因此，数据管理技术必须能够高效地管理大量数据。云计算系统中的数据管理技术主要是 Google 的 Bigtable 数据管理技术和 Hadoop 团队开发的开源数据管理模块 HBase。由于云数据存储管理形式不同于传统的 RDBMS 数据管理方式，如何在规模巨大的分布式数据中找到特定的数据也是云计算的数据管理技术必须解决的问题。同时，由于管理形式的不同，造成传统的 SQL 数据库接口无法直接移植到云管理系统中来，因此研究关注的问题是为云数据管理提供 RDBMS 和 SQL 的接口，如基于 Hadoop 的子项目 HBase 和 Hive 等。另外，在云数据管理方面，如何保证数据的安全性和数据访问的高效性也是研究关注的重点问题之一。

4. 分布式计算的编程模式

云计算提供了分布式计算模式，客观上要求必须有分布式编程模式。云计算采用了一种思想简洁的分布式并行编程模型 Map-Reduce。Map-Reduce 是一种编程模型和任务调度模型，主要用于数据集的并行运算和并行任务的调度处理。在该模式下，用户只需要自行编写 Map 函数和 Reduce 函数即可进行并行运算。其中，Map 函数定义各节点上的分块数据的处理方法，而 Reduce 函数定义中间结果的保存方法以及最终结果的归纳方法。

5. 平台管理技术

云计算资源的规模庞大，服务器数量众多并分布在不同的地点，同时运行着数百种应用。如何有效地管理这些服务器，保证整个系统提供不间断的服务是巨大的挑战。云计算系统的平台管理技术能够使大量的服务器协同工作，方便地进行业务部署，快速发现和解决系统故障，通过自动化、智能化的手段实现大规模系统的可靠运营。

7.2.3　云计算的应用

我国的云计算市场正在迅速发展，云计算服务商的数量不断增加，云计算的应用场景不断扩大。目前，我国的云计算市场主要由阿里云、腾讯云、华为云、百度云等云计算服务商占据，他们提供了各种云计算服务，包括云存储、云计算平台、云安全服务、云游戏、云医疗等。

1．云存储

云存储是云计算的重要应用之一，它可以为用户提供大容量的存储空间和备份服务。例如，阿里云、腾讯云、华为云等云计算服务商都提供了云存储服务，用户可以通过互联网随时随地访问自己的数据。

2．云计算平台

云计算平台是指基于云计算技术构建的软件开发和运行环境，它可以为开发者提供各种工具和服务，从而实现快速开发和部署应用程序。例如，阿里云的 ECS、腾讯云的 CVM、华为云的云服务器等云计算平台，可以为用户提供自动化管理等服务，具备弹性伸缩、高可用性等特点。

3．云安全服务

云安全服务是云计算的重要应用之一，它可以为用户提供安全防护、数据备份和恢复、身份认证等服务。例如，阿里云的云盾、腾讯云的云安全中心、华为云的云安全服务等云安全服务，可以保障用户的数据和隐私安全。

4．云游戏

云游戏是云计算的新兴应用之一，它可以实现游戏在云端运行，用户通过互联网访问游戏，无须下载和安装游戏客户端。例如，腾讯云的云游戏、华为云的云游戏等云游戏服务，可以为用户提供高品质、低延迟的游戏体验。

5．云医疗

云医疗是云计算的重要应用之一，它可以为医疗机构和患者提供在线诊疗、医学影像存储和分析、远程医疗等服务。例如，华为云、阿里云、腾讯云等云医疗服务，可以为用户提供便捷、高效、安全的医疗服务。

例如，华为云助力深圳市宝安人民医院全面建设互联网医院，实现心电业务在全国范围内的首次上云，将原本局限在医院内部的心电诊断服务拓展为跨医院、跨区域的远程心电诊疗服务。心电数据会实时传送到华为云平台上，医生可以直接进行诊断，诊断结果在云平台与医院同步更新。同时借助 5G 技术，以华为云 WeLink 和华为云会议宝为基础，宝安人民医院搭建了远程会诊平台，医生和专家可以远程给病人问诊，给予治疗指导。

7.3　人工智能技术

课程思政：中国人工智能成果

7.3.1　人工智能概述

1．人工智能的定义

人工智能技术是科学技术发展过程中里程碑式的突破，从人脸识别、导航系统、智能搜索、语音助手、智能机器人及无人机等生活日常（见图 7-5），到智能工厂、智慧交通、智慧城市及智能社会治理，人民生活和社会发展已经与人工智能深度融合，不可分离。那么人工智能到底是什么呢？

（a）人脸识别

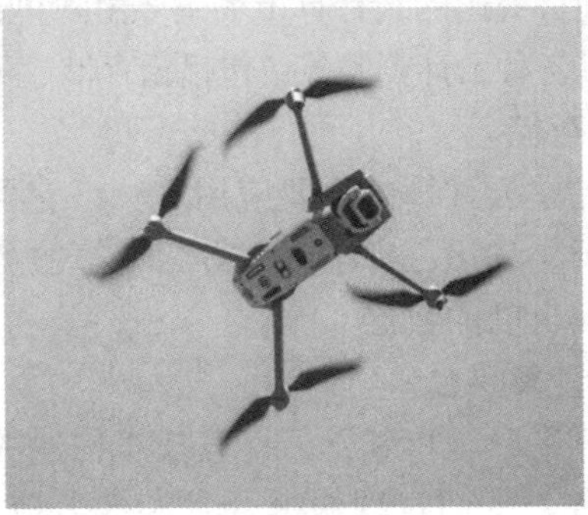

（b）无人机

图 7-5 人工智能

人工智能（Artificial Intelligence，AI）是研究、开发用于模拟、延伸和扩展人的智能的理论、方法、技术及应用系统的一门新的技术科学。人工智能是计算机科学的一个分支，试图了解智能的实质，从而使计算机能模拟人的某些思维过程和智能行为（如学习、推理、思考、规划等）。人工智能领域的研究方向主要有机器人、语言识别、图像识别、自然语言处理和专家系统等。

2. 人工智能的发展

人工智能的发展主要经历了以下几个阶段。

（1）形成阶段。人工智能这一概念最初于 20 世纪 50 年代首次被提出。自此开始，以 LISP 语言、机器定理证明等为代表的经典技术的产生，标志着人工智能的形成。在这一阶段，虽然人工智能这一概念引起了人们的关注，但由于人工智能技术、产品均存在不同程度的缺陷，所以其发展速度相对较慢。

（2）以专家系统为代表的快速发展阶段。专家系统的出现对人工智能发展的关键意义是：专家系统实现了人工智能与实践领域的融合，如智能医疗系统可为医生的诊断提供可靠的数据支持。

（3）以第 5 代计算机为代表的中期发展阶段。人工智能的发展积累了较为丰富的经验及技术，在此基础上，第 5 代计算机研制计划被提出。这一计划的出现给人工智能领域的研究带来了新的热潮。

（4）以神经网络为代表的高速发展阶段。出现于 20 世纪 80 年代末期的神经网络技术，标志着人工智能又一发展高潮的到来。

（5）普及应用阶段。近年来，互联网与网络技术的出现及发展为人工智能的发展提供了新的方向。网络技术与人工智能的融合加速了人工智能的发展，同时推动着人工智能在家居、教育等多个领域的快速普及。

7.3.2 人工智能的关键技术

在人工智能领域，其技术应用的细分领域包括机器学习、知识图谱、自然语言处理、计算机视觉、生物特征识别、语音识别、智能机器人、人机交互等。

1. 机器学习

机器学习专门研究计算机怎样模拟或实现人类的学习行为，以获取新的知识或技能，重新组织已有的知识结构使之不断改善自身的性能。机器学习通过大样本数据训练出模型，然后用模型进行预测。人类思考与机器学习的对比，如图 7–6 所示。

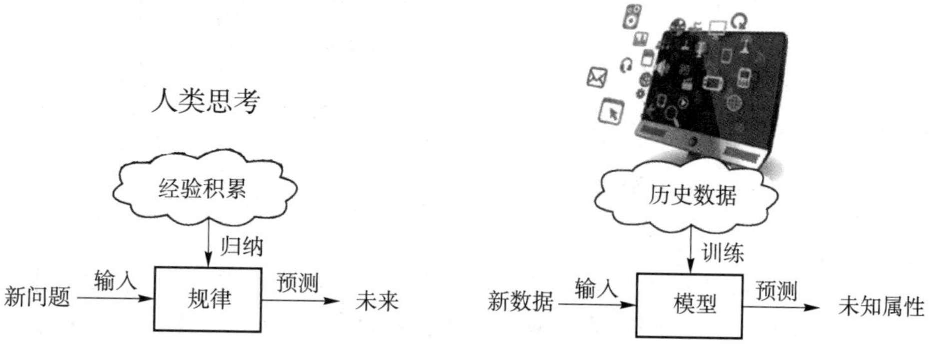

图 7–6 人类思考与机器学习的对比

例如，著名的 AlphaGo，通过不断学习和更新算法，在人机大战中打败围棋大师李世石，这就是机器学习的结果。另外，在计算机视觉领域，机器学习能在海量图像中通过不断训练来改进视觉模型，从而不断提高图像识别的准确率。

2. 知识图谱

知识图谱是一种基于语义网络的知识表示与存储方式，用于描述现实世界中的实体、事件、概念及它们之间的关系。知识图谱是人工智能技术在语义理解和自然语言处理方向上的重要进展，具有丰富的表达能力和高效的推理能力，可以支持语义搜索、智能问答、可视化辅助决策等应用场景。知识图谱的搭建需要海量数据的建设和知识表示方法的研究，目前已经在 Google、百度、Microsoft 等公司以及学术界得到广泛应用和研究。基于知识图谱的军事信息搜索同样具有广泛的应用场景，能支撑情报保障、作战筹划和辅助决策等多种应用。

3. 自然语言处理

自然语言处理是一种用自然语言同计算机进行交流的技术，旨在让计算机理解和使用人类语言，从而执行有用的任务，它是人类和计算机之间沟通的桥梁（见图 7–7）。自然语言处理是人们在日常生活中接触得较多的领域。自然语言处理主要划分为两个部分：自然语言理解和自然语言生成。自然语言理解是使用一组方法来生成、处理和理解语言，利用函数来理解文本的含义；自然语言生成是生成包含意义和结构的短语、句子和段落的过程。

例如，由人工智能研究实验室 OpenAI 发布的全新聊天机器人模型 ChatGPT，就是一款自然语言处理工具，具有强大的语言功能。它能够通过学习和理解人类的语言进行对话（见图 7–8），还能根据聊天的上下文进行互动，可以像人类一样聊天交流，甚至能完成撰写邮件、视频脚本、文案、代码等任务。

4. 计算机视觉

计算机视觉的主要任务是让计算机对采集的图片或视频进行处理，以获得相应场景的信息，也就是给计算机安装上眼睛（照相机）和大脑（算法），让计算机能够感知环境。计算机视觉包括图像识别、场景分析、图像理解等。人脸识别、智能分拣、自动驾驶、智能机器人、智能医疗等领域均需要利用计算机视觉技术从视觉信号中提取并处理信息。

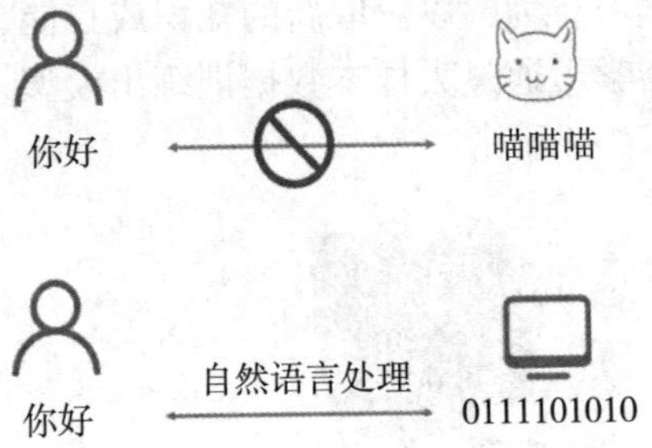

图 7-7 沟通的桥梁——自然语言处理

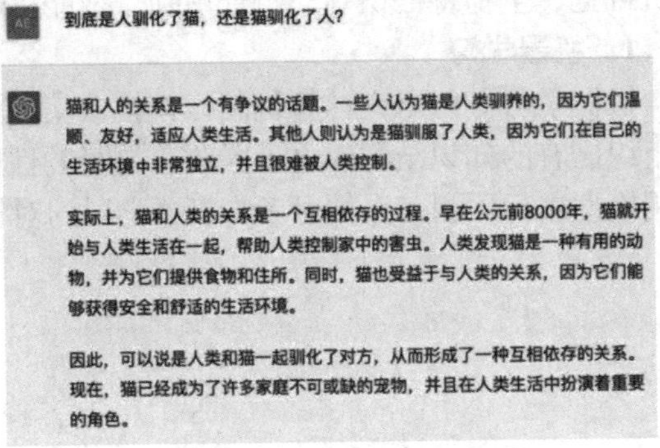

图 7-8 向 ChatGPT 提问

5. 生物特征识别

生物特征识别是指根据人的生理或行为特征对人的身份进行识别、认证，采用自动识别技术对生物特征进行测量，并将这些特征数据与数据库中的特征模板进行对比后确认人的身份信息。生物特征识别涉及的内容十分广泛，包括指纹识别、掌纹识别、人脸识别、虹膜识别、静脉识别、声音识别、步态识别等，如图 7-9 所示，其识别过程涉及计算机视觉、语音识别、机器学习等多项技术。目前，生物特征识别作为重要的智能化身份认证技术，在金融、安防、交通等领域得到了广泛的应用。

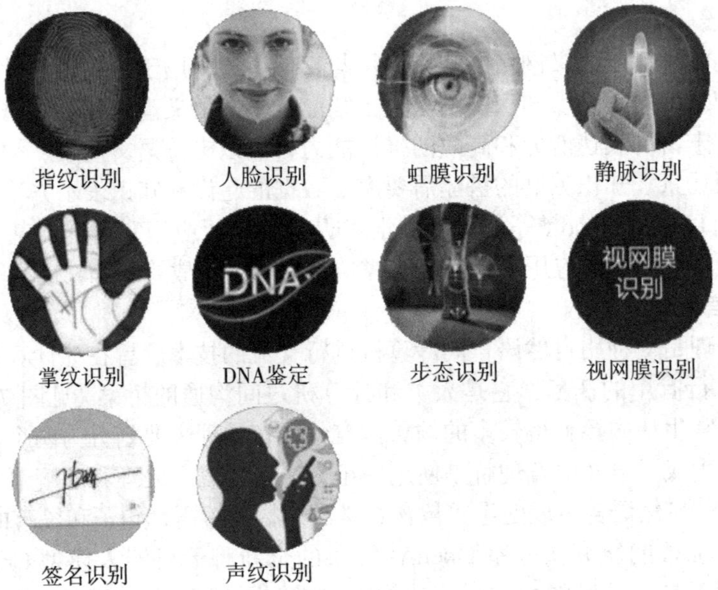

图 7-9 生物特征识别

6. 语音识别

语音识别主要是将人类语音中的词汇内容转换为计算机可以“读”的数据，即让机器能听懂“人话”。语音识别技术在不同口音的处理、背景噪声、区分同音异形 / 异义词（“波”和“播”听起来是一样的）方面存在一些困难，同时还需要具有跟上人类正常语速的工作速度。语音识别的应用包括语音助手、语音拨号、语音导航、智能家居控制、语音搜索、语音购物、语音聊天机器人等。

7. 智能机器人

人工智能技术把机器学习、计算机视觉、自然语言处理等技术整合到机器人上，使机器人拥有判断、决策的能力，能在各种不同的环境中处理不同的任务（见图 7-10）。智能机器人技术可以应用于制造业、医疗保健、家庭服务、军事等领域，例如，在制造领域，智能机器人可以协助完成重复性工作和高风险的任务；在医疗保健领域，智能机器人可以帮助医生诊断疾病、协助医生进行手术；在家庭服务领域，智能机器人可以帮助老年人和残障人士完成日常生活中的一些活动。

图 7-10　智能机器人

8. 人机交互

人机交互技术是指人们和计算机之间进行信息交流和合作的方式和技术，是与认知心理学、人机工程学、多媒体技术、虚拟现实技术等密切相关的综合学科。传统的人与计算机之间的信息交换主要依靠交互设备进行，主要包括键盘、鼠标、操纵杆等输入设备，以及打印机、显示器、音箱等输出设备。现在的人机交互技术除了传统的基本交互和图形交互外，还包括语音交互、情感交互、体感交互及脑机交互等技术。人机交互技术广泛应用于智能家居、智能助手、虚拟现实等领域。

7.3.3　人工智能的应用

视频：人工智能的研究及应用领域

随着数字化时代的到来，人工智能已经逐渐走进人们的生活，并应用于各个行业和领域。

1. 医疗行业

人工智能在医疗行业的应用，包括辅助医生进行诊断和治疗、预测疾病风险、辅助手术等，帮助医生提高诊断能力、提高治疗效果、降低医疗成本等。例如，基于人工智能的医疗诊断和治疗系统可以根据患者的病情、病史和检查结果等信息，提供个性化的诊断和治疗方案，同时，该系统还可以根据患者的反馈和治疗效果等数据，不断优化诊断结果和治疗方案，提高治疗效果。

2. 金融行业

人工智能在金融服务行业的应用，可以帮助银行和保险公司提高风险控制能力、提高客户体验、降低运营成本等。例如，中国银行利用人工智能技术，开发了一套基于大数据和深度学习的金融风险控制系统，该系统通过分析客户的消费行为、信用记录和资产状况等数据，可以识别潜在的风险，并采取相应的控制措施。

3. 零售业

人工智能在零售业的应用包括智能导购、自动化物流，可以帮助零售商提高销售额、提高客户满意度、降低运营成本等。例如，沃尔玛利用人工智能技术开发了一套基于机器学习的自动化物流系统，该系统可以通过分析订单和库存等数据，实现自动化的物流调度和配送，降低运营成本和提高运营效率。

4. 制造业

人工智能在制造业的应用包括智能制造、智能机器人、质量检测、设备维护等，可以帮助企业提高生产效率、提高产品质量、降低生产成本等。ABB 利用人工智能技术开发的基于机器学习的机器人控制系统，通过分析机器人的运动轨迹和传感器数据等信息，可以实现智能化的机器人控制，提高生产效率和生产质量。

7.4 量子信息技术

7.4.1 量子信息概述

1. 量子力学

量子力学和相对论是 20 世纪的两大科学革命，其中量子力学听起来似乎遥不可及，但你或许听闻过“薛定谔的猫”（见图 7-11），这是量子力学中最著名的思想实验，它表达的是猫处于生与死相叠加的状态。其实，人们的日常生活也与量子力学紧密相关：电源、芯片、存储器的工作原理，钢铁、纤维、橡胶的性质，飞机、轮船、汽车等燃料的燃烧过程等，这些都是由量子力学决定的。

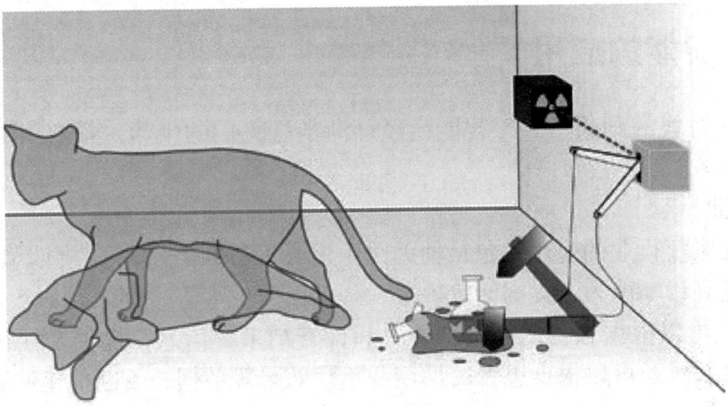

图 7-11 薛定谔的猫

量子是微观世界中离散变化的最小单元。例如，光的最小离散粒子是光子，所以光子就是光的“量子”。量子力学是一门准确描述微观世界的物理学理论，宏观物质的性质又是由其微观结构决定的。因此，量子力学不仅研究原子、分子等微观粒子，还研究宏观物质的导电性、导热性、硬度、晶体结构等性质。

2. 量子信息的定义

20 世纪 80 年代，科学家将量子力学应用到信息领域，从而诞生了量子信息技术（Quantum Information Technology，QIT）。量子信息技术是以量子力学的基本原理为基础，利用量子的各种相干特性来处理、存储、传输和保护信息的新型技术，是量子力学与信息科学的交叉学科，具有更高的安全性和更快的计算速度。

7.4.2　量子信息的关键技术

量子信息技术主要包括量子通信、量子计算、量子精密测量等。

1. 量子通信

量子通信是利用量子叠加态和纠缠效应进行信息传递的新型通信方式，基于量子力学中的不确定性、测量坍缩和不可克隆三大原理，提供了无法被窃听和计算破解的绝对安全性保证，可应用于保密通信领域。

量子通信主要包括量子密钥分发、量子隐形传态等技术。其中量子隐形传态中的关键技术目前仍有待突破，量子隐形传态中的光量子存储可以构建量子中继，能够解决大规模量子网络建设的信道损耗问题。量子密钥分发基于量子物理的基本原理和一次一密的加密方式，可实现无条件的安全通信，使量子保密通信成为未来保障网络信息安全的一种非常有潜力的技术手段。与传统的通信方式相比，量子通信具有更高的安全性和更大的通信带宽，能够有效地保护敏感信息的传输并加速信息的交流，可以从根本上解决国防、金融、政务、商业等领域的信息安全传输问题。2022 年，我国实现了 833 km 无中继光纤量子密钥分发的最远距离，使世界纪录提升了 200 多 km。

2. 量子计算

量子计算是一种遵循量子力学规律调控量子信息单元进行计算的新型计算模式，其计算能力主要取决于量子比特的数量和质量。量子计算机的运算速度远超传统计算机，主要是因为它们的基本原理不同。传统计算机采用的是二进制数，它的基本单元是比特（bit），用 0 和 1 表示，例如硬币的正和反两个面或开关的开和关两个状态。而量子计算的基本单元是“量子比特”（qubit），它不是一个开关，而是一个可连续调节的旋钮，可以把它转到任意一个角度，如图 7-12 所示。

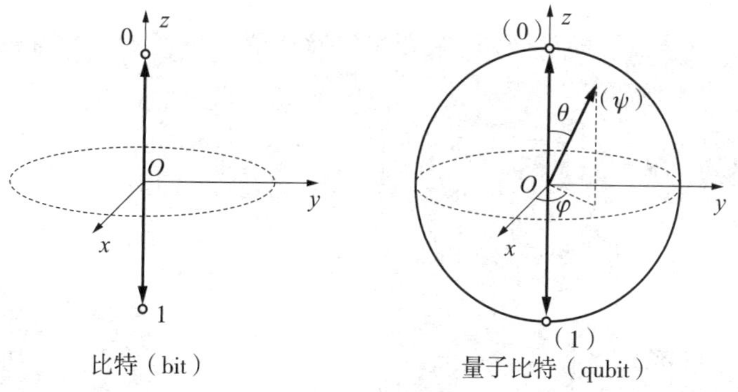

图 7-12　传统计算机（左）和量子计算机（右）的基本单元的区别

量子计算最本质的特征是量子叠加性和相干性，通过将复杂问题进行矩阵转换、多参量并行最优化运算处理，彻底改变传统的计算方式，获得更加实时、更加精准的结果，具有超越传统计算机的巨大信息携带能力和超强的并行处理能力，能够在特定计算的困难问题上提供指数级加速。量子计算可应用于天气预报、药物研制、交通调度、保密等场景。

3. 量子精密测量

量子精密测量是利用量子力学的规律，特别是基本量子体系的一致性，对一些关键物理量进行高精度与高灵敏度的测量，是原子物理、物理光学、电子技术、控制技术等多学科交叉融合的综合技术。与经典的测量方法相比，量子精密测量具有尺寸、灵敏度、特异性、统计或系统不确定性、可追溯性、校准间隔、寿命、功耗和安全性等特性的优点。

量子测量主要包括时间基准、惯性测量、重力测量、磁场测量和目标识别等方向，在国防、军工、工业等多个领域具有广泛的时间测量、重力测量、磁场测量、探测成像、量子导航等应用场景。

7.4.3 量子信息的应用

以量子计算、量子通信和量子测量为代表的量子信息技术，在量子通信网络、量子计算机、量子传感器等诸多领域具有重大应用。

1. 量子通信网络

量子通信网络是一种将多个量子通信节点连接起来的网络，其基本要素包括量子节点和量子信道，所有节点通过量子纠缠相互连接，远程信道需要量子中继。量子通信网络将信息传输和处理融合在一起，量子节点用于存储和处理量子信息，量子信道用于各节点之间的量子信息传输，实现更加复杂和广泛的通信需求，为城际、城域用户提供安全的量子密码，成为信息安全的重要基础设施，也是未来信息通信领域的重要发展方向之一。

我国作为率先部署大规模量子保密通信网络的国家，于 2016 年成功发射全球首颗量子科学实验卫星“墨子号”后，于 2017 年成功建立了国际上首个长距离量子保密通信网络“京沪干线”，干线全长 2 000 余 km，实现了北京、上海、合肥等城市之间的量子通信，这是世界上首个城市量子保密通信网络。该网络采用了基于单光子的量子密钥分发技术，能够有效地保护信息传输的安全性，为敏感信息的传输提供了有力保障。结合“墨子号”与“京沪干线”，我国构建了首个天地一体的广域量子通信网络，实现长达 4 600 km 的量子保密通信。量子通信网络的示意图如图 7-13 所示。

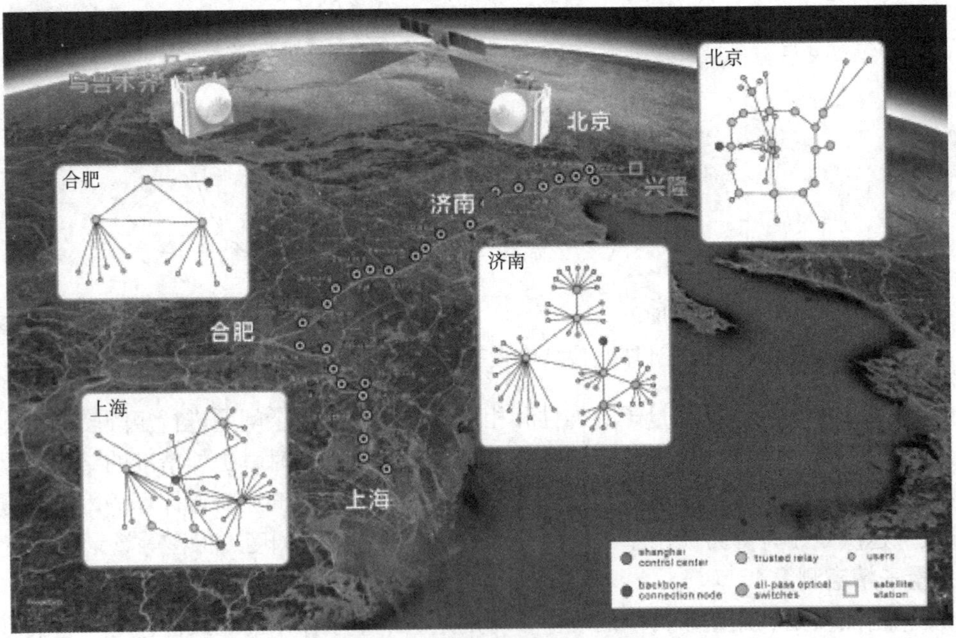

图 7-13 量子通信网络的示意图

2. 量子计算机

量子计算机是一类遵循量子力学规律进行高速数学和逻辑运算、存储及处理量子信息的物理装置。量子计算机的优点：一是能够实现并行运算，加快解题速度；二是大大提高了存储容量；三是可以对任意物理系统进行高效率模拟仿真；四是量子计算机的发热量极小。量子计算机也存在一些问题：一是对微观量子态的操作非常困难，需要在超低温环境下进行；二是量子计算的本质是利用了量子纠缠的性质，但是在实际系统中，受到环境的影响，量子的纠缠状态只能维持几十毫秒；三是量子编码的纠错复杂，效率不高。

2020 年底，我国实现了 76 个光子的量子计算原型机“九章”。“九章”中的光量子干涉实物图如图 7-14 所示。根据现有最优的经典算法，“九章”处理更为复杂的高斯玻色取样问题的速度比超级计算机“富岳”快 100 万亿倍，等效速度比 Google 的量子计算原型机“悬铃木”快 100 亿倍。在“九章”的基础上，2021 年，我国构建了 113 个光子 144 模式的量子计算原型机“九章二号”，并实现了相位可编程功能，其处理高斯玻色取样问题的速度比目前最快的超级计算机快 10^{24} 倍。

图 7-14　光量子干涉实物图

3. 量子传感器

量子传感器是基于量子传感技术，通过量子态操控及测量过程实现量子态感知的一类传感器。量子传感器通过识别物理信息产生电信号、磁异常、惯性导航等多种精确信息，主要包括量子陀螺仪、量子重力仪、量子磁力计、量子雷达、量子时钟和量子定位导航系统等。量子效应非常容易受到外界干扰，量子传感器正是利用了这一特点，实现了远超传统传感器性能的灵敏度、准确率和稳定性。

量子传感器可用于测量地震、地磁、电磁等各类物理量，在工业精度测量技术、医学诊断、地球观测、地质和储层勘探、国防技术和导航等领域有广泛的应用。2022 年，我国科学家利用量子磁传感器——金刚石中的氮－空位色心（见图 7-15），自主建立了宽场磁成像装备，结合量子精密测量与免疫磁标记技术，实现了微米分辨率的肿瘤组织磁成像，并用于肺癌等的检测。2023 年，我国科学家在国际上首次实现了基于碳化硅中硅空位色心的高压原位磁探测，该技术在高压超导及磁性材料领域具有重要意义。

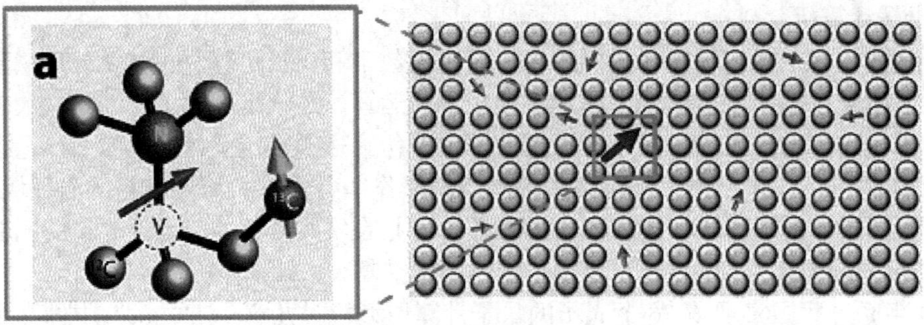

图 7-15　金刚石中的氮 - 空位色心

7.5　物联网技术

7.5.1　物联网概述

1. 物联网的定义

2005 年，国际电信联盟（ITU）发布了《ITU 互联网报告 2005：物联网》报告，正式提出了物联网（Internet of Things，IoT）的概念。ITU 报告指出：无所不在的“物联网”通信时代即将来临，世界上所有的物体，从轮胎到牙刷、从房屋到纸巾，都可以通过物联网主动进行信息交换。物联网时代的示意图如图 7-16 所示。

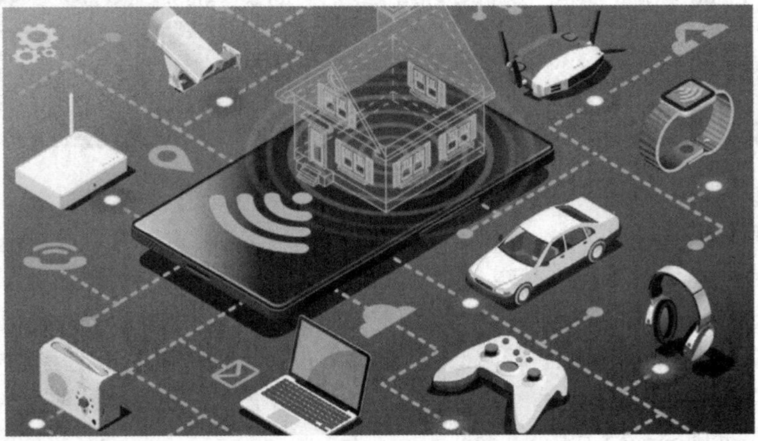

图 7-16　物联网时代的示意图

通俗地说，物联网就是物物相连的互联网，在互联网和通信网络的基础上，物联网利用传感器、通信网络、软件、控制系统等将物品与网络和其他物品进行连接和互动，实现对现实世界的数字化和自动化。物联网中的“物”要满足以下条件：要有相应信息的接收器；要有数据传输通路；要有一定的存储功能；要有专门的应用程序；要有数据发送器；遵循物联网的通信协议；在网络中有被识别的唯一编号等。

2. 物联网的技术特征

物联网的技术特征主要有以下几种。

（1）全面感知：通过射频识别（Radio Frequency Identification，RFID）、传感器、二维码、GPS 卫星定位等相对成熟的技术感知、采集、测量物体信息。

（2）可靠传输：通过无线传感器网络（Wireless Sensor Networks，WSN）、短距无线网络、移动通信网络、城域网等实现物体信息的分发和共享。

（3）智能处理：利用计算机服务器或云计算设备，通过分析和处理采集到的物体信息，针对具体应用提出新的服务模式，实现决策和控制智能。

由物联网的技术特征可知，物联网是一门交叉学科，它涉及传感技术、通信技术、网络技术、嵌入式系统技术等多个技术领域。

7.5.2　物联网的关键技术

1. RFID 技术

RFID 技术是一种简单的无线系统，它由一个读写器和很多电子标签组成。电子标签由感应元件和芯片组成，每个电子标签具有唯一的编码，它附着在物体上标识目标对象，将射频信息传递给读写器，读写器是读取信息的设备。RFID 技术给物品赋予了可跟踪特性，人们可以随时掌握物品的准确位置及其周边环境。

2. 无线传感器网络

无线传感器网络综合了传感器技术、嵌入式技术、无线通信技术、分布式信息处理技术，能够通过各类集成化微型传感器实时监测、感知和采集各种环境信息，这些信息通过无线方式发送，并以自组多跳的网络方式传输到用户终端，实现物理世界、计算世界和人类社会的连通。

无线传感器网络的三要素是传感器、感知对象和观察者。无线传感器可探测地震、电磁场、温度、湿度、噪声、光照、压力、土壤成分等环境信息，以及移动物体的大小、速度和方向等信息。光线传感器网络广泛用于军事、智能交通、智能家居、环境监控、医疗卫生、精细农业、工业自动化等领域。

例如，矿井环境监测的无线传感器网络由传感器节点和中心节点组成，不同的监测区域均有中心节点。每个中心节点负责处理本区域内传感器节点传送过来的数据，而基站模块负责接收来自各个监测区域内中心节点发送的无线信号，基站模块可接入互联网，使无线传感器网络的信息能够被远程终端访问。矿井无线传感器网络的系统结构如图 7-17 所示。

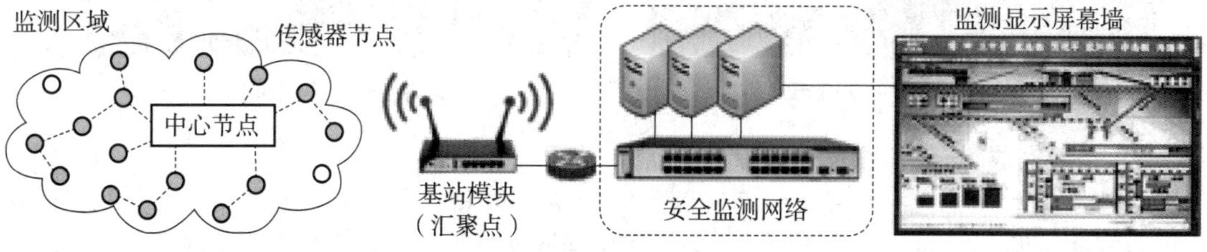

图 7-17　矿井无线传感器网络的系统结构

3. M2M 技术

M2M（机器到机器）是一种以智能终端为核心，以无线传感器网络进行数据传输，使设备实现智能化控制的系统框架。M2M 技术的重要组成部分是机器、M2M 硬件、通信网络、中间件、应用。例如，在一个智能停车场中，当车辆驶入或离开通信区域时，天线以微波通信方式与电子识别卡进行双向数据交换，从电子车卡上读取车辆的相关信息，在司机卡上读取司机的相关信息，自动识别电子车卡和司机卡，并判断电子车卡是否有效和司机卡的合法性，核对车道控制计算机显示与该电子车卡和司机卡一一对应的车牌号码，以及驾驶员信息等资料；车道控制计算机自动将通过时间、车辆和驾驶员的相关信息存入数据库中。车道控制计算机根据读到的数据判断是不是正常卡，据此给出相应的提示。

7.5.3 物联网的应用

课程思政：中国智慧城市成果

随着物联网的快速发展，物联网的应用越来越广泛，主要集中在以下领域。

1. 智慧城市

物联网技术可以通过传感器、摄像头等设备，实现对城市环境的实时监控和智能化管理（如交通状况、空气质量、公共设施等），对城市进行全方位的信息化、智能化建设，提升城市管理和服务水平。智慧城市的主要应用场景包括智慧交通、智慧环保、智慧公共安全、智慧能源等方面。例如，深圳通过智慧城市管理平台（见图 7-18），实现了城市公共资源的共享，包括城市交通、医疗、教育、旅游等方面，提高了城市管理效率和服务水平。

2. 智慧农业

智慧农业指的是利用物联网、人工智能、大数据等现代信息技术与农业深度融合，实现农业生产全过程的信息感知、精准管理和智能控制的一种全新的农业生产方式，可实现农业可视化诊断、远程控制以及灾害预警等功能。例如，通过传感器、气象站等设备，监测农作物生长、土壤湿度和气象条件等信息，以提高农作物的产量和质量（见图 7-19），还可以对动物饲养环境、健康状况等方面进行实时监测和管理，提高动物养殖效率和品质。

图 7-18　智慧城市

图 7-19　智慧农业

3. 智能交通

智能交通利用信息技术将人、车和路紧密地结合起来，改善交通运输环境、保障交通安全以及提高资源利用率。智能交通的主要应用包括智能公交车、共享单车、车联网、充电桩监测、智能红绿灯以及智慧停车等（见图 7-20）。例如，对道路交通状况实时监控，并将信息及时传递给驾驶人，让驾驶人及时进行出行调整，可以有效缓解交通压力；在高速路口设置道路自动收费系统（ETC），免去进出口取卡、还卡的时间，提高了车辆的通行效率；在公交车上安装定位系统，使乘客及时了解公交车的行驶路线及到站时间，免去不必要的时间浪费。

4. 智能家居

智能家居是指利用物联网、人工智能等技术手段，对家庭生活进行智能化管理和优化，提高家庭生活质量和舒适度。智能家居的主要应用场景包括智能家电、智能安防、智能环境等（见图 7–21）。智能家居市场已经在全国范围内快速发展，如小米生态链和华为智能家居通过智能家居设备和智能家居控制中心，实现了对家庭环境、家电等方面的智能化控制和管理，提高了家庭生活的便利性和舒适度。智能摄像头、窗户传感器、智能门铃、烟雾探测器、智能报警器等都是家庭的安全监控设备，通过物联网，用户可以在任意时间和地点实时查看家中的状况。

图 7–20　智能交通

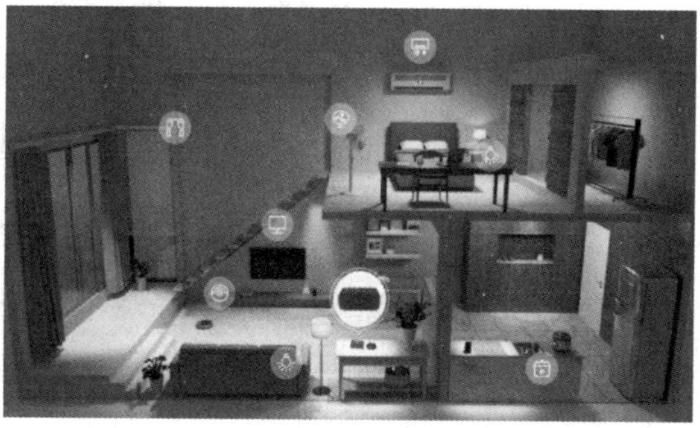

图 7–21　智能家居

5. 智能医疗

智能医疗是指将物联网技术应用于医疗、健康管理、老年健康照护等领域。医学物联网中的“物”是各种与医学服务活动相关的事物，如病人、医生、护士、医疗器械、检查设备、药品等。医学物联网中的“联”即信息的传输和共享。医学物联网可感知医疗服务对象，并且实现各种数据的交换，达到对医疗卫生保健服务的实时动态监控、连续跟踪管理和给出精准的医疗健康决策。例如，通过传感器连续监测高血压患者的人体特征参数、周边环境信息，以及医疗设备和人员情况等；然后对感知数据进行分析，如检测到高血压患者连续的血压值之后，计算机会自动分析出他的血压状况是否正常，如果不正常，就会生成警报信号，通知医生，医生根据情况调整用药。

7.6　现代通信技术

7.6.1　现代通信技术概述

1. 通信的定义

人类在生产和生活中离不开信息的交流和传递。通信就是传递消息或信息的过程，这些消息或信息必须变换为对应的信号才能被有效传递，信号是消息的载体。通信从本质上讲就是实现信息传递功能的一门科学技术，它要将大量有用的信息无失真、高效率地进行传输，同时还要在传输过程中将无用信息和有害信息过滤掉。当今的通信技术不仅能有效地传递信息，而且还有存储、处理、采集及显示等功能，通信技术已成为信息科学技术的一个重要组成部分。

在古代，人们主要通过自然界的基本规律或人的基础感官可达性建立通信，主要的通信方式有旗语、烽火狼烟、飞鸽传书、快马驿站（见图 7-22）等。到了近代，人们利用电磁波的能量或信号的传播性建立通信，主要通信方式有电报、电话等。如今，移动通信和互联网的结合，大大加快了通信技术的发展速度，使通信技术能为广大用户提供种类更多和质量更好的服务，从根本上改变了信息科技的结构，使信息的传递不受时空的限制。

图 7-22　古代通信方式——快马驿站

2. 移动通信的定义

移动通信是指通信双方至少有一方是处于运动中的通信，可以是固定体与移动体之间的通信，也可以是移动体与移动体之间的通信。其采用的频段遍及低频、中频、高频、甚高频和特高频。移动通信具有建网快、投资少、机动灵活的特点，它使用户能随时随地快速可靠地进行信息传递，不仅可以传递语言消息，还能传递数据、电子邮件、传真、图像等信息。移动通信已被列为现代通信中的重要新兴通信方式之一。

3. 移动通信系统的发展

移动通信系统经过第一代、第二代、第三代、第四代的发展，目前，已经迈入了第五代，如图 7-23 所示。我们经常谈论的 1G、2G、3G、4G、5G，这里的 G 是指 Generation（“代”）的意思，其中，5G 就是第五代移动通信系统。无论是 1G 还是 5G，都属于移动通信技术发展的一个阶段。

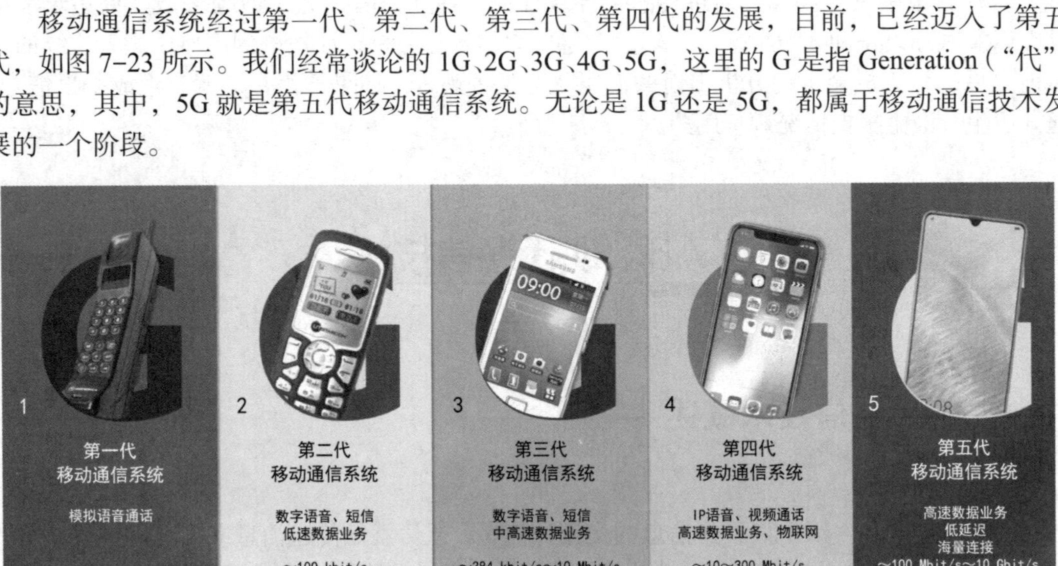

图 7-23　移动通信系统的发展历程

1）第一代移动通信系统（1G）

1G 网络主要从 20 世纪 80 年代开始，采用的技术是已经淘汰的以模拟技术为基础的蜂窝无线电话系统。其容量非常有限，一般只能传输语音信号，且存在语音品质低、信号不稳定、涵盖范围不够全面、安全性差和易受干扰等问题。典型的 1G 网络主要包括美国的模拟电话系统（AMPS）、北欧的移动电话系统（NMTS）和英国的全接入通信系统（TACS）等。在应用领域，“大哥大”（大块头的摩托罗拉 8000X）是 1G 时代的标志。

2）第二代移动通信系统（2G）

2G 起源于 20 世纪 90 年代初期，采用的是数字调制技术，对应的接入技术主要有 TDMA（时分多址）、FDMA（频分多址）、CDMA（码分多址）。典型的 2G 网络主要包括欧洲的全球移动通信系统（GSM）与美国的 CDMA IS-95 系统等。与 1G 网络相比，2G 网络具有保密性强、频谱利用率高、标准化程度高等特点，另外增加了数据传输服务，这样手机不仅可以用来接打电话，还可以用来发短信。

3）第三代移动通信系统（3G）

3G 是指以 IMT-2000（意指 2000 年左右开始商用并工作在 2 000 MHz 频段）为基础的移动通信系统，其标准主要分为 WCDMA（宽带码分多址）、CDMA2000（码分多址 2000），TD-SCDMA（时分同步码分多址）三大分支。其中，前两个标准的主要支持者分别为欧洲和美国，TD-SCDMA 是我国提出的一种基于 GSM 的 3G 标准。3G 最基本的特征是智能信号处理技术，它支持话音和多媒体数据通信，从此，移动高速上网成为现实，音频、视频、多媒体文件等各种数据通过移动互联网高速、稳定地传输。

4）第四代移动通信系统（4G）

4G 采用无线蜂窝电话通信协议，集 3G 与 WLAN 于一体，可以传输高质量的视频图像且速度快、传输质量高、信号覆盖广泛，是目前正在被广泛使用的移动通信系统。4G 的核心技术包括：信道传输技术，抗干扰性强的高速接入技术，高性能和低成本的自适应智能天线，大容量和低成本的无线接口，支持系统资源管理和软件无线电等。4G 的主要网络制式是 LTE-Advanced，我国的 4G 采用了自主研发的 TD-LTE 网络制式。

5）第五代移动通信系统（5G）

5G 并不是独立和全新的无线接入技术，它是现有无线通信技术（2G、3G、4G 和 Wi-Fi 等）不断演进的产物。5G 的基本特征包括：高速率（峰值速率大于每秒 20 Gbit，相当于 4G 的 20 倍），低时延（网络时延从 4G 的 50 ms 缩减到 1 ms），海量设备连接（满足 1 000 亿量级的连接），低功耗（基站更节能，终端更省电），应用场景十分广泛。目前，我国 5G 的发展十分迅速，已建成全球最大规模的 5G 独立组网网络和光纤网络；率先实现 5G 移动通信技术的规模化应用。截至 2023 年 2 月末，我国的 5G 基站总数达 238.4 万个，占移动基站总数的 21.9%。

7.6.2 5G 通信技术

1. 5G 通信的关键技术

1）超密集网络

未来无线网络的各种节点将超过现有站点 10 倍以上，在宏基站覆盖区内，站点之间的距离将在 10 m 以内，并且在 1 平方千米范围内为 25 000 个用户提供服务，甚至可能出现活跃用户数和站点数的比例达到 1 ∶ 1 的现象，即用户与无线节点一一对应。密集部署的基站拉近了终端与节点之间的距离，使网络的功率和频谱效率大幅度提高，同时也扩大了网络覆盖范围，扩展了系统容量。但是节点之间距离的缩短使网络拓扑结构更加复杂，从而容易出现与现有移动通信系统不兼容的问题。

5G 网络的干扰源主要有同频干扰、共享频谱资源干扰、不同覆盖层次之间的干扰等。现有通信系统的干扰协调算法只能解决单个干扰源的问题，而在 5G 网络中，会有强度相近的多个干扰源，使现有协调算法难以应对。在 5G 网络中，无线节点的密集部署使小区数量剧增，加之信号覆盖形状不规则，这些将导致终端信号的频繁切换。为了满足用户需求，必须研究新的小区切换算法。另外，网络节点的动态部署也是研究的重点。

2）自组织网络（SON）

传统移动通信网络主要依靠人工方式完成网络部署及运维，这样既耗费了大量的人力资源，又增加了运行成本，而且网络优化也不理想。由于网络存在各种无线接入技术，而且网络节点的覆盖能力各不相同，它们之间的关系错综复杂，所以 SON 的智能化部署将是 5G 网络的关键技术。SON 技术需要解决以下问题：一是网络部署的自规划和自配置；二是网络维护阶段的自优化和自愈合。自配置是指新增网络节点的配置可实现即插即用，具有低成本、安装简易等优点。自优化的目的是提升网络质量及性能。自愈合是指系统能自动检测问题、定位问题和排除故障，大大降低维护成本并避免对网络质量的影响。

3）内容分发网络（CDN）

在 5G 通信中，用户的音频、视频、图像等业务急剧增长，网络流量爆炸式增长会极大地影响互联网服务质量。如何有效分发大流量的业务内容，降低用户获取信息的时延，成为网络运营商和内容提供商面临的一大难题。CDN 技术的优势是为用户快速提供信息服务，同时有助于解决网络拥塞问题。CDN 在传统网络中添加新的智能虚拟网络层次。CDN 系统会综合考虑各节点连接状态、负载情况、用户距离等信息，将相关内容分发到靠近用户的 CDN 代理服务器上，实现用户就近获取所需的信息，使网络拥塞状况得以缓解。

4）设备到设备（D2D）通信技术

D2D 通信是一种近距离的数据直接传输技术。D2D 的会话数据直接在终端之间传输，不需要通过基站转发，而相关的控制信令（如会话建立、会话维持、无线资源分配、计费、鉴权、识别、移动性管理等）仍然由蜂窝网络负责。D2D 通信可以减轻基站负担，降低端到端的传输时延，提升频谱效率，降低终端发射功率。当无线通信基础设施损坏时，或者在无线网络的覆盖盲区，终端可借助 D2D 通信实现端到端通信甚至接入蜂窝网络。

5）M2M 通信技术

从广义上说，M2M 主要指机器与机器、人与机器、移动网络与机器之间的通信技术；从狭义上说，M2M 仅仅指机器与机器之间的通信。M2M 在智能电网、安全监测、城市信息化、环境监测等领域都实现了商业化应用。

6）信息中心网络（ICN）技术

随着实时音频、高清视频等服务的日益增加，网络会呈现出以信息为中心的发展趋势。网络中的信息包括实时媒体流、网页服务、多媒体通信等，而 ICN 就是这些信息的集合。ICN 的主要功能是分发、查找和传递信息，而不再是维护网络的连通性。不同于 TCP/IP 网络，ICN 忽略 IP 地址的作用，只是将 IP 地址作为一种传输标识。全新的网络协议能够实现解析信息名称、路由数据缓存、多播信息传递等功能。

ICN 是一种基于发布订阅方式的信息传递流程。首先，内容发布方向网络发布自己拥有的内容。当第一个信息订阅者向网络发送内容请求时，中间节点将请求转发到内容发布方，内容发布方将相应内容发送给订阅者，带有缓存的中间节点会将经过的内容缓存。其他订阅者对相同内容发送请求时，邻近的带有缓存的中间节点就可以直接将相应的内容发送给订阅者。ICN 采用“拉”的信息传输模式，整个传输过程由用户的信息请求触发，网络通过信息缓存的方式实现快速响应用户。目前比较典型的 ICN 方案有内容中心网络（CCN）、面向数据的网络体系结构（DONA）、网络信息中心（NetInf）、信息网络系统（INS）等。

7）移动云计算

移动云计算是在移动互联网中引入云计算。移动网络中的移动智能终端（如手机）以按需、易扩展的方式连接到远端的服务提供商，获得所需资源，主要包含基础设施、平台、计算存储能力和应用资源。

2. 5G 的应用

我国 5G 技术在全球范围处于领先地位，在工业、农业、医疗、教育等领域都有广泛应用。

1）5G＋工业

5G 结合人工智能、大数据、云计算等新一代信息技术，对厂房车间，可以实现远程设备操控、设备协同作业、柔性生产制造、现场辅助装配、机器视觉质检、设备故障诊断、厂区智能物流、无人智能巡检等。例如宁德时代的 5G 智慧工厂，在试验环节，可以加速数据采集获取，高效模拟加快建模速度；在生产环节，通过 5G 进行生产要素的全连接，对生产环节全生命周期进行准确监控、预警。

2）5G＋农业

5G 结合智能控制、卫星定位、大数据、农机自动驾驶等技术，提升农机装备的智能化水平。依托 5G 网络广连接、大带宽、低时延特性，接入网络的传感器、高清摄像头对农作物种植环境、生长状态进行实时监测。另外，利用 5G＋传感器、机器人、高清摄像头实现养殖环境实时检测和动态调节、家禽生长状况实时监控和疾病预防排查、养殖场远程管理等，提升养殖的精细化水平和出产率。

3）5G＋医疗

基于 5G 技术的远程示教、远程诊断、远程手术、远程监护、远程急救、智慧机器人等医疗服务，对提高医院医疗技术水平、提升医院诊疗效率、优化医院服务水平起到了重要的推动作用。2019 年 3 月 16 日，我国移动携手华为公司助力中国人民解放军总医院，成功完成全国首例基于 5G 的远程人体手术——帕金森病“脑起搏器”植入手术。

4）5G＋教育

5G 技术在互动教学、智能考试、综合评价、智慧校园、区域教育管理等方面均有重大价值。利用 5G＋VR/AR、5G＋全息投影、5G＋4K/8K 远程直播等技术，可以打造沉浸式智慧课堂、交互式在线教学和虚拟仿真实验教学，还可以远程互动教学，实现跨地域网络教学的实时互动；通过构建数字化校园管理平台，实现对校园设施、资源、环境等数据的实时采集、分析和管理。

5）5G＋物流

5G 技术在运输、配送、仓储等物流环节的应用，可以降低物流成本，优化物流效率。例如，传统的自动导向车通过 Wi-Fi 网络与调度系统相连，存在同频干扰、数据丢包、热点切换卡顿、安全性差等问题，基于 5G 网络的自动导向车可有效解决 Wi-Fi 网络的问题，且实现路径规划、任务调度、交通管制、智慧避障等功能，提升厂区内物流的智能化水平。

6）5G＋文娱

5G 技术创新了文娱产业的表现形式和传播手段。例如 2022 年北京冬奥会，5G 视频辅助系统帮助裁判提高了判决的精准性，5G＋4K/8K 高清视频、5G＋VR 为观众提供了沉浸式多视角全景观赛体验。在游戏产业，5G 技术大幅提升云游戏的可移动性，有效缩短了用户游戏的延迟；5G＋云游戏结合 VR/AR 实现了虚拟物体与现实场景的交互，带来了沉浸式游戏体验。例如，中国移动、高通、当红齐天等产业合作伙伴在全国范围内构建了千店互联的“无界元宇宙”。

7.6.3 其他通信技术

1. 蓝牙

蓝牙是一种支持设备短距离（一般是 10 m 之内）通信的无线电技术。使用蓝牙技术，能在包括移动电话、PDA、无线耳机、笔记本电脑、相关外设等众多设备之间进行无线信息交换，也能够成功地简化设备与互联网之间的通信。蓝牙在人们生产、生活中的应用十分广泛，包括无线耳机、智能手环、智能门锁、工业自动化控制等。

2. Wi-Fi

Wi-Fi 是一个创建于 IEEE 802.11 标准的无线局域网技术，可以将设备与设备相连，从而使整个家庭的家用电器、电子设备相连。

3. ZigBee

ZigBee 也称紫蜂，是一种低速短距离传输的无线网络协议，底层是采用 IEEE 802.15.4 标准规范的介质访问层与物理层。ZigBee 技术是一种近距离、低复杂度、低功耗、低速率、低成本的双向无线通信技术，主要用于距离短、功耗低且传输速率不高的各种电子设备之间的数据传输。

4. 卫星通信技术

卫星通信技术是一种利用人造地球卫星作为中继站来转发无线电波而进行的两个或多个地球站之间的通信。卫星通信具有覆盖范围广、通信容量大、传输质量好、组网方便迅速、便于实现全球无缝连接等众多优点。

5. 光纤通信技术

光纤通信是光导纤维通信的简称，是利用光导纤维传输信号，实现信息传递的一种通信技术。实际应用中的光纤通信系统使用的不是单根的光纤，而是许多光纤聚集在一起组成的光缆。

7.7 区块链技术

7.7.1 区块链概述

1. 区块链的定义

区块链起源于比特币，2008 年 11 月 1 日，一位自称中本聪（Satoshi Nakamoto）的人发表了《比特币：一种点对点的电子现金系统》一文，阐述了基于 P2P 网络技术、加密技术、时间戳技术、区块链技术的电子现金系统构架理念，这标志着比特币的诞生。两个月后，序号为 0 的创世区块诞生，几天后出现了序号为 1 的区块，并与序号为 0 的创世区块相连接形成了链，这标志着区块链的诞生。

区块链（Blockchain）指的是一种去中心化的分布式账本技术，其本质上是一个共享数据库。区块链通过密码学技术保障数据的安全和隐私，通过共识机制保障数据的一致性和完整性，存储在其中的数据具有去中心化、不可伪造、全程留痕、可以追溯、公开透明、集体维护等特征。

2. 区块链的结构与原理

区块链采用了特定的"块 - 链"存储结构，如图 7-24 所示，区块链的"区块"就是保存信息的地方。区块链系统会检验期间产生的所有数据，如交易记录以及该区块何时被编辑或创建的记录等，并将这些数据存储在一个新的区块上，这个区块会与前一个区块连接，每个区块都必须包含前一区块的相关信息才能生效，从而形成一根链条，因此称为"区块链"。这种区块链结构的特点是可以保证数据的完整性，因为每一个区块都会存储它被创建之前的所有价值交换信息；还可以保证数据的严谨性，因为一旦新的区块被加入链中，就再也不能修改之前的区块。

图 7-24 "块 - 链"存储结构

从技术角度看，区块链相当于定义了一条时间轴，确保记录在这条时间轴上的数据可以查询，但是不可更改。区块链建立了一种基于算法、可被验证的信任，实现了从记录到传输再到存储的全面分布式的模式，数据传输、数据验证、数据存储都去中心化，所有参与者共同构建数据库。

3. 区块链的类型

区块链分为 3 类：公有区块链、行业区块链、私有区块链。

（1）公有区块链：世界上任何个体或团体都可以发送交易，任何人都可以参与其共识过程。公有区块链是最早的区块链，也是应用最广泛的区块链，各大虚拟数字货币均基于公有区块链，世界上有且仅有一条该币种对应的区块链。

（2）行业区块链：由某个群体内部指定多个预选节点为记账人，每个块的生成由所有的预选节点共同决定（预选节点参与共识过程），其他接入节点可以参与交易，但不过问记账过程。任何人可以通过该区块链开放的 API 进行限定查询。

（3）私有区块链：仅仅使用区块链的总账技术进行记账，它由一个公司或个人独享该区块链的写入权限。私有区块链的应用产品还在摸索之中。

7.7.2　区块链的关键技术

1. 分布式账本

分布式账本指交易记账由分布在不同地方的多个节点共同完成，而且每个节点记录的是完整的账目，因此它们都可以参与监督交易的合法性，同时也可以共同为其作证。

区块链的分布式存储体现在两方面：一是区块链的每个节点都按照块－链式结构存储完整的数据；二是区块链的每个节点的存储都是独立的、地位等同的，依靠共识机制存储。没有任何一个节点可以单独记录账本数据，从而避免了单一记账人被控制或记假账的可能性。由于记账节点足够多，理论上讲，除非所有的节点被破坏，否则账目不会丢失，从而保证了账目数据的安全性。

2. 加密技术

存储在区块链上的交易信息是公开的，但是账户的身份信息和交易信息被高度加密，只有在经数据拥有者授权的情况下才能被访问，从而保证了数据的安全和个人的隐私。区块链技术中使用的加密算法常见的有 Hash 算法、非对称加密算法和数字签名。

3. 共识机制

共识机制是所有记账节点之间怎么达成共识，去认定一个记录的有效性，这既是认定的手段，也是防止篡改的手段。区块链提出了 4 种不同的共识机制，适合不同的应用场景，在效率和安全性之间取得平衡。

只有在控制了全网超过 51% 的记账节点的情况下，才有可能伪造出一条不存在的记录。当加入区块链的节点足够多的时候，这基本上是不可能实现的，从而杜绝了造假的可能性。

4. 智能合约

智能合约是基于可信的不可篡改的数据，可以自动执行一些预先定义好的规则和条款。以保险为例，如果每个人的信息（如医疗信息等）都是真实可信的，就很容易在一些标准化保险产品中进行自动理赔。

7.7.3 区块链的应用

区块链作为一种底层协议或技术方案，可以有效地解决信任问题，实现价值的自由传递。区块链在金融、能源、公共服务、医疗健康等领域具有广阔的应用前景。

1. 金融领域

区块链具有的信息透明、不可篡改的特点，在贸易融资、跨境金融、支付清算等应用场景中有巨大价值，可以降低金融交易的成本和风险。例如，将区块链技术应用于跨境支付领域，汇款通道变得透明，交易历史数据可追溯，不仅让交易更安全、放心，而且在降低成本的同时大大提高了效率和速度。2022 年 1 月，亚洲开发银行与东南亚国家、日本、中国、韩国组成联盟，基于区块链实现在“10 ＋ 3”地区的中央银行和证券存管机构的数据互联互通。

2. 能源领域

区块链技术应用于碳排放溯源、分布式能源管理等应用场景，赋能能源主体的转型升级。2022 年 4 月，全球首例基于区块链技术的 I-REC 国际绿证跨国交易，在数字化碳资产 OTC 平台上完成 10 万张交割。

3. 公共服务领域

区块链在数字身份、司法存证、城市治理等领域的应用价值持续释放，支撑服务透明化、平等化、精准化。2020 年，信阳市推出政务区块链项目的首个应用场景“区块链＋不动产登记”，通过公安、民政、税务部门的户籍信息、婚姻登记信息、购房发票、契税完税等“上链”数据，实现不动产登记 8 项材料免提交，公积金贷款 6 项材料免提交，不动产证的出证时间由 3 天减至 0.5 天。之后，全国多个城市（如厦门、南京、宁波等）陆续推出了区块链技术在不动产登记中的应用。

4. 数字版权领域

区块链技术可以实现数字版权的管理和保护，防止盗版和侵权。通过区块链，可以对版权所有者和其版权产出的数据进行存储，实现对所有权的溯源，保证权属的真实性、唯一性，从而达到保护版权的目的。作品在区块链上被确权后，后续交易和版权变更都会进行实时记录，实现数字版权的全生命周期管理。

5. 公益领域

区块链技术可以大大提高公益领域的信息透明度。社会公益中的相关信息，如捐赠项目、募集明细、资金流向、受助人反馈等，都可以存放在区块链上，让捐赠者有权对公益体系和流程进行监督，进而鼓励捐赠者放心捐助，形成良性循环，改善公益事业。

6. 物联网和物流领域

在去中心化的物联网愿景中，区块链是发生互动的设备间促进交易处理和协作的框架，网络上的每个设备都可以作为一个独立、微型的商业主体运行。另外，区块链可以降低物流成本，追溯物品的生产和运送过程，并且提高供应链管理效率。

习 题 7

1. 简要说明大数据的特点。
2. 简要说明大数据的关键技术。
3. 简要说明什么是云计算。
4. 简要说明云计算的服务模式。
5. 简要说明人工智能的关键技术。
6. 简要说明量子信息的关键技术。
7. 简要说明物联网的技术特征。
8. 简要说明移动通信技术的发展阶段。
9. 简要说明 5G 通信技术的应用。
10. 简要说明区块链的类型。

第 8 章

多媒体技术

多媒体技术是一门迅速发展的综合性信息技术，它把电视的声音和图像功能、印刷业的出版能力、计算机的人机交互能力和 Internet 的通信技术有机地融于一体，对信息进行加工处理后，再综合地表达出来。多媒体技术改善了信息的表达方式，丰富了媒体的表现力，使人们更加容易接受。本章主要介绍多媒体基础知识、多媒体信息的数字化，多媒体信息的处理和制作技术。

8.1 多媒体基础知识

视频：多媒体

8.1.1 多媒体技术的特性

多媒体一词产生于 20 世纪 80 年代初，狭义上的多媒体是指信息表示媒体的多样化。计算机技术和信息处理技术的发展，使人们拥有了处理多种媒体信息的能力。多媒体是利用计算机对文本、声音、图形、图像、动画和视频等多种媒体进行综合处理，使多种信息建立逻辑连接，集成一个具有交互性的系统。广义上的多媒体一词可以被视为多媒体技术的同义词，这里的多媒体不是指多种媒体本身，而是指处理和应用它们的一整套技术。

多媒体技术的主要特性如下。

（1）多样性：20 世纪 90 年代以前的计算机以处理文本信息为主，而目前的计算机大多是多媒体计算机，不仅能输入多媒体信息，而且能处理和输出多媒体信息，这使计算机变得越来越符合用户的需求。

（2）交互性：用户可以与计算机进行对话，计算机为用户提供控制和使用信息的方式。用户在多媒体系统中不是被动地接受信息，而是参与数据转变为信息、信息转变为知识的过程。通过交互过程，用户可以获得关心的信息，可以对某些事物的运动过程进行控制，从而满足自己的某些特殊要求，例如影视节目播放中的快进与倒退、图像处理中的人物变形等。对一些娱乐性应用（如游戏），人们甚至还可以介入剧本编辑、人物修改之中，增加了用户的参与性。

（3）集成性：包括 3 个方面的含义。一是指多种信息形式的集成，即文本、声音、图像、视频信息形式的一体化；二是多媒体将各种单一的技术和设备集成在一个系统中，例如，将图像处理技术、音频处理技术、电视技术、通信技术等集成一个综合系统，实现更高的应用目标，如电视会议系统、视频点播系统、虚拟现实系统等；三是对多种信息源的数字化集成，例如，可以将用摄像机获取的视频图像、存储在硬盘中的照片及计算机产生的文本、图形、动画、伴音等，经编辑后向计算机屏幕、音响、打印机、硬盘等设备输出，也可以通过 Internet 进行远程输出。

（4）实时性：视频图像和声音必须保持同步性和连续性。例如，视频播放时，画面不能出现动画感、马赛克等现象，声音与画面必须保持同步等。

8.1.2　多媒体文件的存储格式

计算机对文本、图形、图像、声音、动画、视频等信息进行处理时，首先需要将这些材料来源不同、信号形式不一、编码规格不同的外部信息，转换成计算机能够处理的信号，然后按规定格式对其进行编码，这个过程被称为多媒体信息的数字化。

1. 信息的编码

由于计算机只能识别和处理二进制数据，所以必须对原始信息（如文字、数据、图片、视频等）进行编码。将信息表示为计算机能够识别的二进制编码的过程称为“信源编码”，解码是编码的逆过程。

信源编码是将信息按一定规则进行数字化的过程。例如，对文字、符号等信息，可以利用 ASCII 标准进行编码，这些编码可以由文本编辑软件（如 Word）进行解码。在网页中，采用了 HTML（Hyper Text Markup Language，超文本标记语言）进行编码，这些具有特殊功能的符号标记语言也是一种信源编码，它由浏览器软件（如 Microsoft Edge）进行解码。对模拟信号进行模 / 数转换后，可以利用 PCM（Pulse Code Modulation，脉冲编码调制）技术进行编码，利用音频软件（如 MP3 播放器）进行解码。对音频和视频信号，可以利用 MPEG 等压缩标准进行信源压缩编码，可以利用音频 / 视频播放软件（如暴风影音）进行解码。

2. 字符信息的编码

最通用的字符编码是 ASCII，它主要用于计算机信息编码。ASCII 共定义了 128 个英文字符，其中 33 个字符为控制字符，无法显示；另外 95 个字符为可显示字符，包含键盘的空格键所产生的空格（显示为空白）。

3. 流媒体文件

多媒体文件可分为静态多媒体文件和流式媒体文件（简称为“流媒体”）。静态多媒体文件无法提供网络在线播放功能。流媒体是指在 Internet 中采用流式传输技术的媒体，在播放时并不需要下载整个文件，只需将文件的部分内容下载到本地计算机后，就可以实现即时传输、随时播放。实现流媒体的关键技术是数据的流式传输。

4. 多媒体信息的数据量

数字化的图形、图像、视频、音频等多媒体信息的数据量很大，下面分别以图像、声音和视频等数字化信息为例，计算它们的理论存储容量。

1）点阵图像的数据量

将扫描仪获取的一张尺寸为 11 in×8.5 in（相当于 A4 纸张大小）的彩色照片输入计算机，扫描仪的分辨率设为 300 dpi（300 点 / 英寸），扫描为 24 位 RGB 彩色图像。经扫描仪数字化后，未经压缩的图像存储空间为

11（in）×300（dpi）×8.5（in）×300（dpi）×［24（bit）/8（bit）］= 24 MB

2）数字化高质量音频的数据量

人们能够听到的最高声音频率为 22 kHz，制作 CD 音乐时，为了达到这个指标，采样频率为 44.1 kHz，量化精度为 32 位，存储一首 1 min 未经压缩的立体声数字化音乐需要的存储空间为

［44 100（Hz）×32（bit）×2（声道）×60（s）］/8（bit）= 20.2 MB

3）数字化视频的数据量

如果 NTSC（National Television System Committee，美国国家电视系统委员会）制式的视频图像的分辨率为 640×480，每秒显示 30 幅视频画面（帧频为 30 fps），色彩采样精度为 24 位，那么存储 1 min 未经压缩的数字化 NTSC 制式视频图像需要的存储空间为

［640×480×24（bit）×30（fps）×60（s）］/8（bit）= 1.5 GB

由以上分析可知，多媒体信息的数据量都非常大。因此，多媒体信息的数据编码和压缩技术非常重要。

8.2 音频处理技术

8.2.1 声音的基本特性

1. 声音的物理特性

声音是由振动产生的，如拨动吉他的琴弦，吉他就发出声音，但是仅有振动还不够，还要靠介质来传递。声音不仅可以在空气中传播，还可以在水、土、金属等物质中传播。声音是一种波，通常称为声波，声波传进人们的耳朵，使人耳中的鼓膜振动，触动人们的听觉神经，人们才听到了声音。声音在空气中的传播速度约为 340 m/s（15 ℃时）。

2. 声音的三要素

声音分为乐音和噪声。乐音的振动比较有规则，有固定音高；而噪声的振动毫无规则，无法形成音高。决定声音不同的 3 个条件是音高、音量和音色。

1）音高

不同音高的产生是由于振动频率不同，振动频率越高，音高越高。声音频率的单位是 Hz（赫兹），1 Hz 就是每秒振动一次。例如，音乐中的标准音 A 的频率是 440 Hz，也就是每秒振动 440 次，这个声音是乐器定音的标准，而钢琴中音 C 的频率是 261.63 Hz。C 调下唱名与频率之间的关系如表 8-1 所示。

表 8-1　C 调下唱名与频率之间的关系

基本音级的唱名	do	re	mi	fa	so	la	xi
简谱的唱名	1	2	3	4	5	6	7
十二平均律频率 /Hz	261.6	293.7	329.6	349.3	392.1	440	493.9
纯音频率 /Hz	264	297	330	352	396	440	495

2）音量

音量就是声音的强弱，由声波的振幅决定。在振动中，振动的物理量偏离中心的最大值称为“振幅”。声源的振幅越大，声音越响。声波的幅度能量按高于或低于正常大气压来量度，这个变化部分的压强称为“声压”。为了方便计算，通常采用 dB（分贝）表示声压，0 dB 是声压的基准，它以人耳刚刚能听到的声音为标准。3 dB 内的音量变化，一般人是难以察觉的。

3）音色

音色是人耳对某种声音的综合感受。音色与多种因素有关，但主要取决于声音的频谱特性和包络线。同样是标准音 A，振动频率都是 440 Hz，但钢琴和二胡的音色相差很大。即使都是二胡，不同的二胡的音色相差得也非常大。例如，钢琴的声音都有一个音头（“当……”），然后逐渐衰减，而弦乐就不同。从图 8-1 中可以看到声音波形的包络线的不同。

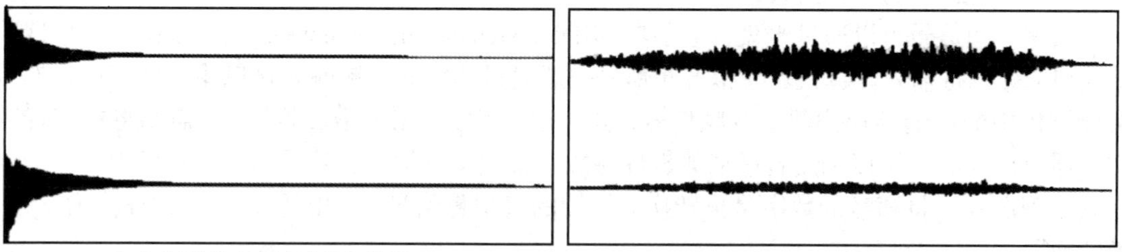

（a）钢琴的声音波形的包络线　　（b）弦乐的声音波形的包络线

图 8-1　弹奏同一个标准音 A 时，钢琴与弦乐的声音波形的包络线

3. 声音的数字化过程

自然界中的声音是连续变化的模拟量。例如，对着话筒讲话时，话筒根据它周围空气压力的不同变化，输出连续变化的电压值，如图 8-2（a）所示。这种变化的电压值是对讲话声音的模拟，称为“模拟音频信号”，如图 8-2（b）所示。模拟音频信号的电压值输入录音机时，电信号转换成磁信号记录在录音磁带上，因而记录了声音。但用这种方式记录的声音不利于计算机存储和处理，要使计算机能存储和处理声音信号，就必须将模拟音频信号进行数字化处理。音频信号的数字化过程如图 8-2 所示。

1）采样

将模拟音频信号转换成数字音频信号，必须经过采样过程。采样过程是在每个固定时间间隔内对模拟音频信号截取一个振幅值，并用给定字长的二进制数表示，将连续的模拟音频信号转换成离散的数字音频信号，如图 8-2（c）所示。截取模拟音频信号的振幅值的过程称为“采样”，所得到的振幅值称为“采样值”。单位时间内的采样次数越多（采样频率越高），数字音频信号就越接近原声。目前，大多数声卡的采样频率都达到了 44.1 kHz 或更高。

2）量化

另一个影响音频信号的数字化的因素是对采样信号进行量化的位数，如图 8-2（d）所示。例如，声卡的采样位数为 8 位，就有 256（2^8）种量化等级；如果采样位数为 16 位，就有 65 536（2^{16}）种量化等级；如果采样位数为 32 位，就有 4 294 967 296（2^{32}）种量化等级。目前，大部分声卡的采样位数为 24 位或 32 位。

3）编码

对模拟音频信号进行采样、量化后，计算机得到了一大批原始的音频数据，将这些信源数据（采集的原始数据）按文件类型（如 WAV 和 MP3 等）进行编码后，再加上音频文件格式的头部，就得到了一个数字音频文件，如图 8-2（e）所示。这项工作由计算机中的声卡和音频处理软件（如 Adobe Audition）共同完成。

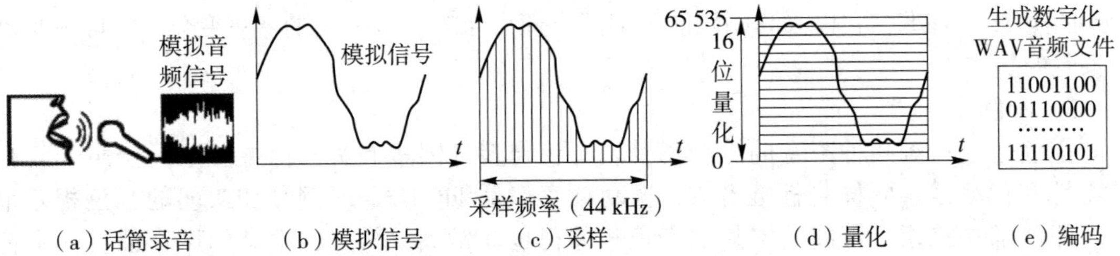

图 8-2 音频信号的数字化过程

4. 声音信号的输入与输出

数字音频信号可以通过光盘、电子琴 MIDI（Musical Instrument Digital Interface，乐器数字接口）等设备输入计算机。模拟音频信号一般通过话筒和音频输入接口输入计算机，然后由计算机中的声卡转换为数字音频信号，这一过程称为“模 / 数转换”。当需要将数字音频文件播放出来时，可以利用音频播放软件将数字音频文件解压，然后通过计算机中的声卡或音频处理芯片，将离散的数字量再转换成连续的模拟量信号（如电压），这一过程称为“数 / 模转换”。

8.2.2 音频文件格式

目前，较流行的音频文件格式有 WAV、MP3、WMA、RM、MIDI 等。由于它们对自然声音的记录方式的不同，因此音频文件的大小和音频效果相差很大。

1. WAV 格式

WAV 文件是 Microsoft 公司和 IBM 公司共同开发的 PC 标准音频格式的文件，具有很高的音质。未经压缩的 WAV 文件占用的存储空间非常大，1 min CD 音质的音乐大约占用 10 MB 存储空间。

2. MP3 格式

MP3 是一种符合 MPEG-1 音频压缩第 3 层标准的文件格式。MP3 压缩比一般为 1 ∶ 10 ～ 1 ∶ 12。MP3 格式是一种有损压缩格式，由于大多数人听不到 16 kHz 以上的声音，所以，MP3 编码器便剥离了频率较高的所有音频。一首 50 MB 的 WAV 格式的歌曲用 MP3 格式压缩后，只需要 4 MB 左右的存储空间，但其音质与 CD 相差不多。MP3 格式是 Internet 的主流音频格式。

3. MIDI 格式

MIDI 是电子合成乐器的统一国际标准。在 MIDI 文件中，只包含产生某种声音的指令，这些指令包括使用什么 MIDI 乐器、乐器的音色、声音的强弱、声音持续时间的长短等。计算机将这些指令发送给声卡，声卡按照指令将声音合成出来。MIDI 音乐可以模拟上万种常见乐器的发音，唯独不能模拟人的声音，这是它最大的缺陷。在不同的计算机中，由于音色库与音乐合成器的不同，MIDI 音乐有不同的音乐效果。另外，MIDI 音乐缺乏重现真实自然声音的能力，电子音乐的味道太浓。MIDI 音乐主要用于电子乐器、手机等多媒体设备。MIDI 音乐的优点是生成的文件非常小，一首 10 min 的 MIDI 音乐文件只需要几千字节的存储空间。

由于 MIDI 文件存储的是指令，而不是声音数据，所以人们可以在计算机上利用音乐软件随时谱写和演奏电子音乐，而不需要聘请乐队，甚至不需要乐器。MIDI 音乐大大降低了音乐创作者的工作量。

8.2.3 音频处理软件

1. 多媒体音乐工作站的基本组成

多媒体技术的出现，给音乐领域带来了一次深刻的革命。多媒体技术在音乐、电影、电视、戏剧等各方面都发挥着极其重要的作用。现在音乐软件在很多方面已经取代了过去那些笨重庞大而昂贵的音乐硬件设备。如果用户只是进行一些非音乐专业的音频处理工作（如企业联欢晚会的音频处理），使用一台普通的计算机和一个普通的话筒就可以。如果用户需要进行专业的音乐创作，那么使用一台计算机接上一个 MIDI 键盘，再安装一些音乐制作软件，就可以进行计算机音乐的学习和创作了。一个简易的多媒体音乐工作站如图 8-3 所示。

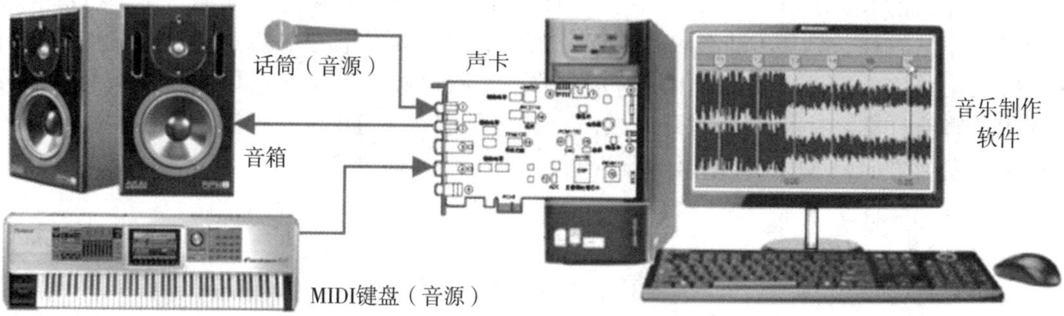

图 8-3 简易的多媒体音乐工作站

2. 音频软件

音频软件大致分为两类：一类是音频处理软件，另一类是音乐工作站。

音频处理软件的主要功能有：音频文件的格式转换，通过话筒现场录制声音文件，多音轨（一个音频一个声道）的音频编辑，音频片段的删除、插入、复制等，音频的消噪、音量的增大和减小、音频的淡入和淡出、音频特效，对多音轨音频的混响处理等。音频处理软件的音频编辑功能很强大，但是音乐创作功能很弱，主要适合非音乐专业人员使用。

音乐工作站除具有音频处理软件的所有功能外，还在音色选择、音量控制、力度控制、速度控制、节奏控制、声道调整、感情控制、滑音控制、持音控制等方面具有相当强大的功能。此外，音乐工作站还具有 MIDI 音乐输入 / 输出和编辑功能，强大的软件音源或硬件音源的处理功能，五线谱记谱、编辑、打印等功能。音乐工作站主要适合音乐专业人员使用。

常用的音频处理软件及音乐工作站如表 8–2 所示。

表 8–2　常用的音频处理软件及音乐工作站

名称		说明
音频处理软件	Adobe Audition	功能强大的音频处理软件，具备音频格式转换、现场录音、多音轨音频编辑、混响、特效等功能
	GoldWave	简单易用的音频处理软件，具备音频格式转换、现场录音、双音轨音频编辑等功能
	Accord CD Ripper	CD 音轨抓取工具，可以将 CD 碟片上的音乐抓取出来，并保存为 MP3 等格式的音频文件
	Free Audio Converter	音频格式转换软件，支持 MP3、WAV、M4A、AAC、WMA、OGG 等多种格式之间的相互转换
音乐工作站	Cakewalk Sonar	功能强大的专业音乐工作站软件
	Cubase SX	
	作曲大师	

3. Cakewalk Sonar

Cakewalk Sonar（国内俗称“声呐”）几乎包括所有音乐人需要的计算机音乐制作功能，具有强大的 MIDI 制作、音频录制、编辑、混音、伴奏和操控等功能，是一款综合性的音乐工作站软件。利用 Cakewalk Sonar，可以设计和制作音乐，以达到计算机作曲的目的。Cakewalk Sonar 可以实现 MIDI 信号与数字音频信号（WAV）的同步，使人们不但可以利用计算机作曲，也可以同时录制歌声，甚至是制作 MIDI 设备无法发出的声音。音乐工作站的发展方向是 MIDI、音频、音源（合成器）一体化制作，Cakewalk Sonar 就具备这些功能。

4. Adobe Audition

Adobe Audition 是一款普及率极高的音频编辑和混音软件，软件原名为 Cool Edit Pro，被 Adobe 公司收购后，改名为 Adobe Audition。Adobe Audition 专为广播设备和音频、视频专业人员设计，它具有音频格式转换、音频混合、背景噪声消除、音频编辑、卡拉 OK 带制作和各种音频效果处理等功能。它最多可以混合 128 个声道，可编辑单个音频文件，并可使用 45 种以上的数字信号处理效果。Adobe Audition 还是一个完善的多声道录音室，可以录制音乐、无线电广播，或者为录像配音。

Adobe Audition 3.0 以上的版本支持 VSTi（Virtual Studio Technology instruments）虚拟乐器技术，这意味着 Adobe Audition 可以由音频处理软件转变为一个音乐工作站软件。

Adobe Audition CS 的工作界面如图 8–4 所示。

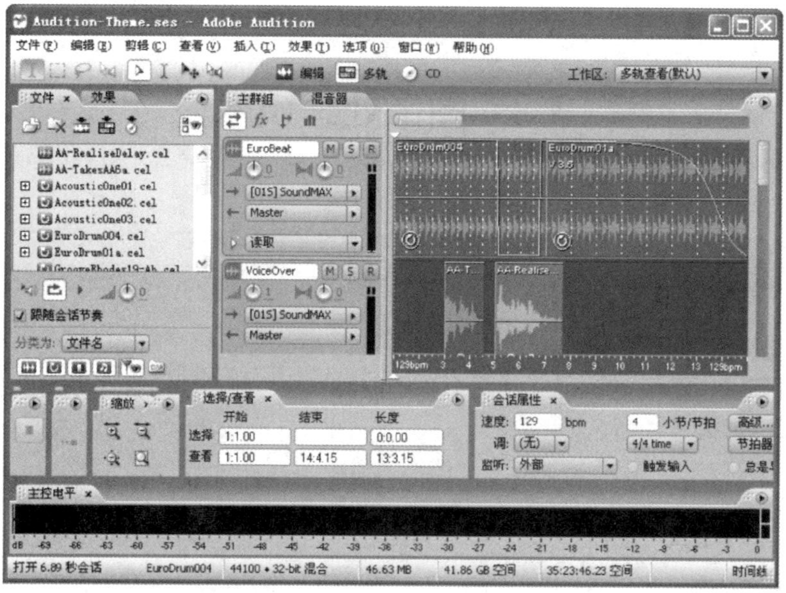

图 8-4 Adobe Audition CS 的工作界面

5. GoldWave

GoldWave 是一款简单易用的数码录音及编辑软件，它可以对数字音乐的各种音频格式进行转换。GoldWave 可以现场录制声音文件，也可以对原有的声音文件进行编辑，制作出各种各样的效果。GoldWave 的缺点是一次只能编辑两个音轨，而且不能处理 MIDI、RM 等音乐文件。GoldWave 主要适合对音频处理没有复杂要求的用户使用。

GoldWave 的工作界面如图 8-5 所示。

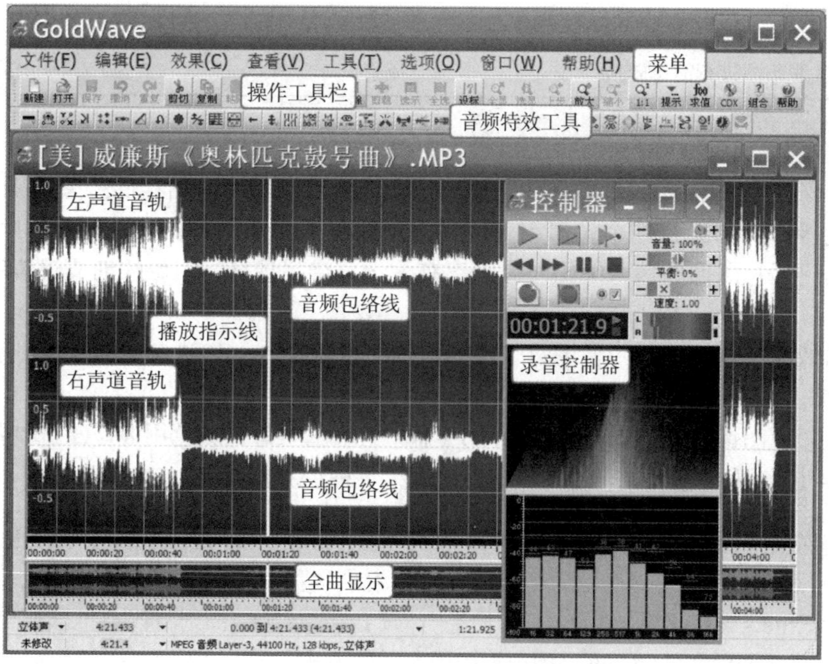

图 8-5 GoldWave 的工作界面

8.3 图像处理技术

8.3.1 图像的数字化

1. 图像与图形的区别

在计算机领域，图像（image）和图形（graphic）是两种不同的表达方式，在处理技术上有很大的区别，如表 8-3 所示。

表 8-3 图像与图形的区别

图　像	图　形
采用像素点阵构成位图	使用点、线、面表示物体的形状
像素点之间没有必然的联系	图形中三角形的顶点与顶点之间是有联系的，它们决定了物体的形状
图像的复杂度与物体的内容无关，只与图像的像素点有关	图形的复杂度与物体大小无关，与物体的细节程度有关
放大时会产生马赛克现象	放大时不会失真
图像学主要研究图像的编辑、恢复与重建、内容识别、图像编码等	图形学主要研究物体的建模、动画、渲染等
图像转换为图形的技术目前很不成熟，仅仅能对一些单色的工程线条图进行简单转换	将图形转换为图像的过程称为"栅格化"，技术成熟

2. 图像的编码

图像由像素点阵构成，也称为"位图"。位图采用点阵表示和存储。黑白图像只有黑、白两个灰度等级，如果每一个像素用 1 位二进制编码（0 或 1）表示，就可以对黑白图像的信源进行编码了。图像的信源编码与分辨率有关，分辨率越高，图像的细节越清晰，但是图像的存储容量也越大。

如果图像为灰度图像，图像中每个像素点的亮度值用 8 位二进制数表示，则亮度表示范围有 256（2^8）个灰度等级（0 ～ 255）。

如果是彩色图像，R（红）、G（绿）、B（蓝）三基色中每种颜色用 8 位二进制数表示，色彩深度为 24 位，那么它可以表达约 1 677 万（2^{24}）种色彩。

【例 8-1】 对一幅图像大小为 1 280×1 280 像素、色彩深度为 24 位的图像进行编码。

如图 8-6 所示，对图像中的每个像素点进行色彩取值，其中某一个土黄色像素点的色彩值为"R = 202，G = 129，B = 61"，如果不对图像进行压缩，则将以上色彩值进行二进制编码即可。形成图像文件时，还必须根据图像文件的格式，加上文件头。

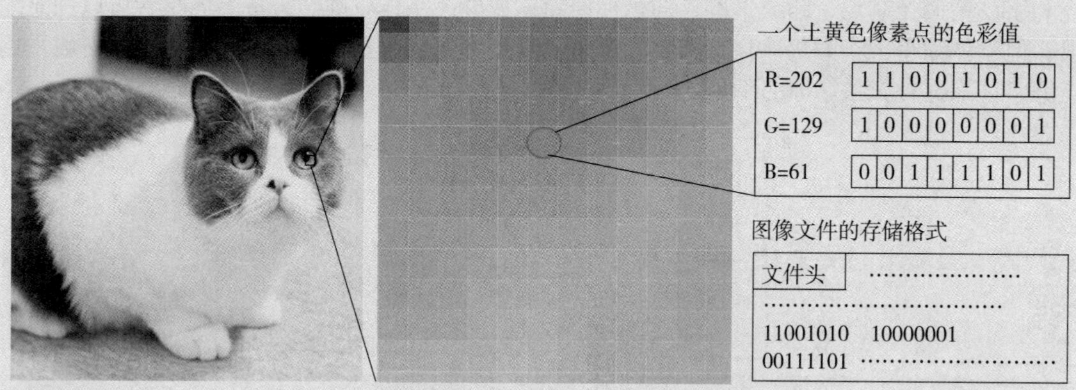

图 8-6　24 位色彩深度的图像编码方式（无压缩）

位图表达的图像逼真，但是文件较大，处理高质量彩色图像时对硬件平台要求较高。位图缺乏灵活性，因为像素之间没有内在联系，而且它的分辨率是固定的。将图像缩小后，如果再将它恢复到原始尺寸，图像就会变得模糊不清。

3. 分辨率

分辨率是数字化图像的重要技术指标，分辨率越大，图像文件的尺寸越大，能表现更丰富的图像细节；如果分辨率较低，图像就会显得相当粗糙。分辨率有以下几个方面的含义。

1）图像分辨率

数字化图像的分辨率是水平与垂直方向上像素的总和。例如，800 万像素的数码相机，图像最高分辨率为 3 264×2 448 等。

2）屏幕分辨率

屏幕分辨率一般用显示器屏幕的水平像素 × 垂直像素表示，如 1 024×768 等。

3）印刷分辨率

印刷分辨率是指图像在打印时每英寸像素的个数，一般用 dpi（像素 / 英寸）表示。例如，普通书籍的印刷分辨率为 300 dpi，精致画册的印刷分辨率为 1 200 dpi。

4）分辨率之间的关系

使用数码相机拍摄一幅 380 万像素的数码图像，图像分辨率为 2 272×1 704。将图像在屏幕分辨率为 1 024×768 的显示器中输出时，若图像按 100% 的比例显示，则只能显示图像的一部分，因为图像分辨率大于屏幕分辨率；若将图像满屏显示，则屏幕只显示了图像 45% 左右的像素。如果将以上图像在打印机中输出，当打印画面的尺寸为 3.5 in×5 in（5 寸相片）时，打印出的图像的分辨率为 450 dpi 左右；若打印画面的尺寸扩大到 8 in×12 in（12 寸相片，相当于 A4 纸张大小），则打印出的图像的分辨率将降为 190 dpi 左右。

4. 矢量图形的特点

矢量图形（graphic）采用特征点和计算公式对图形进行表示和存储。矢量图形保存的是每个图元的数学描述信息，在显示和打印矢量图形时，要经过一系列的运算才能输出结果。矢量图形可以无限放大，细节轮廓仍然保持圆滑。

矢量字体是一种应用广泛的矢量图形，Windows 系统下显示的字体绝大部分都是矢量字体。如图 8-7 所示，矢量字体重要的特征是轮廓和字体精调控制点。轮廓是一组封闭的路径，它由线段或贝塞尔（Bézier）曲线（二次或三次贝塞尔曲线）组成。字形控制点有轮廓锚点和字体精调控制点，缩放这些点的坐标值将缩放整个字体轮廓。矢量字体尽管可以任意缩放，但字体缩得太小时仍然存在问题，字体会变得不好看或不清晰。因此，小字体一般采用点阵字体来弥补矢量字体的不足。

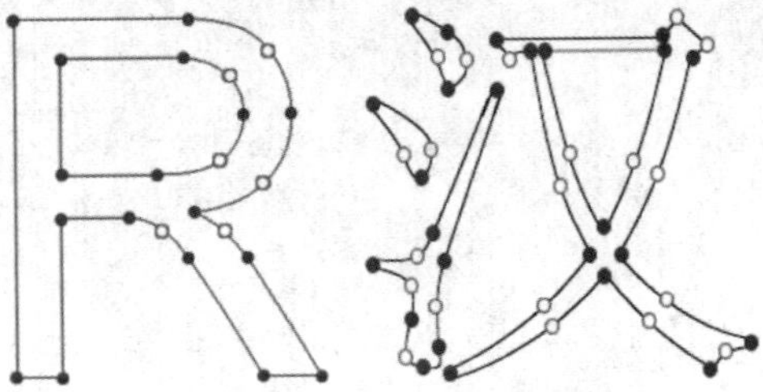

图 8-7　矢量字体

矢量图形主要用于表示线框型图片、工程制图、二维动画设计、三维物体造型、美术字体设计等。大多数计算机绘图软件、计算机辅助设计软件、三维造型软件等，都采用矢量图形作为基本图形的存储格式。矢量图形可以很好地转换为点阵图像，但是，点阵图像转换为矢量图形时效果很差。

8.3.2　图像和图形文件格式

1．点阵图像的文件格式

点阵图像文件有很多通用的标准存储格式，如 BMP、TIF、JPG、GIF、PNG 等，这些图像文件的格式标准是开放和免费的，这使得图像在计算机中的存储、处理、传输、交换和使用都极为方便，这些图像文件格式也可以相互转换。

1）BMP 格式

BMP（bitmap，位图）是 Windows 操作系统中常用的图像文件格式，它有压缩和非压缩两类，常用的为非压缩文件。BMP 文件结构简单，形成的图像文件较大，它最大的优点是能被大多数软件接受。

2）TIF 格式

TIF（Tagged Image File，标记图像文件）格式是一种工业标准图像格式，它也是图像文件格式中最复杂的一种。TIF 格式的文件的存放灵活多变，它的优点是独立于操作系统和文件系统，可以在 Windows、Linux、UNIX、Mac OS 等操作系统中使用，也可以在某些印刷专用设备中使用。TIF 格式分成压缩和非压缩两类，它支持所有图像类型。TIF 文件存储的图像质量非常高，但占用的存储空间也非常大，信息较多，有利于图像的还原。TIF 文件主要应用于美术设计和出版行业。

3）JPG 格式

联合照片专家组于 1991 年提出了“多灰度静止图像的数字压缩编码”（简称 JPEG）。JPG 格式是一个适用于彩色、单色和多灰度静止数字图像的压缩标准。JPG 格式对图像的处理包含两部分：第一部分是无损压缩，第二部分是有损压缩。JPG 格式将不易被人眼察觉的图像颜色删除，从而达到较大的压缩比。JPG 格式的图像可显示的颜色数约为 1 677 万种，可将图像文件的大小缩小到原图的 2% ～ 50%，在保证图像质量的前提下，可以获得较高的压缩比。大多数数码相机拍摄的图像都经过了 JPG 压缩处理。由于 JPG 格式优异的性能，所以其应用非常广泛，JPG 格式也是 Internet 上的主流图像格式。

4）GIF 格式

GIF（Graphics Interchange Format，图像互换格式）是一种压缩图像存储格式，它采用无损 LZW（Lempel-Ziv-Welch）压缩方法，压缩比较高，文件很小。GIF 是作为一种跨平台图像标准而开发的、与硬件无关的格式。GIF 包含 87a 和 89a 两种格式。GIF 89a 文件格式允许在一个文件中存储多个图像，因此可实现 GIF 动画功能。GIF 还允许图像背景为透明属性。GIF 格式是目前 Internet 上使用最频繁的文件格式，网上的很多小动画都是 GIF 格式的。GIF 格式的图像可用的颜色数约为 1 677 万种，但是 GIF 格式使用 8 位调色板，因此在一幅图像中只能使用 256 种颜色，这会导致出现“色滩”现象，色彩层次感差，因此不能用于存储大幅的真彩色图像文件。

5）PNG 格式

PNG（Portable Network Graphic，可移植网络图形）格式采用无损压缩算法，它的压缩比高于 GIF 格式，支持图像透明。PNG 是一种点阵图像格式，网页中的很多图片都采用这种格式。PNG 格式的色彩深度可以是灰度图像的 16 位，也可以是彩色图像的 48 位，可显示 4.3 亿种色彩，是一种新兴的网络图像格式。

2. 矢量图形的文件格式

矢量图形的文件格式有以下几种。

（1）AI 格式：Adobe 公司矢量图形设计软件 Illustrator 的专用格式。

（2）DWG 格式：计算机辅助设计软件 AutoCAD 的专用格式。

（3）3DS 格式：三维动画设计软件 3ds Max 的专用格式。

（4）FLA 格式：动画设计软件 Flash 的专用格式。

（5）VSD 格式：Microsoft 公司的网络结构图设计软件 Visio 的专用格式。

（6）SVG 格式：由 W3C（万维网联盟）组织研究和开发的矢量图形标准。SVG 格式最大的优点在于它的易用性，它可以自由缩放图形，文字独立于图形，文件尺寸小，并且支持透明效果、动态效果、滤镜效果，有强大的交互性等。SVG 是基于 XML（Extensible Markup Language，可扩展标识语言）的应用。作为标准开放的 SVG 格式，意味着它并不属于任何个人专利，这使得 SVG 格式能够得到更迅速的开发和更广泛的应用。目前，已经有少数公司推出了支持 SVG 格式的矢量图形创作、编辑和浏览的工具或软件。

JPG 格式点阵（图像）与 SVG 格式矢量（图形）的区别如图 8-8 所示。

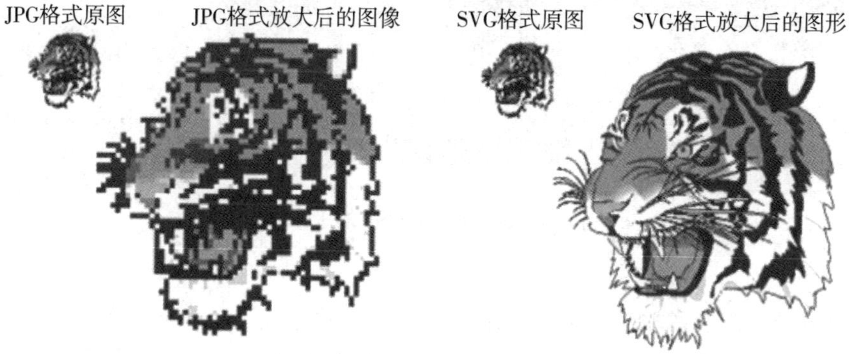

图 8-8　JPG 格式点阵（图像）与 SVG 格式矢量（图形）的区别

常用的矢量图形设计软件有 CorelDRAW（用于平面设计）、Illustrator（用于平面设计）、Microsoft Office Visio（用于办公和企业图形设计）、AutoCAD（用于机械、建筑图形设计）、Protel DXP（用于电路图设计）、3ds Max（用于三维动画设计）等。

Photoshop 是图像处理软件中功能强大、应用广泛的专业软件。

8.3.3 Photoshop 基本操作

1. Photoshop 简介

Adobe 公司出品的 Photoshop 是目前使用广泛的专业的图像处理软件，以前主要用于印刷排版、艺术摄影和美术设计等领域。随着计算机的普及，越来越多的文档需要对其中的图像进行处理。例如，办公人员需要对报表中的图片进行处理和制作，工程技术人员需要对工程图和效果图进行处理，大学生需要对毕业论文中的图片进行处理，个人用户需要对数码相片进行处理等。这些市场需求极大地推动了 Photoshop 图像处理软件的普及，使它迅速成为继 Office 软件后的又一大众型普及软件。以下以 Photoshop CS5 为例介绍 Photoshop 的相关知识。

2. 工作界面

Photoshop CS5 的工作界面如图 8-9 所示，主要包括菜单栏、控制面板、工具栏等。

图 8-9 Photoshop CS5 的工作界面

1）菜单栏

菜单栏包括文件、编辑（图像的复制、粘贴、删除、描边、填充、变形、旋转等功能）、图像（图像的色彩和亮度调整等功能）、图层、选择（对选区进行反选、羽化、扩展、收缩、旋转、变形等功能）、滤镜（图像特殊效果的处理，如浮雕、变形等功能）、视图（调整图像的尺寸、对齐等功能）、窗口（控制面板的打开、关闭等功能）、帮助等菜单。在 Photoshop CS5 中，可以选择菜单操作，也可以按快捷键进行操作。

2）控制面板

控制面板是 Photoshop 的主要操作界面，有多种方法对控制面板进行调整。一是单击“窗口”菜单，可以选择打开或关闭某个控制面板；二是单击控制面板切换栏的图标，选择不同的控制面板模式；三是单击控制面板上部的白色双三角形图标，展开或折叠控制面板。

Photoshop CS5 提供了 20 多个控制面板，常用的有导航器、图层、通道、历史记录、字符等控制面板。

（1）“导航器”面板：用来控制绘图区显示的图像的缩放比例，也可以按 Ctrl ＋“＋”快捷键放大图像，或者按 Ctrl ＋“－”快捷键缩小图像。在设计制作图像时，一般将图像比例调整为 100%，这样在设计图形时可以有一个准确值；在预览高分辨率图像时，由于计算机屏幕有限，一般将图像比例缩小到能够在屏幕上看到全部图像；对图像进行修改时，为了减少操作失误，一般将图像比例调到 200% 以上。

（2）“图层”面板：用来控制图层操作，它是 Photoshop 功能的精华部分，也是使用最频繁的一个工具。由于有了图层功能，所以图像处理这样一个非常专业化的工作变成了一个简单的拼图游戏。

（3）“通道”面板：用来记录图像的颜色数据和保存选区的内容。

（4）“历史记录”面板：用于记录可能需要还原和重做的操作，在默认状态下可以恢复前 20 步的操作。在图像编辑过程中，只要没有保存图像，按 F12 键即可将图像恢复至打开时的状态。

（5）“字符”面板：用来设置文字的字体和大小，以及字符的行距和颜色等参数。

3）工具栏

如图 8-10 所示，Photoshop CS5 包含了 70 多种工具，单击工具图标或按快捷键即可选择工具。将鼠标指针移到工具图标上稍作停留后，Photoshop CS5 会自动显示工具名称。有些工具图标的右下角有一个小三角形，它表示该工具还有与之相关的其他工具。打开这些工具的方法是：把鼠标指针移到含有小三角形的工具上右击，即可打开隐藏的工具；或者按住鼠标左键不松，放在工具上稍等片刻也可打开隐藏的工具，然后选择工具即可。

选择某个工具后，该工具的属性栏就会显示工具的选项和参数，用户可以对工具进行功能选择和参数调整等操作。例如，选择画笔工具后，单击画笔工具的属性栏中画笔形状右边的下拉按钮（小三角形），如图 8-11 所示。在下拉列表中可以选择画笔的各种形状和大小，如圆点、草、枫叶、流星等，还可以对画笔的不透明度、画笔大小、画笔色彩的流量等参数进行设置。

3. 图像编辑的常用操作

1）图像的复制和粘贴

在“图层”面板中选择需要复制图像的图层，按 Ctrl ＋ J 快捷键复制一个新图层。若只需要复制局部区域，则利用选区工具（见图 8-10 中的 M 区域），选取图像的局部区域，然后按 Ctrl ＋ C 快捷键复制，再按 Ctrl ＋ V 快捷键粘贴。

注意：第一，确认要复制的选区是否在需要的图层上；第二，若选区是透明的，没有图像，则执行复制命令时会出现对话框，提示用户选取的范围是空的。

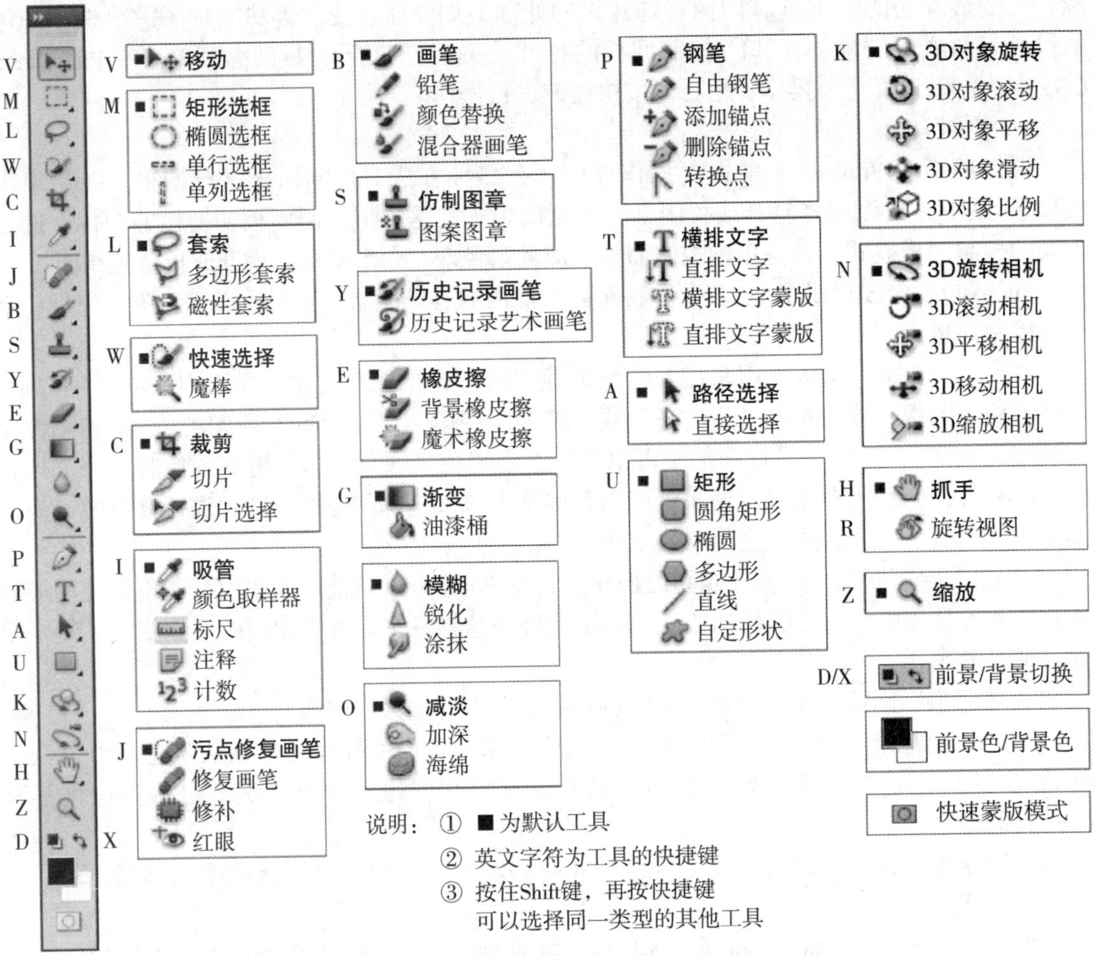

图 8-10　**Photoshop CS5 工具一览图**

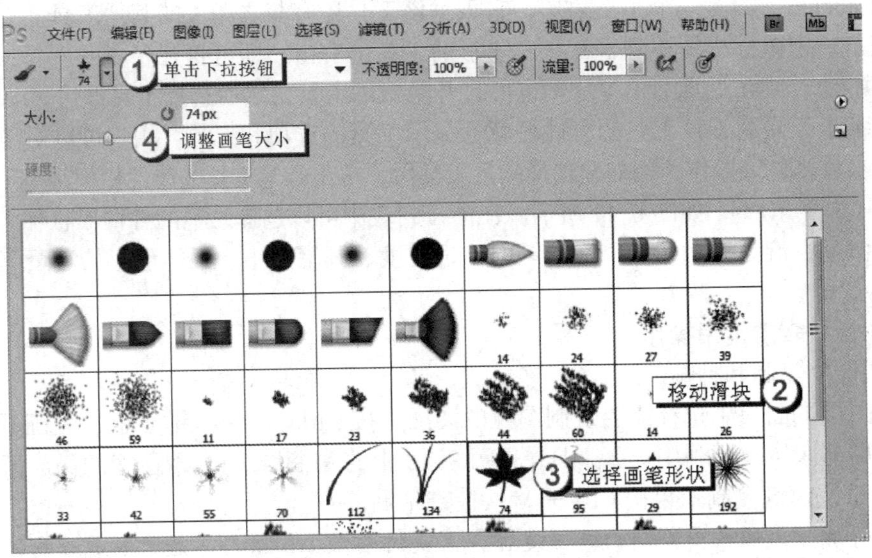

图 8-11　选择画笔形状和调整参数

2）图像的清除

要清除某一个图层中的整个图像时，按 Ctrl ＋ A 快捷键对该图像进行全选，按 Delete 键删除，然后按 Ctrl ＋ D 快捷键取消选区。若需要删除某一个图层的局部图像，则利用选区工具选取图像的局部区域，然后按 Delete 键删除，再按 Ctrl ＋ D 快捷键取消选区。

注意： 删除图层的某一区域后，这个区域会变成透明的，下一图层的图像将会显示出来；在背景图层中删除局部区域的图像时，删除图像的部分会填入背景色（一般为白色）；不管是剪切、复制还是删除操作，都可以配合使用羽化功能。

3）图像的移动

移动图像时，一是选择需要移动的图层；二是选择工具栏中的移动工具（见图 8-10 中的 V 区域）；三是在绘图区按住鼠标左键进行移动。

注意： 如果移动的对象是图像中的某一块区域，那么必须在移动前先选取要移动图像的范围，然后使用移动工具进行移动。

4）图像的填充

使用填充工具（见图 8-10 中的 G 区域）对选取的范围进行填充，这是制作图像的一种常用方法。填充工具可以在指定区域内填入指定的颜色，也可以填充图案。

5）选区的描边

使用“描边”命令可以对选取的范围绘制边框，方法如下：按 Ctrl ＋ Shift ＋ N 快捷键增加一个空白图层；选择选区工具（见图 8-10 中的 M 区域），在新图层中绘制一个选区（选区边界闪烁的虚线称为“蚂蚁线”）；选择“编辑”→“描边”命令，在打开的对话框中设置描边的宽度（单位为像素）和颜色，单击“确定”按钮即可。

6）图像的旋转和变换

在 Photoshop 中，可以对各种对象进行旋转和变换操作，如对图像的选取范围、图层、路径和文本内容等进行旋转和变换；可以对整个图像或局部图像（选取范围中的图像）进行旋转和变换。

对图像进行“自由变换”的操作：选择需要变换的图层，按 Ctrl ＋ T 快捷键；图像边框出现 9 个控制点，移动控制点可以改变图像的大小；将鼠标指针移到控制点外面，按住鼠标左键上下拖动，可以改变图像的旋转角度；按 Enter 键确定。

对整个图像进行旋转和变换，也可以选择“编辑”→“变换”命令中的其他子命令来完成，可以对图像进行缩放、旋转、斜切、扭曲、透视、变形、旋转 180° 、旋转 90°（顺时针）、旋转 90° （逆时针）、水平翻转、垂直翻转等操作。

7）修改画布大小

画布是指绘制和编辑图像时的工作区域，也就是图像的显示区域。调整画布大小，可以在图像四边增加空白区域，或者裁切掉不需要的图像边缘。调整画布大小的方法：选择“图像”→“画布大小”命令，在出现的对话框中设置图像的宽度和高度。改变画布大小时，不会改变图像的形状和分辨率。

8）修改图像尺寸和分辨率

图像的质量与图像的分辨率和尺寸大小是息息相关的，同样大小的图像，分辨率越高，图像越清晰。当固定图像尺寸而增加分辨率时，Photoshop 必须在图像中增加像素数目；反之，当固定图像尺寸而降低分辨率时，Photoshop 会删除部分像素。因此，Photoshop 会在图像中重新取样，以便在失真最少的情况下增减图像中的像素。

修改图像尺寸和分辨率的方法：选择“图像”→“图像大小”命令，在出现的对话框中设置图像的宽度和高度，以及图像的分辨率。

8.3.4 Photoshop 图层处理

1. 图层的功能

图层是 Photoshop 重要的功能之一。在图像处理过程中，很少有一次成型的作品，常常是经历若干次修改以后才能得到比较满意的效果，将图像分解成多个图层，然后分别对每个图层进行处理，最后组成一个整体的效果。这样制作完成的作品在视觉效果上与在一个图层中编辑是一致的。

Photoshop 允许在一个图像中创建多达 8 000 个图层。将一个图像利用抠图技术分解成多个图像放在单独的图层中，每个图层都是独立的，修改某一个图层时，就不会对其他图层造成破坏。

可以对图层进行选择、命名、增加、删除、复制、移动、打开 / 关闭、合并、锁定等操作。

图层操作必须牢记：只有被选中的图层才可以进行操作。例如，使用画笔工具绘制图形时，必须先明确图层，选错图层是初学者常犯的错误。初学者容易忘记图层的概念，把应该分层处理的图像都放在同一个图层上，这样会给图像处理带来不便。

2. 图层的类型

如图 8-12 所示，Photoshop 中的图层有背景图层、不透明图层、透明图层、效果图层、文字图层、形状图层等不同类型。

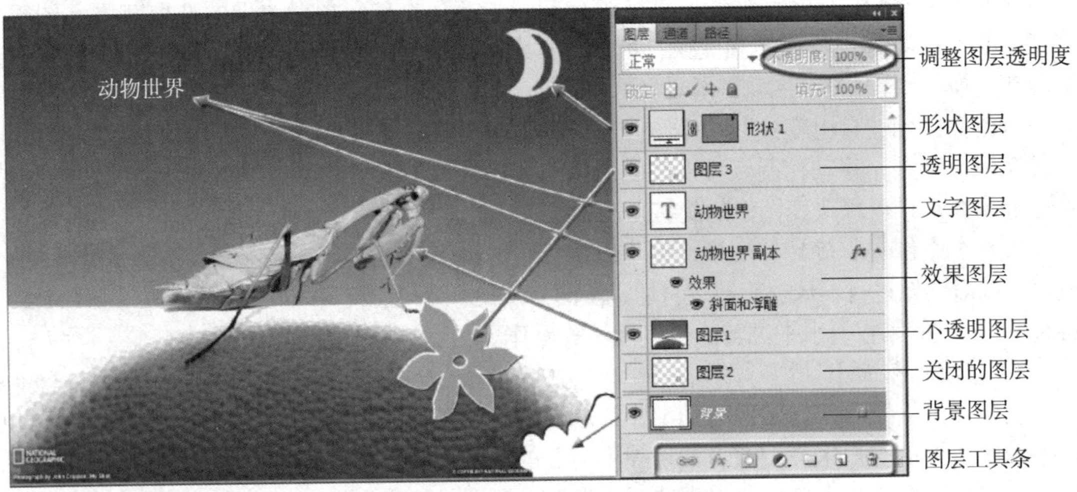

图 8-12　Photoshop 中不同的图层类型

1）普通图层

普通图层是用一般方法建立的图层，是最常用的图层，大部分的 Photoshop 功能都可以在这种图层上应用。

2）背景图层

背景图层是一种不透明的图层。它以背景色为底色，不能进行图层不透明度和色彩混合模式的控制。用户无法移动背景图层的叠放次序，无法对背景图层进行锁定操作。如果一定要更改背景图层的不透明度，可以先将它转换成普通图层。

3）文字图层

文字图层是用文本工具建立的图层，一旦在图像中输入文字，就会自动产生一个文字图层。文字图层的特点：文字图层可以被反复修改和编辑；在文字图层上不能使用工具（如画笔、铅笔等）进行着色和绘图；Photoshop 中的许多命令不能直接在文字图层上应用。文字图层可以转换为普通图层，但是转换后的普通图层无法还原为文字图层。

4）形状图层

当使用矩形工具、圆角矩形工具、椭圆工具、多边形工具、直线工具或自由形状工具等在图像中绘制图形时，就会在“图层”面板中自动产生一个形状图层，并自动命名为“形状 1”。可以反复修改和编辑形状。在形状图层中不能直接执行某些 Photoshop 功能，如色调和色彩调整及应用滤镜等，必须转换成普通图层之后才可使用这些功能。

3. 图层的基本操作

1）图层的选择

选择图层时，先单击工具栏的移动工具（见图 8-10），然后在“图层”面板中单击某一个图层，就可以选中该图层。选中的图层以蓝色显示。如图 8-12 所示，“背景”图层为蓝色，表示当前图层是“背景”图层。

2）复制图层

可以将某一图层复制到同一幅图像中，或者复制到另一幅图像中。在同一幅图像中复制图层时，最快的方法是按 Ctrl ＋ J 快捷键；或者将图层拖曳到“图层”面板下方的“创建新图层”按钮上，复制后的图层副本将出现在被复制图层的上方。

3）删除图层

选中要删除的图层，然后单击“图层”面板下方的“删除图层”按钮；按住鼠标左键拖曳图层到“删除图层”按钮上。

4）调整图层的叠放次序

初学者要特别注意图层的层次关系，因为不同的图层存在遮挡现象。当图层不透明时，上面的图层会遮挡下面的图层。在“图层”面板中，选中某个图层后（该图层显示为蓝色），按住鼠标左键上下拖曳，可以改变图层的叠放次序。

5）图层的链接与合并

多个图层在链接后，可以方便地移动这些图层中的图像，同时对这些图层中的图像进行旋转和自由变形，以及对不相邻的图层进行合并。

对一些不需要的图层，可以将它们合并，以减少文件占用的磁盘空间，同时也可以提高操作速度。“向下合并”命令是将当前图层与下一图层合并，其他图层保持不变，可以按 Ctrl ＋ E 快捷键进行；“合并可见图层”命令是将图像中显示的所有图层合并，而隐藏的图层则保持不变；“拼合图像”命令是将图像中所有图层合并，并在合并过程中丢弃隐藏的图层。

6）图层的其他操作

如果要移动图层中的图像，可以使用移动工具来操作。单击图层前面的小眼睛图标，可以关闭或打开图层。双击图层的名称，可以对图层进行重命名。在“图层”面板中选中图层并右击，在快捷菜单中选择命令，可以进行删除图层、合并图层、栅格化图层（如将文字图层或形状图层转换为普通图层）等操作。

4. 设置图层的不透明度

图层的“不透明度”的数值越大，图层的透明性越差。降低“不透明度”的数值后，图层中的图像会呈现出半透明的效果。如果各个图层中的“不透明度”均为100%，那么各图层彼此之间不存在重叠效果。当各图层处于半透明（“不透明度”的数值低于100%）时，图层之间的重叠区域就会呈现色彩重叠的效果，如图8-13所示。

（a）正常图层关系　（b）图层遮挡关系　（c）云彩的不透明度=70%

图8-13　图层之间的遮挡关系

8.3.5 Photoshop 抠图技术

制作合成图像的前提是完美地抠图，即把需要的图像从原图的背景中分离，然后利用Photoshop强大的滤镜功能添加光影效果。抠图有多种方法，如使用矩形选框、套索、魔术棒、橡皮擦、通道等工具。当利用工具选择图像某个部分后，选区边缘会用闪烁的虚线表示。如果涉及人像抠图，特别是对头发进行抠图时，仅用简单工具无法达到满意的抠图效果，往往需要利用通道功能来实现抠图。

1. 利用魔棒工具进行抠图

【例8-2】利用魔棒工具进行抠图处理。

打开一个图像文件，按Ctrl＋J快捷键复制图层；按W键选择魔棒工具，在工具的属性栏设置“容差＝20”，在图像背景上单击，这时会形成一个小的选区，按Delete键删除背景图像；然后调整魔棒工具的容差值，单击其他没有被删除的图像背景部分，按Delete键删除；将所有背景删除后（见图8-14），按Ctrl＋D快捷键取消选区；然后在图像中插入新的背景图像，形成一幅合成图像。

图8-14　魔棒工具的不同容差值对选区的影响

2. 利用羽化功能抠图

利用套索的羽化功能可以对图像进行粗略的抠图，这种抠图方法的缺点是图像的边界不精确。具体操作方法如下：单击套索工具，用套索粗略地围住图像，边框各处要与图像边界有差不多的距离，保证之后羽化范围的一致性；然后右击，在快捷菜单中选择“羽化”命令；在打开的“羽化选区”对话框中设置羽化半径，羽化半径的大小要根据前一步边框与图像的间距调节。

【例 8-3】 利用羽化功能进行抠图处理。

打开一个图像文件，按 Ctrl + J 快捷键复制图层；按 Shift + M 键选择椭圆选框工具，在工具的属性栏设置“羽化＝ 30”；在图像外部用鼠标拖曳出一个椭圆选区；按 Ctrl + Shift + I 快捷键对选区进行反选，按 Delete 键删除选区（见图 8-15）。使用完羽化参数后，必须将羽化值调回 0，否则将影响后续操作。

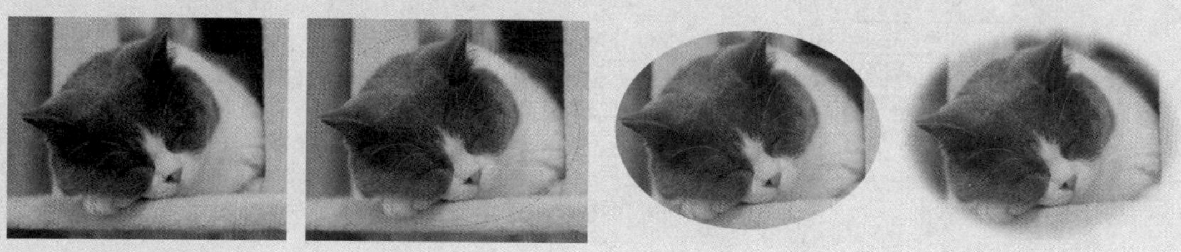

（a）原图　（b）椭圆选区　（c）羽化=0像素的效果　（d）羽化=30像素的效果

图 8-15　羽化抠图的效果

3. 利用套索工具抠图

套索是一种常用的抠图工具，套索工具有套索、多边形套索和磁性套索。使用套索工具，可以选取不规则形状的曲线区域。

使用多边形套索工具，可以选择不规则形状的多边形和曲线，应用较为广泛。在使用多边形套索工具时，若在选取图像时按住 Shift 键，则可按水平、垂直或 45° 方向选取线段；若按住 Alt 键，则可切换到磁性套索工具。在使用多边形套索工具拖曳选取时，若按 Delete 键，则可删除最近选取的线段；若按 Esc 键，则取消选择。

磁性套索工具具有自动识别图像边界，并自动黏附在图像边界上的功能，对于一些边缘清晰的图像，选取方便、快速。磁性套索工具的缺点是边界模糊，处理时需仔细放置边界点。

4. 利用其他方法抠图

除以上抠图工具外，还有很多种抠图方法。例如，利用钢笔工具抠图也是不错的选择；Photoshop CS5 中有一个比魔棒工具更加强大的快速选择工具，可以像绘画一样选择图像区域，利用它可以快速选择颜色差异大的图像；除用工具选择外，还可以用色彩范围进行选区的选择。利用 Photoshop 抠图之前，应先分析图像的色彩构成，再灵活运用各种工具来抠图，可以达到事半功倍的效果。

8.3.6　Photoshop 文字编辑

利用 Photoshop 的文字处理功能，可以对文本进行编辑操作，如在同一文字图层设置多种文本格式、在输入文本时实现自动换行、转换文本路径等。

1. 输入文字

【例 8-4】 在图像中输入文字。

打开一个图像文件，按 T 键选择文字工具，在图像中单击，这时会在屏幕右边出现“字符”面板（见图 8-16），并且自动建立一个文字图层；在“字符”面板中设置字体为“幼圆”，字号为“24 点”，行距为“34 点”，字体颜色为“蓝色”，消除锯齿为“浑厚”；然后输入文字，文字较多时，按 Enter 键换行后继续输入；文字输入完成后，在工具栏选择移动工具，将文字移动到合适位置即可。

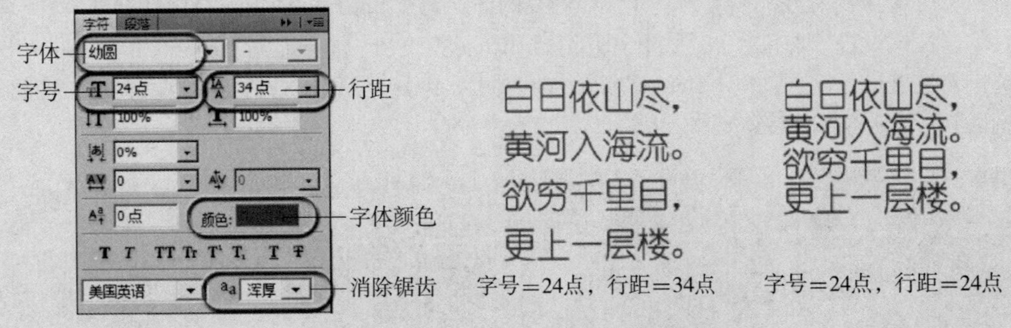

图 8-16 “字符”面板中文字参数的设置

文字图层具有可以被反复修改的灵活性，当输入的文本内容有错误，或者用户对文本格式不满意时，可以重新修改和编辑文本内容。其方法是在已有的文本位置单击，即可进行文本内容的修改。

2. 文字的浮雕效果

【例 8-5】 对图像中的文字进行浮雕效果处理。

对文字进行斜面与浮雕效果处理，可以制作出有立体感的文字和图形效果。因此在制作特效文字时，浮雕效果的应用非常普遍。其方法是：在“图层”面板中选中需要进行浮雕效果处理的图层，右击，在弹出的快捷菜单中选中“混合选项”命令；在打开的“图层样式”对话框中进行各种浮雕效果的设置即可，如图 8-17 所示。

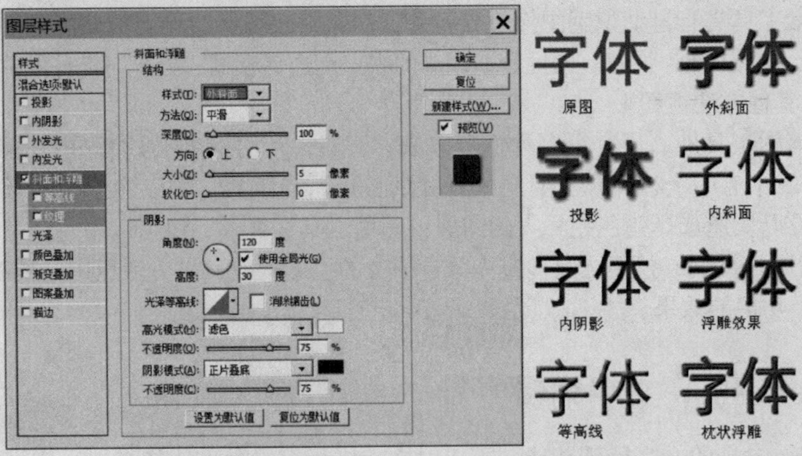

图 8-17 “图层样式”对话框及常见的浮雕效果

8.3.7　Photoshop 色彩处理

1．图像的色彩控制

Photoshop 提供了多个图像色彩控制命令，可以很轻松快捷地改变图像的色相、饱和度、亮度和对比度。通过这些命令的使用，可以创作出具有多种色彩效果的图像。但要注意的是，这些命令的使用或多或少都要丢失一些颜色数据，因为所有色彩调整的操作都是在原图的基础上进行的，不可能产生比原图像更多的色彩，尽管在屏幕上不会直接反映出来，事实上在转换调整的过程中就已经丢失了数据。

图像色彩的调整功能都包含在“图像”→“调整”命令下的级联菜单中，有亮度 / 对比度、色阶、曲线、曝光度、色彩平衡、黑白、反相、色调分离、阴影 / 高光、变化、去色等功能。

2．图像的亮度和对比度调整

亮度是指人对光强度的感受，对比度是指图像明暗区域中最亮的白色和最暗的黑色之间的差异程度。明暗区域的差异范围越大，代表图像的对比度越高。高对比度的图像，由于缺少中间色调，画面缺少细节，但是能够形成较强的视觉冲击力。低对比度的图像，由于缺少色彩的强烈对比，图像显得灰暗、不清晰。对比度适当的图像，可以形成一定的空间感，带给人强烈的视觉冲击力，获得清晰的画面效果。

【例 8-6】 将图 8-18（a）所示的图像进行亮度调整。

选择“文件”→“打开”命令，打开图片文件，如图 8-18（a）所示；再选择“图像”→“调整”→“亮度 / 对比度”命令，调出“亮度 / 对比度”对话框，如图 8-18（b）所示。亮度 / 对比度的值为负值时，图像的亮度和对比度下降；若其值为正值，则图像的亮度和对比度增加；当其值为 0 时，图像不发生变化。用鼠标拖动三角形滑块，调整亮度和对比度的参数值，当对图像的亮度和对比度满意后，单击“确定”按钮。调整亮度和对比度后的效果如图 8-18（c）所示。

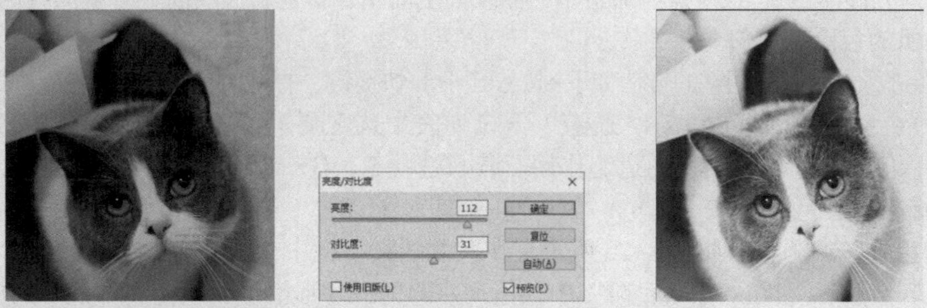

（a）原图　　（b）“亮度/对比度”对话框　　（c）调整亮度和对比度后的效果

图 8-18　图像亮度 / 对比度的调整

3．图像的色调调整

使用“曲线”命令可以调整图像的色调和明暗度，既可以对整个图像进行调整，也可以对图像的某一选取范围或图像的某一个颜色通道进行调整。选择“图像”→“调整”→“曲线”命令，或者按 Ctrl ＋ M 快捷键，打开“曲线”对话框，如图 8-19 所示，在“通道”下拉列表中选择要进行颜色调整的通道（如“绿”通道），然后单击图表中的斜线，增加一个节点后，用键盘上的方向键移动节点位置，就可以调整图片的色调；也可以用鼠标拖动曲线进行调整。删除节点时，将节点拖到坐标区域外即可；或者选中节点后，按 Delete 键删除节点。

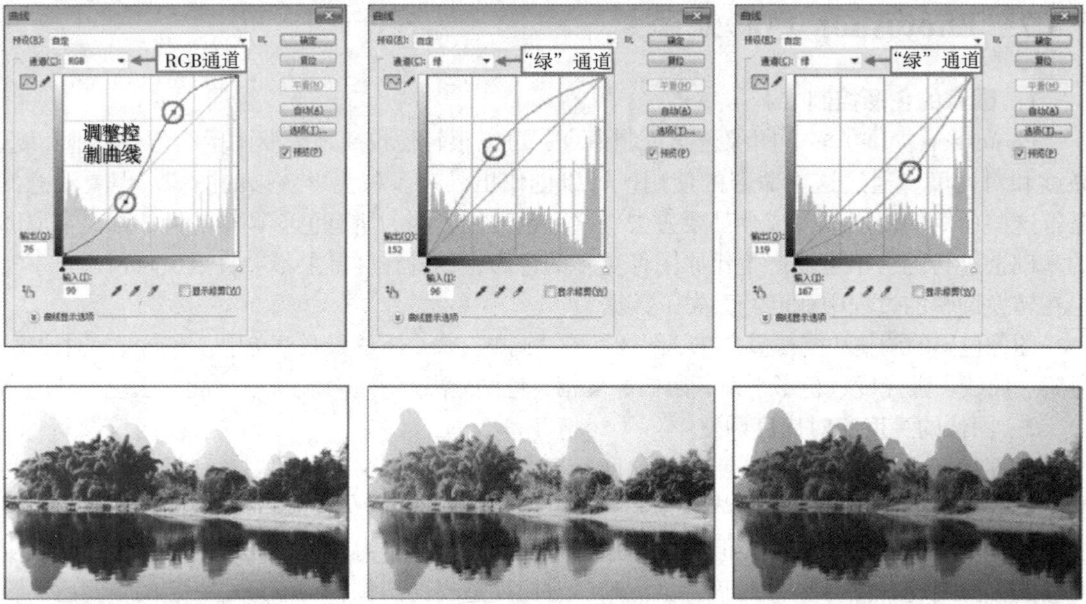

（a）RGB通道，S形曲线，增加反差　（b）“绿”通道，曲线向上时增加绿色　（c）“绿”通道，曲线向下时增加洋红色

图 8-19　图像色彩的调整

利用“曲线”命令，除了调整图像的亮度外，还可以调整图像的对比度和控制色彩。“曲线”命令的功能实际上是由“反相”“色调分离”“亮度 / 对比度”等多个命令组成的。图片的色彩由 R、G、B（红、绿、蓝）3 个通道组成。如图 8-19（a）所示，在 RGB 通道中，将图中的斜线调整为 S 形曲线，可以增加图像的反差。在“红”通道中，曲线向上时增加红色，曲线向下时增加青色。如图 8-19(b)、图 8-19(c) 所示，在“绿”通道中，曲线向上时增加绿色，曲线向下时增加洋红色。在“蓝”通道中，曲线向上时增加蓝色，曲线向下时增加黄色。

4. 图像的色阶调整

对图像进行“色阶”调整的方法如下：按 Ctrl ＋ L 快捷键，打开“色阶”对话框，如图 8-20 所示，在“色阶”对话框中，在“通道”下拉列表中选定要进行色阶调整的通道。若选择 RGB 通道，色阶调整将对所有通道起作用。若只选择 R、G、B 通道中的某个通道，则色阶调整只对所选通道起作用。

“输入色阶”的调整：如图 8-20 所示，在左侧的文本框中输入 0 ～ 253 的数值，可以增加图像的暗部色调（或在“输入色阶”中，拖动左边的三角形滑块，改变文本框中的值）；在中间的文本框中输入 0.01 ～ 9.99 的数值，可以控制图像的中间色调（或拖动中间的三角形滑块）；在右侧的文本框中输入 2 ～ 255 的数值，可以增加图像的亮部色调（或拖动右边的三角形滑块）。

5. 图像的色相和饱和度调整

“色相 / 饱和度”命令主要用于改变像素的色相及饱和度，还可以给像素指定新的色相和饱和度，实现给灰度图像染上色的功能。

按 Ctrl ＋ U 快捷键，打开“色相 / 饱和度”对话框，如图 8-21 所示，在该对话框中分别拖动“色相”（范围为－ 180 ～＋ 180）、“饱和度”（范围为－ 100 ～＋ 100）和“明度”（范围为－ 100 ～＋ 100）的三角形滑块，控制图像的色相、饱和度及亮度（或明度），但需要在下拉列表中选择“全图”选项，才能对图像中的所有像素起作用。当选中“全图”选项之外的其他选项（如红色）时，对话框中的 3 个吸管按钮会变亮，其功能如下。

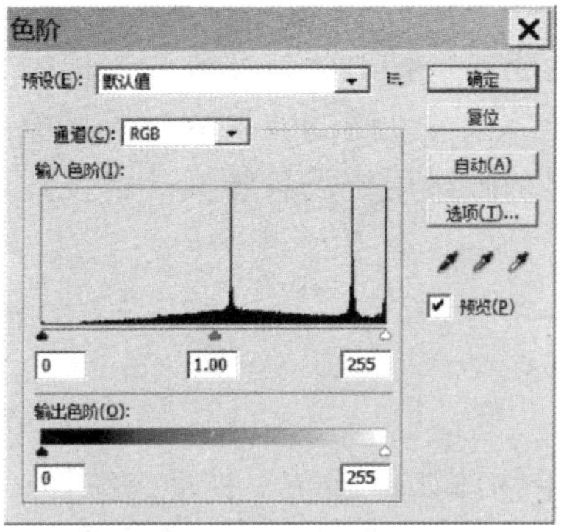

图 8-20　图像色阶的调整

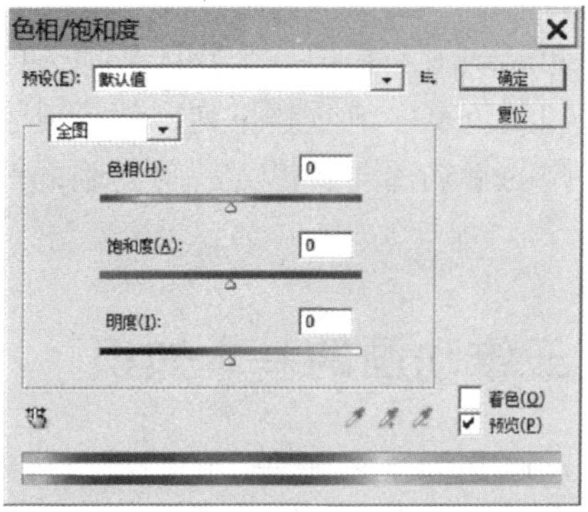

图 8-21　图像色相和饱和度的调整

（1）选择“吸管工具”按钮（左），在图像中单击，可选择一种颜色作为色彩变化的范围。

（2）选择“添加到取样”按钮（中间），在图像中单击，可以在原有色彩的变化范围上增加当前单击的颜色范围。

（3）选择“从取样中减去”按钮（右），在图像中单击，可以在原有色彩的变化范围上删减当前单击的颜色范围。

（4）勾选“着色”复选框，可以将灰色和黑白图像转换成彩色图像。

8.4　动画制作技术

8.4.1　动画的类型

动画是多幅按一定频率连续播放的静态图像。动画利用了人眼的视觉暂留效应。人们在观看物体时，画面在人脑中大约要停留 $\frac{1}{24}$ s，如果每秒有 24 幅或更多幅画面进入大脑，人们在来不及忘记前一幅画面时就看到了后一幅画面，从而形成了连续的动态影像。这就是动画的形成原理。动画有逐帧动画、矢量动画和变形动画几种类型。

（1）逐帧动画：是由多帧内容不同而又相互联系的画面，连续播放而形成的视觉效果。如图 8-22 所示，构成这种动画的基本单位是帧，人们在创作逐帧动画时需要将动画的每一帧描绘下来，然后将所有帧排序并播放，工作量非常大。

图 8-22　逐帧动画

（2）矢量动画：是一种纯粹的计算机动画形式。矢量动画可以对每个运动的物体分别进行设计，对每个对象的属性特征，如大小、形状、颜色等进行设置，然后由这些对象构成完整的动画。

（3）变形动画：是把一个物体从原来的形状改变成另一种形状，在改变过程中，把变形的参考点和颜色有序地重新排列，就形成了变形动画。这种动画的效果有时候是惊人的，如将一只奔跑的猎豹逐渐变形为一辆奔驰的汽车。变形动画适用于场景转换、特技处理等影视动画制作。

8.4.2 三维动画的基本知识

三维动画是为了表现真实的三维立体效果，无论物体如何旋转、移动、拉伸、变形等，都能通过计算机动画表现空间感。三维动画是一种矢量动画形式，它融合了变形动画和逐帧动画的优点，可以说三维动画才是真正的计算机动画。三维动画设计软件对计算机硬件和软件环境的要求相当高，随着计算机技术的发展，目前利用普通计算机就能完成三维动画设计。完成一幅三维动画，基本的工作流程为建模、渲染和动画。

1. 建模

建模是使用计算机软件创建物体的三维形体框架。目前，使用最广泛和最简单的建模方式是多边形建模方式。这种建模方式是利用三角形或四边形的拼接，形成一个立体模型的框架。三维动画设计软件提供了很多种预制的二维图形和简单的三维几何体，加上三维动画设计软件强大的修改功能，可以选择不同的基本形体进行组合，从而完成更为复杂的造型。但是，在创建复杂模型时，因为要对很多的点和面进行计算，所以处理速度会变慢。

2. 渲染

在三维动画中，物体的光照处理、色彩处理和纹理处理过程称为“渲染”。将不同的材质覆盖在三维模型上，就可以表现物体的真实感。影响物体材质的因素有两方面：一是物体本身的颜色和质地；二是环境因素，包括灯光和周围的场景等。三维图形的建模渲染过程如图 8-23 所示。

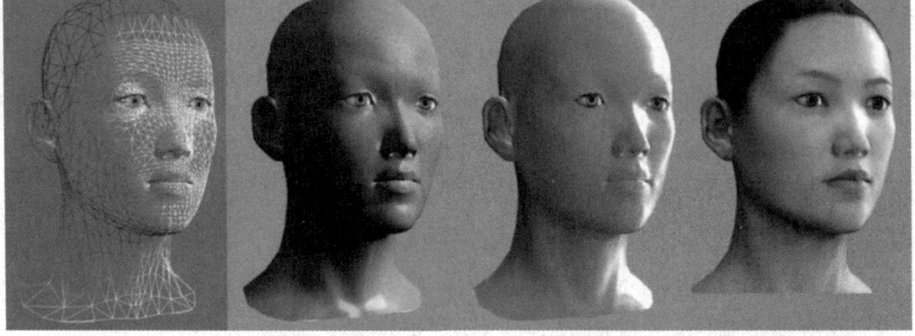

几何建模　　光照处理　　漫反射　　纹理映射

图 8-23　三维图形的建模和渲染过程

3. 动画

动画是三维创作中最难的部分。如果说在建模时需要立体思维，在渲染时需要美术修养，那么在动画设计时不但需要熟练的技术，还需要具备编导能力。

8.4.3 Flash 动画制作

Flash 是通过更改连续帧的内容来创建动画的，通过对帧的内容进行移动、缩放、旋转、更改颜色和形状等操作，制作出丰富多彩的动画效果。Macromedia Flash Professional 8 的工作界面如图 8-24 所示。

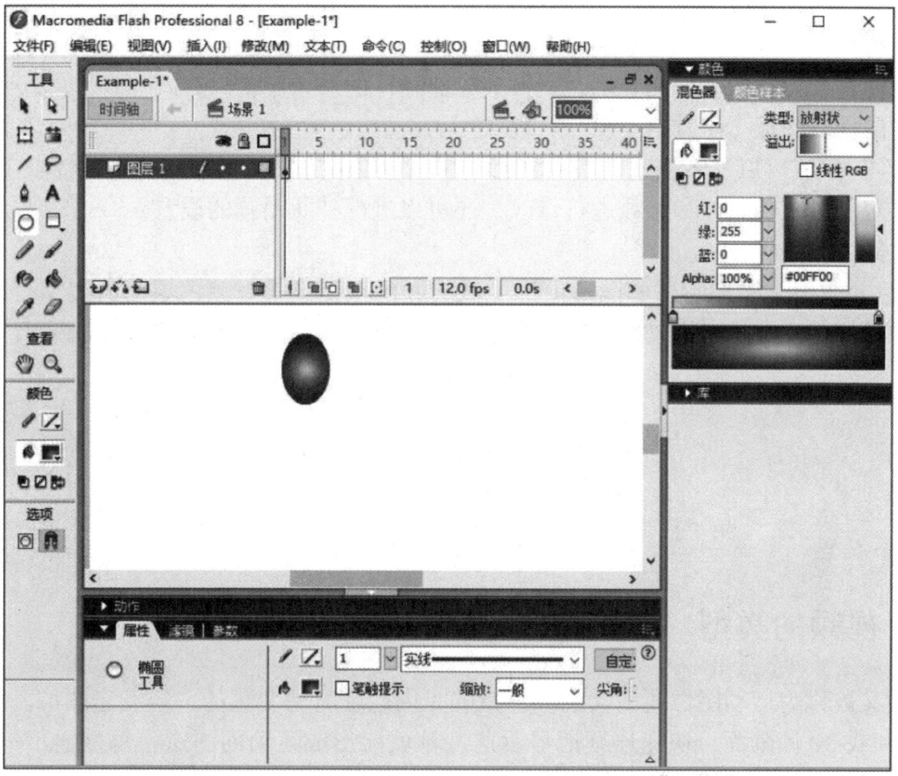

图 8-24 Macromedia Flash Professional 8 的工作界面

1. 场景、工作区和舞台

一个 Flash 动画是由一个或多个场景构成的，一个场景又由多个层和帧组成。可以利用不同的场景组织不同主题的动画。场景中进行绘图和组织、编辑图形对象的地方称为工作区，位于 Flash 工作界面的中间。工作区中显示动画内容的矩形区域称为舞台，是动画角色表演的位置。播放动画时，处于舞台之外的工作区中的角色不会显示出来。播放一个多场景的动画时，将按照它们在场景测试器中的排列顺序播放。如果需要在每个场景间停止或暂停，或者让用户自由浏览，就需要设定动作。

2. 时间轴

时间轴是制作动画的关键工具，主要表示各帧和各层排列顺序的关系。时间轴窗口的右部是“帧”，由许多小格组成，每一格代表一个帧。一个 Flash 动画可被分解成许多帧，一帧代表某一时刻。Flash 利用帧来控制动画发生的时间。时间轴窗口的左部是“层”，是控制生成动画的场所。“层”就像一叠透明的胶片，每张胶片上存放着不同的物体，便于用户单独编辑和修改各层的内容。这些胶片叠放在一起，组成一个完整的画面。Flash 利用时间轴的“层”和“帧”将动画在时间和空间上组织起来。

3. 工具箱

在 Flash 动画的制作过程中，会大量运用矢量图形。工具箱提供了各种绘制和编辑图形对象、添加文字的工具，分为绘图工具、查看工具、颜色工具和工具选项 4 类。

4. 库

库用来存放和组织可反复使用的动画元件，这些元件也被称为符号。元件可以是图形、按钮、影片（动画片段）或声音。将元件从元件库中取出，拖放到工作区（舞台）上，就生成了该元件的一个实例。一个元件可以反复使用多次。使用元件可以减小动画文件的体积，因为不管创建了元件的多少个实例，文件只存储元件的一个副本。

5. “属性”面板

“属性”面板可以显示当前工具、图形、帧等对象的属性和参数。在“属性”面板中可以对当前对象的一些属性和参数进行修改，还可以进行补间动画的设置。

6. “颜色”面板

“颜色”面板是图形轮廓和图形内部区域的颜色填充工具。颜色填充的类型有纯色、线性和放射状等，特别是利用放射状的渐变色填充，可以使物体的立体效果更加突出。

8.5 视频处理技术

8.5.1 视频的类型

视频又被称为运动图像或活动图像，指的是内容随时间变化的一组动态图像。例如，每秒有 25 帧或 30 帧画面，快速连续地显示这些帧就能形成运动的图像，每秒显示的帧越多，即帧频越高，视频效果越流畅。

视频分为模拟视频和数字视频。模拟视频信号是一种用于传输图像和声音且随时间连续变化的电信号。传统视频的获取、存储和传输都采用模拟信号。模拟视频不适合网络传输，其信号在处理和传输时会有一定的衰减，并且不便于分类、检索和编辑。数字视频是基于数字技术发展起来的。数字视频与模拟视频相比具有很多优点：在存储方面，数字视频更适合长时间存放；在复制方面，大量地复制模拟视频制品会产生信号损失和图像失真等问题，而数字视频不会产生这些问题；在编辑方面，数字视频编辑起来更加方便、快捷。

8.5.2 视频文件格式

目前，较流行的视频文件格式有 AVI、MPEG、WMV、FLV、MOV、RMVB 等。

（1）AVI（Audio Video Interleaved）格式是一种可以将视频和音频交织在一起进行同步播放的数字视频文件格式。AVI 格式由 Microsoft 公司于 1992 年推出，随 Windows 3.1 一起被人们认识和熟知。它采用的压缩算法没有统一的标准。除 Microsoft 公司外，其他公司也推出了自己的压缩算法，只要把某算法的驱动加到 Windows 系统中，就可以播放使用该算法压缩的 AVI 格式的文件。AVI 格式的优点是图像质量好，可以跨多个平台使用；缺点是所需的存储空间过于庞大。

（2）MPEG 格式是采用有损压缩方法，从而减少运动图像中的冗余信息的数字视频文件格式。运动图像专家组（Motion Picture Expert Group，MPEG）是 1988 年成立的，其任务是负责制定有关运动图像和声音的压缩、解压缩、处理及编码表示的国际标准。

（3）WMV（Windows Media Video）格式是 Microsoft 公司将其名下的 ASF（Advanced Stream Format）格式升级延伸出来的一种流媒体格式。WMV 格式的主要优点包括本地或网络回放、可扩充的媒体类型、可伸缩的媒体类型、多语言支持、环境独立性、丰富的流间关系及扩展性等。

（4）FLV（Flash Video）格式是随着 Flash MX 的推出而出现的流媒体视频格式。它的出现有效地解决了视频文件导入 Flash 后，导出的 SWF 文件体积庞大、不能在网络上使用等缺点。FLV 格式文件的体积极小，1 min 清晰的 FLV 视频文件的体积在 1 MB 左右，再加上 CPU 占用率低、视频质量良好等特点，它在网络上极为盛行。

8.5.3　视频压缩与编辑软件

1．MPEG 动态图像压缩标准

MPEG 负责开发电视图像和音频的数据编码、解码标准，这个专家组开发的标准称为 MPEG 标准。到目前为止，已经开发和正在开发的 MPEG 标准有 MPEG-1、MPEG-2、MPEG-4、MPEG-7 等。MPEG-3 随着发展已经被 MPEG-2 取代，MPEG-4 主要用于视频通信会议。MPEG 算法除了对单幅电视图像进行编码压缩（帧内压缩）外，还利用图像之间的相关特性，消除了电视画面之间的图像冗余，这大大提高了视频图像的压缩比。MPEG-2 的压缩比可达到 60 ～ 100。

MPEG-1 的画面分辨率很低，只有 352×240，1 s 有 30 幅画面（帧频），采用逐行扫描方式。MPEG-1 广泛应用于 VCD（Video Compact Disc）视频节目及 MP3 音乐节目。

MPEG-2 标准不仅适用于光存储介质，也适用于广播、通信和计算机领域。HDTV(High Definition Television，高清晰度电视）编码也采用 MPEG-2 标准。采用 MPEG-2 标准的音频与采用 MPEG-1 标准的音频兼容。

2．视频制作软件

Premiere 是目前流行的非线性编辑软件之一，是强大的数码视频编辑软件。Premiere 具有强大的多媒体视频、音频编辑功能，主要适用于视频及后期制作。

Premiere 的功能包括：视频、音频素材的格式转换和文件压缩，视频、音频的捕捉和剪辑，视频编辑功能，字幕功能，视频叠加功能，制作视频、音频的过渡效果，添加运动效果，色彩修正，音频控制和多个嵌套的时间轴等。

Premiere Pro CS5 的工作界面如图 8-25 所示。

Premiere Pro CS5 支持 1 080 线的 HDV 格式，通过硬件支持，可以编辑制作任何标准清晰度和高清晰度的视频节目，支持高清晰度和标准清晰度的电影胶片。用户能够输入和输出各种视频和音频模式，包括 MPEG-2、AVI、WAV 和 AIFF 格式的文件。Premiere Pro CS5 在支持 RGB 色彩空间的基础上还增加了支持 YUV 色彩空间。

图 8-25 Premiere Pro CS5 的工作界面

Premiere Pro CS5 对 CPU 和内存的要求非常高。DV 格式的文件制作需要 2 GB 内存，HDV 和 HD 格式的文件制作需要 4 GB 以上内存。Premiere Pro CS5 专门针对多处理器和超线程进行了优化，可以进行自由渲染编辑。

习 题 8

1. 多媒体技术的主要特性有哪些？
2. 简要说明声音的数字化过程。
3. MIDI 音乐文件有什么特征？
4. 计算机中的图形和图像有哪些区别？
5. 简要说明 Photoshop 中图层操作的基本要点。
6. Photoshop 抠图的方法有哪些？
7. Photoshop 图像的色彩调整功能有哪些？
8. 动画有哪些类型？
9. FLV 视频文件有什么特征？
10. Premiere 的主要功能有哪些？

第9章

网页设计基础

随着信息技术与互联网的飞速发展，人类正进入一个前所未有的信息化社会。作为互联网的主要组成部分，网页和网站得到了极为广泛的应用，人们通过网页和网站获取大量信息的同时，掌握网页设计技术成为基本需求。Dreamweaver 2020 是一款优秀的“所见即所得”的网页制作软件，已经成为较流行的网页制作软件之一。本章主要以 Dreamweaver 2020 为例，介绍网页设计的基础知识以及软件的基本使用方法。

9.1 网页基础知识

9.1.1 网页的分类

网页是网站的组成部分，两者主要的不同在于是否有独立域名和空间，网站是以服务器为载体，拥有独立域名、独立存放空间的内容集合，这些内容可能是网页，也可能是程序或其他文件。只要有独立域名和空间，哪怕只有一个页面也被称为网站。即使有很多网页，但没有独立的域名和空间，也只能说是网页。例如挂在其他网站的个人主页、企业建站系统中的企业页面、多用户商城里的商户页面……尽管有很多页面，功能也齐全，但都不能称为网站。

网页按表现形式分为静态网页和动态网页。程序是否在服务器端运行，是判断网页是不是动态网页的重要标志。

1. 静态网页

静态网页中只有 HTML 标记，其内容是预先确定的，并存储在 Web 服务器或本地计算机 / 服务器上，文件扩展名为 .html 或 .htm。静态网页的实现模式如图 9-1 所示，首先需要客户端通过浏览器向服务器发出请求，然后服务器接受请求并根据客户请求从服务器端的网页中找到对应的页面，最后返回给客户端的浏览器。这个过程中发送的页面都是事先编辑好的，它并不能自动生成。如果要修改网页的内容，就必须修改其源代码，然后重新上传到服务器上。

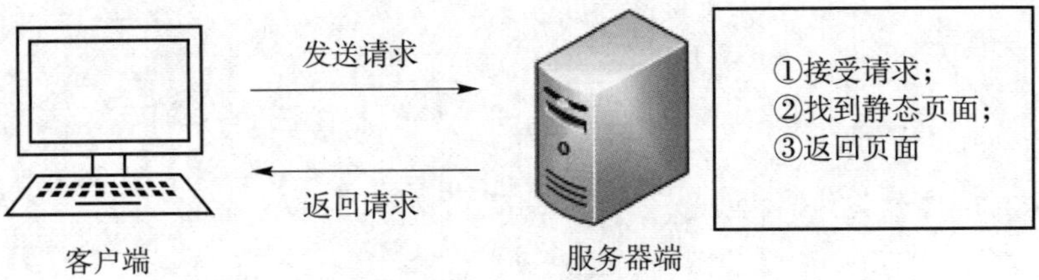

图 9-1　静态网页的实现模式

静态网页具有以下特点。

（1）静态网页的内容相对稳定，一旦上传至网站服务器，无论是否有用户访问，内容都会一直保存在网站服务器上。

（2）静态网页的访问速度快，访问过程中无须连接数据库。

（3）静态网页没有数据库的支持，内容更新与维护比较复杂。

（4）静态网页的交互性较差，在功能方面有较大限制。

注意：静态网页并不是静止不动的，静态网页中除了文字，还可以包含图片、声音、视频、Flash 动画、脚本、控件以及一些 Java 小程序等，所以静态网页也可以呈现动态的视觉效果。

2．动态网页

动态网页能根据存储在数据库网站上的数据动态创建页面，是加入了动态程序的具有交互能力的特殊网页，其文件扩展名一般为 .asp、.aspx、.php、.jsp 等。因此，动态网页中不仅包含 HTML 代码，还含有程序代码，可以根据客户端输入的不同内容来显示不同的结果。动态网页的实现模式如图 9-2 所示，客户端先向服务器发送请求，然后服务器根据客户请求，把动态网页内部的代码先在服务器上进行相应的处理，最后服务器把生成的结果发送给客户端。

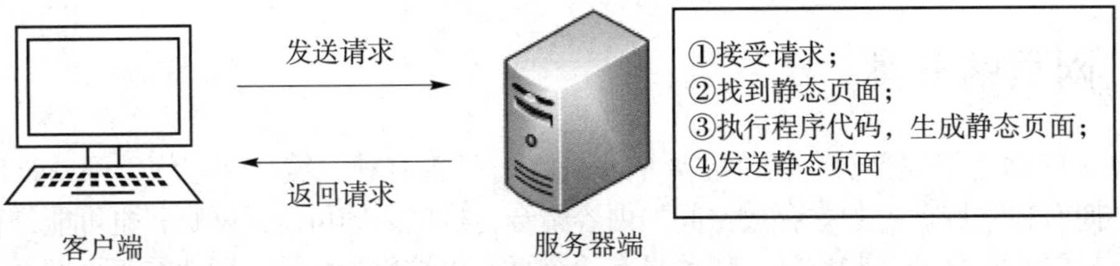

图 9-2　动态网页的实现模式

与静态网页相比，动态网页具有以下特点。

（1）动态网页在服务器端运行，在客户端看到的只是网页文件的返回结果，不可能看到网页文件的源文件。而静态网页只能通过服务器把网页文件原封不动地传给客户端，本身不进行任何处理。

（2）不同的人在不同时间、不同地点浏览同一个动态网页，根据代码处理结果的不同，会得到不同的内容。

（3）动态网页只有在客户浏览时才会返回一个完整的网页，其本身并不是一个独立存在于服务器的网页文件。

（4）动态网页更容易实现人机交互和一些复杂的功能。

（5）由动态网页构建的网站维护起来比由静态网页构建的网站容易，只需要更新调用的数据（如数据库内容）即可。

9.1.2　网页的基本构成元素

一个网页的基本构成元素有网站 logo、Banner（横幅广告）、导航栏、标题栏等。中国大学 MOOC 网站首页如图 9-3 所示。

图 9-3　中国大学 MOOC 网站首页

1. 网站 logo

网站 logo 也被称为站标，它是网站的标志，体现了该网站的特色、内容及其内在的文化内涵和理念。因此，企业的网站 logo 一般采用蕴含企业文化和特色的图案，或者是与企业名称相关的字符或符号及其变形。当然，也有很多企业的网站 logo 采用图文组合的形式。网站 logo 一般放在网站的左上角，通常有 3 种尺寸：88×31 像素、120×60 像素和 120×9 像素。

2. Banner

Banner 又叫横幅广告，是互联网广告中常见的形式。Banner 是横跨于网页上的矩形公告牌，可以位于网页顶部、中部或底部的任意位置。用户单击这些横幅时，通常可以打开链接到广告主的网页。其常见的尺寸是 480×60 像素或 233×30 像素，可以使用 GIF 格式的图像文件，也可以使用静态图形，还可以使用动画图像。

3. 导航栏

导航栏是一组链接到网站内主要页面的超链接组合，通过单击这些超链接，浏览者可以轻松找到网站中的各个页面。设计导航栏时，应遵循以下原则：对于一般的企业网站，如果网站内容不多，可根据网站风格灵活摆放导航栏，也可以使用图片或 Flash 动画等显示导航栏。像搜狐、网易等大型门户类网站，网站栏目都很多，一般将导航栏分为多排放置在网站 logo 的下方或右侧。为了便于查看导航栏，可为各排导航栏设置不同的底色。

4. 标题栏

标题栏是网页上各版块内容的概括，它使网页内容的分类更加清晰、明了。标题栏可以是文字加不同颜色的背景，也可以是图片，这由网站的整体风格决定。

5. 按钮

按钮通常是启动某些功能的开关，单击按钮，会实现相应的操作。例如，单击“下一页”按钮，可以跳转到下一页面；单击“登录”按钮，可以提交用户数据等。

6. 版尾

网页的版尾是网页中每个页面的底部区域，常用于显示附加信息，如备案号、隐私政策以及条款等，如图 9–4 所示。

图 9–4　人民公开课网站首页的版尾

9.1.3　网站的开发流程

在创建站点之前，首先要对网站进行一个总体规划，具体包括前期策划、网页制作、测试与调试、网站发布、网站推广及后期维护等工作。

1. 前期策划

无论是大的门户网站，还是只有少量页面的个人网站，都需要做好前期策划工作，包括明确网站主题、网站名称、网站结构、网站风格、网站创意等。这是制作一个网站的良好开端。

2. 网页制作

在前期策划完成后，进入网页制作阶段。这一时期的工作按其性质可以分为 3 类：页面美工设计、静态页面制作和程序开发。在这个阶段还要根据设计需要准备网页素材。

3. 测试与调试

测试工作包括兼容性测试、超链接测试和实地测试。

（1）兼容性测试：检查网页在不同版本、不同类型的网页浏览器中的兼容性。但是也有一些元素必须是在更新版本后的浏览器中才能得到支持。

（2）超链接测试：检查文档中是否存在断开的链接，检查外部链接是否有效，检查是否存在没有任何链接引用的孤立的文件。

（3）实地测试：把网页上传到 Internet 服务器，测试超链接及下载速度等问题。

测试过程中若发现问题，则应该对网页进行调试。

4. 网站发布

发布网站前，必须确定网页的存储空间。如果自己有服务器，配置好后，直接发布到服务器上即可。如果自己没有服务器，那么最好在网络上申请一个空间存放网页，并申请一个域名来指定网站在网络上的位置。

5. 网站推广

网站推广一般发生在网站发布之后，当然也不排除一些网站在筹备期间就开始宣传了。网站推广是网络营销的主要内容，可以说，大部分的网络营销活动都是为了网站推广的需要，如发布新闻、登记搜索引擎、交换链接等。

6. 后期维护

网站发布到服务器后，首先要检查网站运行是否正常，如果有错误要及时更正。另外，每隔一段时间，还应对网站中的内容进行更新，以便提供最新消息，吸引更多的用户。

9.1.4　HTML 基础

HTML（HyperText Markup Language，超文本标记语言）是目前网络上应用广泛的语言，也是构成网页文档的主要语言。HTML 文本是由 HTML 命令组成的描述性文本，HTML 命令可以说明文字、图形、动画、声音、表格、链接等。HTML 的结构包括头部（head）、主体（body）两大部分，其中头部描述浏览器所需的信息，而主体包含要说明的具体内容。

HTML 标记是由“<”和“>”所括住的指令标记，用于向浏览器发送标记指令。HTML 语言使用标签对的方法编写文件，既简单又方便。它通常使用“<标签名>内容</标签名>”来表示标签的开始和结束。在 HTML 文档中，这样的标签对必须是成对使用的。

基本标记是用来定义页面属性的一些标记语言。通常一份 HTML 网页文件包含 3 部分：标头区 <head>…</head>、内容区 <body>…</body> 和网页区 <html>…</html>。

<html> 标签用在 HTML 文档的最前边，用来标识 HTML 文档的开始。而 </html> 标签恰恰相反，它放在 HTML 文档的最后，用来标识 HTML 文档的结束。两个标签必须一起使用。

<head> 和 </head> 标签构成 HTML 文档的开头部分。在此标签对之间可以使用 <title> </title> 及 <script> </script> 等标签对，这些标签对都是用来描述 HTML 文档的相关信息的。<head> </head> 标签对之间的内容是不会在浏览器的框内显示出来的，两个标签必须一块使用。

<body> 和 </body> 标签是 HTML 文档的主体部分。在此标签对之间可包含 <p> </p>、<hl> </hl>、
 <hr> 等众多的标签及标签对，它们所定义的文本、图像等将会在浏览器的框内显示出来。

<title> </title> 标签对用来显示网页的标题；<p> </p> 标签对用来创建一个段落；
 是一个很简单的单标记指令，它没有结束标签，因为它用来创建一个回车换行，即标记文本换行；<font> </font> 标签对可以对输出文本的字体大小、颜色进行随意更改；<img> </img> 标签对用来在网页中引用图片；<hr> 标签是在 HTML 文档中加入一条水平线；<table> </table> 标签对用来创建一个表格；<a href＝"目标"> </a> 标签对用来描述超链接。

9.2　Dreamweaver 2020 概述

Dreamweaver 是 Adobe 公司发布的可视化网页制作软件，具有强大的网页制作功能和简单易用的特性，其一经推出就受到用户的热烈欢迎和普遍好评。该软件可以帮助用户更加轻松地创建与更新桌面平台和移动设备的网页内容，简化的智能编码引擎有助于提升网页开发效率。

它将功能强大的设计图制作工具和一流的代码编辑器与强大的站点管理工具相结合，使开发人员能够轻松地设计、编码和管理网站。本书使用 Dreamweaver 2020 进行网页设计与制作。

9.2.1 Dreamweaver 2020 的工作窗口

每次启动 Dreamweaver 2020，都将显示一个起始页，包括“主页”“快速开始”“起始模板”“新建”“打开”5 个方便实用的功能。单击“新建”栏中的“HTML”，则创建新的文档，进入 Dreamweaver 2020 的工作界面，如图 9–5 所示。Dreamweaver 2020 的工作界面包括菜单栏、插入工具栏、文档工具栏、文档窗口、状态栏、“属性”面板、浮动面板、通用工具栏等。

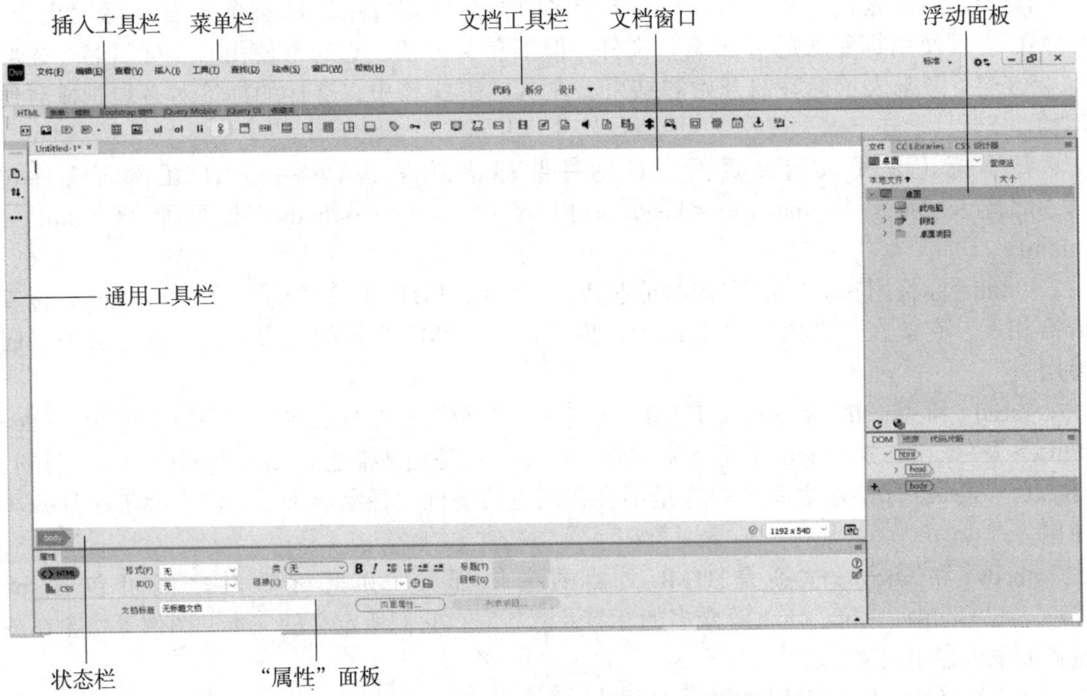

图 9–5 Dreamweaver 2020 的工作界面

1. 菜单栏

Dreamweaver 2020 的菜单栏包含“文件”“编辑”“查看”“插入”“工具”“查找”“站点”“窗口”“帮助”菜单。

2. 插入工具栏

在之前版本的 Dreamweaver 中，插入工具栏位于菜单栏下方；在 Dreamweaver 2020 中，该工具栏默认不会出现，可以在“窗口”菜单中选择“插入”命令使其显示出来。插入工具栏包含用于创建和插入对象（如表格、层和图像）的按钮，当鼠标指针移动到某个按钮上时，会出现一个工具提示，其中含有该按钮的名称。当选择不同的选项卡时，选项卡下方的按钮也会发生变化。

3. 文档工具栏

文档工具栏中的“代码”“拆分”“设计”按钮，用于在文档的不同视图间快速切换。

Dreamweaver 包含 3 种视图，分别是代码视图、设计视图、拆分视图。

（1）代码视图：纯代码的方式，是显示 HTML 代码视图的窗口。

（2）设计视图：纯图形化的方式，可以通过拖曳组件的方式完成页面的编写。

（3）拆分视图：结合了代码和图形化的显示方式。

4. 文档窗口

文档窗口是编辑网页的主要场所，在不同的视图模式下有不同的文档窗口。

5. 状态栏

状态栏显示环绕当前选定对象的标签的层次结构。单击该层次结构中的任意一个标签，可以选择该标签及其全部内容。例如，单击< body >标签可以选择整个文档。在状态栏右侧的“窗口大小”下拉列表中选择相应选项，可以将文档窗口的大小调整到预定义或自定义的尺寸。单击按钮，可以调用系统的浏览器预览页面。

6. “属性”面板

“属性”面板用于查看和更改所选对象的各种属性，是使用频率最高的面板。“属性”面板的状态随当前在文档中选择对象的不同而变化。例如，若当前选择了一幅图像，则“属性”面板呈现该图像的相关属性；若选择了表格，则“属性”面板会呈现表格的相关属性。

7. 浮动面板

为了方便用户的编辑工作，Dreamweaver 2020 组合了具备各种功能的面板供用户选择使用。浮动面板包括“文件”面板、“CC Libraries”面板、“CSS 设计器”面板、“DOM”面板、“资源”面板、“代码片段”面板等。

9.2.2　Dreamweaver 2020 的站点管理

通常一个网站包含多种类型的文件，如图片、视频、动画、文本文件等，站点是存储所有这些信息的地方。为了方便上传和维护，在建立站点文件夹时，应注意以下几点：不要将所有的文件都存放到根文件夹下，这样不利于管理；按照文件的类型建立不同的文件夹；根文件夹、子文件夹、文件的命名尽量使用英文或拼音，一般不以中文命名。文件名应简单易懂，从文件名可以反映网页的主题。站点中各文件夹存放的对象如表 9-1 所示。

表 9-1　站点中各文件夹存放的对象

文件夹	存放文件的类型
站点文件夹	存放网页文件及各个子文件夹
conn 文件夹	存放连接数据库的公共代码文件
styles 文件夹	存放 CSS 层叠样式表文件
data 文件夹	存放网页所需的数据库文件
images 文件夹	存放图片素材文件
js 文件夹	存放 JavaScript 脚本文件
music 文件夹	存放声音（音乐）文件
swf 文件夹	存放 Flash 动画文件

1. 新建站点

在 Dreamweaver 2020 中，单击“站点”菜单中的“新建站点”命令，在弹出的“站点设置对象 My Website”对话框中输入站点名称，在“本地站点文件夹”文本框中，单击按钮选取相应的文件夹，单击“保存”按钮，如图 9-6 所示，新的站点就创建好了。此时网站只是一个空的文件夹，需要为网站创建文件夹、添加网页文件，这样网站才有意义。

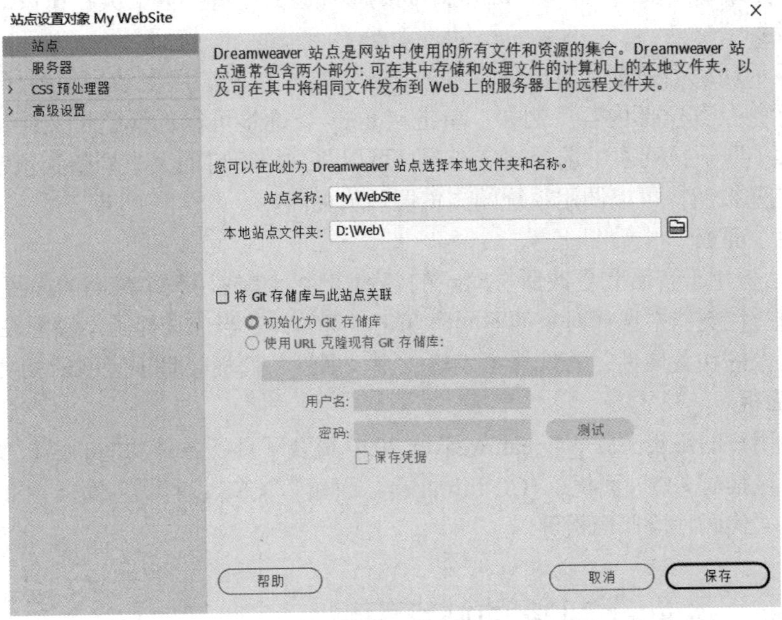

图 9-6 “站点设置对象 My Website”对话框

2. 管理站点

在 Dreamweaver 2020 中，单击“站点”菜单中的“管理站点”命令，在弹出的“管理站点”对话框中，单击相应的图标（如“铅笔”），如图 9-7 所示，用户可以对站点进行修改。除此之外，还可以对站点进行复制、删除、导入、导出等操作。

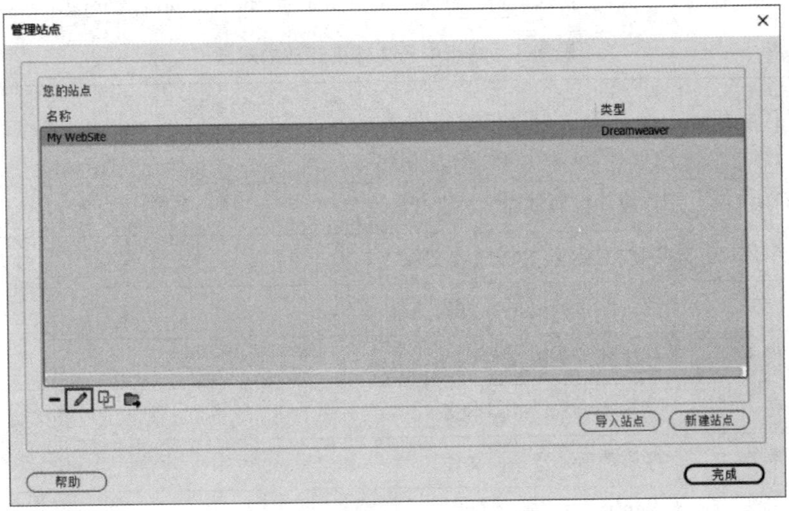

图 9-7 “管理站点”对话框

3. 发布站点

要使网站能被网络用户访问，就要将网站发布到 Internet 中。发布网站一般需要域名空间来存放网站文件，空间服务商会提供 FTP（File Transfer Protocol，文件传输协议）服务器地址、用户名和密码。如果没有域名空间，也可以采用“本地 / 网络”的形式进行测试。远程站点一般位于运行 Web 服务器的计算机上，用户可以使用多种方式定义远程站点，但一般用得最多的是 FTP 方式。

9.2.3 Dreamweaver 2020 的基本操作

1. 新建网页

在 Dreamweaver 2020 中创建新网页的基本方法有两种。

1）利用默认起始页创建

启动 Dreamweaver 2020，在默认显示的起始页中，单击“新建”栏中需要建立网页的文件类型，便可以创建对应的网页文件。

2）利用“文件”菜单中的“新建”命令创建

单击“文件”菜单，选择“新建”命令，打开“新建文档”对话框，如图 9-8 所示。在对话框中选择一种模板类型，在“文档类型”下拉列表中选择一种语言（若创建静态网页，则选择 HTML），选择相应的布局后单击“创建”按钮，一个新的网页就创建好了。

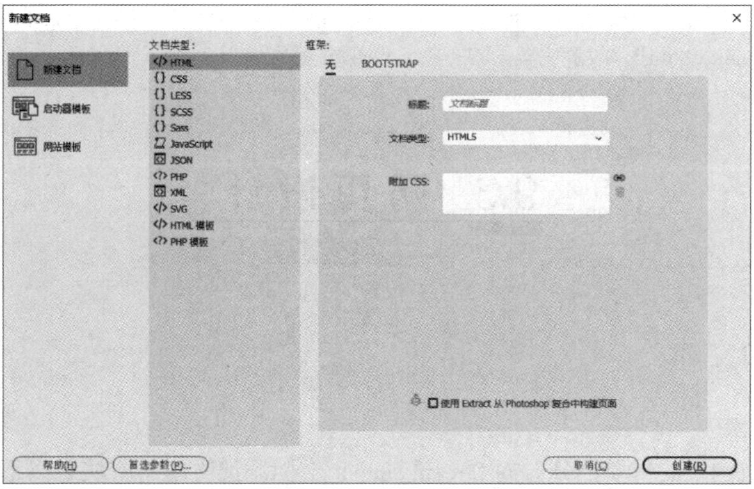

图 9-8　“新建文档”对话框

2. 打开网页

Dreamweaver 2020 可以打开 HTML 文件或支持的任何动态文档类型。有些保存为 HTML 格式的文件类型，如 Microsoft Word 文档，是将这类文档导入 Dreamweaver 2020 中，而不是打开文档。

3. 保存网页

保存网页就是把编辑的内容保存到磁盘上。与 Word 不同的是，网页文件是以纯文本的方式保存的，若网页中包含剪贴画等对象，则以独立文件的方式保存。如果同时打开多个网页文件，则单击“文件”菜单，选择“保存全部”命令来保存所有网页。

注意：网页命名尽量不要使用中文，应采用英文或数字。首页是浏览者访问一个网站时显示的第一个网页，通常命名为 index.html。

4. 预览网页

在使用 Dreamweaver 2020 编辑网页的过程中，要想观看网页在浏览器中的效果，可以按 F12 键预览网页。

【例 9-1】 创建并管理本地站点。

①创建一个名为“website”的本地站点。

②创建站点子目录“styles”“music”“images”，并编辑站点，设置默认的图像文件夹为“images”。

③为站点添加一个主页。

操作步骤如下。

①在 D 盘上创建一个名为“website”的文件夹。启动 Dreamweaver 2020，选择“站点”菜单中的“新建站点”命令，在“站点设置对象 My Website”对话框左侧选择“站点”选项，在右侧的“站点名称”文本框中输入“website”，在“本地站点文件夹”处选择“D:\website\”，单击“保存”按钮。

②在工作窗口右侧的“文件”面板中右击 website 站点，在快捷菜单中选择“新建文件夹”命令，设置文件夹名称为“styles”，用同样的方法在根目录 website 中创建“music”和“images”文件夹。

选择“站点”菜单中的“管理站点”命令，在“管理站点”对话框中，单击“编辑当前选定的站点”，在“站点设置对象 My Website”对话框左侧选择“高级设置”选项下的“本地信息”选项，在右侧的“默认图像文件夹”处选择“D:\website\images\”并保存。

③在“文件”面板中选择“本地文件”选项，在 website 站点上右击，在快捷菜单中选择“新建文件”命令，命名为“index.html”。设置完毕，就完成了 website 站点的创建。

9.3 网页设计

9.3.1 添加文本

1. 输入文本

文本是构成网页的重要部分。向 Dreamweaver 文档添加文本的方法有以下 3 种。

1）直接输入

将光标定位到文档窗口中要插入文本的位置，直接在文档窗口中输入文本。若需要输入多个空格，需要先选择“编辑”菜单中的“首选项”命令，在打开的“首选项”对话框中勾选“允许多个连续的空格”复选框。

输入文本时，按 Enter 键会另起一段，段落之间会自动产生一个空白行。段落的 HTML 标签是＜ p ＞＜ /p ＞。如果需要文本换行而不分段，可以按 Shift ＋ Enter 快捷键，或者直接在代码中需要换行的位置输入换行符“＜ br ＞”。

2）使用“复制”“粘贴”命令

复制需要的文本，选择“编辑”菜单中的“选择性粘贴”命令，可以将其他应用程序的文本复制到文档窗口中。

3）通过“导入”命令

选择“文件”菜单中的“导入”命令，可以将其他文档中的文本导入文档窗口中。

2. 设置文档格式

添加完文本后，就可以设置文本的字体、颜色、大小、段落缩进及对齐方式等属性。选择“窗口”菜单中的“属性”命令，弹出“属性”面板，在 HTML 和 CSS 的“属性”面板中都可以设置文本的格式，如图 9-9 和图 9-10 所示。

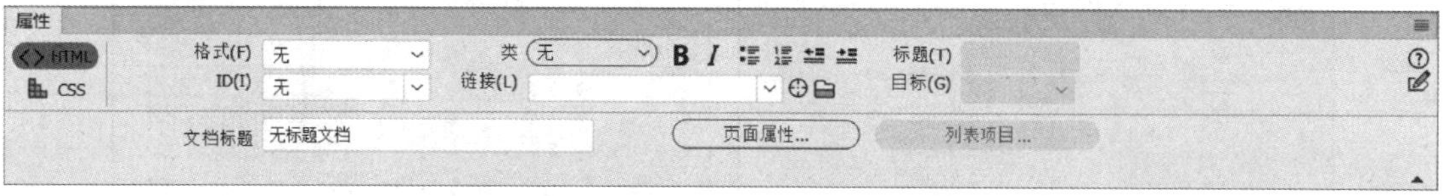

图 9-9 HTML 的“属性”面板

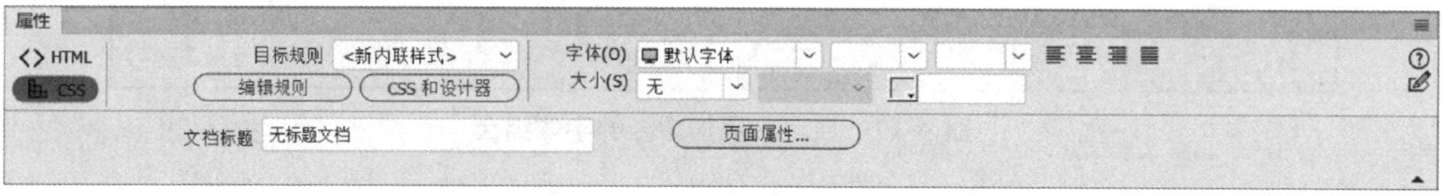

图 9-10 CSS 的“属性”面板

如果要设置网页默认的文本格式（如页面字体、大小、文本颜色、背景颜色、背景图像、页边距等），可以在 CSS 的“属性”面板中单击“页面属性”按钮，在打开的“页面属性”对话框的“分类”列表中选择“外观（CSS）”选项，然后进行相应的设置，如图 9-11 所示。

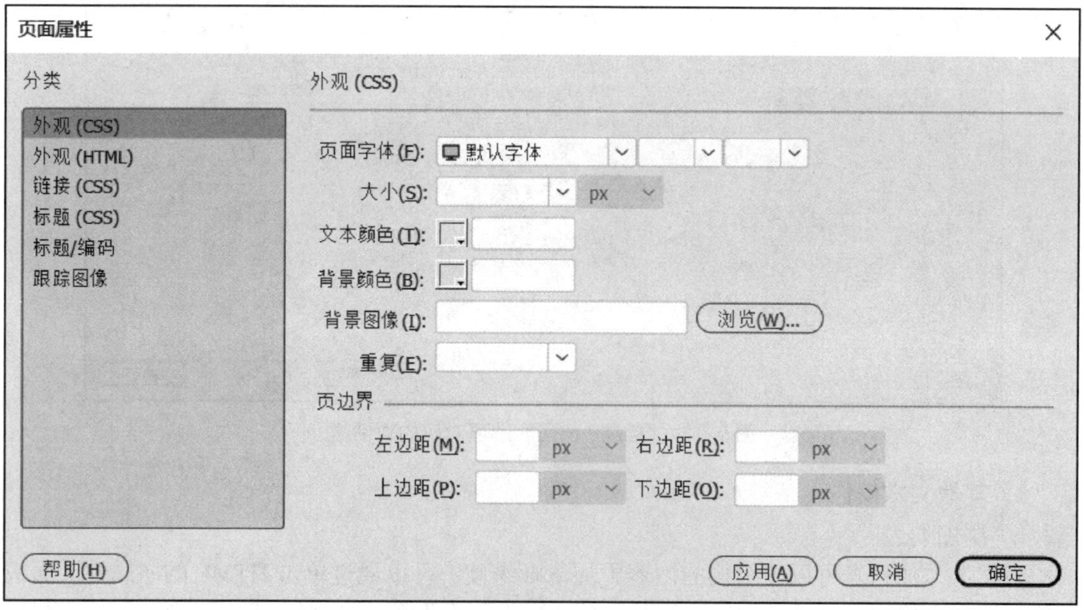

图 9-11 “页面属性”对话框

例如，要设置默认的字体，单击“页面字体”下拉按钮，在下拉列表中进行选择，如果下拉列表中没有合适的字体组合，则选择“管理字体”选项，在弹出的“管理字体”对话框的“自定义字体堆栈”选项卡中自定义添加需要的字体组合，如图 9–12 所示。

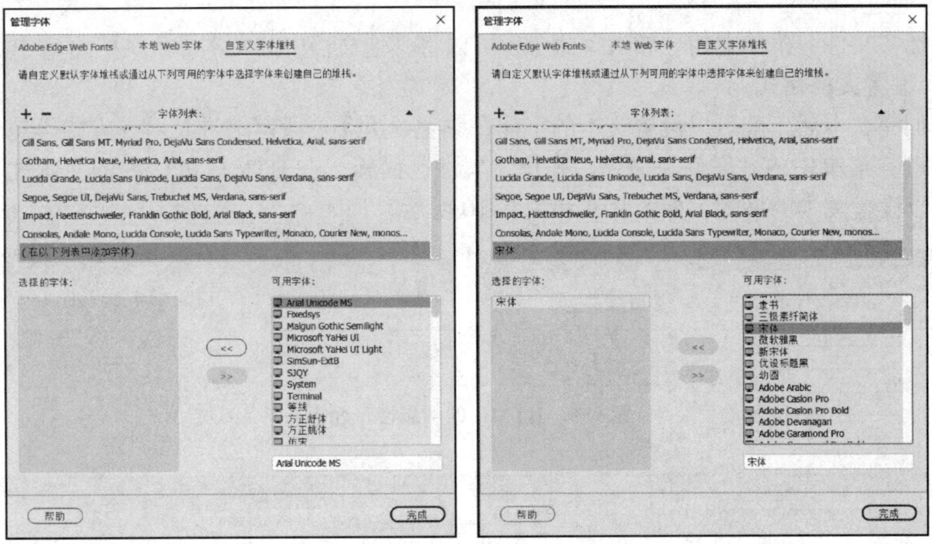

图 9–12　自定义添加需要的字体组合

要设置浏览器标题，则单击“页面属性”对话框的“分类”列表中的“标题 / 编码”选项，在“标题”文本框中输入浏览器标题，如图 9–13 所示。

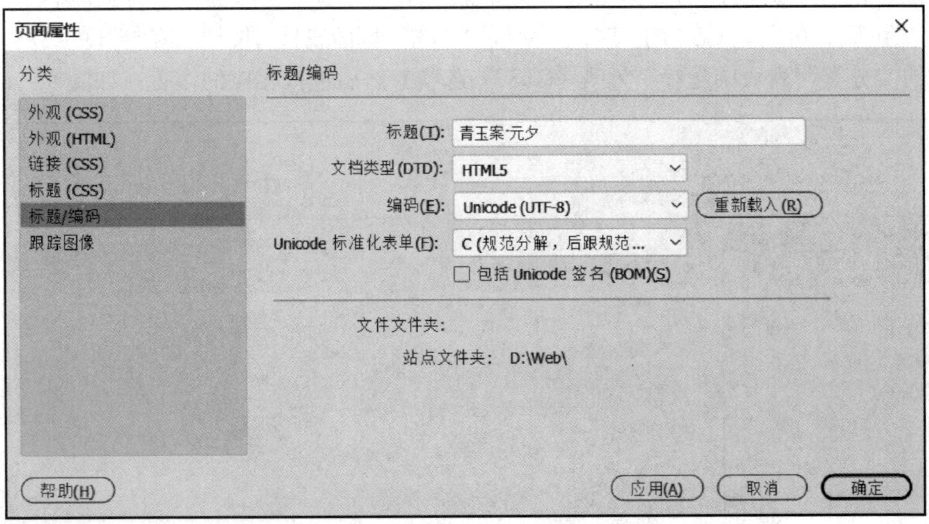

图 9–13　“标题 / 编码”选项对应的对话框

3. 其他文本操作

1）添加列表

为文本添加列表可以使结构的内容更加清晰易读，可以通过单击 HTML 的“属性”面板中的相应列表按钮或选择“编辑”菜单中的“列表”级联菜单中的相应命令进行添加。另外，还可以对列表类型进行修改。将光标放置在要修改的列表中，单击“编辑”菜单中的“列表”级联菜单中的“属性”命令，在弹出的“列表属性”对话框中，可以更改列表类型和样式，如图 9–14 所示。

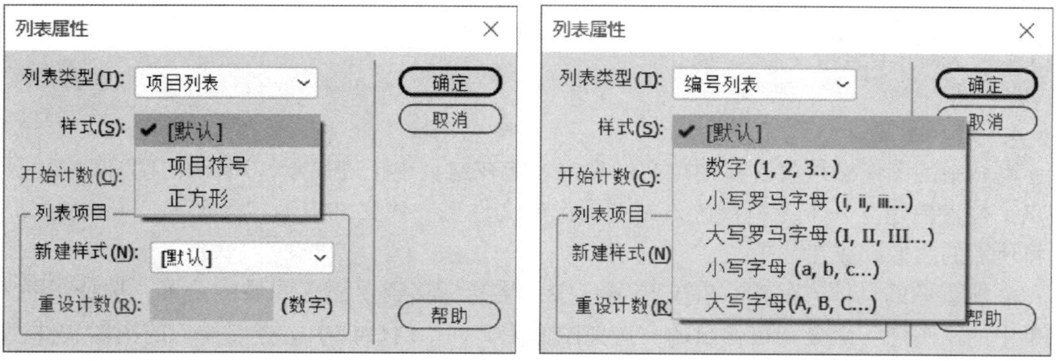

图 9-14 “列表属性”对话框

2）插入字符

在制作网页的过程中，某些特殊符号不能通过键盘输入，可以通过插入特殊字符或符号来实现。在网页设计模式下，将光标定位到要插入字符的位置，选择“插入”菜单中的“HTML”级联菜单中的“特殊字符”中的相应选项即可插入特殊字符。

3）插入水平线

在页面中，可以使用一条或多条水平分隔线来分隔文本和对象。选择“插入”菜单中的“HTML”级联菜单中的“水平线”命令，或者从插入工具栏的“HTML”选项卡中单击按钮来插入水平线。选中水平线，在“属性”面板上即可设置其属性，如图 9-15 所示。

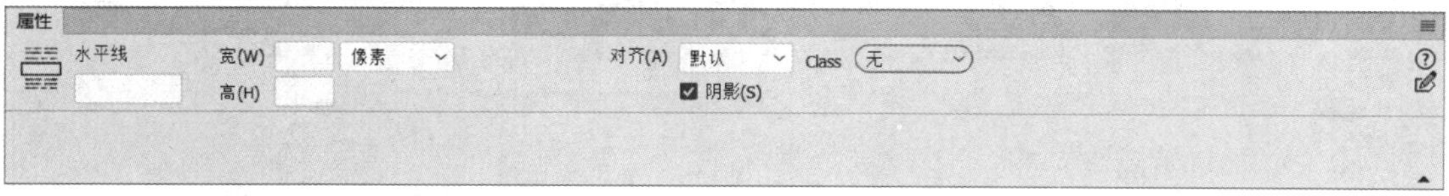

图 9-15　水平线的“属性”面板

4）插入日期

选择“插入”菜单中的“HTML”级联菜单中的“日期”命令，或者在插入工具栏的“HTML”选项卡中单击“日期”按钮，打开“插入日期”对话框。在对话框中进行所需的日期格式的设置，单击“确定”按钮，如图 9-16 所示。

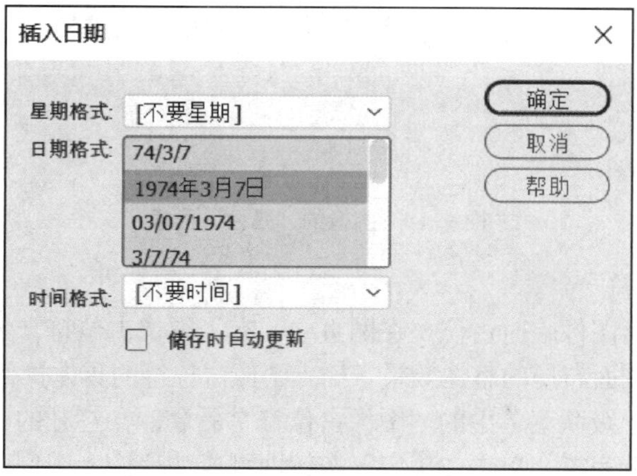

图 9-16 “插入日期”对话框

9.3.2 添加图像

1. 插入图像

网站中的图像必须放置在站点文件夹内才能在网页中正确显示，所以在建立网站时要在站点文件夹内建立一个专门存放该站点图像的文件夹，该文件夹通常命名为“ images”，然后将所需的图像都放在其中。

添加图像的具体方法为：在文档窗口中，将光标移到要插入图像的位置，选择“插入”菜单中的“图像”命令，在弹出的“选择图像源文件”对话框中选择要插入的图像文件，如图 9–17 所示。也可以打开“文件”面板，展开显示图像文件夹中的所有文件，如图 9–18 所示，在需要插入的图像名称上按住鼠标左键，将其拖曳到文档窗口的相应位置，松开鼠标左键，就完成了图像的插入。

图 9–17 “选择图像源文件”对话框

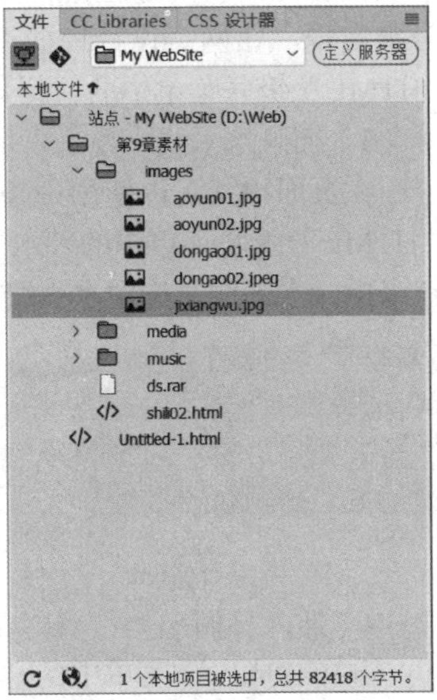

图 9–18 在“文件”面板选择图像

在网页中插入的图像通常需要调整后才能与网页相配，可以在图像的“属性”面板中设置图像的基本属性，包括调整图像的路径、大小，对图像进行编辑等，如图 9–19 所示。

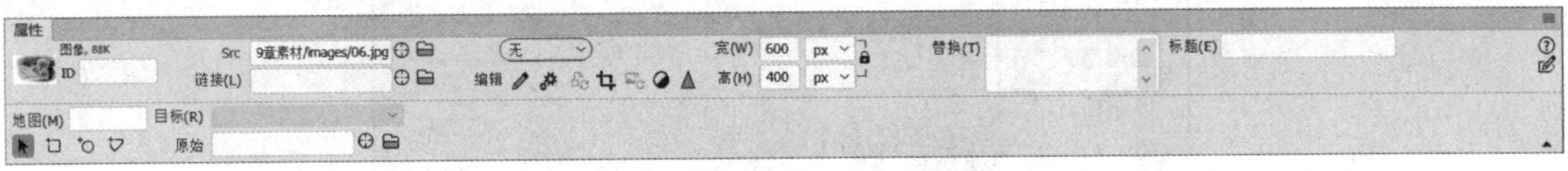

图 9–19 图像的“属性”面板

2. 插入图像占位符

图像占位符只是给图像临时占位。在网页中，有了图像占位符，无论有没有在这个位置添加图片都不会影响页面布局的整体效果。插入图像占位符的具体操作方法为：选择“插入”菜单中的“图像对象”级联菜单中的“图像占位符”命令，在打开的“图像占位符”对话框中进行设置，全部设置完毕，单击“确定”按钮即可成功地插入图像占位符。当需要将图像占位符替换为最终图像时，可以双击图像占位符，然后从弹出的“选择图像源文件”对话框中选择网页中需要的图像。

3. 插入鼠标经过图像

鼠标经过图像是指当鼠标指针移动到图像上时会显示预先设置好的另一幅图像，当鼠标指针移开时，又会恢复为第一幅图像，这样使整个网页更有趣味性。

插入鼠标经过图像的具体操作方法为：将光标定位在需要添加图像的位置，选择“插入”菜单中的“ HTML”级联菜单中的“鼠标经过图像”命令，在弹出的“插入鼠标经过图像”对话框中，分别设置“原始图像”和“鼠标经过图像”，如图 9-20 所示。全部设置完毕，单击“确定”按钮即可成功地插入鼠标经过图像。

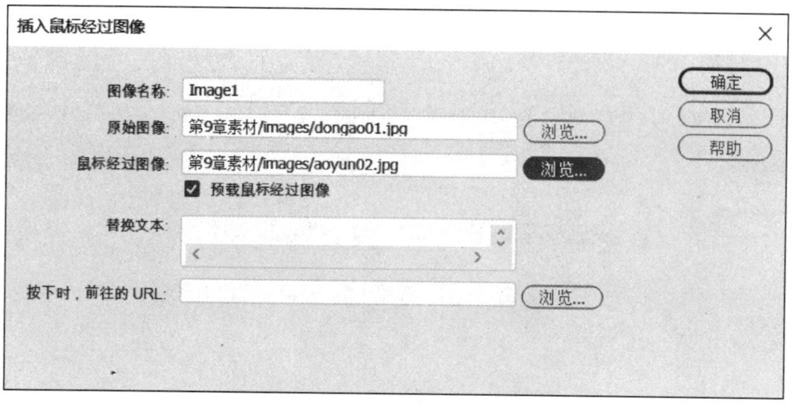

图 9-20　“插入鼠标经过图像”对话框

9.3.3　添加动画、音频和视频

1. 插入 Flash 动画

Flash 动画以容量小、效果丰富等特点深受网页设计人员的喜爱。Dreamweaver 2020 可以非常方便地在网页中插入 Flash 动画，具体操作方法为：选择“插入”菜单中的“HTML”级联菜单中的“Flash SWF”命令，或者在插入工具栏中单击“Flash SWF”按钮，打开“选择 SWF”对话框，选择需要添加的 Flash 动画，单击“确定”按钮，如图 9-21 所示。还可以在“文件”面板中选中 Flash 文件，直接将其拖曳到文档窗口中。

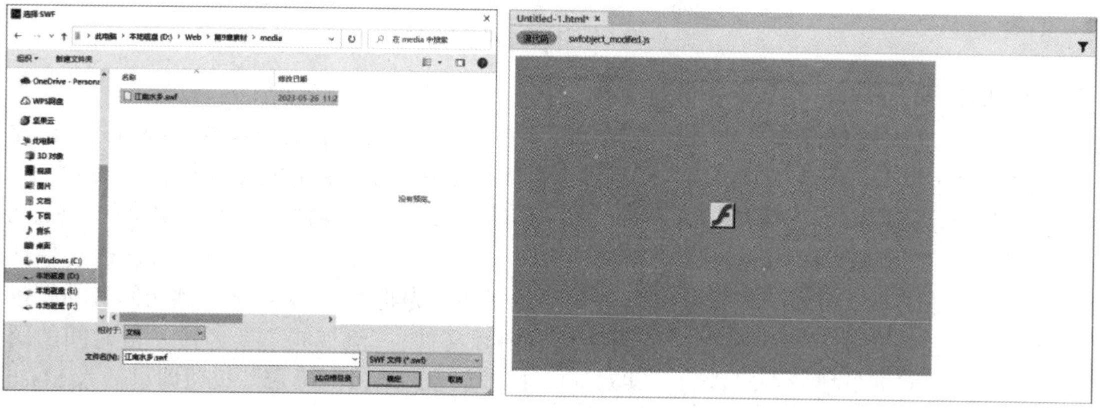

图 9-21　“选择 SWF”对话框及插入 Flash 动画的效果

在“设计”视图中选中插入的 Flash 动画，在“属性”面板中可以对其进行属性设置。

2. 插入音频和视频

利用插件功能，可以在页面中方便地插入 .mp3、.mp4、.swf、.wmv 等格式的文件。具体操作方法为：选择“插入”菜单中的“HTML”级联菜单中的“插件”命令，打开“选择文件”对话框，在其中选择一个音频或视频文件，如图 9-22 所示，然后单击“确定”按钮，将在文档中插入一个插件图标，选中插件图标后，在“属性”面板中可以对其进行属性设置。也可在“属性”面板中单击“参数”按钮，打开“参数”对话框进行参数设置。

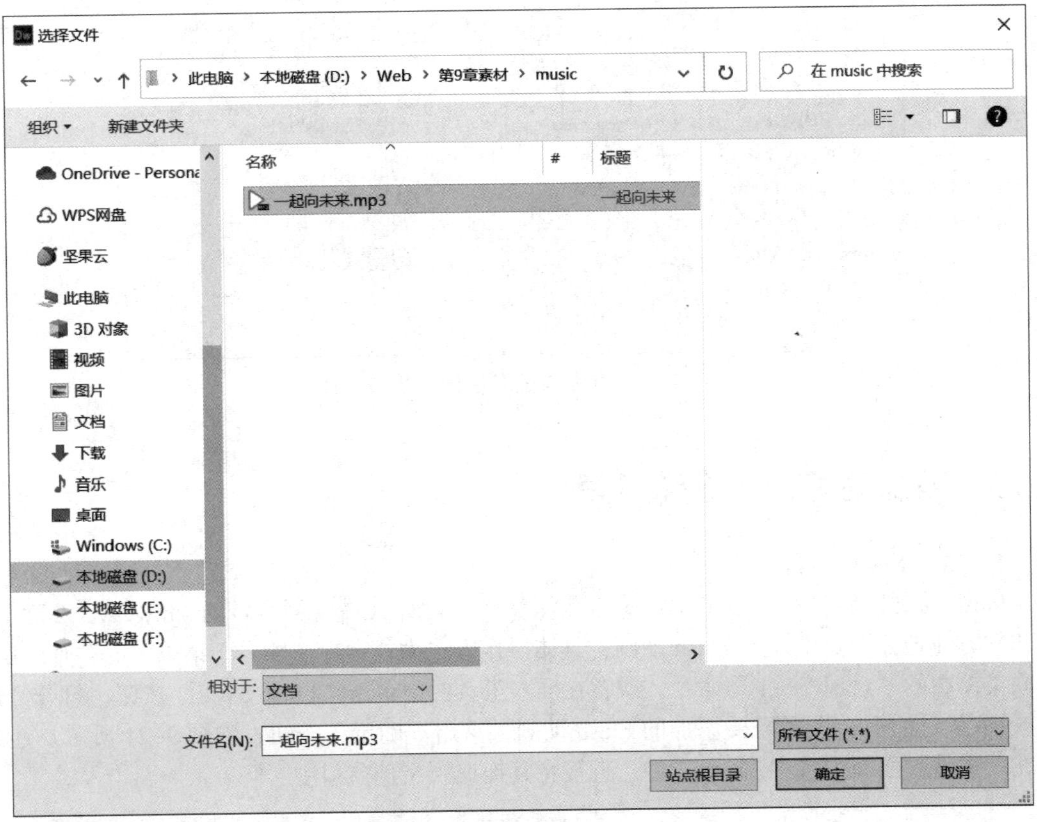

图 9-22 “选择文件”对话框

3. 插入 Flash 视频

Flash 视频是 FLV 流媒体格式的视频，FLV 是因 Flash 的发展而出现的视频格式。FLV 格式的文件体积小、加载速度极快，所以许多在线视频网站都采用这种视频格式。

插入 Flash 视频的具体方法为：选择“插入”菜单中的“HTML”级联菜单中的“Flash Video”命令，打开“插入 FLV”对话框。由于选择“视频类型”的不同，对话框会呈现两种形式，如图 9-23 所示。其中，“累进式下载视频”先将 FLV 文件下载到访问者的硬盘上再进行播放，它在下载完成之前就开始播放视频文件；“流视频”要经过一段时间的缓冲后才可以在网页上播放视频内容。在对话框中设置后，单击“确定”按钮即可插入 Flash 视频。

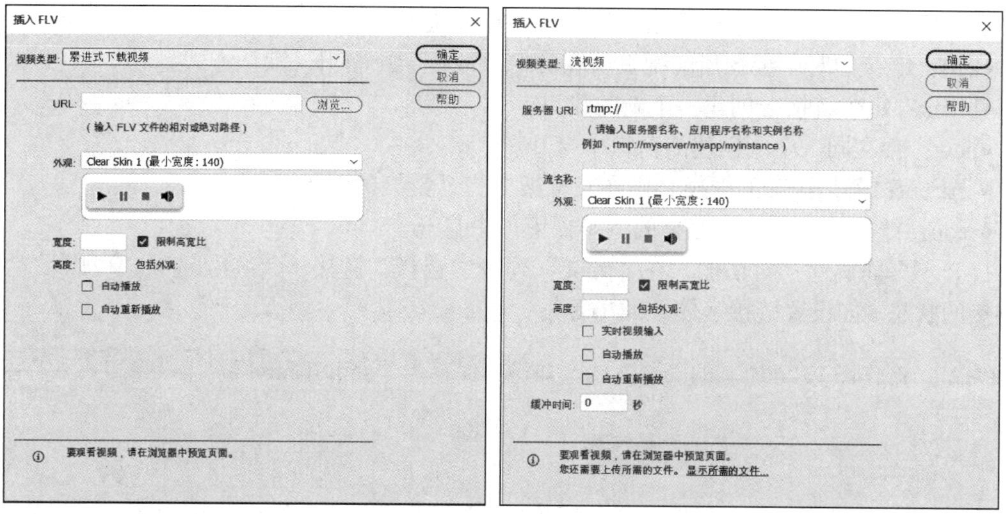

图 9-23　“插入 FLV”对话框

9.3.4　创建超链接

超链接是指从一个对象指向另一个对象的指针，它可以是网页中的一段文字，也可以是一张图片，甚至可以是图片中的某一部分。它允许人们同其他网页、站点、图片、文件等进行链接，从而使 Internet 上的信息构成一个有机的整体。超链接可分为文本超链接、图形超链接、电子邮件超链接、锚记链接、文件下载超链接和图像热点超链接。

1. 文本超链接

文本超链接是使用最普遍的超链接形式。创建文本超链接的方法为：选中要添加超链接的文本，直接在“属性”面板的“链接”文本框中输入链接地址或浏览选择链接的目标文件，如图 9-24 所示；也可以选择“插入”菜单中的“Hyperlink”命令，弹出“Hyperlink”对话框，如图 9-25 所示，在该对话框的“链接”文本框中输入目标的 URL 地址。

图 9-24　“链接”文本框设置链接

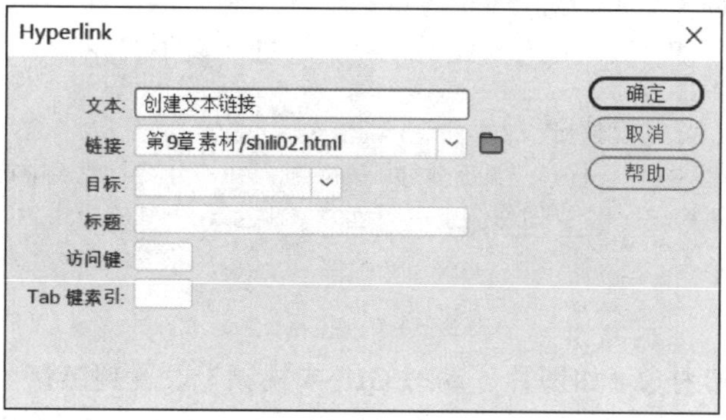

图 9-25　“Hyperlink”对话框

从“目标”下拉列表中，可以选择文档的打开位置。其中：

●self：链接的对象会在当前网页所在的窗口或框架中打开（默认方式）。

●blank：每个链接会创建一个新的窗口。

●new：会在同一个刚创建的窗口中打开。

●_parent：若是嵌套的框架，则在父框架中打开链接的对象。

●_top：链接的对象会在完整的浏览器窗口中打开。

打开“页面属性”对话框，在“分类”列表中选择“链接（CSS）”选项，可以设置文本超链接的状态（如设置链接字体、大小等）。

【例 9-2】 制作图 9-26 所示的网页文档，并将其保存为“shili01.html”。

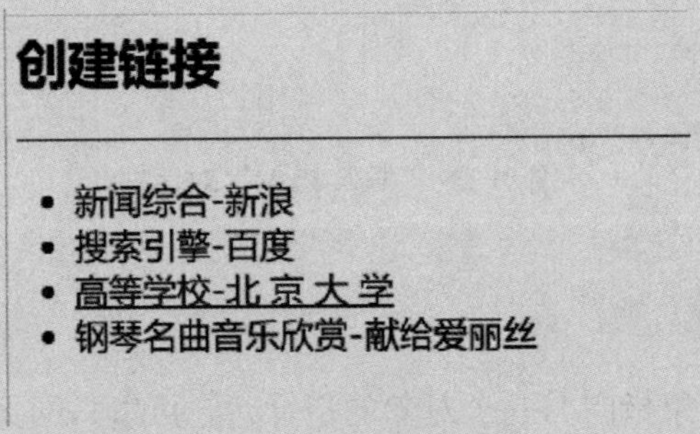

图 9-26 shili01.html 效果

①设置网页标题为“创建文本链接”，设置全文字号为 24 磅。

②将文本“创建链接”设置为标题 2。

③插入水平线。

④输入文本并设置为无序列表。

⑤为文本依次设置超链接。“新浪”链接到“ http://www.sina.com.cn”，“百度”链接到“ http://www.baidu.com”，“北京大学”链接到“ https://www.pku.edu.cn/”，“献给爱丽丝”链接到“media\als.mp3”。

⑥当鼠标指针处于链接文本上时，字体变为红色，并出现下划线。

操作步骤如下。

①新建网页文件，保存为“shili01.html”。在“属性”面板的“文档标题”文本框中输入“创建文本链接”，设置网页标题。单击“页面属性”按钮，在“外观（CSS）”分类中设置“字号”为“24 磅”。

②选中文本“创建链接”，在“属性”面板的“HTML”选项中设置格式为“标题 2”。

③选择“插入”菜单中的“HTML”级联菜单中的“水平线”命令，插入水平线。

④输入文本，然后选中文本，在“属性”面板的“ HTML”选项中，单击“无序列表”按钮，设置无序列表。

⑤依次选中各个文本，在“链接”文本框中分别依次输入链接地址。

⑥单击“页面属性”按钮，打开“页面属性”对话框，在“分类”列表中选择“链接（CSS）”选项，设置超链接文本的状态，“变换图像链接”颜色为“红色”，下划线样式为“仅在变换图像时显示下划线”。

2. 图形超链接

用户可以为图形对象（如图片、动态 GIF 或视频）设置超链接。为图形对象设置超链接的方法非常简单，只需要选择图形对象，然后在“属性”面板中设置链接的 URL 和目标框架。

3. 电子邮件超链接

电子邮件超链接是指链接的目标是电子邮件地址。创建电子邮件超链接的方法为：选择超链接的文本或图形，单击“插入”菜单中的“电子邮件链接”命令，弹出“电子邮件链接”对话框，在“电子邮件”文本框中输入电子邮件地址，单击“确定”按钮。

4. 锚记链接

一般超链接只能从一个文档跳转到另一个文档，使用锚记链接则可以实现跳转到同一站点或不同站点内，同一网页的指定位置或其他网页的指定位置。

在网页中添加锚记的方法为：在网页设计视图下，将插入点定位到需要添加锚记的位置，单击“插入”菜单中的“命名锚记”命令，弹出“命名锚记”对话框，在“锚记名称”文本框中输入锚记名（如 m1），单击“确定”按钮，则在网页中添加了锚记。

添加了合适的锚记后，用户就可以按以下方法创建锚记链接：选择超链接的文本或图形，单击“插入”菜单中的“超级链接”命令，弹出“超级链接”对话框，在“链接”下拉列表中可以选择锚记名。

5. 文件下载超链接

在实际应用中，链接的目标可以是其他类型的文件，如压缩文件等，可以用文件下载超链接实现。具体操作方法为：准备好供下载的压缩文件包“ ds.rar”，选中要创建超链接的文本，在“属性”面板的“链接”文本框中直接输入压缩文件的路径。保存文件，在浏览器中预览时，单击超链接的文本，弹出图 9-27 所示的“新建下载任务”对话框，进行设置后即可进行文件下载。

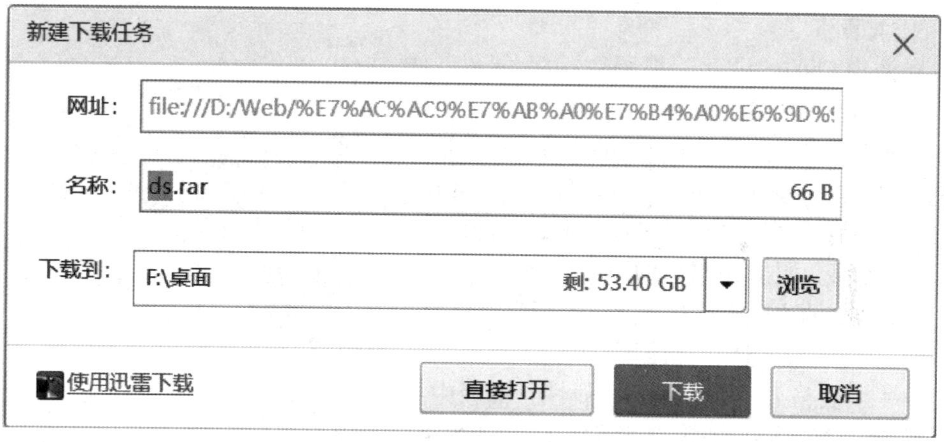

图 9-27 “新建下载任务”对话框

6. 图像热点超链接

图像热点超链接就是在一幅图像上创建多个链接区域，这些链接区域可以是矩形、圆形或其他多边形，这些链接区域叫作热点。单击图像上的热点时，就会跳转到热点所链接的页面上。具体的操作方法为：在网页设计模式下选中图片，在“属性”面板的左下角的地图热点工具中，根据需要选择创建热点所需要的区域形状。在图片上，依所选形状画出矩形、圆形或其他多边形，如图 9-28 所示。释放鼠标左键，然后单击热点，在“链接”文本框中直接输入 URL 地址即可，如图 9-29 所示。

图 9-28　在“属性”面板中设置热点

图 9-29　设置热点链接

9.4　网页布局

表格不仅可以用于显示数据，也可以用于网页布局。用表格来布局时，首先应决定表格在水平方向和垂直方向上所需的单元格数量，然后为需要跨越多行或多列的对象合并单元格。

9.4.1　利用表格进行网页布局

1. 插入表格

在文档窗口的“设计”视图中，将插入点放在需要创建表格的位置。单击“插入”菜单中的“Table”命令，或者在插入工具栏的“HTML”选项卡中单击“表格”按钮，还可以直接按 Ctrl ＋ Alt ＋ T 快捷键，在弹出的“Table”对话框中进行设置，如图 9-30 所示。如果在网页中不想显示表格的边框，可以将表格的边框粗细和单元格间距都设置为 0 像素，然后单击“确定”按钮创建表格。

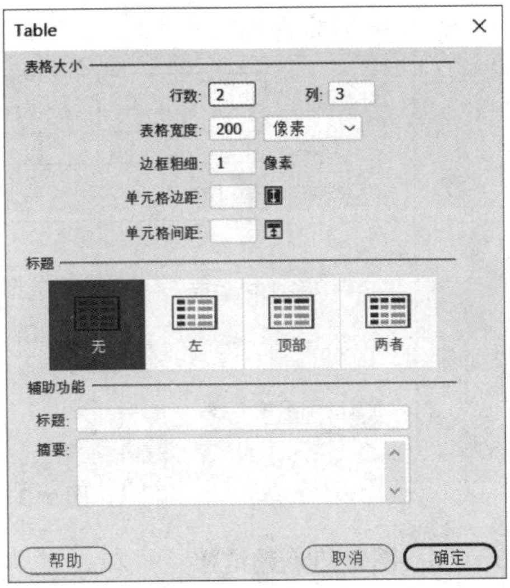

图 9-30　“表格”对话框

选中一个表格后，在表格的“属性”面板中可以再次编辑表格属性（如表格名称、行高、列宽、对齐方式、边框、间距等），如图 9-31 所示。把光标移动到某个单元格内，或者选定行或列，就可以利用相应的“属性”面板对单元格、行或列的属性进行设置，如图 9-32 所示。

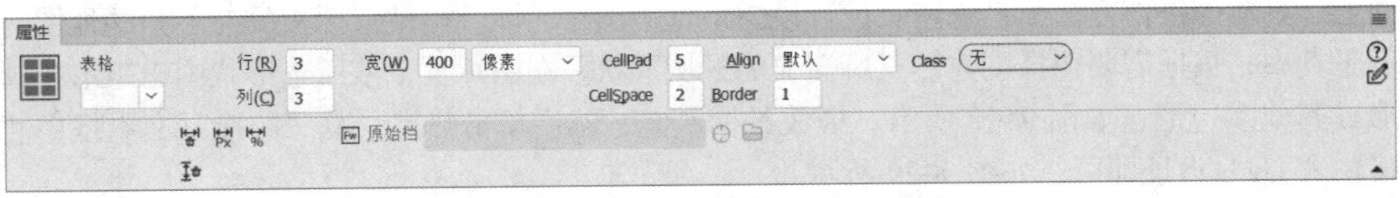

图 9-31　表格的“属性”面板

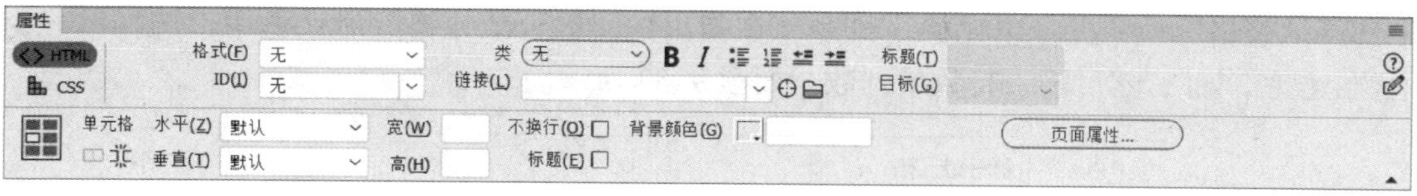

图 9-32　单元格的“属性”面板

2. 选择表格

1）选择单元格

在单元格内双击或按住 Ctrl 键单击单元格，可选中该单元格。选中一个单元格，按住鼠标左键横向或纵向拖曳，可以选择多个相邻的单元格。按住 Ctrl 键，依次单击各个单元格，可以选中不相邻的单元格。若再次单击被选中的单元格，则可取消对该单元格的选中。

2）选择行或列

选择表格的行或列的方法有多种：按住鼠标左键从左向右拖曳或从上向下拖曳，将选择相应的列或行；或者将鼠标指针置于一行的左边或一列的上方，当出现黑色选定箭头时单击，即可选择行或列；如果要选中不相邻的多行或多列，按住 Ctrl 键依次单击各行或各列即可。

3）选择整个表格

选择整个表格的方法有多种：将光标置于表格内，然后选择“编辑”菜单中的“表格”级联菜单中的“选择表格”命令；或者将鼠标指针放到表格的四周边缘，当鼠标指针右下角出现图标时，单击即可选中整个表格；单击表格中的任意一条边框线，也可以选中整个表格；将光标置于表格内，然后单击文档窗口左下角的< table >标签也可以选择整个表格。

3. 编辑表格

1）添加或删除内容

插入表格之后，将光标置于任意一个单元格内，可以直接输入文本、图像、动画等网页元素。如果要删除表格内容而不删除表格，可以选择多个单元格（但不能选择整行、整列或整个表格），然后按 Delete 键，则选中的单元格中的内容被删除，而表格的结构不变。

2）添加或删除行和列

将光标置于单元格内，选择“编辑”菜单中的“表格”级联菜单中的“插入行”或“插入列”命令；或者右击，在弹出的快捷菜单中选择“表格”→“插入行”或“插入列”命令，就可以在光标所在单元格的上面增加一行或左侧增加一列。

若需要添加多行或多列，则选择“编辑”菜单中的“表格”级联菜单中的“插入行或列”命令；或者右击，在弹出的快捷菜单中选择“表格”→“插入行或列”命令，在打开的“插入行或列”对话框中进行设置。

若需要删除行或列，则单击“编辑”菜单中的“表格”级联菜单中的“删除行”或“删除列”命令；或者右击，在弹出的快捷菜单中选择“表格”→“删除行”或“删除列”命令，即可删除行或列。

3）合并或拆分单元格

合并单元格的具体方法为：选择要合并的多个单元格，单击“编辑”菜单中的“表格”级联菜单中的“合并单元格”命令；或者右击，在弹出的快捷菜单中选择“表格”→“合并单元格”命令。

拆分单元格的方法和合并单元格的方法类似，将光标置于要拆分的单元格内，选择“编辑”菜单中的“表格”级联菜单中的“拆分单元格”命令；或者右击，并在弹出的快捷菜单中选择“表格”→“拆分单元格”命令，在弹出的“拆分单元格”对话框中，选择拆分为“行”还是“列”，然后输入行数或列数，如图 9-33 所示。

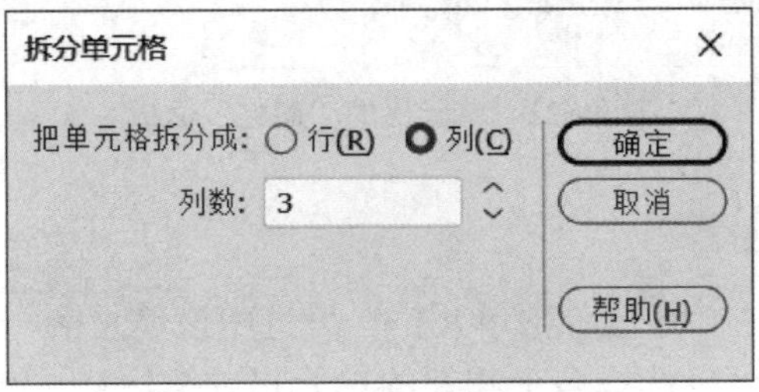

图 9-33 “拆分单元格”对话框

9.4.2 利用嵌套表格进行网页布局

在 Dreamweaver 2020 中，单元格中还可以插入嵌套表格。将光标置于要插入嵌套表格的单元格中，选择“插入”菜单中的“表格”命令，设置相应的表格的行、列后，就可以在此单元格中插入一个嵌套表格，如图 9-34 所示。

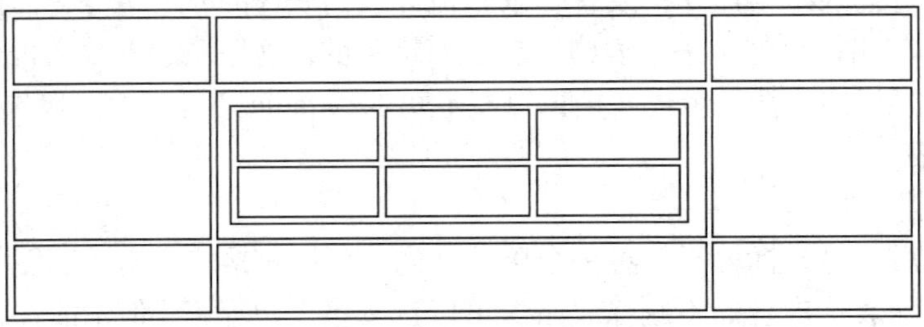

图 9-34 嵌套表格

【例 9-3】 利用嵌套表格进行“厂”字形网页布局，效果如图 9-35 所示。

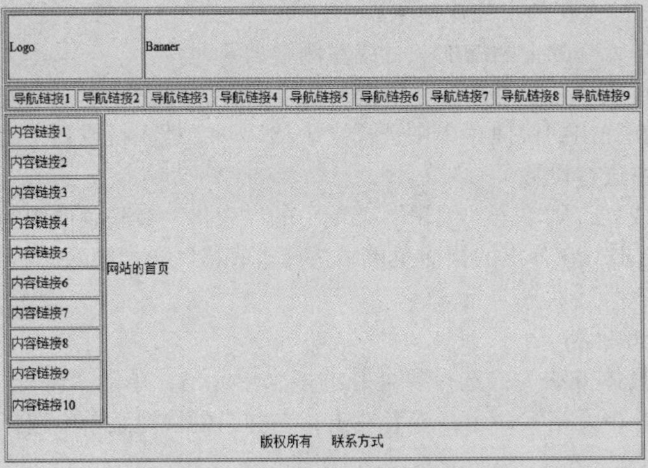

图 9-35 “厂”字形布局效果

操作步骤如下。

①新建一个网页，在其中插入一个 4 行 2 列的表格，宽度为“900 像素”。合并第 1 行的单元格，并在其中插入一个 1 行 2 列的嵌套表格，宽度为“100%”，高度为“80 像素”，用来布局 Logo 和 Banner。

②合并第 2 行的单元格，并在其中插入一个 1 行 9 列的嵌套表格，宽度为“100%”，居中对齐，如图 9-36 所示，作为导航条。

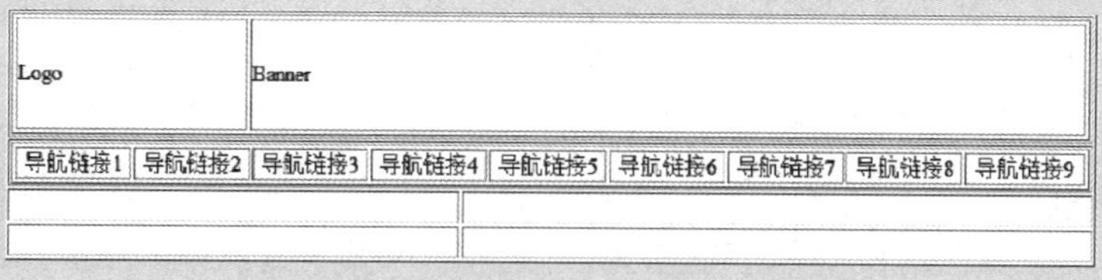

图 9-36　布局 Logo、Banner 和导航条

③设置第 3 行左侧单元格的宽度为“120 像素”，然后在其中插入一个 10 行 1 列的嵌套表格，宽度为“100%”，作为左侧的链接栏。

④合并第 4 行的单元格，设置其高度为“40 像素”，水平方向和垂直方向均为“居中对齐”，输入文字，作为网页的版权信息栏，如图 9-35 所示。至此，网页的“厂”字形布局制作完成。

9.4.3　表格＋浮动框架布局

浮动框架也叫作嵌入式框架或内联框架，是一种特殊的框架页面。浮动框架就是在网页中嵌入一个框架，可以自由控制窗口大小，可以配合表格随意地在网页中的任意位置插入窗口。通过链接可以在这个有限的浮动窗口中显示理想的网页效果。使用特定的 HTML 标签 < iframe >，可以定义一个浮动框架，该标签可以在文档中定义一个矩形区域，在这个区域中浏览器会显示一个单独的文档，包括滚动条和边框。

【例 9-4】 利用表格＋浮动框架进行网页布局，效果如图 9-37 所示。

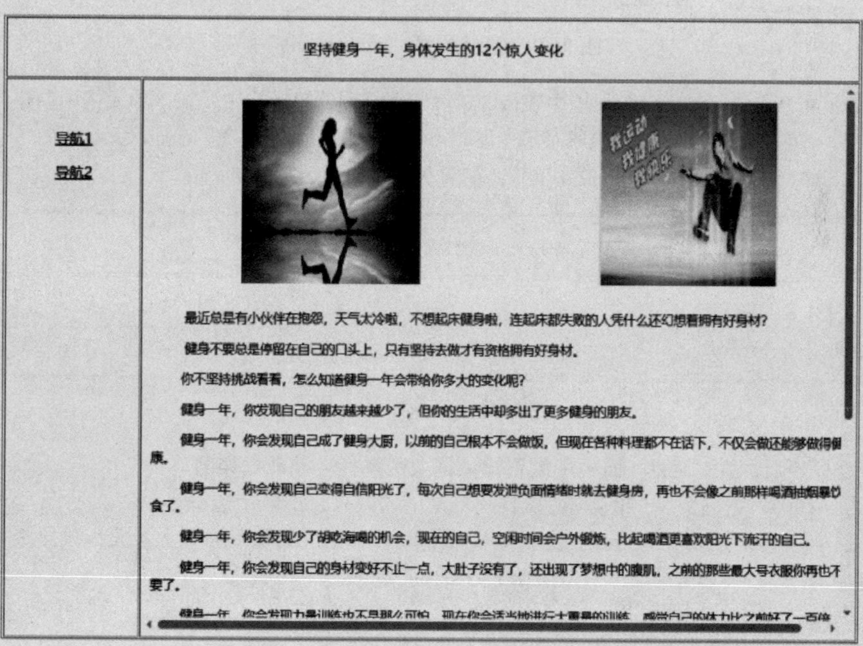

图 9-37　浮动框架布局效果

操作步骤如下。

①新建一个网页文档并命名为“ iframe.html”，在网页中插入一个 2 行 2 列的表格，表格宽度为 950 像素，表格边框为 1 像素，第 1 行的高度为 60 像素，第 1 列的宽度为 150 像素，合并第 1 行，并在表格中输入相应的文字，如图 9-38 所示。

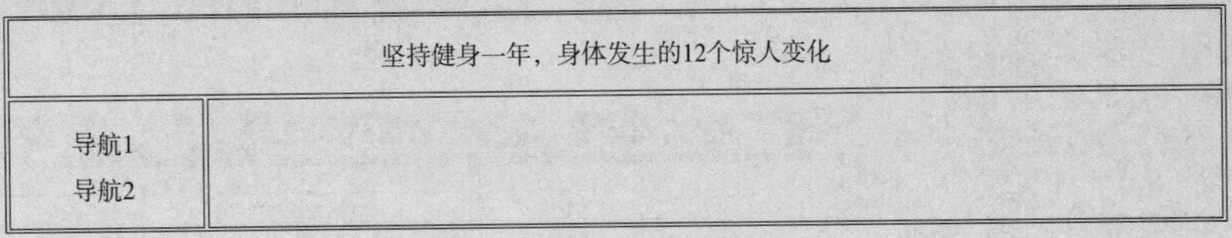

图 9-38　新建网页“iframe.html”

②新建一个网页文档并命名为“ main.html”，在网页中插入一个 3 行 2 列的表格，表格宽度为 800 像素，表格的边框粗细为 0 像素，在表格中插入图像并输入相应的文字，如图 9-39 所示。

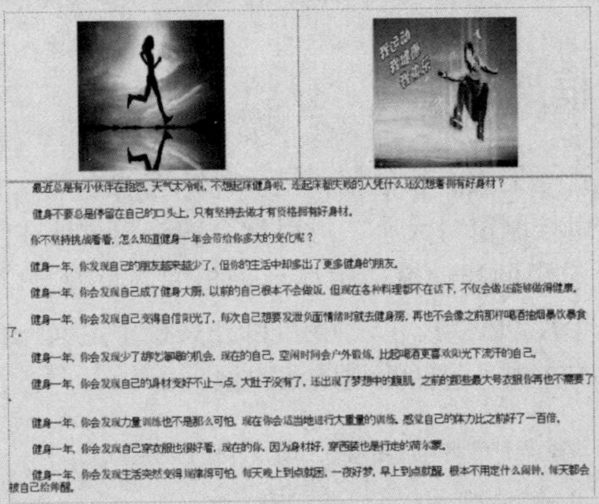

图 9-39　新建网页“main.html”

③将光标置于“ iframe.html”文档中表格的第 2 行第 2 列的单元格中，在该单元格中创建浮动框架，选择“插入”菜单中的“ HTML”级联菜单中的“ IFRAME”命令，或者单击插入工具栏中的“ HTML”选项卡的“IFRAME”按钮，插入浮动框架，如图 9-40 所示。

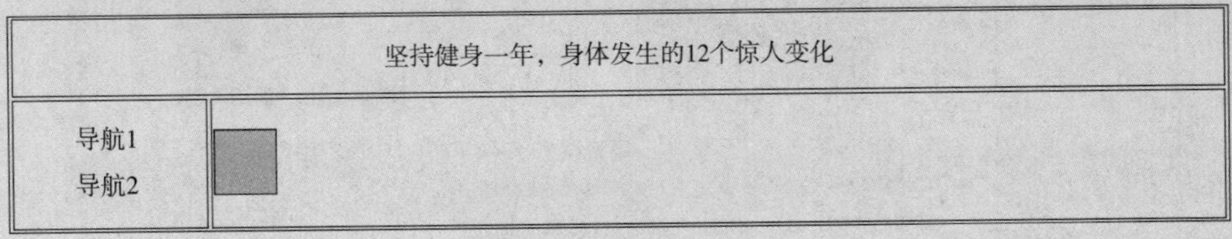

图 9-40　插入浮动框架

选中浮动框架后，在“属性”面板中设置浮动框架的属性，浮动框架名称为“if”，源文件为“main.html”，宽为“100%”，高为“600 像素”，具有自动滚动效果，不显示边框。

④设置“导航 1”浮动框架链接：选中文本“导航 1”，在“属性”面板上设置链接路径为“http://www.nhc.gov.cn”，目标为手动输入的浮动框架的名称“if”。

设置“导航 2”浮动框架链接：在“ main.html”文档中的文本“文档结尾”（素材中的文字是文档结尾）处插入锚记，并命名为“ foot”。选定文本“导航 2”，在“属性”面板上设置链接路径为“ main.html#foot”，目标为手动输入的浮动框架的名称“if”。

9.5　模板和库

在创建一批具有相同布局、相似外观的网页之前，通常先建立一个模板，再利用模板创建其他网页，当更改模板时，基于模板的网页会自动更新。对于需要在多个网页中使用的图片和文字等元素，为了避免重复劳动和提高制作网站的效率，可以先建立一个库项目，网页需要使用某元素时就直接从库中调用该项目。一旦修改库项目，就可以更新所有项目元素。

9.5.1　创建模板

在 Dreamweaver 2020 中，创建模板文件后，自动在站点根目录下创建名为“Templates”的文件夹，所有模板文件都保存在该文件夹中，扩展名为“.dwt”。

1. 新建模板

新建模板通常有以下 3 种方法。

1）通过“资源”面板

选择“窗口”菜单中的“资源”命令，打开“资源”面板，单击“模板”按钮，切换至“模板”分类。单击右下角的“新建模板”按钮，在“Untitled”处输入新的模板名称，如图 9–41 所示，按 Enter 键。

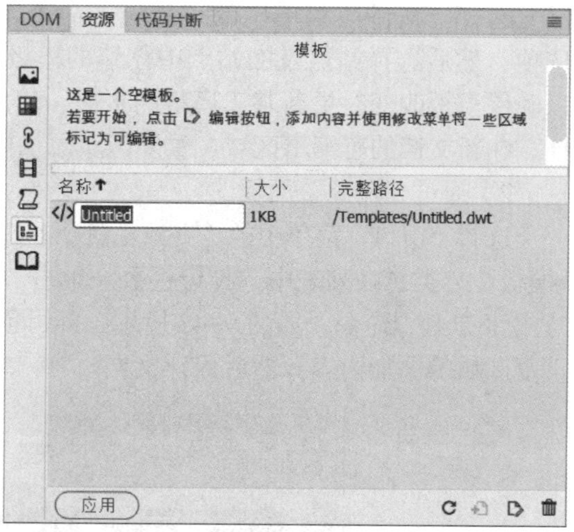

图 9–41　通过“资源”面板创建模板

2）通过“新建文档”对话框

选择“文件”菜单中的“新建”命令，打开“新建文档”对话框，选择“新建文档”选项，在“文档类型”列表中单击“HTML 模板”选项，选择“无”命令，单击“创建”按钮，打开一个空白文档窗口，添加模板对象后进行命名保存即可。此时，在“资源”面板的“模板”分类中将增加此模板文件。

3）通过“创建模板”按钮

在文档窗口中，单击插入工具栏的“模板”选项卡中的“创建模板”按钮，如图 9–42 所示，在弹出的“另存模板”对话框中，将当前文档保存为模板文件。

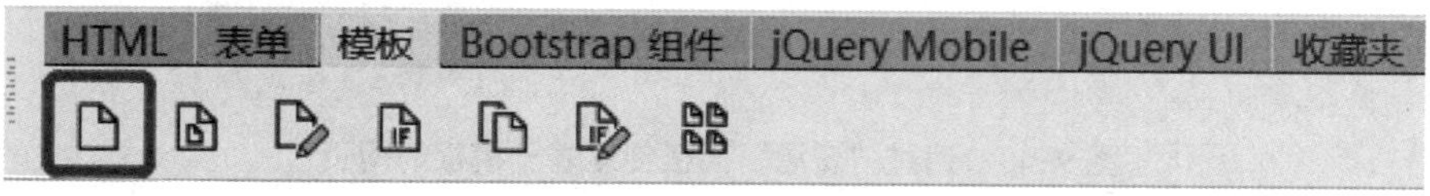

图 9–42　通过“创建模板”按钮来创建模板

2. 添加模板对象

模板生成后，就可以在模板中分别定义可编辑区域、可选区域和重复区域等。

（1）可编辑区域：可以对其进行添加、修改和删除网页元素等操作。若没有定义可编辑区域，当应用模板时整个文档都将被锁定，用户不能改变页面上的任何内容。

（2）可选区域：在创建模板时定义。在使用模板创建网页时，对于可选区域的内容，可以选择是否显示。

（3）重复区域：可以让用户在网页中复制任意多次的指定区域。重复区域不是可编辑区域，若要使重复区域中的内容可编辑，必须在重复区域内插入可编辑区域或重复表格。

以上区域可通过分别选择“插入”菜单中的“模板对象”级联菜单中的“可编辑区域”“可选区域”“重复区域”命令来创建，也可通过分别单击插入工具栏中的“模板”选项卡中的相应按钮实现。

3. 使用模板创建网页

使用模板创建网页的方法有以下两种。

1）通过“新建文档”对话框

选择“文件”菜单中的“新建”命令，打开“新建文档”对话框，选择“网站模板”选项，然后选择站点及在站点中创建的模板页，并勾选“当模板改变时更新页面”复选框，以确保模板改变时更新基于模板的页面，然后单击“创建”按钮，即可创建基于模板的新文档。在新文档的可编辑区域、重复区域添加内容，然后保存文档。

2）通过“资源”面板

选择“窗口”菜单中的“资源”命令，打开“资源”面板，单击“模板”按钮，切换至“模板”分类，在列表中选择模板页。单击“模板菜单”按钮或右击，从快捷菜单中选择“从模板新建”命令，如图 9-43 所示，即可创建基于模板的新文档。在新文档的可编辑区域、重复区域等添加内容，然后保存文档。

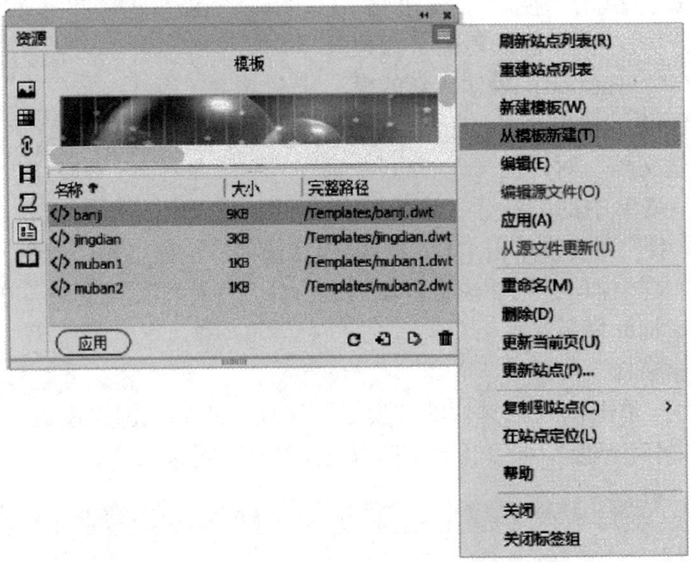

图 9-43 通过“资源”面板创建基于模板的网页

4. 为已有文档应用模板

为已有文档应用模板的具体操作方法是：打开已有文档，选择“工具”菜单中的“模板”级联菜单中的“应用模板到页”命令，弹出“选择模板”对话框。在“选择模板”对话框的

“模板”列表框或在“资源”面板的“模板”列表中选择要套用的模板，单击“应用”按钮。此时，弹出“不一致的区域名称”对话框。在“不一致的区域名称”对话框中，选择尚未分配的可编辑区域内容，然后在“将内容移到新区域”下拉列表中选择对应的可编辑区域，如图 9-44 所示，即可为网页上的内容分配可编辑区域。

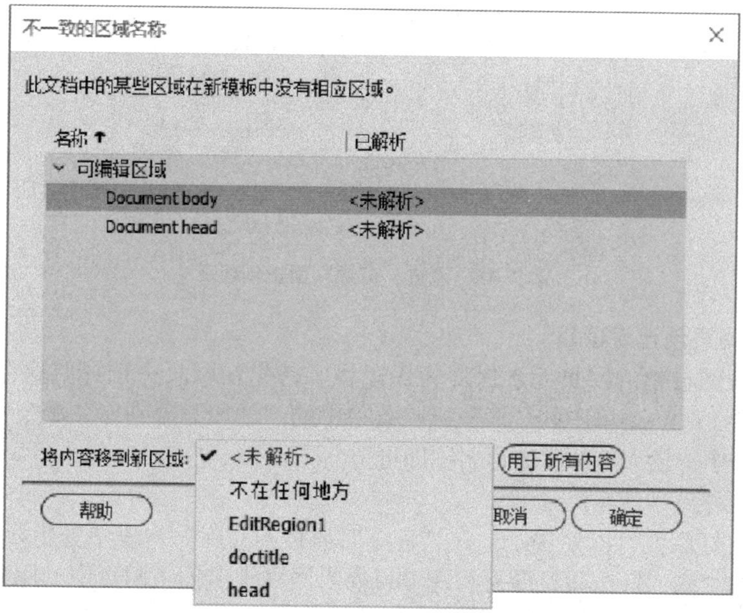

图 9-44　“不一致的区域名称”对话框

设置完成后单击“确定”按钮，关闭对话框，可以看到原来页面中的内容出现在可编辑区域中。在浏览器中预览，与页面中用来创建模板的文档相比，版面设计完全相同，只是其中的内容发生了变化。

5. 管理模板

“资源”面板提供了管理模板的功能。在“资源”面板中单击“模板”按钮，切换至“模板”分类，单击“模板菜单”按钮，可以对模板进行编辑、删除、重命名以及更新站点等操作。

9.5.2　创建库

创建库项目后，Dreamweaver 2020 自动在站点根目录下创建名为“Library”的文件夹，所有库项目文件都保存在该文件夹中，扩展名为“.lbi”。将库项目插入网页中，实际上是插入库项目的一个副本和对该库项目的引用。对库项目进行编辑修改后，使用该库项目的网页能够自动更新。

1. 新建库项目

选择“窗口”菜单中的“资源”命令，打开“资源”面板，单击“库”按钮，切换至“库”分类，单击右下角的“新建库项目”按钮，在“Untitled”处输入新的库名称，如图 9-45 所示，按 Enter 键。库项目文件的编辑同普通网页一样，可以在其中加入需要的网页元素，然后进行库文件的命名与保存。

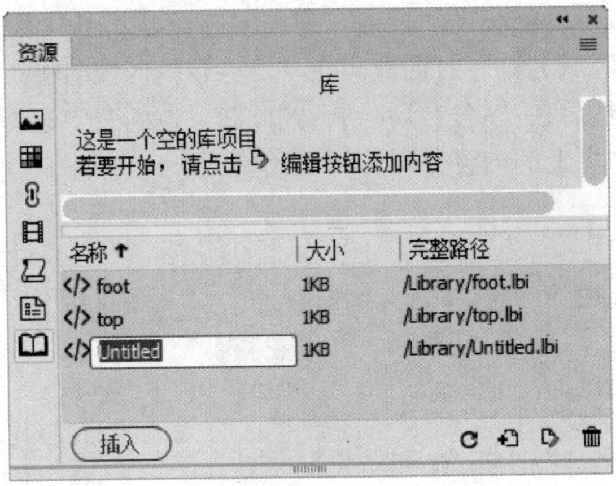

图 9-45　通过“资源”面板创建库

2. 从已有网页创建库项目

可以将现有网页中的网页元素保存为库项目。首先在网页中选择要保存为库项目的对象，然后选择“工具”菜单中的“库”级联菜单中的“增加对象到库”命令，该对象即被添加到库项目列表中，输入新的库项目名称即可。

3. 应用库项目

库项目建立好后就可以使用了。在“资源”面板的“库”列表中选中要插入的库项目，然后单击底部的“插入”按钮，即可将库项目插入网页中。插入网页中的库项目的背景会显示为淡黄色，是不可编辑的。

在网页中选定库项目后单击，会出现库项目的“属性”面板，通过库项目的“属性”面板可以指定库项目的源文件或更改库项目，还可以从源文件中分离库项目。

4. 管理库

在“资源”面板的“库”列表中，可以对库项目进行编辑、删除、重命名以及更新站点等操作。

9.6 表　单

表单是 Internet 服务器和浏览者之间的桥梁，它不仅可以向浏览者提供信息，还可以把浏览者反馈的信息收集起来发送到服务器，经过服务器端应用程序的处理，再把结果传回到浏览者的计算机上，实现浏览者与服务器的交互。

9.6.1 表单的工作原理

表单是浏览网页的用户与 Web 管理者进行交互的主要窗口，Web 管理者和用户之间可以通过表单进行信息交流。表单内有多种可以与用户进行交互的表单元素，如文本框、单选按钮、复选框、普通按钮等。常见的表单有搜索表单、用户登录注册表单、调查表单、留言簿表单等，图 9-46 所示为用户注册表单。

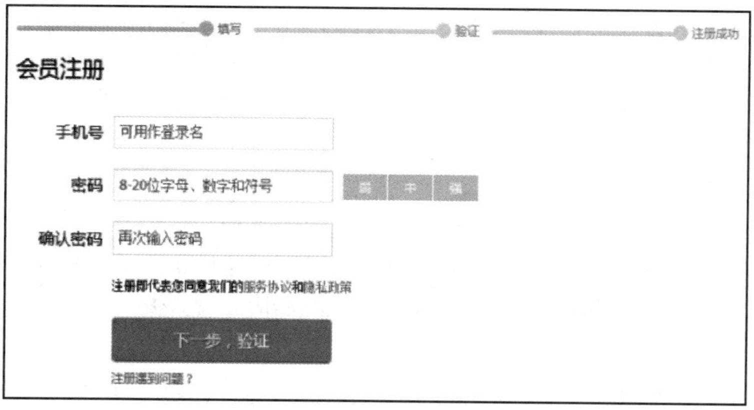

图 9-46　用户注册表单

表单的作用是从客户端收集信息，当访问者在表单中输入信息并单击“提交”按钮后，这些信息被发送到服务器，服务器端脚本或应用程序将对这些信息进行处理。服务器进行响应时，会将被请求信息发送给访问者（或客户端），或者基于该表单内容执行一些操作。表单的工作原理如图 9-47 所示。

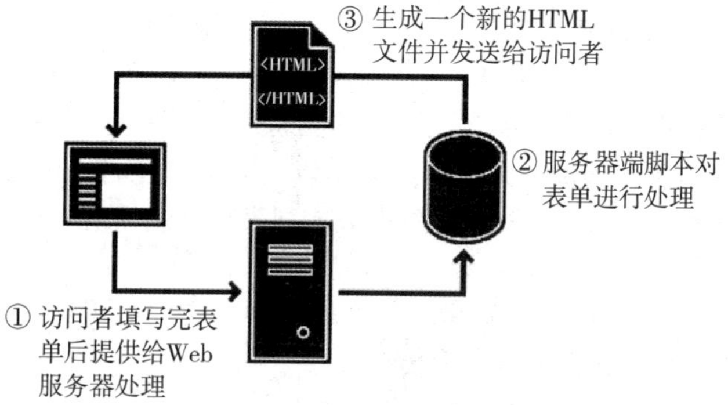

图 9-47　表单的工作原理

9.6.2　插入表单对象

一个表单包含表单标签、表单域、表单按钮 3 个基本的组成部分，其中几乎所有的表单对象都包含在表单域中。在制作表单网页时，应该首先插入一个表单域，然后在表单域中插入各个表单对象。单击插入工具栏中的“表单”选项卡中的相应按钮就可以插入表单域、文本框、单选按钮、复选框、普通按钮、下拉列表等，如图 9-48 所示。插入完成后，单击表单对象，可以在“属性”面板中设置相关属性。

图 9-48　插入工具栏中的“表单”选项卡

1. 插入文本域

文本域（TextArea）插入之后，通过“属性”面板可以给文本框（TextField）命名；可以使其成为单行（Single Line）的文本框、单行的密码框（Password）或多行（Multi Line）的文本编辑框；可以设置字符宽度（Char Width）和最大字符 / 行数（Max Chars/Num Lines）；对多行的文本编辑框可以设置是否自动换行（Wrap）；可以设置文本框的初始值（Init Value）。

2. 插入单选按钮和复选框

单选按钮（RadioButton）用于从成组的多个选项中选择其中的一个，复选框（CheckBox）的作用是从成组的多个选项中选择其中的一个或多个。它们的属性都比较简单，就是设置其初始状态（Initial State）是选中的（Checked）还是未选中的（Unchecked）。

3. 插入普通按钮

从“插入”菜单选择命令插入普通按钮（Button）后，通过“属性”面板可以设置其行为（Action），让按钮具备不同的功能。

（1）递交表单（Submit Form）：单击按钮，可以将表单域中所有表单控件的内容发送到服务器中。

（2）表单复位（Reset Form）：单击按钮，可以将表单域中的值恢复为初始值。

（3）无（None）：不指定系统内置的行为，设计时可以将按钮与一个脚本或应用程序相关联，单击按钮时执行相应的脚本或程序。

4. 插入列表框与菜单列表

列表框（List）和菜单（Menu）列表都是以列表的方式显示一组选项，根据设置的不同，用户可以在其中选择一项或多项。插入之后，需要通过“属性”面板中的“List Values”按钮添加各个列表项目的名称和值，并可以决定是以列表形式还是以下拉方式显示所有项目。可以通过“Initially Selected”文本框设定首次载入列表时出现的值。

5. 插入文件域

文件域（FileField）通常用于从磁盘选择文件，并将文件上传到服务器。但在使用文本域之前，要确保服务器允许文件的匿名上传。

9.6.3 使用行为验证表单

表单在提交到服务器端之前，必须对这些需要用户输入的数据进行检查，以确保输入数据的合法性。合法性是指应该输入数据的文本域是否输入了数据，应该输入数字的文本域是否输入了数字，应该输入电子邮件的文本域中的电子邮件格式是否正确等。

具体的操作方法为：单击“窗口”菜单中的“行为”命令，在打开的“行为”面板中单击“添加行为”按钮，在列表中选择“检查表单”，就可以对文本框中的数据进行简单的检查。

表单验证分为两种方式。一种方式是用户在填写表单时，每输入完一个文本框的内容立即进行验证，若输入不合法，则重新输入。这种情况需要使用“检查表单”行为分别检查各个表单对象。另一种方式是等用户填写完表单中的所有文本域后，在进行数据提交时对所有的数据进行验证，若表单中含有不合法的数据，则无法提交表单。对于第二种方式，需要选中整个表单，然后使用“检查表单”行为对各个表单对象进行统一设置。

“检查表单”行为主要是指检查指定文本域的内容，以确保用户输入了正确的数据类型。如图 9-49 所示，设置必须在文本域 textfield2 中输入的值，且必须是数字。

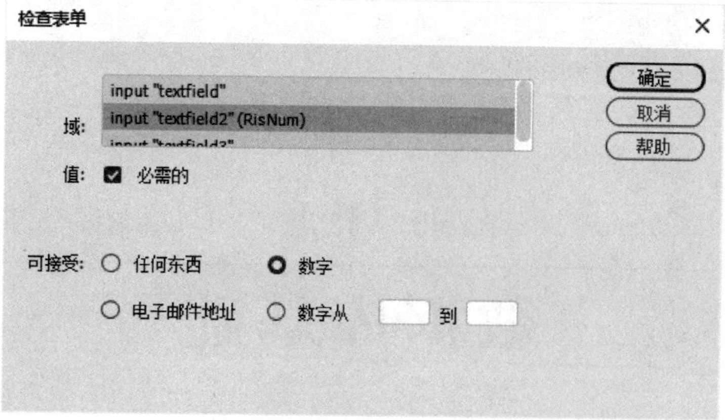

图 9-49 "检查表单"对话框

习 题 9

1. 网页有哪些类型？分别有哪些特点？
2. 简述网站的开发流程。
3. 简述创建站点的作用和步骤。
4. 如何在网页中插入图像并设置属性？
5. 什么是图像占位符？它有何作用？
6. 超链接有哪些类型？
7. 简要说明网页布局的常用方法。
8. 简述网页模板和库的作用。
9. 模板和库的扩展名分别是什么？它们分别保存在网站根目录下的什么文件夹中？
10. 如何插入表单对象并设置其属性？

第 10 章

数据库基础

在信息社会，数据已经成为一种重要的资源。以数据库技术为基础的数据管理技术，可以对数据进行有效的收集、加工、分析与处理，充分发挥数据的作用。Access 数据库管理系统为数据管理提供了简单实用的操作环境。本章主要介绍数据库的基本概念，从 Access 2019 的工作窗口出发，介绍数据库的创建、数据导入、创建表、创建查询、创建窗体、创建报表等方面的内容，让学生初步认识和了解数据库的应用及开发。

10.1　数据库基础知识

数据库技术是计算机学科的一个重要分支，是各类计算机信息系统的核心技术和重要基础，所有与数据信息有关的业务及应用系统都需要数据库的支持。

课程思政：国产数据库系统的自强之路

10.1.1　数据库系统

1．数据与数据处理

数据是指为了描述客观事物而用到的数字、字符以及所有能输入计算机中并能被计算机处理的符号。在实际应用中，除了可以参与数值运算的数值型数据，还有由字符组成、不能参与数值运算的字符型数据，以及图形、图像、声音等多媒体数据。信息是数据中包含的意义，是经过加工处理并对人类社会实践和生产活动产生决策影响的数据。数据处理是指将数据转换成信息的过程，包括对数据的收集、存储、分类、计算、加工、检索和传输等一系列活动。计算机是一个具有程序执行能力的数据处理工具，计算机进行数据处理的过程如图 10-1 所示。

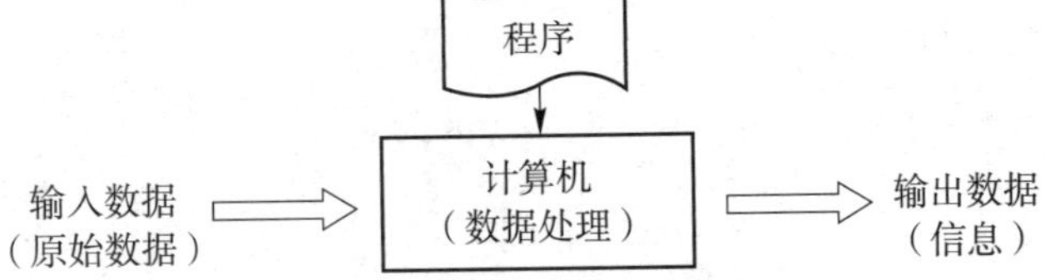

图 10-1　计算机进行数据处理的过程

数据处理的中心环节是数据管理，其目的是实现数据共享，降低数据冗余，提高数据的独立性、安全性和完整性，从而更加有效地管理和使用数据资源。计算机数据管理技术经历了人工管理、文件系统管理和数据库系统管理、分布式数据库系统管理、面向对象数据库系统管理等不同阶段。

2. 数据库系统的组成

数据库系统是指带有数据库并利用数据库技术进行数据管理的计算机系统，是由数据库、硬件系统、软件系统、人员等构成的人机系统，如图 10-2 所示。

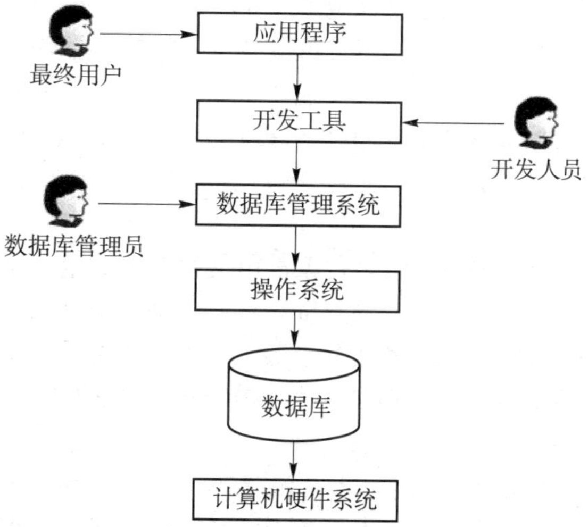

图 10-2 数据库系统

1）数据库

数据库（Database，DB）是数据库系统的数据源，是长期存储在计算机内的、有组织的、可共享的数据集合。数据库中的数据按一定的数据模型组织、描述和存储，具有很小的冗余度、较高的数据独立性和易扩展性，可供各种用户共享。

2）硬件系统

硬件系统是指构成计算机系统的各种物理设备，包括存储数据所需的外部设备。硬件系统的配置应满足整个数据库系统的需要。

3）软件系统

软件系统包括操作系统、数据库管理系统及应用程序。

数据库管理系统是数据库系统的核心，在操作系统的支持下工作。数据库管理系统是位于用户与操作系统之间的数据管理软件，是解决如何科学地组织和存储数据、如何高效地获取和维护数据的系统软件。其主要功能包括数据定义、数据操纵、数据库的运行管理及数据库的建立与维护等。

4）人员

数据库系统的相关人员主要有 3 类：最终用户、数据库应用系统的开发人员和数据库管理员（Database Administrator，DBA）。最终用户是通过应用程序界面使用数据库的人员，他们一般对数据库知识了解得不多。数据库应用系统的开发人员包括系统分析员、系统设计员和程序员。系统分析员负责应用系统的分析，他们和最终用户、数据库管理员相配合，参与系统分析；系统设计员负责应用系统设计和数据库设计；程序员根据设计要求进行编码。数据库管理员是数据管理机构的一组人员，他们负责对整个数据库系统进行总体控制和维护，以保证数据库系统的正常运行。

10.1.2 关系数据库

1. 概念

数据模型是对客观事物及其联系的描述，反映实体内部和实体之间的联系。采用的数据模型不同，相应的数据库管理系统也就完全不同。在数据库系统中，常用的数据模型有层次模型、网状模型和关系模型 3 种，其中用关系模型建立的数据库就是关系数据库（Relational Database，RDB）。

在关系数据库中，数据元素是最基本的数据单元。可以将若干个数据元素组成数据元组，若干个相同的数据元组组成一个数据表（即关系）。Access 2019 是一个非常优秀的关系数据库管理系统。

关系数据库中包含若干个关系，每个关系都由关系模式确定，每个关系模式包含若干个属性和属性对应的域。一个关系就是一张二维表格，表格由表结构和数据构成，表结构对应关系模式，表格的每一列对应关系模型的一个属性，该列的数据类型和取值范围就是该属性的域。因此，定义了表格就定义了对应的关系。在 Access 2019 中，与关系数据库对应的是数据库文件（.accdb 文件）。

目前，关系数据库管理系统主要包括大型数据库软件 Oracle、SQL Sever 和 DB2，大中型数据库软件 Sybase 和 Informix，开源数据库软件 MySQL 和 PostgreSQL，以及桌面型数据库软件 Microsoft Access 等。

2. 实体与联系

实体是现实世界中任何可以相互区分和识别的事物。实体可以是能触及的客观对象，如一位教师、一名学生、一种商品等，还可以是抽象的事件，如一场演出、一次考试等。

实体的特征称为属性。一个实体可用若干个属性来刻画，例如，学生实体的属性有学号、姓名、性别等。能唯一标识实体的属性或属性集称为实体的标识符，学生的学号可以作为学生实体的标识符。

每个属性可以取不同的值，属性值的变化范围称作属性值的域，如性别属性的域为(男，女)，职称属性的域为（助教，讲师，副教授，教授）等。

在 Access 2019 中，用表来表示同一类实体，即实体集；用记录来表示一个具体的实体；用字段来表示实体的属性。显然，字段的集合组成一条记录，如一个学生记录由有序的字段集合（学号、姓名、性别等）组成，记录的集合组成一个表，实体类型则代表了表的结构。

实体间的联系是指一个实体集中可能出现的每个实体与另一个实体集中的实体之间的联系。实体之间有各种各样的联系，归纳起来有以下 3 种类型。

（1）一对一联系（1 ∶ 1）。如果对于实体集 A 中的每个实体，实体集 B 中有且只有一个实体与之联系，反之亦然，则称实体集 A 与实体集 B 具有一对一联系。例如，一个部门有一个经理，而每个经理只在一个部门任职，则部门与经理的联系是一对一联系。

（2）一对多联系（1 ∶ n）。如果对于实体集 A 中的每个实体，实体集 B 中有多个实体与之联系，反之，对于实体集 B 中的每个实体，实体集 A 中至多只有一个实体与之联系，则称实体集 A 与实体集 B 具有一对多联系。例如，一个公司有许多个员工，但一个员工只能在一个公司就职，所以公司和员工之间的联系是一对多联系。

（3）多对多联系（m ：n）。如果对于实体集 A 中的每个实体，实体集 B 中有多个实体与之联系，而对于实体集 B 中的每个实体，实体集 A 中也有多个实体与之联系，则称实体集 A 与实体集 B 之间具有多对多联系。例如，一个读者可以借阅多种图书，任何一种图书可以被多个读者借阅，所以读者和图书之间的联系是多对多联系。

3. E-R 图

E-R 图是用一种直观的图形方式建立现实世界中实体及其联系的工具模型，也是数据库设计的一种基本工具。E-R 图用矩形框表示现实世界中的实体，用菱形框表示实体间的联系，用椭圆形框表示实体和联系的属性，实体名、属性名和联系名分别写在相应的框内。对于作为实体标识符的属性，在属性名下画一条横线。实体与相应的属性之间、联系与相应的属性之间用线段连接。联系与其涉及的实体之间也用线段连接，同时在线段旁标注联系的类型（1 ：1、1 ：n 或 m ：n），如图 10-3 所示。

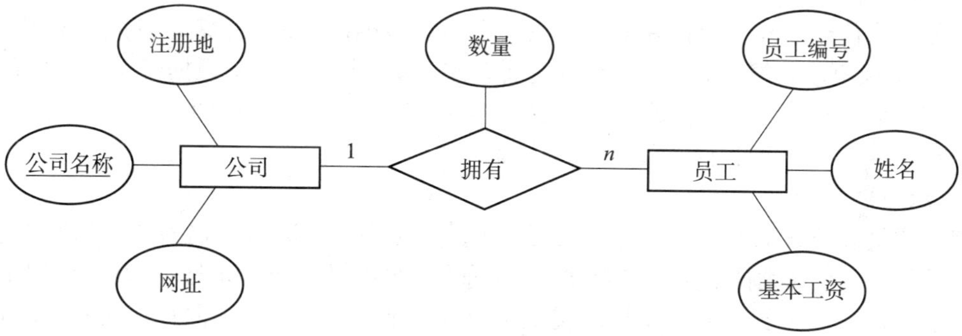

图 10-3　公司和员工的 E-R 图

10.2　Access 2019 概述

Access 2019 是一种数据库管理程序，是办公自动化套装软件 Office 2019 的一个组件，使用它可以有效地组织、管理和共享数据库。Access 2019 为数据管理提供了简单实用的操作环境，适用于小型数据管理。

10.2.1　Access 2019 的工作窗口

启动 Access 2019 常用的方法是单击“开始”按钮，在“开始”菜单中选择“ Access”命令，进入 Access 2019 的工作窗口，如图 10-4 所示。

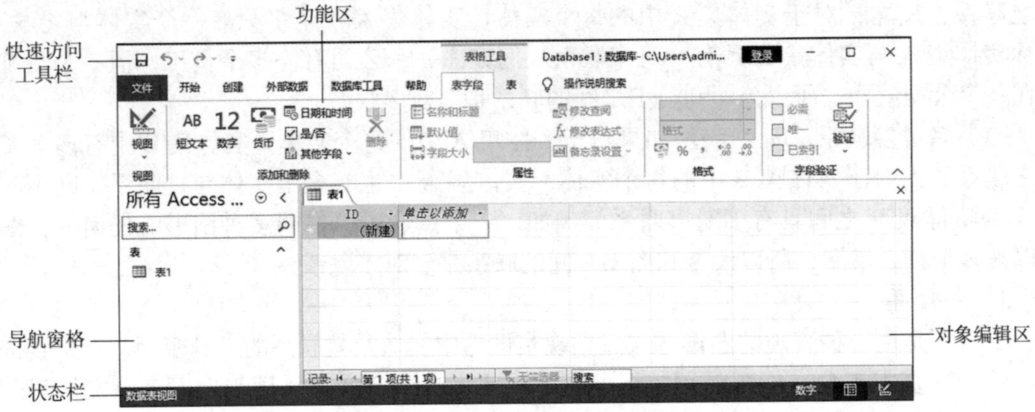

图 10-4　Access 2019 的工作窗口

Access 2019 的工作窗口主要包括快速访问工具栏、功能区、导航窗格、对象编辑区和状态栏等组成部分，这和 Office 2019 的工作窗口类似。

1. 导航窗格

导航窗格位于工作窗口的左侧，可以帮助组织数据库对象（如表、查询、窗体、报表等），是打开或更改数据库对象的设计的主要方式。默认情况下，新数据库使用“对象类型”类别，该类别包含对应各种数据库对象的组。可以最小化导航窗格，也可以将其隐藏，但是不可以在导航窗格前面打开数据库对象来将其遮挡。

2. 状态栏

状态栏是位于 Access 2019 工作窗口底部的条形区域。其右侧是各种视图切换按钮，单击各个按钮可以快速切换视图，左侧显示了当前视图的状态。不同的数据库对象有不同的视图方式。以表对象为例，Access 2019 提供了数据表视图和设计视图两种视图模式，前一种用于表中数据的显示，后一种用于表的设计。

切换视图的方法有以下几种。

（1）单击“开始”选项卡，再在“视图”组中单击“视图”下拉按钮，在下拉列表中选择不同的视图方式即可实现视图的切换。此外，在相应对象的上下文选项卡中也可以找到“视图”下拉按钮。

（2）在选项卡式文档中右击相应对象的名称，然后在弹出的快捷菜单中选择不同的视图方式。

（3）单击状态栏右侧的视图切换按钮来选择不同的视图。

10.2.2　数据库的基本操作

1. 创建数据库

Access 2019 数据库以磁盘文件的形式存在，其文件扩展名为“.accdb”。利用 Access 2019 创建数据库通常有两种方法，一种方法是直接创建空白数据库，另一种方法是利用 Access 2019 提供的模板创建数据库。

1）创建空白数据库

启动 Access 2019 后，单击“文件”菜单中的“新建”命令，在“新建”界面的可用模板中选择“空白数据库”选项，选择文件的保存位置并给数据库文件命名。创建数据库的同时，会自动创建一个名为“表 1”的表。

【例 10-1】 建立“教学管理”数据库，并将创建的数据库文件保存在“ E:\AccessDB”文件夹中。

操作步骤如下。

①在 Access 2019 工作窗口中选择“文件”菜单中的“新建”命令，在出现的 Access 2019 的启动窗口中，单击“空白数据库”按钮。

②在空白数据库栏的“文件名”文本框中，输入数据库名称，如“教学管理”，再单击按钮，设置数据库的存放位置，如“ E:\AccessDB”，然后单击“创建”按钮，如图 10-5 所示。此时将创建新的数据库，并且在数据表视图中打开一个新表。

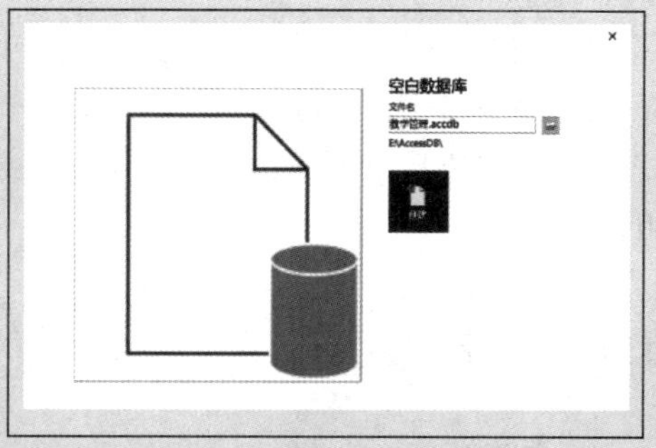

图 10-5　设置空白数据库的名称和存放位置

注意： *在这个空白数据库中并没有任何数据库对象存在，可以根据需要在该数据库中创建所需的数据库对象。在创建数据库之前，应先建立用于保存该数据库文件的文件夹。*

2）使用模板创建数据库

为了方便用户建立数据库，Access 2019 提供了多个数据库模板。例如，若要选择学生模板，可以单击“文件”菜单中的“新建”命令，在“新建”界面单击“学生”选项，在弹出的“创建”界面中单击“创建”按钮，即出现学生数据库窗口。用模板创建数据库，系统会自动创建表、查询、窗体、报表等对象，用户可以根据需要在表中输入对象。

创建好的数据库是一个扩展名为“.accdb”的文件，对该文件可进行打开、复制、移动、重命名、删除等操作。

开发一个数据库应用系统就是在数据库中创建各种不同的数据库对象，如表、查询、窗体、报表、宏和模块。其中，表是查询的数据基础；表和查询又是窗体和报表的数据来源；宏记录着一组操作的执行过程；模块是用 VBA 代码编写的，控制和实现系统的各个功能。

2. 打开已有数据库

要打开现有的 Access 2019 数据库，在 Windows 资源管理器中找到存放 Access 数据库文件的文件夹，双击数据库文件，将启动 Access 并打开该数据库文件。还可以从 Access 2019 工作窗口中选择“文件”菜单中的“打开”命令，在启动窗口单击最近打开过的数据库文件将其打开。若想要打开的数据库文件不在最近打开过的文件列表中，则单击该界面中的“浏览”按钮，弹出“打开”对话框，在其中找到包含所需数据库文件的文件夹并选中需要打开的数据库文件，再单击“确定”按钮。

3. 关闭数据库

当完成数据库的操作后，在 Access 2019 工作窗口中选择“文件”菜单中的“关闭”命令，可以关闭当前数据库。

10.3 表

创建完成一个空白数据库之后，就可以在该数据库中创建表了。表是数据库中的基本对象，是数据库中所有数据的载体，数据库中的数据都存储在表中，并在表中接受各种操作与维护。数据库中的任何操作都是基于表进行的。因此，有关表的操作是 Access 应用中最基础的内容。

10.3.1 表的组成

1. 表的结构

Access 2019 中的表主要由两部分构成：表的结构和表的数据。其中，表的结构是指数据表的框架，也称为表的属性，主要包括以下内容。

（1）字段名称：用于标识表中的一列。数据表中的一列称为一个字段，而每个字段均具有唯一的名字，即字段名称。

（2）数据类型：根据关系数据库理论，一个数据表中的同一列数据必须具有共同的数据特征，称为字段的数据类型。

（3）字段大小：一个数据表中的一列所能容纳的字符个数称为列宽，在 Access 2019 中将列宽称为字段大小，采用字节数表示。

除上述 3 个基本属性外，数据表中的字段还具有其他一些属性，如“索引”“格式”等。

2. 字段的数据类型

Access 2019 提供了短文本、长文本、数字等数据类型，以满足不同性质的数据定义的需要。

（1）文本：用于存储字符数据，分为短文本和长文本两种。对于短文本，最多为 255 字符；对于长文本，最多存储 1 GB 的内容。短文本常量用英文单引号或英文双引号作为定界符，如'Access'、"数字经济"。

（2）数字：用来存储进行算术运算的数值数据，按字段大小分为字节型、整型、长整型、单精度型和双精度型，分别占用 1、2、4、4 和 8 字节，其中单精度型数字的小数位精确到 7 位，双精度型数字的小数位精确到 15 位。

（3）日期 / 时间：用来存储日期、时间或日期时间的组合，占 8 字节。日期 / 时间常量用“#”作为定界符，如 2023 年 3 月 21 日表示成“#2023-3-21#”。年、月、日之间也可用“/”分隔，即“#2023/3/21#”。

（4）货币：一种特殊的数字型数据，占 8 字节，可精确到小数点左边 15 位和小数点右边 4 位，在计算时禁止四舍五入。

（5）自动编号：向表中添加一条新记录时，Access 自动插入一个唯一的顺序号。最常见的自动编号方式是每次增加 1 的顺序编号，也可以随机编号。自动编号字段不能更新，每个表只能包含一个自动编号字段。

（6）是 / 否：针对只包含两种不同取值的字段设置，如“性别”“少数民族否”等字段。“是 / 否”字段占 1 字节，通过设置它的格式特性可以选择是 / 否字段的显示形式，使其显示为“真 / 假”“是 / 否”或“开 / 关”。

（7）OLE 对象：指字段允许单独链接或嵌入 OLE 对象，如来自 Office 或各种应用程序的图像、文档和其他对象。OLE 对象字段最多存储 1 GB 的内容，受磁盘空间限制。

（8）超链接：用来保存超链接地址，最多存储 64 KB 的字符。

（9）附件：可以将多个文件存储在单个字段之中，甚至可以将多种类型的文件存储在单个字段之中。和 OLE 对象字段相比，附件字段有着更大的灵活性，可以更高效地使用存储空间，不用创建原始文件的位图图像。

（10）计算：指该字段的值是通过一个表达式计算得到的。这种数据类型使原本必须通过查询才能完成的计算任务，在数据表中就可以完成。

（11）查阅向导：用于创建一个查阅列表字段，该字段可以通过组合框或列表框选择来自其他表或列表的值。该字段实际的数据类型和大小取决于数据的来源。

在创建数据表时，先要创建表的结构，再往表中添加数据。创建表的结构就是输入字段名称、字段的数据类型和字段大小及其他字段属性，然后存盘形成一个空表。表 10-1 所示为“学生”表的结构。

表 10-1　“学生”表的结构

字段名称	数据类型	字段大小	字段名称	数据类型	字段大小
学号	短文本	8 字符	姓名	短文本	10 字符
性别	短文本	2 字符	出生日期	时间 / 日期	
少数民族否	是 / 否		籍贯	短文本	20 字符
入学成绩	数字	单精度型	专业名	短文本（查阅向导）	10 字符
简历	长文本		照片	OLE 对象	
主页	超链接		代表作	附件	

10.3.2　创建数据表

1. 创建数据表的方法

在 Access 2019 中，创建数据表的方法通常有 5 种，即使用设计视图创建表、使用数据表视图创建表、使用表模板创建表、使用字段模板创建表和通过导入外部数据创建表。

1）使用设计视图创建表

使用设计视图创建表是一种比较常见的方法。对于较为复杂的表，通常都是在设计视图中创建的。

使用设计视图创建新表的操作如下：打开数据库后，单击“创建”选项卡中的“表格”组中的“表设计”按钮，即可进入表的设计视图，如图 10-6 所示。设计视图的上半部分是字段输入区，下半部分是字段属性区，用来设置字段的属性值，包括常规属性和查阅属性。

按照表 10-1 的内容，在“字段名称”列中输入字段名称，在“数据类型”列中选择相应的数据类型，在常规属性窗格中设置字段大小，如图 10-7 所示。

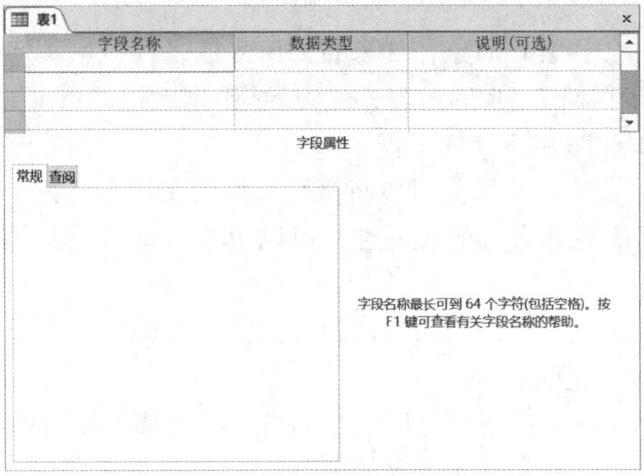

图 10-6　表的设计视图

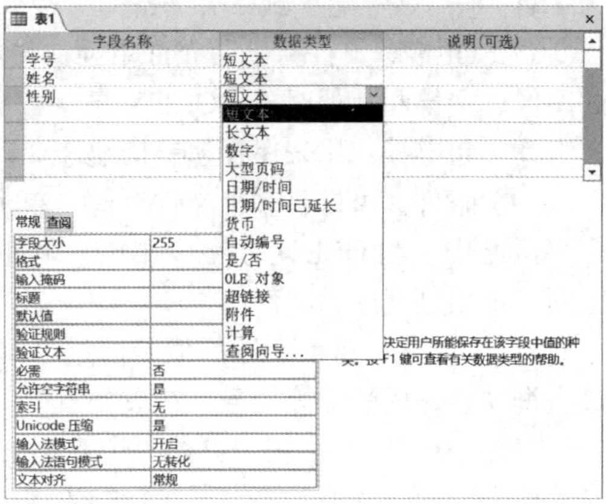

图 10-7　添加字段

输入完成后，选择“文件”菜单中的“保存”命令，或者在快速访问工具栏中单击“保存”按钮，输入表的名称“学生”，然后单击“确定”按钮，一个数据表就保存好了。

2）使用数据表视图创建表

在数据表视图中，可以新建一个空表，并且可以在新表中进行字段的添加、删除和编辑。新建一个数据库时，将创建名为“表 1”的新表，并自动进入数据表视图，如图 10-8 所示。

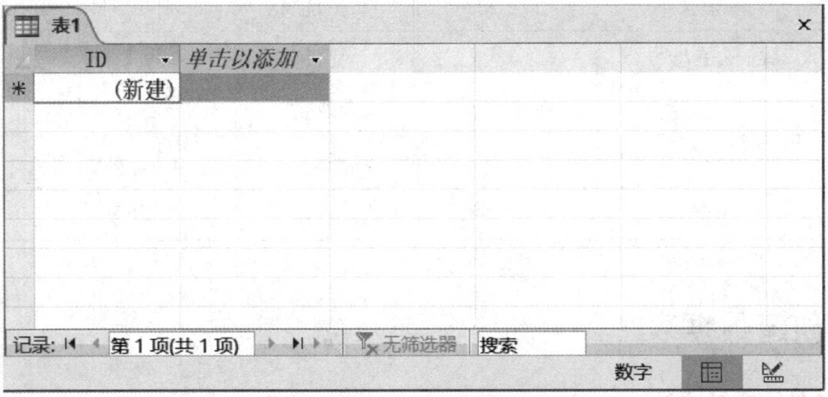

图 10-8　数据表视图

【例 10-2】 在例 10-1 的“教学管理”数据库中建立“课程”表，其结构如表 10-2 所示。

表 10-2　“课程”表的结构

字段名称	字段类型	字段大小	字段名称	字段类型	字段大小
课程号	短文本	6 字符	课程名	短文本	20 字符
类别	短文本	4 字符	学分	数字	单精度型

操作步骤如下。

①打开“教学管理”数据库，单击“创建”选项卡中的“表格”组中的“表”按钮，进入一个空表的数据表视图，选中“ID”字段列，在“表格工具”→“表字段”选项卡的“属性”组中单击“名称和标题”按钮，在弹出的“输入字段属性”对话框中，输入字段名称“课程号”（见图 10-9），单击“确定”按钮。或者双击“ID”字段列，使其处于可编辑状态，再将其改为“课程号”。

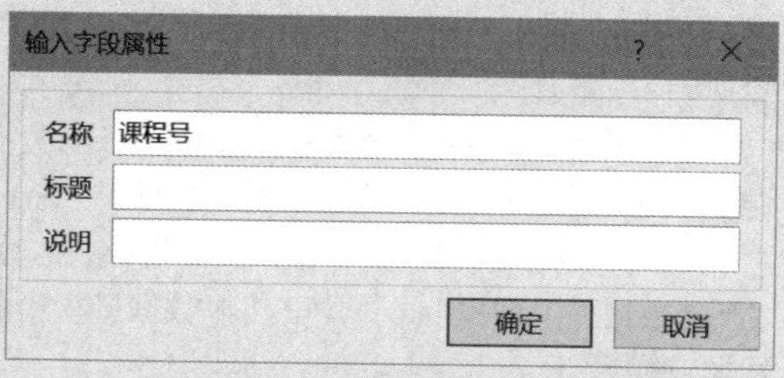

图 10-9　“输入字段属性”对话框

②选中“课程号”字段列，在“表格工具”→“表字段”选项卡的“格式”组中，把“数据类型”由“自动编号”改为“短文本”，在“属性”组中把“字段大小”设置为 6。

③单击“单击以添加”列标题，选择字段类型，然后在其中输入新的字段名称并修改字段大小，这时在右侧又添加了一个“单击以添加”列。用同样的方法输入“课程名”“类别”“学分”等字段，数据表视图如图 10-10 所示。

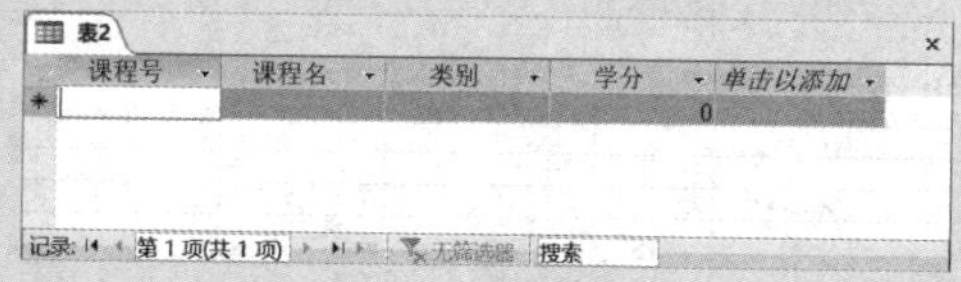

图 10-10　表 2 的数据表视图

④选择“文件”菜单中的“保存”命令，或者在快速访问工具栏中单击“保存”按钮，以“课程”为名称保存表。

3）使用表模板创建表

对于一些常见的表，可以使用 Access 2019 内置的关于这些主题的表模板来创建。具体的操作方法为：新建一个空数据库，单击“创建”选项卡中的“模板”组中的“应用程序部件”下拉按钮，在打开的表模板列表中选择需要的表模板，如“关系人”模板，弹出对话框，单击“是”按钮，则基于该表模板所创建的表就被插入当前数据库中。如果使用模板创建的表不能完全满足需要，可以对表进行修改。

4）使用字段模板创建表

Access 2019 自带的字段模板中已经设计好了各种字段属性，可以直接使用这些字段模板创建表。具体的操作方法为：打开数据库，单击“创建”选项卡中的“表格”组中的“表”按钮，进入一个空表的数据表视图。单击“表格工具”→“表字段”选项卡中的“添加和删除”组中的“其他字段”下拉按钮，出现要建立的字段类型列表。选择需要的字段类型，并在表中输入字段名即可。

5）通过导入外部数据创建表

在 Access 2019 中，可以直接从某个外部数据源获取数据来创建新表或追加到已有的表中，也可以将表或查询中的数据输出到其他格式的文件中。前者称为数据的导入，后者称为数据的导出。

外部数据源可以是一个文本文件、电子表格文件、其他数据库文件，也可以是另一个 Access 数据库文件等。将外部数据源的数据添加到 Access 2019 数据库中，有两种处理方法：从外部数据源导入数据和从外部数据源链接数据。单击“外部数据”选项卡中的“导入并链接”组中的相关按钮可以导入外部数据。

【例 10-3】 将“选课 .xlsx”文件导入“教学管理”数据库中，生成“选课”表。

操作步骤如下。

①打开“教学管理”数据库，单击“外部数据”选项卡中的“导入并链接”组中的“新数据源”下拉按钮，并选择下拉列表中的“从文件”→“Excel”命令，在弹出的“获取外部数据”对话框中单击“浏览”按钮，并在“打开”对话框中找到需导入的数据源文件“选课 .xlsx”，单击“打开”按钮，返回“获取外部数据”对话框中，选中“将源数据导入当前数据库的新表中”单选按钮，单击“确定”按钮，如图 10-11 所示。

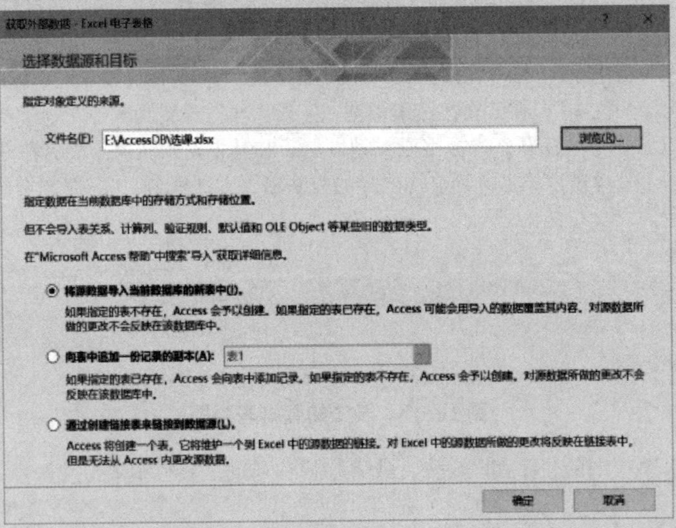

图 10-11 “获取外部数据”对话框

②在弹出的“导入数据表向导”的第 1 个对话框中选择工作表或区域，这里选择“选课”工作表，单击“下一步”按钮。

③在弹出的第 2 个对话框中确定第 1 行是否包含列标题，勾选“第一行包含列标题”复选框，单击“下一步”按钮。

④在弹出的第 3 个对话框中，确定指定字段的相关信息，如图 10-12 所示，单击“下一步”按钮。

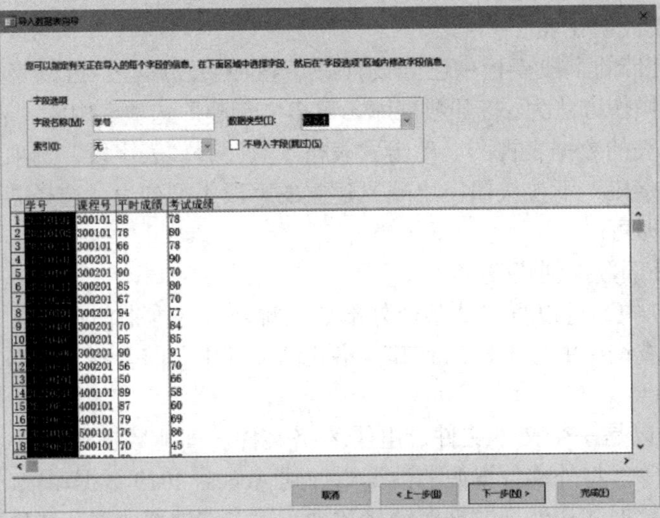

图 10-12 设置字段信息

⑤在弹出的第 4 个对话框中，对新表定义一个主键，由于“选课”表的主键是“学号”和“课程编号”字段的组合，这里选择“不要主键”，单击“下一步”按钮。

⑥在弹出的第 5 个对话框中，输入表的名称“选课”，单击“完成”按钮，完成通过导入外部数据创建表的过程。在弹出的“保存导入步骤”对话框中勾选“保存导入步骤”复选框，单击“保存导入”按钮。

2. 输入数据

创建一个空表之后，就可以添加数据了。在表设计视图中显示的是表的结构属性，而在数据表视图中显示的是表中的数据，因此针对表中数据的操作都在数据表视图中进行。具体的操作方法为：打开数据库，在导航窗格中双击要输入数据的表名，进入数据表视图，然后输入数据。当对某些字段没有输入指定值时，该字段将出现空值（用 Null 表示）。空值不同于空字符串或数值 0，而是表示未输入、未知或不确定，它是需要在以后添加的数据。输入完成后，保存数据表。

在输入过程中，要注意一些特殊类型字段的输入方法。

（1）长文本：字段包含的数据量很大，而表中字段列的数据的输入空间有限，可以使用 Shift ＋ F2 快捷键打开“缩放”窗口，在该窗口中输入和编辑长文本数据。

（2）OLE 对象：选中输入字段值的位置，右击，在快捷菜单中选择“插入对象”命令，选择要插入的文件，单击“确定”按钮。

（3）附件：右击“附件”字段，在弹出的快捷菜单中选择“管理附件”命令，在弹出的对话框中添加、编辑并管理附件，附件添加成功后，“附件”字段列中会显示附件的个数。

（4）查阅向导：在组合框中选择或直接输入，可以显示两种列表，一种是从已有的表或查询中查阅的数据列表，表或查询的所有更新都将反映在列表中；另一种是存储了一组不可更改的固定值的列表。

10.3.3　设置字段属性

表中的每个字段都有一系列的属性描述，不同类型的字段有不同的属性。当选择某一字段时，表设计视图的字段属性区就会显示该字段的相应属性，这时可以对其进行设置和修改。以下为字段属性及相关说明。

（1）字段大小：指定字段中文本或数字的范围，数值为长整型。应该尽可能设置最小的字段大小，因为其需要的内存越少，数据处理速度越快。

（2）格式：选择或输入格式来定义字段中数据的格式，只影响数据的显示格式，并不影响其在表中的存储格式。不同数据类型的字段，其显示格式有所不同。利用“格式”属性可以使数据的显示统一美观。

（3）输入掩码：可以强制实现某种输入模式，使数据的输入更方便。定义输入掩码时，将格式中不变的符号定义为输入掩码的一部分，这样在输入数据时只需输入变化的值即可。例如，可以为“电话号码”字段创建一个输入掩码，以便向用户显示如何准确地输入新号码，如（010）021-83956230 等。通常使用“输入掩码向导”辅助完成设置该属性的工作。

（4）标题：用于指定从字段列表中通过拖动字段而创建的控件所附标签上的文本，并作为表或查询数据表视图中字段的列标题。若没有为表字段指定标题，则用字段名作为控件所附标签的标题，或者作为数据表视图中的列标题。

（5）默认值：在输入新记录时自动确定的数据内容。在一个数据库中，往往会有一些字段数据内容相同或包含相同的部分，为减少数据的输入量，可以将出现较多的值作为该字段的默认值。

（6）验证规则和验证文本：验证规则是给字段输入数据时所设置的约束条件。在输入或修改字段的数据时，将检查输入的数据是否符合条件，从而防止将不合理的数据输入表中。当输入的数据违反了验证规则时，可以通过定义“验证文本”属性来给出提示。

（7）必需：“必需”属性的取值有“是”和“否”两种，当取值为“是”时，表示该字段的内容不能为空，必须填写。在一般情况下，作为主键的字段的“必需”属性为“是”，其他字段的“必需”属性为“否”。

（8）索引：能对表中的记录进行唯一性控制，以提高查找和排序的速度，有以下取值——“无”，表示本字段无索引；“有（有重复）”，表示本字段有索引，且各记录中的数据可以重复；“有（无重复）”，表示本字段有索引，且各记录中的数据不允许重复。如果经常需要对两个或更多的字段同时进行搜索或排序，可以创建多字段索引，此时需要设置字段的排列顺序。

（9）表达式：“计算”字段的“表达式”属性可以使原本必须通过查询才能完成的计算任务，在数据表中就可以完成。

【例 10-4】 在例 10-3 的“选课”表中增加“总评成绩”字段，将它定义为“计算”数据类型，而且约定平时成绩占总评成绩的 30%，考试成绩占总评成绩的 70%。

操作步骤如下。

①打开“选课”表，单击状态栏右侧的“设计视图”切换按钮，在表中添加一个字段“总评成绩”，设置数据类型为“计算”，在弹出的“表达式生成器”对话框中，在“表达式类别”列表框中双击一个字段名，该字段就被添加到表达式编辑窗格中。这里输入表达式“[平时成绩]*30/100+[考试成绩]*70/100”，如图 10-13 所示。

②单击“确定”按钮，返回表设计视图，在“总评成绩”字段的“表达式”属性中将显示输入的表达式，设置“结果类型”为“双精度型”。

③选中“表达式”属性，单击右边的“省略号”按钮⋯，可以打开“表达式生成器”对话框，从而对“表达式”属性进行修改。

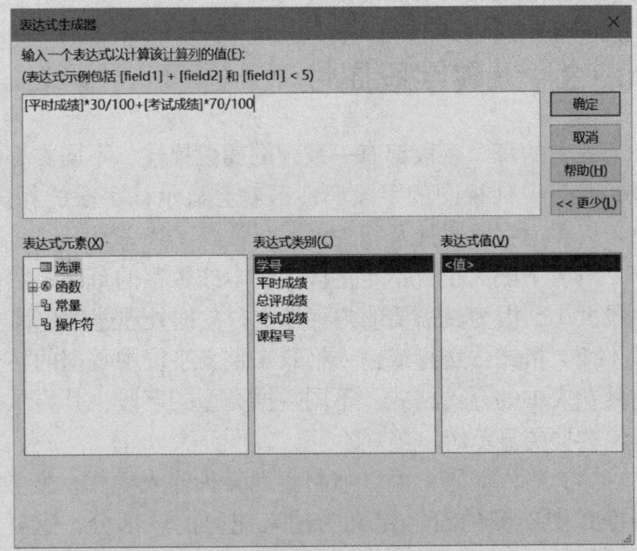

图 10-13 “表达式生成器”对话框

10.3.4 创建表间关系

表之间的关系是指通过两个表之间的同名字段所创建的表的关联性。通过表的关联，可将数据库中的多个表连接成一个有机的整体。

1. 主键

在创建表间关系时，至少先在一个表中定义一个主键，主键是数据表中的一个或几个字段，是唯一识别每条记录的字段。然后将该表的主键与另一个表的对应列（一般为外键）相关联。主键所在的表称为主表，外键所在的表称为相关表（也称为子表或子数据表）。两个表的关系就是通过主键和外键实现的。

在 Access 2019 中，主键有 3 种类型，即自动编号、单字段和多字段。如果在保存新建的表之前未设置主键，Access 2019 可创建“自动编号”数据类型的主键。如果表中某一字段值可以唯一标识一条记录，如“学生”表中的“学号”，就可以将该字段设置为主键。如果表中没有一个字段的值可以唯一标识一条记录，就可以考虑选择多个字段组合在一起作为主键，来唯一标识一条记录。

设置主键的具体方法为：选中字段（如“学生”表中的“学号”字段），然后右击，在弹出的快捷菜单中选择“主键”命令；或者单击“表格工具”→“表设计”选项卡中的“工具”组中的“主键”命令。设置完成后，在“学号”字段的字段选定器上出现钥匙图标，表示该字段是主键。更改主键时，需要先删除旧的主键以及旧的主键与其他表之间的关系，再设置新的主键。

2. 创建表间关系的方法

一个数据库中常常包含若干个数据表，用以存放不同类别的数据集合，这些数据集合之间常常存在相互关联，这种数据集合间的相互关联称为关系。

创建表间关系，还需要确定表间关系的属性，其操作一般如下：设置“实施参照完整性”，要求子表中的相关字段值必须在主表中存在，否则拒绝接受；设置“级联更新相关字段”，则要求子表中的相关字段值随主表的改变而改变；设置“级联删除相关记录”，则主表中的记录删除时，要求子表中与该记录相关的记录也随之一并删除。

【例 10-5】 创建“教学管理”数据库中表之间的关系，结果如图 10-14 所示。

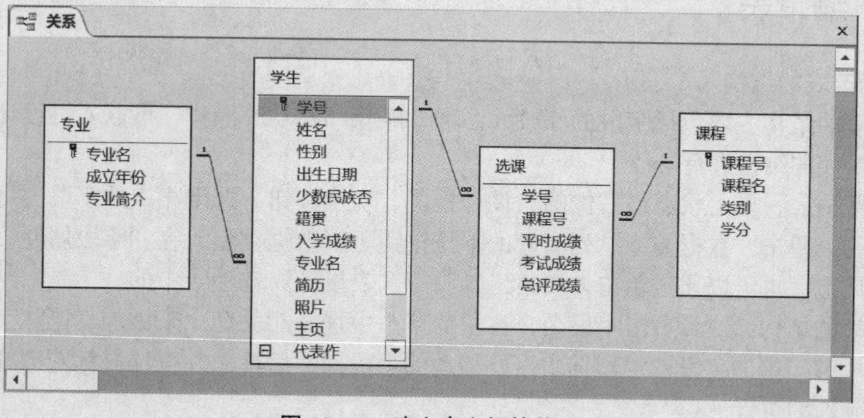

图 10-14 建立表之间的关系

操作步骤如下。

①打开“教学管理”数据库，单击“数据库工具”选项卡中的“关系”组中的“关系”按钮，打开“关系”窗口。单击“关系工具”→“表设计”选项卡中的“关系”组中的“添加表”按钮，在“显示表”对话框中，单击“学生”表，然后单击“添加”按钮，将“学生”表添加到“关系”窗口中，同样将“课程”表和“选课”表添加到“关系”窗口中，再单击“关闭”按钮，关闭“显示表”对话框。

②“学号”字段在“学生”表中是主键，而在“选课”表中是外键，两个表的联系就是通过这个字段实现的。选中“学生”表中的“学号”字段，然后按住鼠标左键将其拖至“选课”表中的“学号”字段上，松开鼠标左键，弹出如图10-15所示的“编辑关系”对话框。检查显示在两个表字段列中的字段名称以确保正确，必要时可以进行更改。

勾选“编辑关系”对话框下方的3个复选框，系统将自动识别关系类型，然后单击“创建”按钮，就完成了关系的创建。

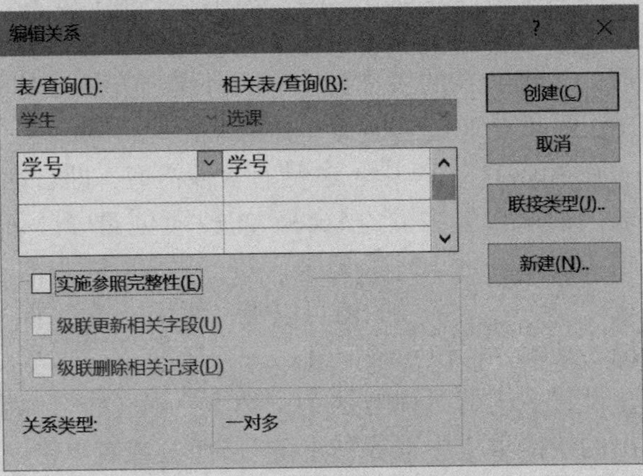

图10-15 “编辑关系”对话框

③用同样的方法，可以建立“课程”表和“选课”表之间的关系。同样，“专业”表和“学生”表之间构成一对多关系，可以先创建“专业”表，再建立“专业”表和“学生”表之间的关系。单击“关系”窗口的“关闭”按钮。

如需更改表间关系，可以单击“数据库工具”选项卡中的“关系”组中的“关系”按钮，打开“关系”窗口，单击“关系工具”→“表设计”选项卡中的“工具”组中的“编辑关系”按钮进行修改，也可以双击或右击两个表之间的连线（关系线），在快捷菜单中选择“编辑关系”命令，在打开的“编辑关系”对话框中，对连接类型、实施参照完整性等属性进行重新设置。若设置好的关系不再需要，则右击关系线，在快捷菜单中选择“删除”命令，然后在弹出的对话框中再次确认，即可删除该关系。

10.3.5 编辑表

1. 修改表的结构

修改表的结构主要包括字段的修改、添加、删除和移动等操作。可以通过设计视图和数据表视图对表的结构进行修改。

打开数据表，单击状态栏右侧的“设计视图”切换按钮，选定相应的字段，可以直接修改字段名称，单击“数据类型”列右侧的下拉按钮更改数据类型，在“字段属性”区域可以修改字段属性。也可以通过单击“表格工具”→“表设计”选项卡中的“工具”组中的相关按钮修改表的结构，或者右击字段名，在快捷菜单中选择相关命令来添加、删除字段。当需要移动字段时，单击字段选定器选中需要移动的字段，然后单击并按住鼠标左键拖动即可将该字段移到新的位置。

单击状态栏右侧的“数据表视图”切换按钮，右击字段名，在快捷菜单中选择相关命令进行修改、添加或删除字段；也可以双击字段名直接修改，还可以单击“工具”→“表字段”选项卡中相关按钮修改字段的数据类型和属性。

2. 修改表中的内容

选中表中的记录、字段或某个值，在“开始”选项卡中便可对数据、记录、字段和数据表进行一系列操作。

单击“剪贴板”组中的相关按钮，可以完成记录或数据的复制、移动等操作。单击“排序和筛选”组中的相关按钮，可完成记录的排序、数据的筛选等操作。单击“记录”组中的相关按钮，可完成新建、删除、保存记录，行高、列宽的设置，隐藏字段、冻结字段等操作。单击“查找”组中的相关按钮，可完成记录的跳转、查找和替换等操作。单击“文本格式”组中的相关按钮，可完成设置表数据的字体、字形、字号、颜色、底纹、对齐方式，添加表格线等操作。

10.4 查　询

查询是指根据用户指定的条件，在表中查找满足条件的记录，并将查询设计作为一个对象存储起来。查询是 Access 数据库中用于处理和分析数据的重要对象，利用查询不仅可以从表中查找出符合条件的数据，而且能对表中的数据进行统计、分析和计算，还可以根据需要对数据进行排序并显示出来。可以将查询对象作为窗体、报表的数据源，也可以在查询的基础上再设置条件进行查询，还可以通过查询直接编辑数据库中的数据。

在 Access 2019 中，根据对数据源操作方式和操作结果的不同，可以把查询分为 5 种类型，分别是选择查询、交叉表查询、参数查询、操作查询和 SQL 查询。

10.4.1　创建选择查询

选择查询是从一个或多个数据源中提取数据并显示结果，还可以使用选择查询对记录进行分组，并且对分组的记录进行总计、计数、求平均值以及其他类型的计算。单击“创建”选项卡中的“查询”组中的“查询向导”和“查询设计”两个按钮，均可以创建选择查询。

1. 使用查询向导创建选择查询

Access 2019 提供了简单查询向导、查找重复项查询向导和查找不匹配项查询向导来创建选择查询。利用查询向导能简单、方便地提示并引导用户快速创建查询，但不能设置查询条件。

【例 10-6】 查找“学生”表中的记录，并显示“姓名”“性别”“出生日期”“专业名”4 个字段，查询结果如图 10-16 所示。

学生 查询1

姓名	性别	出生日期	专业名
张建国	男	2001/5/30	工商管理
周思妮	女	1998/10/7	国际经济与贸易
李立娟	女	2003/5/15	会计学
李建伟	男	2002/7/10	电子商务
张强	男	2001/6/23	国际经济与贸易
宋晓薇	女	1999/8/30	计算机科学与技术
王娜娜	女	2001/12/31	会计学
蔡斯敏	男	2002/8/23	软件工程
张鸿达	男	2000/10/24	市场营销
周哲方	男	2001/12/4	金融学
李琼丽	女	2002/1/31	计算机科学与技术

记录: 第 1 项(共 11 项) 无筛选器 搜索

图 10-16　学生信息的查询结果

操作步骤如下。

①打开“教学管理”数据库，单击“创建”选项卡中的“查询”组中的“查询向导”按钮，在弹出的“新建查询”对话框中选择“简单查询向导”选项，单击“确定”按钮。

②弹出“简单查询向导”第 1 个对话框，在其“表 / 查询”下拉列表中选择“学生”表作为选择查询的数据源。在“可用字段”列表框中双击“姓名”“性别”“出生日期”“专业名”字段，将这些字段添加至“选定字段”列表框中，如图 10-17 所示，单击“下一步”按钮。

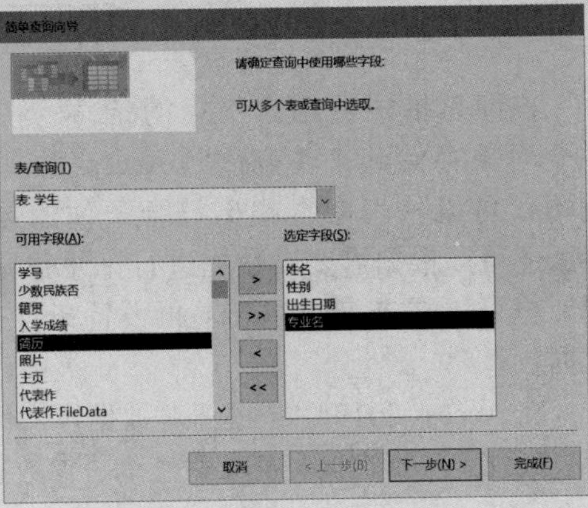

图 10-17　选定字段的结果

也可以使用 > 按钮一次选择一个字段，或者使用 >> 按钮一次选择全部字段。若对已选择的字段不满意，可以使用 < 和 << 按钮删除所选字段。

③在弹出的第 2 个对话框中输入查询名称，也可以使用默认标题“学生查询 1”，本例使用默认名称。若要修改查询设计，则选中“修改查询设计”单选按钮。本例选中“打开查询查看信息”单选按钮，单击“完成”按钮，此时完成查询设置，同时显示查询结果，如图 10-16 所示。

2. 使用查询设计视图创建选择查询

查询设计功能丰富、灵活，不仅可以完成新建查询的设计，而且可以修改已有查询。

【例 10-7】 在“学生”表中查找 2001 年出生的男生信息，要求显示“学号”“姓名”“性别”“少数民族否”等字段的内容，查询结果如图 10-18 所示。

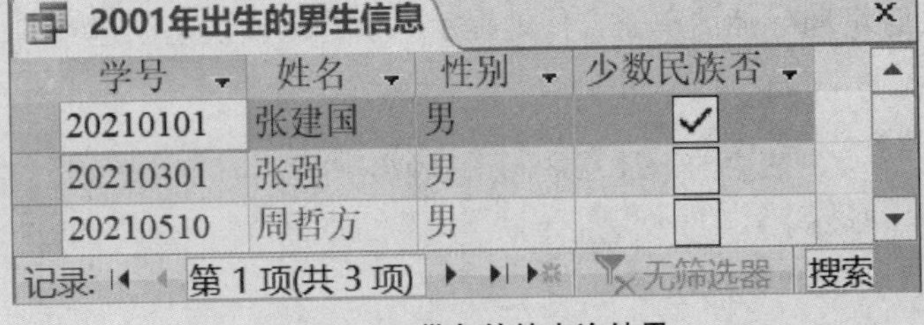

2001年出生的男生信息

学号	姓名	性别	少数民族否
20210101	张建国	男	☑
20210301	张强	男	☐
20210510	周哲方	男	☐

记录: 第 1 项(共 3 项) 无筛选器 搜索

图 10-18　带条件的查询结果

操作步骤如下。

①打开“教学管理”数据库，单击“创建”选项卡中的“查询”组中的“查询设计”按钮，在打开的查询设计视图窗口的“显示表”对话框中，将“学生”表添加到字段列表区中。

②查询结果没有要求显示“出生日期”字段，但由于查询条件需要使用这个字段，所以，在确定查询所需的字段时必须选择该字段。分别双击“学号”“姓名”“性别”“少数民族否”“出生日期”字段，将它们添加到设计网格的“字段”行的第 1 ～ 5 列中。

③按要求，“出生日期”字段只作为查询条件，不显示其内容，因此应该取消“出生日期”字段的显示。取消勾选“出生日期”字段的“显示”行的复选框。

④在“性别”字段列的“条件”行中输入条件“男”，在“出生日期”字段列的“条件”行中输入条件“Year([出生日期]) = 2001”，设置结果如图 10-19 所示。

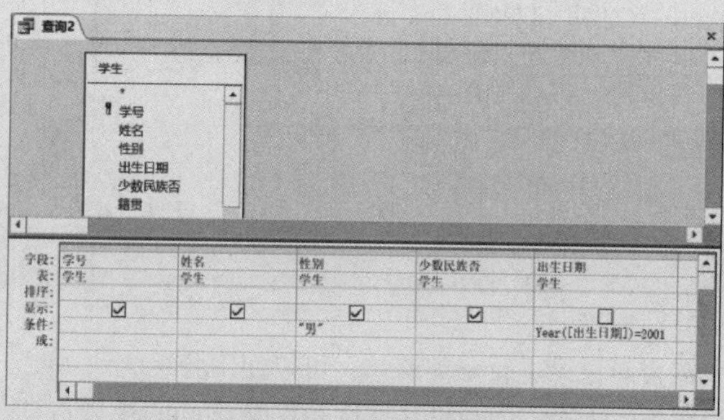

图 10-19 设置查询条件

“出生日期”字段的条件还有多种描述方法，如“ Between #2001-1-1# And #2001-12-31#”“ >= #2001-1-1# And<=#2001-12-31#”“Like "2001*"”等。

⑤保存查询，查询名称为“2001 年出生的男生信息”，然后单击“确定”按钮。运行该查询或切换到数据表视图，查询结果如图 10-18 所示。

3. 在查询中进行计算

在查询中还可以对数据进行计算，从而生成新的查询数据。查询包括总计查询、分组统计查询、创建计算字段查询等类型。

1）总计查询

使用查询设计视图中的“总计”行，可以对查询中的全部记录或记录组计算一个或多个字段的统计值。

【例 10-8】 统计“学生”表中的学生人数，查询结果如图 10-20 所示。

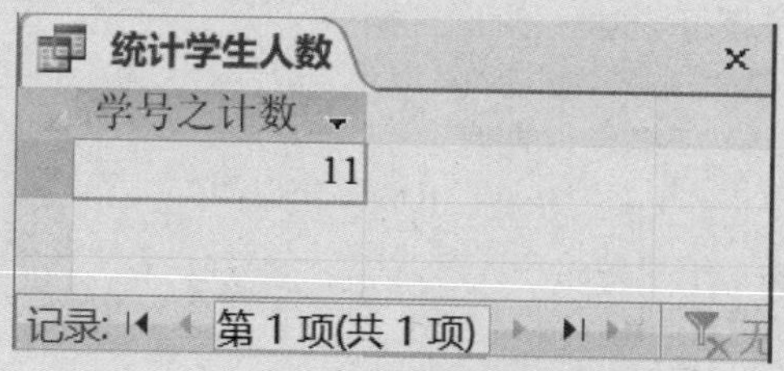

图 10-20 总计查询结果

操作步骤如下。

①打开“教学管理”数据库，单击“创建”选项卡中的“查询”组中的“查询设计”按钮，在打开的查询设计视图窗口的“显示表”对话框中，将“学生”表添加到字段列表区中。

②双击“学生”表的字段列表中的“学号”字段，将其添加到“字段”行的第1列。在“显示/隐藏”组中单击“汇总”按钮，在设计网格中插入一个“总计”行，并自动将“学号”字段的“总计”行设置成Group By。

③单击“学号”字段的“总计”行右侧的下拉按钮，在下拉列表中选择“计数”函数，如图10-21所示。

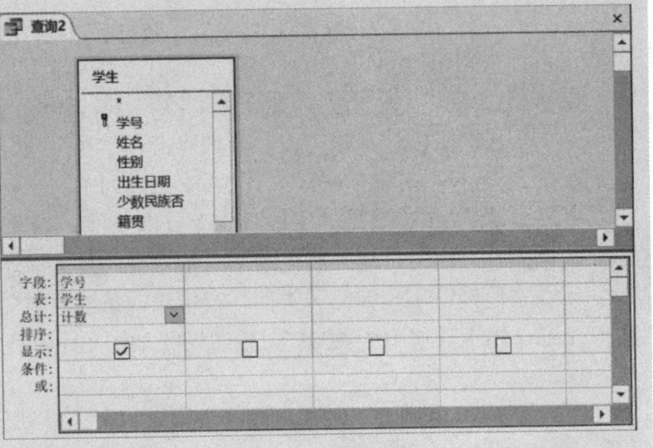

图 10-21　设置“总计”项

④保存查询，查询名称为“统计学生人数”，然后单击“确定”按钮。运行查询或切换到数据表视图，查询结果如图10-20所示。

2）分组统计查询

在查询中，如果需要对记录进行分类统计，可以使用分组统计功能。分组统计时，只需在查询设计视图中将用于分组字段的“总计”行设置成Group By即可。

【例10-9】统计“学生”表中男、女学生入学成绩的最高分、最低分和平均分，查询结果如图10-22所示。

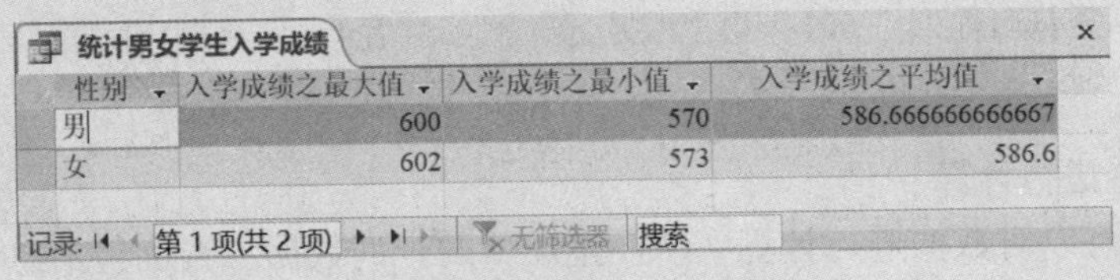

图 10-22　分组统计查询结果

操作步骤如下。

①打开“教学管理”数据库，单击“创建”选项卡中的“查询”组中的“查询设计”按钮，在打开的查询设计视图窗口的“显示表”对话框中，将“学生”表添加到字段列表区中。

②分组字段是“性别”（性别相同的是一组），选择“入学成绩”字段作为计算对象。如图10-23所示，将“性别”“入学成绩”字段添加到“字段”行的第1～4列。在“显示/隐藏”组中单击“汇总”按钮，在设计网格中插入一个“总计”行，并自动将“学号”字段的“总计”行设置成Group By。单击“入学成绩”字段的“总计”行右侧的下拉按钮，在下拉列表中分别选择“最大值”“最小值”“平均值”函数。

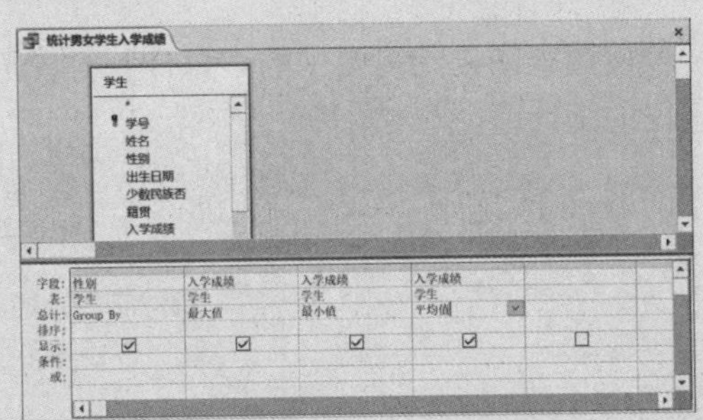

图 10-23　设置分组总计项

③保存查询，查询名称为“统计男女学生入学成绩”，然后单击“确定”按钮。运行查询或切换到数据表视图，查询结果如图10-22所示。

3）创建计算字段查询

如果在查询结果中直接显示字段名作为每一列的标题，或者在统计时默认显示字段标题，往往不太直观。另外，在有些统计中，需要统计的内容并未出现在表中，或者用于计算的数值来自多个字段。此时需要在设计网格中添加一个新字段，新字段的值使用表达式计算得到，称为计算字段。

【例 10-10】修改例 10-7 中显示的“少数民族否”字段名，使显示结果更清晰，查询结果如图 10-24 所示。

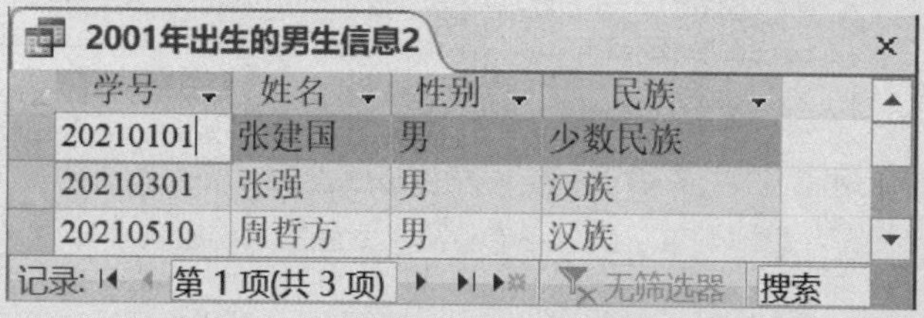

图 10-24 新增计算字段查询结果

操作步骤如下。

①打开“教学管理”数据库，单击“创建”选项卡中的“查询”组中的“查询设计”按钮，在打开的查询设计视图窗口的“显示表”对话框中，在“查询”选项卡中选中“2001 年出生的男生信息”查询，然后依次单击“添加”“关闭”按钮。

②在设计网格的前 3 列添加“学号”“姓名”“性别”字段，在第 4 列的“字段”行中添加一个计算字段，显示的字段标题为“民族”，表达式为“IIf([少数民族否]，"少数民族"，"汉族")”，即输入“民族：IIf([少数民族否]，"少数民族"，"汉族")”，结果如图 10-25 所示。

③保存查询，查询名称为“2001 年出生的男生信息 2”，然后单击“确定”按钮。运行查询或切换到数据表视图，查询结果如图 10-24 所示。

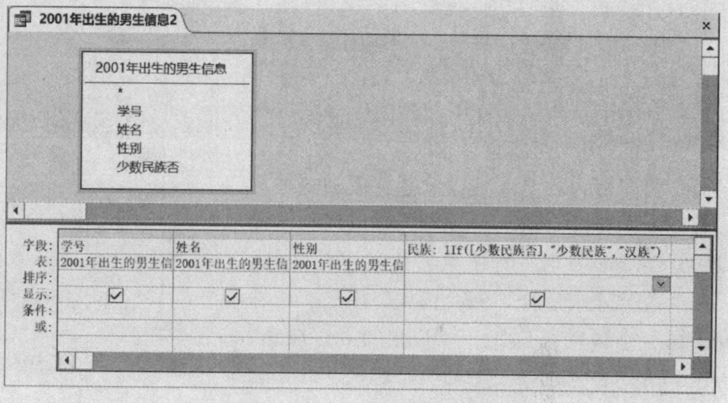

图 10-25 新增计算字段

10.4.2 创建交叉表查询

交叉表查询是一种常用的统计表格，它显示来自表中某个字段的计算值（包括总计、平均值、计数或其他类型的计算），并将它们分组，一组为行标题，显示在表格的左侧，另一组为列标题，显示在表格的顶端，在表格行和列的交叉位置显示表中某个字段的各种计算值。

创建交叉表查询也可以使用交叉表查询向导和查询设计视图两种方法。在创建过程中，需要指定 3 种字段：作为列标题的字段、作为行标题的字段及放在表格行与列交叉位置的字段，并为该字段指定一个总计项。

【例 10-11】 统计各专业男、女生的平均成绩，查询结果如图 10-26 所示。

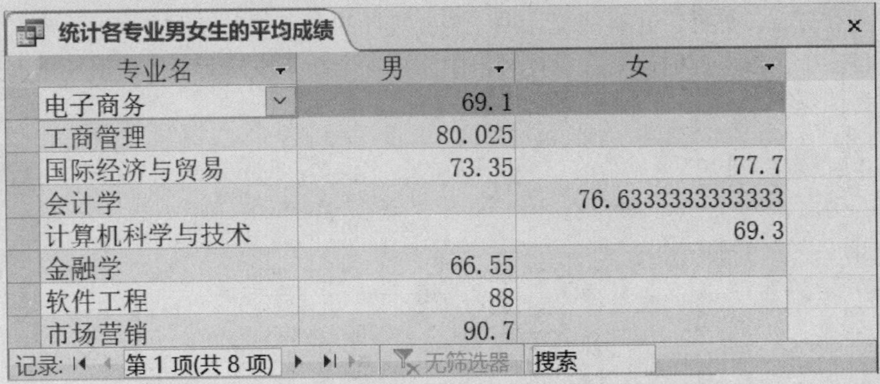

统计各专业男女生的平均成绩

专业名	男	女
电子商务	69.1	
工商管理	80.025	
国际经济与贸易	73.35	77.7
会计学		76.6333333333333
计算机科学与技术		69.3
金融学	66.55	
软件工程	88	
市场营销	90.7	

记录: 第 1 项(共 8 项) 无筛选器 搜索

图 10-26 统计各专业男、女生的平均成绩

操作步骤如下。

①打开“教学管理”数据库，单击“创建”选项卡中的“查询”组中的“查询设计”按钮，在打开的查询设计视图窗口的“显示表”对话框中，将“学生”表和“选课”表添加到字段列表区中。

②分别双击“学生”表中的“专业名”和“性别”字段以及“选课”表中的“总评成绩”字段，将其放到“字段”行的第 1 ～ 3 列。在“查询类型”组中单击“交叉表”按钮。

③要将“专业名”和“性别”字段分别放在第 1 列和第 1 行，先后单击“专业名”“性别”字段的“交叉表”行，然后单击其右侧的下拉按钮，在下拉列表中分别选择“行标题”和“列标题”选项。

要在行和列交叉处显示总评成绩的平均值，用同样的方法，设置“总评成绩”字段的“交叉表”行，单击其右侧的下拉按钮，在下拉列表中选择“值”选项。单击“总评成绩”字段的“总计”行右侧的下拉按钮，在下拉列表中选择“平均值”选项。设置结果如图 10-27 所示。

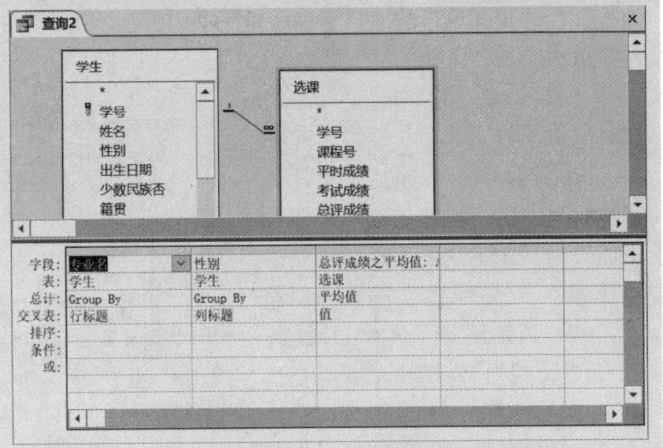

图 10-27 设置交叉表中的字段

④保存查询，查询名称为“统计各专业男女生的平均成绩”，单击“确定”按钮。运行查询或切换到数据表视图，查询结果如图 10-26 所示。

10.4.3 创建参数查询

参数查询利用对话框来提示用户输入查询数据，然后根据所输入的数据来检索记录，分为单参数查询和多参数查询。它是一种交互式查询，提高了查询的灵活性。将参数查询作为窗体和报表的数据源，可以方便地显示和打印所需要的信息。

创建参数查询的方法与创建选择查询的方法在很多方面相似，可以使用简单查询向导，先从要包括的表和字段开始设置，然后在查询设计视图中添加查询条件，也可以直接在查询设计视图中设置表、字段和查询条件。

【例 10-12】 建立一个多参数查询，用于显示指定出生日期范围内的女生信息，要求显示“学号”“姓名”“性别”“出生日期”字段的值，查询结果如图 10-28 所示。

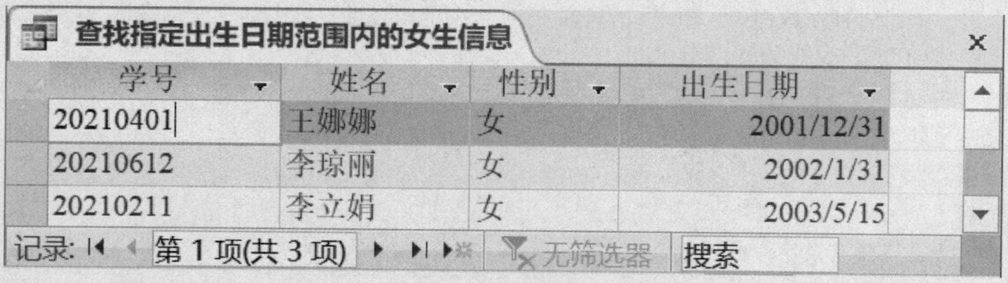

图 10-28　多参数查询的结果

操作步骤如下。

①打开“教学管理”数据库，单击“创建”选项卡中的“查询”组中的“查询设计”按钮，在打开的查询设计视图窗口的“显示表”对话框中，将“学生”表添加到字段列表区中。

②双击“学生”表的字段列表中的“学号”“姓名”“性别”“出生日期”字段，将它们添加到设计网格中“字段”行的第 1 ~ 4 列中。

③在“出生日期”字段的“条件”行中输入“Between[请输入开始日期：]And[请输入结束日期：]”，在“性别”字段的“条件”行中输入“女”。“条件”行中方括号中的内容为运行查询时出现在“输入参数值”对话框中的提示文本。在运行查询时，系统将提示用户按照从左至右的顺序逐个输入参数。此外，为了方便查看结果，这里还设置按照“出生日期”字段升序排列记录。多参数查询的设计视图如图 10-29 所示。

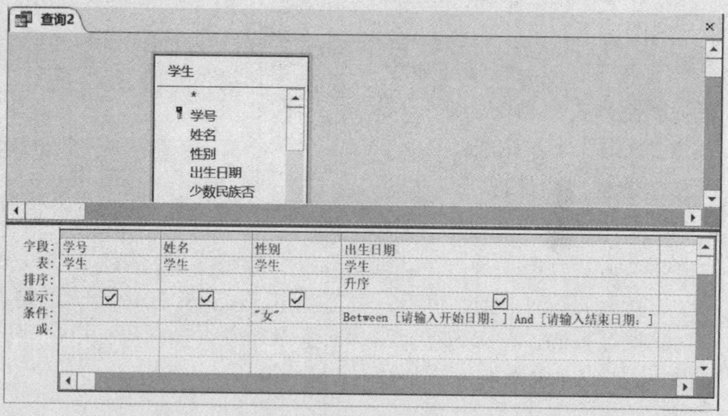

图 10-29　多参数查询的设计视图

④保存查询，查询名称为“查找指定出生日期范围内的女生信息”，单击“确定”按钮。单击“查询工具”→“查询设计”选项卡中的“结果”组中的“运行”按钮，这时屏幕会先提示输入开始日期“2000-1-1”（见图 10-30），输入后单击“确定”按钮，在下一个对话框中输入结束日期“2003-12-31”，单击“确定”按钮。运行查询，查询结果如图 10-28 所示。

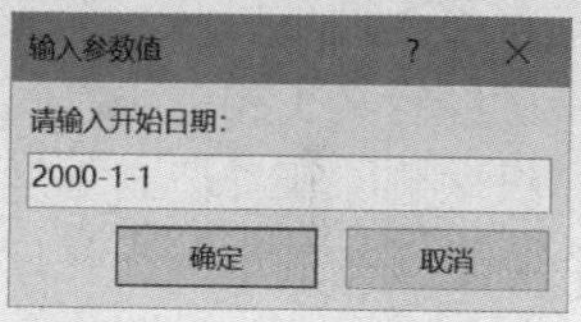

图 10-30　“输入参数值”对话框

10.4.4　创建操作查询

操作查询用于对数据库进行复杂的数据管理操作，可以根据需要利用操作查询在数据库中增加一个新的表及对数据库中的数据进行增加、删除和修改等操作。操作查询共有 4 种类型：更新查询、删除查询、生成表查询和追加查询。

1. 更新查询

更新查询能对一个或多个表中的一组记录进行批量修改。如果建立表间关系时设置了级联更新，那么运行更新查询也可能引起多个表的变化。

【例 10-13】 创建更新查询，将少数民族学生的入学成绩增加 20 分。

操作步骤如下。

①打开“教学管理”数据库，单击“创建”选项卡中的“查询”组中的“查询设计”按钮，在查询设计视图窗口的“显示表”对话框中，将“学生”表添加到字段列表区中。

②在“查询工具”→“查询设计”选项卡的“查询类型”组中单击“更新”按钮，这时设计网格中显示一个“更新为”行。

③双击“学生”表中的“少数民族否”“入学成绩”字段，将它们添加到设计网格中“字段”行的第 1 ～ 2 列中。

④在“少数民族否”字段的“条件”行中输入条件“True”，在“入学成绩”字段的“更新为”行中输入要更新的内容“[入学成绩] + 20”，此时的查询设计视图如图 10-31 所示。

⑤在“查询工具”→“查询设计”选项卡的“结果”组中单击“视图”下拉按钮，在下拉列表中选择“数据表视图”命令，能够预览到要更新的一组记录。单击“视图”下拉按钮，在下拉列表中选择“设计视图”命令，返回到设计视图。

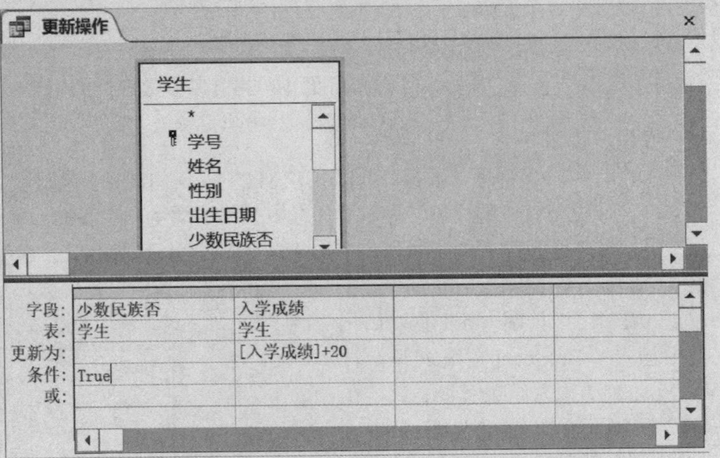

图 10-31　设置更新查询后的查询设计视图

⑥单击“查询工具”→“查询设计”选项卡的“结果”组中的“运行”按钮，这时将弹出提示准备运行更新查询的对话框，单击“是”按钮，Access 2019 将开始更新属于同一组的所有记录。

⑦保存查询，在“另存为”对话框中输入查询名称，单击“确定”按钮完成保存。打开“学生”表，可以查看到入学成绩发生了变化。

2. 删除查询

删除查询可以从一个表或多个表中删除符合条件的记录。如果删除的记录来自多个表，必须已经定义了相关表之间的关系，并且在“关系”窗口中勾选“实施参照完整性”复选框和“级联删除相关记录”复选框，这样就可以在相关联的表中删除记录了。删除查询将永久删除指定表中的记录，并且无法恢复，因此，在运行删除查询时要十分慎重，最好对要删除记录所在的表进行复制，以防由于误操作而引起数据丢失。

删除查询的操作方法及过程与更新查询基本一样。

3. 生成表查询

生成表查询是利用一个或多个表中的数据建立一个新表。生成表查询所创建的表继承源表的字段的数据类型，但并不继承源表的字段属性及主键的设置。

【例 10-14】 将考试成绩在 90 分以上的学生的“学号”“姓名”“平时成绩”“考试成绩”字段存储到表中，利用生成表查询创建的“优秀成绩”表如图 10-32 所示。

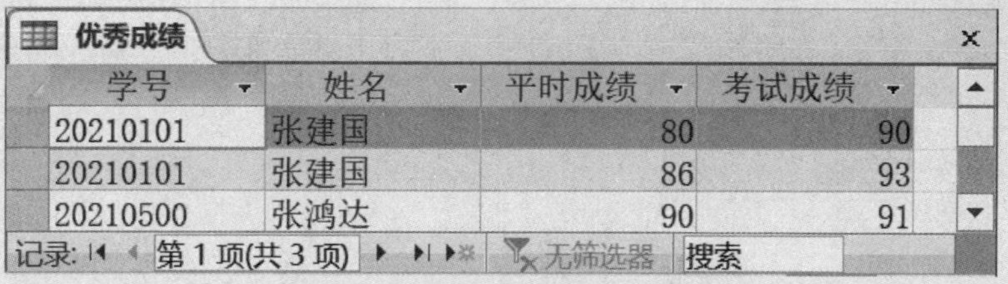

学号	姓名	平时成绩	考试成绩
20210101	张建国	80	90
20210101	张建国	86	93
20210500	张鸿达	90	91

图 10-32 利用生成表查询创建的“优秀成绩”表

操作步骤如下。

①打开“教学管理”数据库，单击“创建”选项卡中的“查询”组中的“查询设计”按钮，在查询设计视图窗口的“显示表”对话框中，将“学生”表和“选课”表添加到字段列表区中。

②双击“学生”表中的“学号”“姓名”字段以及“选课”表中的“平时成绩”“考试成绩”字段，将它们添加到设计网格中“字段”行的第 1 ～ 4 列中。在“考试成绩”字段的“条件”行中输入条件“＞＝ 90”，如图 10-33 所示。

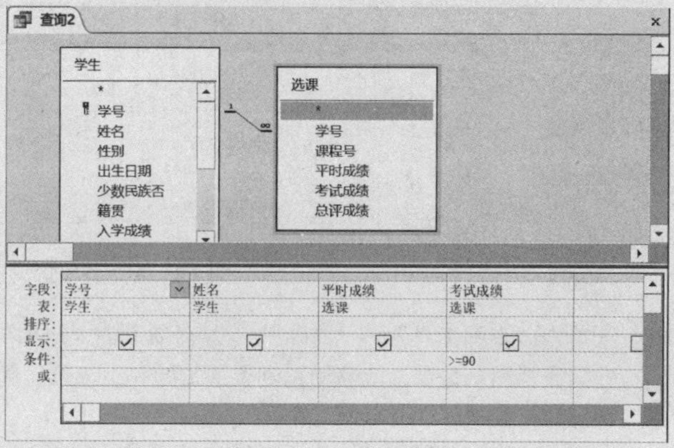

图 10-33 生成表查询的设置

③单击“查询工具”→“查询设计”选项卡的“查询类型”组中的“生成表”按钮，在“生成表”对话框中输入要创建的表名称“优秀成绩”，选中“当前数据库”单选按钮，单击“确定”按钮。

④切换到查询的数据表视图，预览利用生成表查询新建的表。若需要修改，则单击“视图”组中的“视图”下拉按钮，在下拉列表中选择“设计视图”命令，对查询进行修改。

⑤单击“查询工具”→“查询设计”选项卡中的“结果”组中的“运行”按钮，这时屏幕上显示一个提示框，单击“是”按钮开始建立“优秀成绩”表，注意生成新表后不能撤销所做的更改；单击“否”按钮，不建立新表。本例单击“是”按钮。

⑥保存查询，在“另存为”对话框中输入查询名（查询名和表名不能相同），单击“确定”按钮完成保存。在导航窗格中双击新建的“优秀成绩”表，结果如图 10-32 所示。

4. 追加查询

追加查询能够将一个或多个表中符合条件的记录追加到另一个表的尾部。

【例 10-15】 建立一个追加查询，将考试成绩在 80 ～ 89 分的学生信息添加到已建立的“优秀成绩”表中。

操作步骤如下。

①打开“教学管理”数据库，单击“创建”选项卡中的“查询”组中的“查询设计”按钮，在查询设计视图窗口中的“显示表”对话框中，将“学生”表和“选课”表添加到字段列表区中。

②在“查询工具”→“查询设计”选项卡的“查询类型”组中单击“追加”按钮，这时屏幕上显示“追加”对话框。

③在“表名称”下拉列表中选择“优秀成绩”表，表示将查询的记录追加到“优秀成绩”表中，并选中“当前数据库”单选按钮。单击“确定”按钮，这时设计网格中显示一个“追加到”行。

④分别双击“学生”表中的“学号”“姓名”字段以及“选课”表中的“平时成绩”“考试成绩”字段，

将它们添加到设计网格中“字段”行的第 1 ～ 4 列中，并在“追加到”行中自动添加“学号”“姓名”“平时成绩”“考试成绩”字段。在“考试成绩”字段的“条件”行中输入条件“>= 80 And <= 89”，结果如图 10-34 所示。

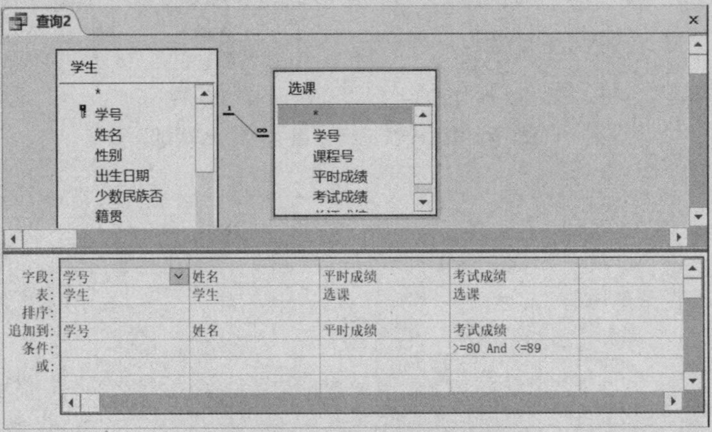

图 10-34　追加查询的设置

⑤单击“查询工具”→“查询设计”选项卡的“结果”组中的“视图”下拉按钮，在下拉列表中选择“数据表视图”命令，能够预览到要追加的一组记录。选择“视图”下拉列表中的“设计视图”命令，返回到设计视图。

⑥在“查询工具”→“查询设计”选项卡的“结果”组中单击“运行”按钮，这时将弹出提示准备运行追加查询的对话框，单击“是”按钮，Access 2019 将开始追加符合条件的所有记录。

⑦保存查询，在“另存为”对话框中输入查询名，单击“确定”按钮完成保存。打开“优秀成绩”表就可以看到增加了 80 ～ 89 分学生的情况。

10.4.5　创建 SQL 查询

SQL 查询是使用 SQL 语句创建的查询。在查询设计视图中创建查询时，Access 将生成等价的 SQL 语句，可以在 Access 的 SQL 视图窗口中查看和编辑当前查询对应的 SQL 语句，也可直接输入 SQL 语句创建查询。

创建 SQL 查询的方法为：打开数据库，单击“创建”选项卡中的“查询”组中的“查询表设计”按钮，关闭查询设计视图窗口中的“显示表”对话框，不添加任何表或查询，进入空白的查询设计视图窗口。在“查询工具”→“查询设计”选项卡的“结果”组中单击“视图”下拉按钮，在下拉列表中选择“ SQL 视图”命令，进入 SQL 视图并输入 SQL 语句，如图 10-35 所示。也可以在“查询工具”→“查询设计”选项卡的“查询类型”组中选择“联合”、“传递”或“数据定义”命令，分别打开相应的特定查询窗口，在窗口中输入合适的 SQL 语句。将创建的查询存盘并运行查询。

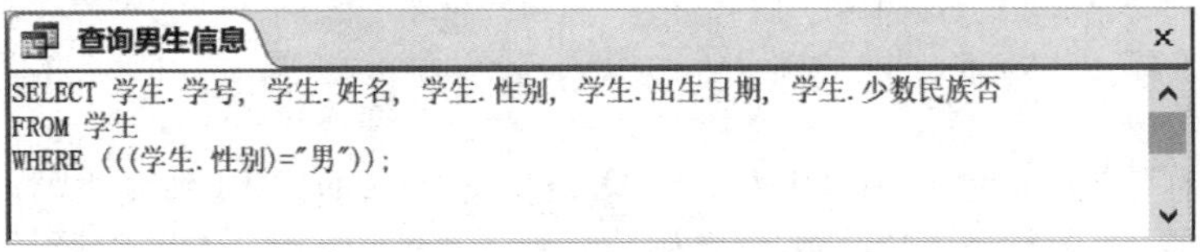

图 10-35　在 SQL 视图中输入 SQL 语句

以下为常用的 SQL 语句。

1. SELECT 查询语句

从数据库中获取符合条件的数据称为查询，查询是数据库中常用的操作。在 SQL 中，查询是由 SELECT 语句实现的。SELECT 语句可以由 SELECT 命令和 5 个子句组成，其中只有 SELECT 命令和 FROM 子句是必需的。其语法格式为

```
SELECT[ALL| DISTINCT]<目标表的字段名或表达式序列>
FROM<基本表>
[WHERE<行条件表达式>]
[GROUP BY<分组字段名>
[HAVING <分组条件表达式>]]
[ORDER BY <排序字段名>[ASC|DESC]]
```

1）SELECT 命令

语法格式中的“目标表的字段名或表达式序列”指定在查询结果中生成的字段，这些字段可以是 FROM 子句包含的基本表中的字段名称、算术表达式或函数等，多个字段或项之间用逗号分开。若选择源表中的所有字段，可用星号（*）代替具体字段。若选定的字段来自不同的数据源表，则字段名前应加数据源表名为前缀，并用逗号分隔，格式为“表名 . 字段名”，如“学生信息表 . 学号，课程表 . 课程名称”。

在 SELECT 命令中使用函数，可以对一组数值进行各种不同的统计，它返回应用于一组记录的单一值。

2）FROM 子句

FROM 子句用于指定一个或多个数据源表，以确定字段的来源。

3）WHERE 子句

WHERE 子句用于描述所选记录应满足的条件，避免处理无关数据。“行条件表达式”给出查询结果应满足的条件，它可以由常量、字段名、逻辑运算符及关系运算符组成。

4）GROUP BY 子句

GROUP BY 子句对查询结果按指定列的值分组。使用指定的条件对某些字段值相同的记录进行分类，并把指定字段的列表中有相同值的记录合并成一条记录。

5）HAVING 子句

HAVING 子句要和 GROUP BY 子句一起使用。有 HAVING 短语时，分组字段按 HAVING 子句后的条件分组。

6）ORDER BY 子句

ORDER BY 子句对查询结果按指定列值的升序或降序排列，默认是升序排列。若 ORDER BY 子句中定义了多个字段，则按照字段的先后排序。ORDER BY 子句通常放在 SQL 语句的最后。

2. DELETE 语句

可以使用 SQL 语句中的 DELETE 语句来删除表中的记录，其语法格式为

```
DELETE FROM<表名>
[WHERE<条件>]
```

当要删除许多记录时，DELETE 语句是非常有用的。记录一旦被删除，就无法再恢复了。为了防止误删除，可先使用相同条件的选择查询，对查询结果进行检查确认后，再实施删除操作。

3. UPDATE 语句

使用 UPDATE 语句可以更改表中一条或多条记录的字段的值，其语法格式为

```
UPDATE<表名>
SET 字段=表达式 [, 字段 = 表达式 ]…
[WHERE<条件>]
```

4. INSERT 语句

使用 INSERT 语句可以向一个表中插入一条记录，其语法格式为

```
INSERT INTO<表名>[(字段 1[, 字段 2…])]
VALUES(表达式 1[, 表达式 2]…)
```

10.5 窗体与控件

窗体是用户与数据库系统交互的重要对象，一个 Access 数据库应用系统开发完成后，对数据库的所有操作都可以通过窗体来完成。在窗体中，通常需要添加各种窗体元素，这些窗体元素称为控件。

10.5.1 窗体概述

1. 窗体的结构

打开数据库，单击“创建”选项卡，在“窗体”组中单击“窗体设计”按钮，就会打开窗体的设计视图。一个窗体包含 5 节，在默认情况下，打开的窗体设计视图只显示主体节，可以根据需要右击主体节的空白处，在快捷菜单中选择相应命令，打开窗体页眉、页面页眉、页面页脚和窗体页脚等其他节，如图 10-36 所示。

（1）主体：用于显示窗体数据源的记录。主体节通常包含与数据源字段绑定的控件，但也可以包含未绑定的控件，如用于识别字段含义的标签及线条、图片等。

（2）窗体页眉：位于窗体顶部，一般用于显示每条记录中相同的信息，如窗体标题、窗体使用说明及执行其他功能的命令按钮等。在窗体视图中，窗体页眉显示在窗体的顶端；打印窗体时，窗体页眉打印输出到文档的开始处。窗体页眉不会出现在数据表视图中。

（3）窗体页脚：位于窗体底部，一般用于显示所有记录都要显示的内容，如窗体操作说明，也可以设置命令按钮，以便进行必要的控制。在窗体视图中，窗体页脚显示在窗体的底部；打印窗体时，窗体页脚打印输出到文档的结尾处。与窗体页眉相似，窗体页脚也不会出现在数据表视图中。

（4）页面页眉：一般用来设置窗体在打印时的页头信息，如每页的标题、用户要在每一

页上方显示的内容。

（5）页面页脚：一般用来设置窗体在打印时的页脚信息，如日期、页码或用户要在每一页下方显示的内容。页面页眉和页面页脚只出现在打印的窗体上。

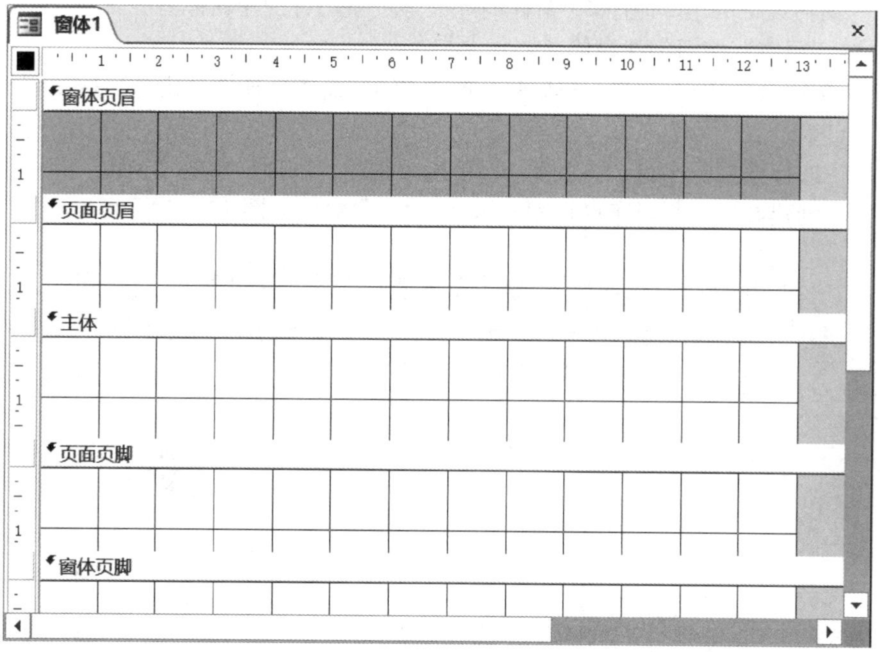

图 10-36 窗体设计视图

2. 窗体的类型

窗体中包含许多控件，通过这些控件来实现窗体的功能。根据窗体中控件的布局，常把窗体分为 5 种类型，分别是纵栏式窗体、表格式窗体、数据表窗体、主 / 子窗体和图表窗体。

（1）纵栏式窗体：一页显示表或查询中的一条记录，记录中的各个字段以列的形式排列在屏幕上，每个字段显示在一个独立的行上，左边显示字段名，右边显示对应的值。

（2）表格式窗体：一页显示表或查询中的多条记录，每条记录显示为一行，每个字段显示为一列。字段的名称显示在每列的顶端。

（3）数据表窗体：外观上与数据表和查询显示数据的界面相同，通常数据表窗体作为一个窗体的子窗体。数据表窗体与表格式窗体都以行列格式显示数据，但表格式窗体是以立体形式显示的。

（4）主 / 子窗体：包含在窗体中的窗体称为子窗体，包含子窗体的窗体称为主窗体。主窗体和子窗体通常用于显示多个表或查询中的数据，当主窗体中的数据发生变化时，子窗体中的数据也跟着发生相应的变化。因此，主窗体中的数据源与子窗体中的数据源要建立联系，并且表或查询中的数据之间的联系一般为一对多联系。

（5）图表窗体：以折线图、柱形图、饼图等图表方式显示表中的数据。可以单独使用图表窗体，也可以在子窗体中使用图表窗体来增加窗体的功能。

除以上 5 种窗体类型外，还可以通过空白窗体来自由创建窗体。根据实际需求可以在空白窗体中添加各种控件。自由创建的窗体可以不属于上面的任何类型。

10.5.2 创建窗体

在 Access 2019 中创建窗体的方法有多种，通过单击“创建”选项卡中的“窗体”组中的“窗体”“窗体设计”“空白窗体”“窗体向导”等按钮均可创建窗体。

1. 通过“窗体”按钮创建窗体

“窗体”按钮根据用户所选定的表或查询自动创建窗体。使用“窗体”按钮创建的窗体，其数据源来自单个表或单个查询，且窗体的布局结构简单。具体的操作方法为：打开数据库，在导航窗格中选择数据源（如“学生表”），单击“创建”选项卡中的“窗体”组中的“窗体”按钮，窗体就创建好了，并以布局视图显示。“学生”窗体如图 10-37 所示。

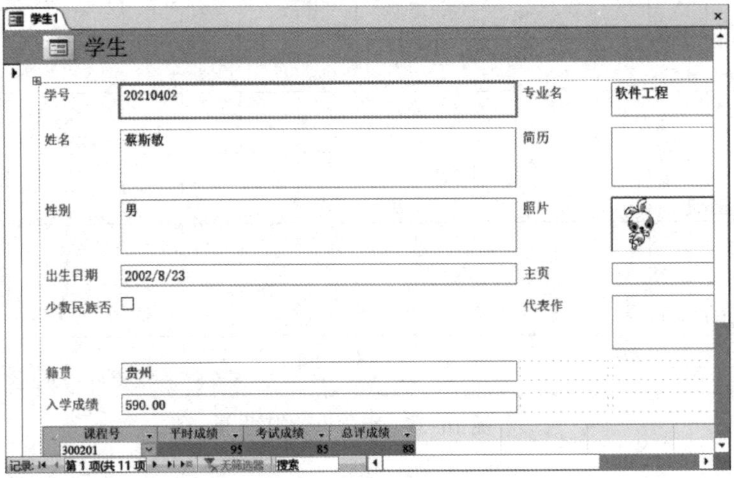

图 10-37 “学生”窗体

这种方法创建的窗体是一种单记录布局的窗体。窗体对表中的各个字段进行排列和显示，左边是字段名，右边是字段的值，字段排成一列或两列。

2. 通过“窗体设计”按钮创建窗体

在窗体设计视图中创建窗体时，将从一个空白窗体开始，然后将数据源表或查询中的字段添加到窗体上。利用设计视图，用户可以完全控制窗体的布局和外观，可以根据需要添加控件并设置它们的属性，从而设计出符合要求的窗体。

1）控件的功能

在窗体设计视图中单击“窗体设计工具”→“表单设计”选项卡中的“控件”组中的各种控件按钮，如图 10-38 所示，可以向窗体添加控件。

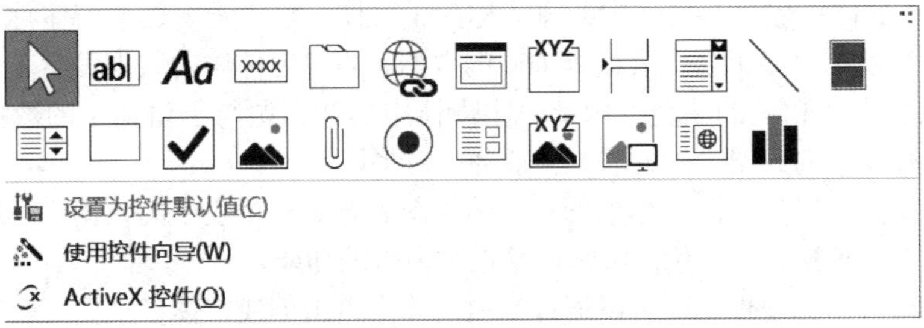

图 10-38 各种控件按钮

常用控件及其功能说明如表 10-3 所示。

表 10-3　常用控件及其功能说明

控件名称	功能说明
文本框	用于显示、输入或编辑窗体、报表的数据源表的数据，还可以显示计算结果或接收用户输入的数据
标签	用来显示说明性文本。标签也能附加到另一个控件上，用于显示该控件的说明性文本
导航控件	创建导航标签，用于显示不同的窗体或报表
选项组	与复选框、单选按钮或切换按钮配合使用，显示一组选项值。在选项组中，每次只能选择一个选项
组合框	类似于文本框和列表框的组合，既可以在组合框中输入新值，也可以从下拉列表中选择一个值
列表框	显示可滚动的数据列表，并可从列表中选择一个值
矩形	创建矩形框，将一组相关的控件组织在一起
复选框	显示是 / 否型数据值，或在选项组中用来显示要从中进行选择的值
未绑定对象框	用于在窗体中显示未绑定 OLE 对象。当在记录间移动时，该对象将保持不变
单选按钮	显示是 / 否型数据值，或在选项组中用来显示要从中进行选择的值
子窗体 / 子报表	用于创建子窗体或子报表
绑定对象框	用于在窗体或报表上显示 OLE 对象。该控件用于显示保存在窗体或报表数据源字段中的对象。当在记录间移动时，不同的对象将显示在窗体或报表上
图像	用于在窗体中显示静态图片。由于静态图片并非 OLE 对象，所以一旦将图片添加到窗体或报表中，便不能在 Access 中进行图片编辑

2）控件的分类

根据控件与数据源的关系，控件可以分为绑定型控件、未绑定型控件和计算型控件 3 种。

（1）绑定型控件：与表或查询中的字段相关联，可用于显示、输入、更新数据库中字段的值。例如，窗体中显示学生姓名的文本框可能从“学生”表的“姓名”字段中获得信息。

（2）未绑定型控件：无数据源的控件，其“控件来源”属性没有绑定字段或表达式，可用于显示文本、线条、矩形和图片等。如窗体页眉中显示窗体标题的标签就是未绑定型控件。

（3）计算型控件：用表达式而不是字段作为数据源，表达式可以是窗体或报表引用的表或查询字段中的数据，也可以是窗体或报表上的其他控件中的数据。例如，表达式“= [考试成绩]*0.7”将“考试成绩”字段的值乘以 0.7。

3）向窗体添加控件

向窗体添加控件的方法有如下两种。

（1）自动添加：单击“窗体设计工具”→“表单设计”选项卡中的“工具”组中的“添加现有字段”按钮，在出现的“字段列表”任务窗格中，单击其中的“显示所有表”链接，随后单击数据表旁边的加号“+”，可以显示表的所有字段。双击字段名或将字段从“字段列表”任务窗格拖至窗体，这时会创建绑定型控件，即每个字段通常对应标签和文本框两个控件，标签用于提示文本框的内容（多为字段名），文本框用于显示或输入字段中的数据。

（2）使用控件按钮：切换到窗体设计视图，在“窗体设计工具”→“表单设计”选项卡中的“控件”组中单击所需要的控件按钮。移动鼠标指针到窗体中，在需要放置控件的位置处单击并按住鼠标左键拖动，这时屏幕会呈现一个矩形框，矩形框为将要创建控件的大小，松开鼠标左键，窗体上将创建选中的控件。控件会自动设置一个名称，如“Text2”，Text 表示该控件为文本框，后面的数字提示该控件为窗体创建的第 2 个文本框。在添加文本框的时候，文本框前面会自动添加一个关联标签。在窗体中添加的控件，可以反复调整大小和位置。如果“控件”组中的“使用控件向导”命令处于选中状态，在创建控件时会弹出相应的向导对话框，以方便对控件的相关属性进行设置；否则，创建控件时将不会弹出向导对话框。在默认情况下，“使用控件向导”命令处于选中状态。

3．通过“空白窗体”按钮创建窗体

单击“空白窗体”按钮，直接创建一个空白窗体，用户可以在空白窗体中自由添加控件来设计窗体。空白窗体不会自动添加任何控件，而是显示“字段列表”任务窗格，用户可以通过手动添加表中的字段来设计窗体。

4．通过“窗体向导”按钮创建窗体

单击“窗体向导”按钮，弹出向导对话框，用户可以通过选择对话框中的各种选项来设计窗体。使用窗体向导可以方便、快捷地创建窗体。窗体向导将引导用户完成创建窗体的任务，并让用户在窗体上选择所需要的字段、最合适的布局及窗体所具有的背景样式等。

1）创建单个窗体

使用“窗体向导”按钮创建单个窗体，其数据可以来自一个表或查询，也可以来自多个表或查询。

2）创建主 / 子窗体

使用“窗体向导”按钮也可以创建基于多个数据源的主 / 子窗体。在创建这种窗体之前，要确定作为主窗体的数据源与作为子窗体的数据源之间存在一对多联系。例如，在“教学管理”数据库中，“学生”表和“选课”表之间就存在一对多联系，可以创建一个带有子窗体的窗体，用于显示两个表中的数据。“学生”表是一对多联系中的“一”端，在主窗体中显示；“选课”表是一对多联系中的“多”端，在子窗体中显示。在主 / 子窗体中，主窗体和子窗体彼此相连，主窗体显示某一条记录的信息，子窗体就会显示与主窗体当前记录相关的记录的信息。

在 Access 2019 中，可以使用两种方法创建主 / 子窗体，一是同时创建主窗体与子窗体，二是将已建的窗体作为子窗体添加到另一个已建的窗体中。子窗体与主窗体的关系，可以是嵌入式，也可以是链接式。

【例 10-16】 以“学生”表和“选课”表为数据源，创建嵌入式的主 / 子窗体，设计结果如图 10-39 所示。

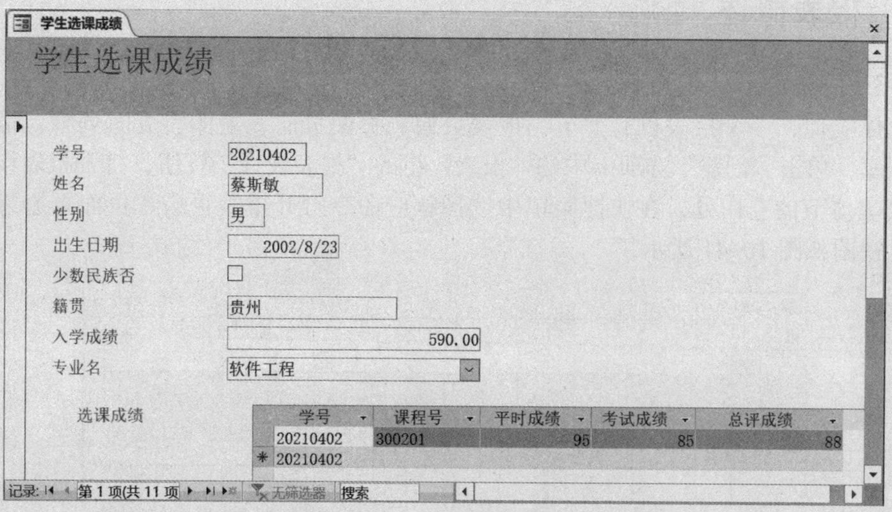

图 10-39　主／子窗体的设计结果

操作步骤如下。

①打开“教学管理”数据库，单击“创建”选项卡中的“窗体”组的“窗体向导”按钮，在弹出的“窗体向导”第 1 个对话框中，选择“学生”表的部分字段及“选课”表的所有字段（见图 10-40），然后单击“下一步”按钮。

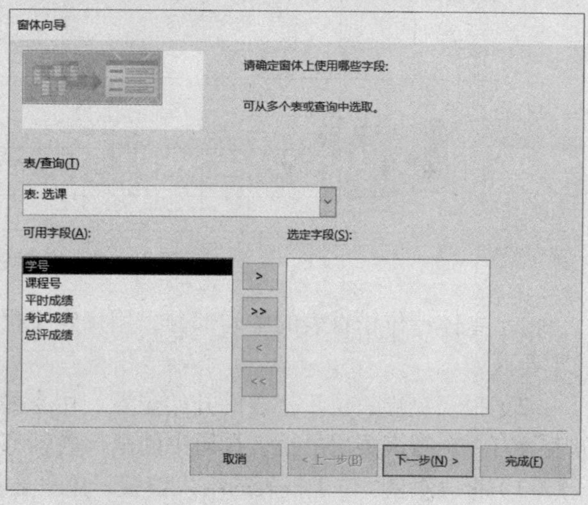

图 10-40　确定字段

②在弹出的第 2 个对话框中，确定窗体查看数据的方式。选择“通过学生”查看，并选中“带有子窗体的窗体”单选按钮，单击“下一步”按钮。

③弹出第 3 个对话框，确定窗体采用的布局，选择“数据表”选项，单击“下一步”按钮。

④弹出第 4 个对话框，在“窗体”文本框中输入“学生选课成绩”作为主窗体的标题，在“子窗体”文本框中输入子窗体的标题“选课成绩”。

⑤单击“完成”按钮，所建的主窗体和子窗体同时显示在屏幕上，如图 10-39 所示。

10.6 报　　表

报表和窗体都用于数据库中数据的表示，但两者的作用是不同的。窗体主要用来输入和修改数据，强调交互性；报表用来输出数据，没有交互功能。报表是输出数据的最佳方式，可以帮助用户以更好的方式展示数据。

10.6.1 报表概述

1. 报表的结构

与窗体类似，一个报表也有 5 节：报表页眉、页面页眉、主体、页面页脚、报表页脚。打开数据库，单击“创建”选项卡中的“报表”组的“报表设计”按钮，打开报表设计视图，右击报表主体节的空白处，在快捷菜单中选择相应命令打开报表页眉、页面页眉等其他节。报表设计视图如图 10-41 所示。

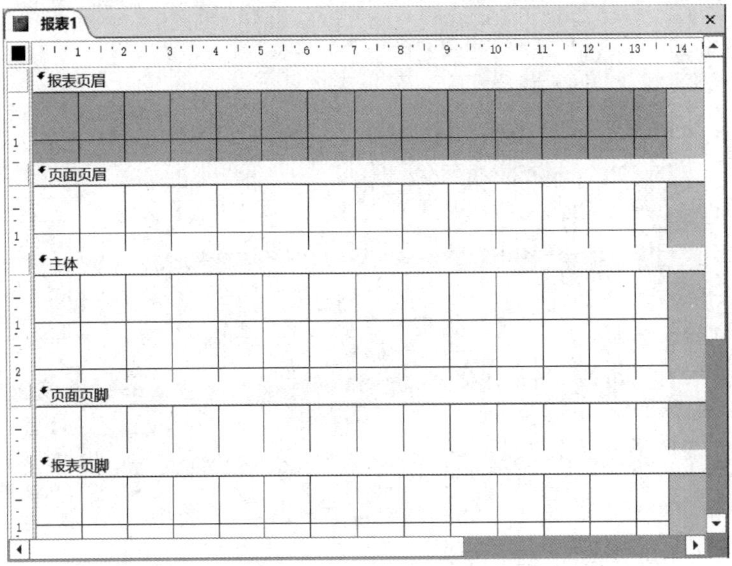

图 10-41 报表设计视图

（1）主体：位于报表的中间部分，用来定义报表中的输出内容和格式，是报表显示数据的主要区域。

（2）报表页眉：位于报表的开始位置，用来显示报表的标题、徽标或说明性文字。一个报表只有一个报表页眉，报表页眉中的全部内容都只能输出在报表的开始处。

（3）报表页脚：位于报表的结束位置，用来显示整个报表的汇总信息或其他的统计信息。

（4）页面页眉：位于每页的开始位置，显示报表中的字段名称或对记录的分组名称。报表的每一页都有一个页面页眉，以保证当数据较多而报表需要分页的时候，在报表的每页上面都有一个表头。一般来说，报表的标题放在报表页眉中，该标题输出时仅在报表第 1 页的开始位置出现。若将标题移动到页面页眉中，则输出时在每一页上都显示该标题。

（5）页面页脚：位于每页的结束位置，一般用来显示本页的汇总说明、页码等。

2. 报表的类型

Access 2019 能创建各种类型的报表，根据报表中字段数据的显示位置，可以把报表分为 4 种类型：纵栏式报表、表格式报表、图表报表和标签报表。

（1）纵栏式报表：与纵栏式窗体类似，在一页内以垂直方式显示记录的数据，每条记录的各个字段从上到下排列，每个字段都显示在一个独立的行上。

（2）表格式报表：以行、列形式显示记录的数据，通常一行显示一条记录，一页显示多条记录。在表格式报表中，字段的标题信息通常安排在页首。

（3）图表报表：以图表的形式显示记录的数据，可以直观地表示出数据之间的关系。

（4）标签报表：一种特殊形式的报表，主要用于输出和打印不同规格的标签，如价格标签、书签、信封、名片和邀请函等。

10.6.2　创建报表

在 Access 2019 中，可以创建各种不同的报表。创建报表需要先确定报表中要包含哪些字段以及要显示的数据，然后确定数据所在的表或查询。提供基础数据的表或查询称为报表的数据源。如果要包括的字段全部存在一个表中，可以直接使用该表作为数据源，如果字段包含在多个表中，就需要使用多个表作为数据源，有时需要针对报表的要求用查询作为数据源。

在 Access 2019 中创建报表的方法有多种，通过“创建”选项卡中的“报表”组的“报表”“报表设计”“空白报表”“报表向导”等按钮均可创建报表。

1．通过“报表”按钮创建报表

通过“报表”按钮可以创建当前表或查询中数据的基本报表。具体的操作方法为：先选中要作为报表数据源的表或查询，然后在“创建”选项卡的“报表”组中单击“报表”按钮，系统自动生成纵栏式报表。

这种方法是通过指定数据源（仅基于一个表或查询），由系统自动生成包含数据源所有字段的报表，是创建报表最快捷的方法。一般情况下，需要快速浏览表或查询中的数据时，可以使用这种方式创建报表，也可以先自动创建基本报表再进行修改。在自动创建的报表中包含数据源的所有字段及记录，且布局结构简单，这时可以切换到设计视图，对报表控件、版面进行修改和调整。

2．通过“报表设计”按钮创建报表

通过“报表设计”按钮可以直接创建空白报表并显示报表设计视图。在设计视图中，可以对报表进行更高级的设计和修改，如添加自定义控件类型以及编写代码。

【例 10-17】 使用设计视图创建“学生选课成绩”报表，如图 10-42 所示。

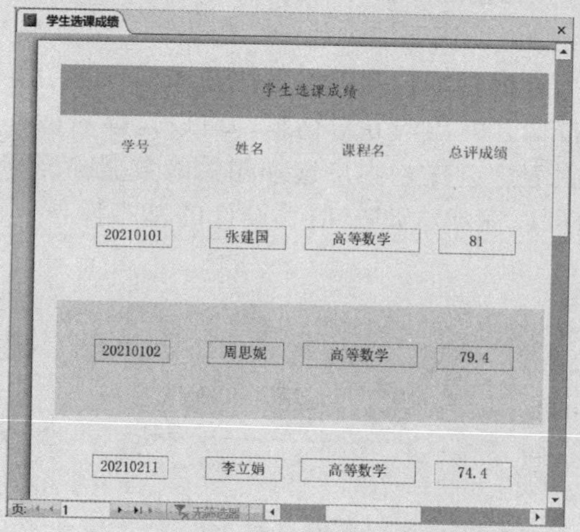

图 10-42　“学生选课成绩”报表

操作步骤如下。

①打开“教学管理”数据库，单击“创建”选项卡中的“报表”组中的“报表设计”按钮，打开报表设计视图。

②右击报表设计区，在快捷菜单中选择“报表页眉 / 页脚”命令，在报表中添加“报表页眉”节和“报表页脚”节。

③在“报表页眉”节中添加一个标签控件，输入标题“学生选课成绩”，然后设置标签格式，其中字体为“华文楷体”，字号为“12”，文本“居中”对齐。

④从“控件”组向“主体”节中添加4个文本框控件（相应地产生4个附加标签），设置报表的“记录源”属性为“学生选课成绩”查询，并分别设置文本框的“控件来源”属性为“学号”“姓名”“课程名”“总评成绩”字段；或者在“字段列表”任务窗格中选择“学号”“姓名”“课程名”“总评成绩”4个字段并拖到报表的“主体”节。两种方法均可创建显示字段数据的绑定型文本框控件。

⑤将“主体”节中的4个附加标签控件移到“页面页眉”节，然后调整各个控件的布局、大小、位置及对齐方式等，并调整报表的“页面页眉”节和“主体”节的高度，以适合其中控件的大小，如图10-43所示。

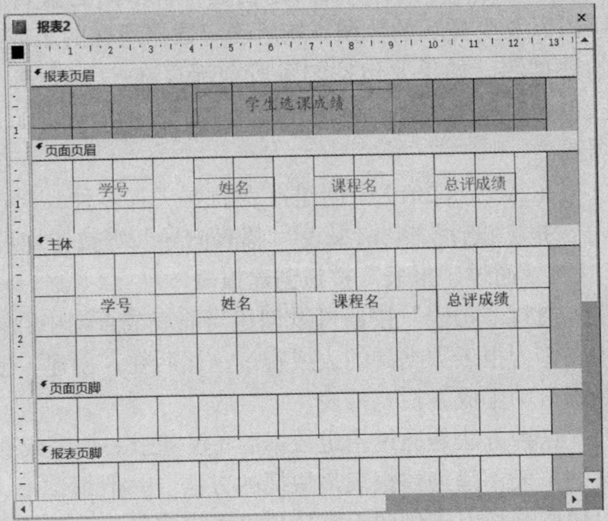

图10-43　报表的设置结果

⑥以“学生选课成绩”为名保存报表，并利用“打印预览”视图预览报表，结果如图10-42所示。

3. 通过“空白报表”按钮创建报表

通过“空白报表”按钮可以新建空白报表并自动进入布局视图，然后在其中插入字段和控件来设计报表。空白报表不会自动添加任何控件，而是显示“字段列表”任务窗格，需要手动添加表中的字段。

4. 通过“报表向导”按钮创建报表

虽然单击“报表”按钮可以快速地创建一个报表，但数据源只能来自一个表或查询。若报表中的数据来自多个表或查询，则可以使用报表向导来引导用户完成创建报表的任务。单击“报表向导”按钮，弹出向导对话框，可以选择对话框中的各种选项来设计报表。使用报表向导创建报表，会提示用户选择相关的数据源、字段和报表版面格式等信息。根据报表向导提示可以完成大部分报表设计的基本操作，因此加快了创建报表的进程。

习　题　10

1. 实体之间的联系有哪几种？分别举例说明。
2. 请画出实体分别是商品、生产商、销售商所对应的E-R图。

3. 创建数据库的方法有哪些？
4. 表由哪两部分组成？
5. Access 2019 中创建表的方法有哪些？
6. 查询的类型有哪些？如何创建查询？
7. 在 Access 2019 查询中，如何进行计算？
8. 窗体由哪几部分组成？每部分的作用是什么？
9. 报表和窗体的区别是什么？
10. 创建报表的方法有哪些？

第 11 章

程序设计基础

电子计算机自诞生以来，无论在硬件还是软件方面都有了极大的发展，要使计算机能够运行起来，为人类完成各种各样的工作，就必须让它执行相应的程序。本章主要从程序设计的角度介绍有关程序设计的基本概念，结合 Python 语言的发展，讲述 Python 程序的运行、编写及其相关的数据描述等内容。

11.1 程序设计基础知识

11.1.1 程序与程序设计

1. 程序的基本概念

从一般意义来说，程序是对解决某个实际问题的方法和步骤的描述；从计算机角度来说，程序是用某种计算机能理解并执行的语言所描述的解决问题的方法和步骤。计算机执行程序所描述的方法和步骤，并完成指定的功能，所以，程序就是供计算机执行并能完成特定功能的指令序列。

著名的计算机科学家 Niklaus Wirth（尼古拉斯·沃斯）教授曾提出：算法＋数据结构＝程序。

算法和数据结构就是程序的两个主要方面。一个计算机程序主要描述两部分内容：一是描述问题的每个对象和对象之间的关系，二是描述对这些对象进行处理的规则。其中，对象与对象之间的关系是数据结构的内容，而处理规则是求解的算法。针对问题所涉及的对象和要完成的处理，设计合理的数据结构可有效地简化算法。

2. 程序的基本成分

计算机程序由多个语句组成，一个语句就是一条指令（可以包含多个操作）。语句有规定的关键字和语法结构。语言中的控制指令（如顺序、选择、循环、调用等指令）可以改变程序的执行流程，控制计算机的处理过程。虽然有很多程序，但是它们的逻辑结构基本相同，只是语法和 API 稍有不同。

计算机程序的基本成分有以下 5 种。

（1）数据成分：用来描述程序中数据的类型，如数值、字符、列表、字典等。

（2）运算成分：用来描述程序中所包含的各种运算，如四则运算、逻辑运算、正则运算等。

（3）控制成分：用来控制程序语句的执行流程，如判断、循环、调用等。

（4）传输成分：用来表达程序中数据的传输，如实参与形参、返回值、输入和输出、文件读写等。

（5）程序接口：用来调用其他程序模块，如程序入口、模块导入、接口参数（API）、套接字（socket）、文件句柄等。

3. 程序设计

对于初学者来说，往往把程序设计简单地理解为只是编写一个程序，这是不全面的。程序设计的任务是设计解决问题的方法和步骤（设计算法），并将解决问题的方法和步骤用程序设计语言描述出来。这反映了利用计算机解决问题的全过程，包含多方面的内容，而编写程序只是其中的一个方面。

使用计算机解决实际问题，通常要先对问题进行分析并建立数学模型，然后考虑数据的组织方式和算法，并用某一种程序设计语言编写程序，最后调试程序，使之运行后能产生预期的结果。这个过程称为程序设计（programming），具体要经过以下 4 个基本步骤。

1）分析问题，确定数学模型或方法

要用计算机解决实际问题，首先要对待解决的问题进行详细分析，然后把实际问题进行简化，用数学语言来描述它，这个过程称为建立数学模型。建立数学模型后，必须选择计算方法，即选择用计算机求解该数学模型的近似方法。不同的数学模型，往往要进行一定的近似处理。对于非数值计算则要考虑数据结构等问题。

2）设计算法，画出流程图

弄清楚要计算机“做什么”后，就要设计算法，明确要计算机“怎么做”。解决一个问题可能有多种算法，这时应该通过分析、比较来挑选一种最优的算法。设计算法后，要用流程图把算法形象地表示出来。

3）选择编程工具，按算法编写程序

当为解决一个问题确定了算法后，还必须将该算法用程序设计语言编写成程序，这个过程称为编码（coding）。

4）调试程序，分析输出结果

编写完成的程序，还必须在计算机上运行，排除程序可能的错误，直到得到正确结果为止。这个过程称为程序调试（debugging）。即使是经过调试的程序，在使用一段时间后仍然会被发现尚有错误或不足之处。这就需要对程序做进一步的修改，使之更加完善。

11.1.2　程序的解释与编译

1. 程序的解释执行方式

利用程序设计语言编写的计算机指令序列称为源程序，计算机并不能直接执行用高级语言编写的源程序，源程序必须通过“翻译程序”翻译成机器指令的形式，才能被计算机识别和执行。源程序的翻译有两种方式：解释和编译。不同的程序设计语言，有不同的翻译程序，这些翻译程序称为程序解释器（也称为虚拟机）或程序编译器（简称为编译器）。

1）程序的解释执行过程

解释执行程序的工作过程如下：首先，由程序解释器（如 Python 解释器）进行初始化准备工作。然后程序解释器从源程序中读取一条语句（指令），并对指令进行语法检查，若程序语法有错，则输出错误信息；否则，将源程序语句翻译成机器指令，并执行相应的机器操作。返回后检查解释工作是否完成，如果未完成，程序解释器继续解释下一条语句，直至整个程序执行完成，如图 11-1 所示。否则，进行必要的善后处理工作。

图 11-1　程序的解释执行过程

程序解释器一般包含在开发软件或操作系统内，如 IE 浏览器带有 .Net 脚本语言的解释功能；程序解释器有些是独立的，如 Python 解释器就包含在 Python 软件包中。

2）解释执行程序的特点

解释执行程序的优点是实现简单，交互性较好。动态程序语言（如 Python、JavaScript、PHP、R、MATLAB 等）一般采用解释执行方式。

解释执行程序有以下缺点：一是程序运行效率低，如源程序中出现循环语句时，解释程序也要重复地解释并执行这组语句；二是程序的独立性不强，不能在操作系统下直接运行，因为操作系统不一定提供这个语言的解释器；三是程序代码的保密性不强，例如，要发布 Python 开发项目，实际上就是发布 Python 源代码。

2. 程序的编译执行方式

程序员编写好源程序后，由编译器将源程序翻译成计算机可执行的机器代码。程序编译完成后就不再需要再次编译了，生成的机器代码可以被反复执行。

源程序的编译是一个复杂过程，这一过程分为以下步骤：源程序→预处理→词法分析→语法分析→语义分析→生成中间代码→代码优化→生成目标程序→程序连接→生成可执行程序。C 语言源程序的编译过程如图 11-2 所示。事实上，某些步骤可能组合在一起进行。

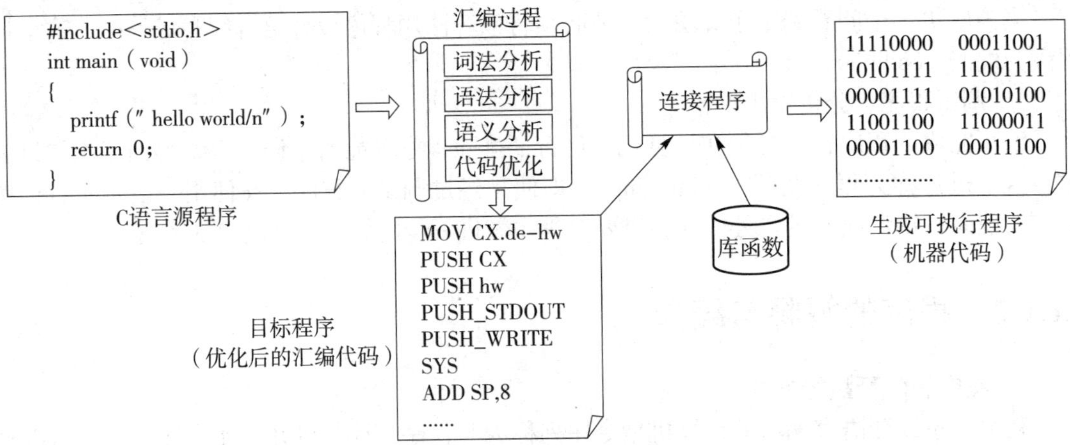

图 11-2　C 语言源程序的编译过程

在编译过程中，源程序的各种信息被保存在不同表格里，编译工作的各个阶段都涉及构造、查找或更新相关表格。如果编译过程中发现源程序有错误，编译器会报告错误的性质和发生错误的代码行，这些工作称为出错处理。

11.1.3　程序运行平台和集成开发环境

1. 程序运行平台

程序运行平台一般按操作系统划分，常见的程序运行平台有 Windows、Linux、Android、iOS 等。程序运行需要操作系统环境的支持。例如，Windows 系统下的应用程序，在 Linux 系统中不能运行；苹果智能手机中的程序，在安卓智能手机中也不能运行。这是由于程序开发时往往需要调用操作系统底层接口的子程序来实现某些功能。例如，用 Visual C++ 在 Windows 系统中编程时，需要调用 Windows 操作系统提供的各种子程序（如窗口、对话框、菜单等）。在 Windows 环境下开发的程序移植到其他操作系统平台（如 Linux 等）时，其他操作系统并没有提供这些子程序，或者子程序的调用参数和格式不同，会导致程序不能运行或运行出错，也就是常说的“兼容性”问题。

2. 程序集成开发环境

程序的编程环境与运行环境一般是分开的。例如，手机中的程序不可能在手机上开发，一是手机屏幕太小，不便于编写程序，二是在手机中调试程序极其麻烦，效率非常低。程序设计一般在台式计算机或笔记本电脑中进行，程序调试也在软件模拟器中进行。

IDE（Integrated Development Environment，集成开发环境）是一个综合性工具软件，它把程序设计过程所需的各项功能集成在一起，为程序员提供完整的服务。IDE 通常包括程序文本编辑器、程序关键字检查器、程序调试器、第三方插件（如智能手机模拟器）等。有些 IDE（如 Microsoft Visual Studio 等）包含编译器或程序解释器，有些 IDE（如 Eclipse 等）则不包含编译器，不包含编译器的 IDE 通过调用第三方编译器来实现程序的编译工作。

11.2　Python 语言概述

Python 语言是一种非常接近描述程序执行步骤的程序设计语言，已经有 30 多年的发展历史。Python 语言具有简洁的语法规则，学习起来更容易，同时它具有强大的功能，足以支持绝大多数日常的开发应用。目前，基于 Python 语言的相关技术正在飞速发展，用户数量急剧扩大，相关的资源也在迅速增多。对于程序设计初学者而言，Python 语言是较好的选择之一。

11.2.1　Python 语言的发展

Python 语言是一种开源的面向对象的脚本语言，它起源于 1989 年。当时，阿姆斯特丹国家数学和计算机科学研究所的研究员吉多·范罗苏姆（Guido van Rossum）需要一种高级脚本编程语言，以便为其所在研究小组的 Amoeba 分布式操作系统执行管理任务。为创建新语言，吉多从高级教学语言 ABC（All Basic Code）中汲取了大量语法，并从系统编程语言 Modula-3 中借鉴了错误处理机制。吉多把这种新的语言命名为 Python（蟒蛇），因为他是 BBC 电视剧《蒙提·派森的飞行马戏团》(*Monty Python's Flying Circus*）的爱好者。

ABC 是由吉多参与设计的一种教学语言。就吉多本人看来，ABC 这种语言非常优美和强大，是专门为非专业程序员设计的。但是 ABC 语言并没有成功，究其原因，吉多认为是非开放造成的。吉多决心在 Python 中避免这一错误，并获得了非常好的效果，Python 语言完美结合了 C 语言和其他一些语言的优点。可以说，Python 语言是从 ABC 语言发展起来的，主要受到了 Modula-3 语言的影响，并且结合了 UNIX shell 和 C 语言的使用习惯。

Python 语言的第一个版本于 1991 年年初公开发行。由于 Python 语言功能强大和采用开源方式发行，Python 语言的用户越来越多，形成了一个庞大的语言社区。Python 2.0 于 2000 年 10 月 16 日发布，增加了完整的垃圾回收机制，并且支持 Unicode。同时，整个开发过程更加透明，社区对开发进度的影响逐渐扩大。Python 3.0 于 2008 年 12 月 3 日发布，此版不完全兼容之前的 Python 2.0 版本。不过，Python 3.0 的很多新特性后来也被移植到 Python 2.6/2.7 版本中。

目前，Python 语言的主流版本可以分为 Python 3.x 和 Python 2.x，它们已经并存很长时间了。本书选择基于 Windows 操作系统的 Python 3.7.4 版本作为程序运行环境，当然使用 Python 3.4/3.5/3.6 等版本也没有问题。

11.2.2 Python 语言的特点

高级语言有很多种，任何一种都有其自身诞生的背景，从而决定了其特点和擅长的应用领域。例如，C 语言具有代码简洁紧凑、执行效率高、贴近硬件、可移植性好等优点，广泛应用于系统软件、嵌入式软件等开发中。

Python 语言作为一门年轻的语言，能很好地和其他传统的高级语言形成互补。具体来说，Python 语言具有如下特点。

（1）语法结构简洁。Python 语言具有优雅、清晰、简洁的语法特点，组成一个 Python 程序没有太多的语法细节和规则要求，初学者可以专注于解决问题的方法、分析程序本身的逻辑和算法，而非语法细节。

（2）程序可读性好。Python 语言和其他高级语言相比，一个重要的区别就是，一个语句块的界限完全是由每行的首字符在这一行的位置决定的。通过强制程序缩进，Python 语言使程序具有很好的可读性，同时 Python 语言的缩进规则也有利于程序员养成良好的编程习惯。

（3）Python 语言具有丰富的数据结构。除基本的数值类型外，Python 语言还内置了字符串、列表、元组、字典和集合等丰富的高级数据结构。利用这些数据结构，可以解决非常多的实际应用问题，如文本处理、数据分析等。

（4）可移植性好。Python 语言免费开源，可移植到多种操作系统。只要避免使用依赖于特定操作系统的特性，Python 程序无须修改就可以在各种平台上运行。Python 语言的开源特性使很多社区对 Python 用户可以提供快速的技术支持。

（5）Python 语言为解释性语言。用 Python 语言编写的程序不需要编译成二进制代码，计算机可以直接运行源代码程序。在计算机内部，Python 解释器把 .py 文件中的源代码转换成 Python 的字节码（byte code），然后由 Python 虚拟机来执行这些编译好的字节码。这种机制的基本思想跟 Java、.NET 语言是一致的。

（6）Python 语言既支持面向过程程序设计，也支持面向对象程序设计。在面向过程的语言中，程序是由过程或由可重用代码的函数构建起来的。在面向对象的语言中，程序是由数据和功能组合而成的对象构建起来的。与其他主要的语言（如 C++ 和 Java）相比，Python 语言以一种非常强大又简单的方式实现面向对象程序设计。

虽然 Python 语言是一种非常成功的语言，但它也有局限性。相比其他一些语言（如 C/C++ 语言）来说，Python 程序的运行速度比较慢，对速度有着较高要求的应用就要考虑 Python 语言是否能满足需要。但这可以通过使用 C 语言编写关键模块，然后由 Python 调用的方式加以解决。现在计算机的硬件配置在不断提高，对于一般的开发来说，速度已经不成问题。此外，Python 用代码缩进来区分语法逻辑的方式还是给很多初学者带来了困惑，即便是很有经验的 Python 程序员，也可能落入陷阱中。最常见的情况是 Tab 键和空格的混用会导致错误，而这用肉眼是无法分辨的。

11.3　Python 程序的运行

11.3.1　Python 的安装与配置

1. 安装包的下载与系统安装

要使用 Python 进行程序开发，必须安装 Python 程序的运行环境，即 Python 解释器或解释程序。安装前先要从 Python 官网下载 Python 安装包，下载地址为“https://www.python.org/downloads/”。选择基于 Windows 操作系统的 Python 3.7.4 进行下载。下载完成后，双击安装包（如 python-3.7.4-amd64.exe），进入 Python 系统安装界面，如图 11-3 所示。

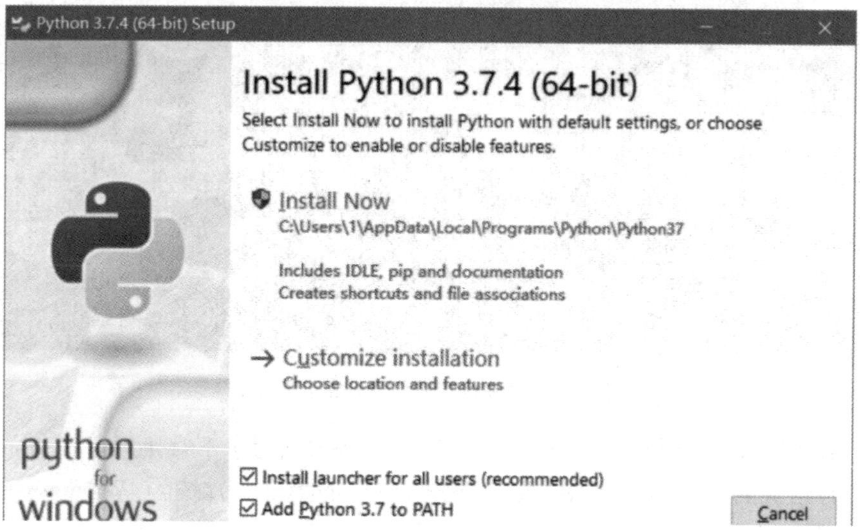

图 11-3　Python 系统安装界面

勾选“ Add Python 3.7 to PATH”复选框，并使用默认的安装路径，选择“ Install Now”选项，这时进入系统安装过程，安装完成后单击“ Close”按钮即可。如果要设置安装路径和其他特性，可以选择“Customize installation”选项。

2. 系统环境变量的配置

在 Python 的默认安装路径下包含 Python 的启动文件 python.exe、Python 库文件和其他文件。为了能在 Windows 命令提示符窗口自动寻找安装路径下的文件，需要在安装完成后将 Python 安装文件夹添加到环境变量 Path 中。

若在安装时勾选了“ Add Python 3.7 to PATH”复选框，则会自动将安装路径添加到环境变量 Path 中；否则可以在安装完成后添加，其方法为：在 Windows 桌面双击“此电脑”图标，在打开的“此电脑”窗口中单击左上角的“属性”按钮，然后在打开的“系统”对话框中选择“高级系统设置”选项，再在打开的“系统属性”对话框中选择“高级”选项卡，单击“环境变量”按钮，打开“环境变量”对话框，在“系统变量”栏的列表框中选择“Path”选项，单击“编辑”按钮，打开“编辑环境变量”对话框，将安装路径添加到 Path 中，最后单击“确定”按钮逐级返回。

11.3.2 Python 程序的运行方式

在 Python 系统安装完成后，可以启动 Python 解释器（ Python shell)，它有命令行和图形用户界面（ GUI）两种操作界面。在不同的操作界面下，Python 语句的执行既可以采用交互式的命令执行方式，又可以采用程序执行方式。

1. 启动命令行形式的 Python 解释器

在 Windows 系统中单击“开始”按钮，选择“开始”菜单中的“Python 3.7”→“Python 3.7（64-bit)”命令，即启动命令行形式的 Python 解释器，出现图 11-4 所示的窗口。其中，“>>>”是 Python 解释器的提示符，在提示符后面输入语句，Python 解释器将解释执行。

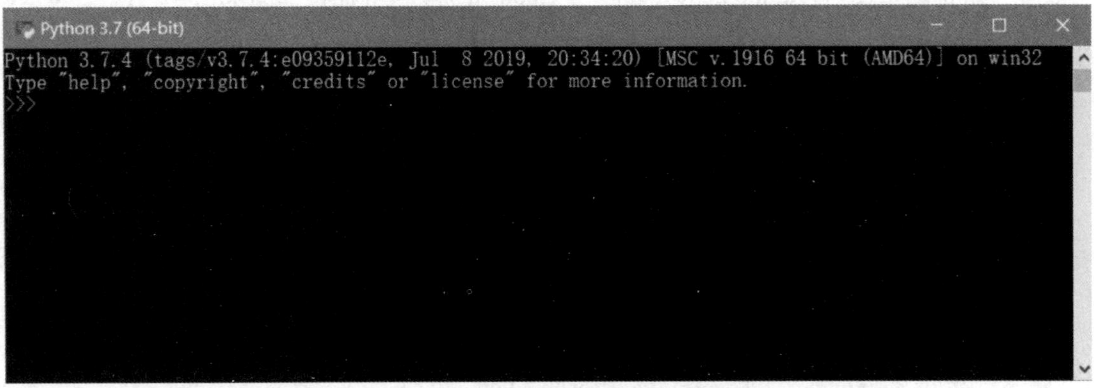

图 11-4　命令行形式的 Python 解释器

还可以在 Windows 系统的命令提示符（即 DOS 操作界面）下直接运行 python.exe 文件，来启动命令行形式的 Python 解释器，窗口如图 11-5 所示。因为设置了 Windows 系统的环境变量 Path，其中包含 Python 的安装路径 C:\Python37，所以在运行 python.exe 时 Windows 系统会自动寻找到 C:\Python37\python.exe 文件，否则需要在 Python 文件名前面加上安装路径。

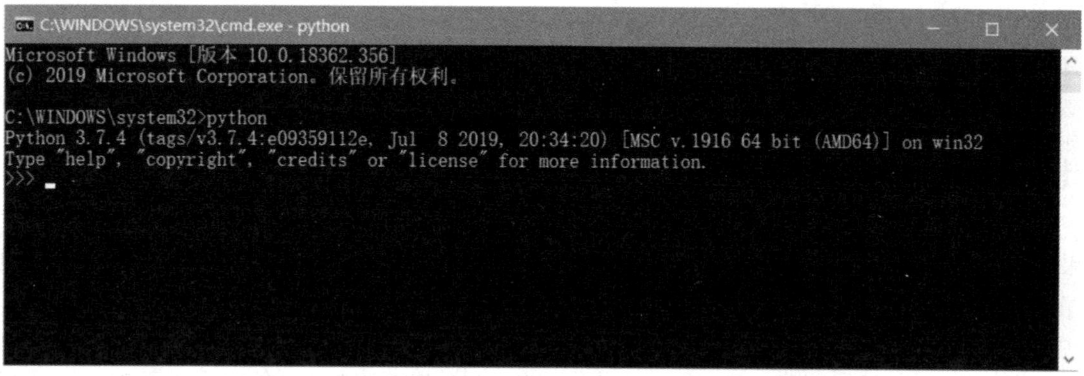

图 11-5　在命令提示符下启动命令行形式的 Python 解释器

按 Ctrl ＋ Z 快捷键并按 Enter 键，或者输入 quit ( ) 命令，或者单击 Python 命令行界面的“关闭”按钮，均可退出 Python 解释器。

2. 启动图形用户界面形式的 Python 解释器

在 Windows 系统中单击“开始”按钮，选择“开始”菜单中的“Python 3.7”→“IDLE (Python 3.7 64-bit)”命令，即可启动图形用户界面形式的 Python 解释器，窗口如图 11-6 所示。图形用户界面形式的 Python 解释器集程序编辑、解释执行于一体，是一个 IDE，可以提高程序设计的效率。

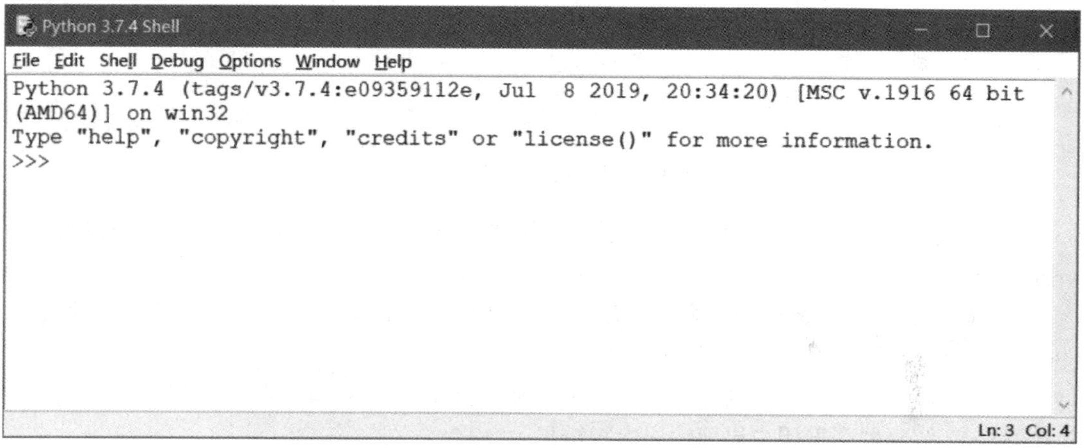

图 11-6　图形用户界面形式的 Python 解释器

在 Python 解释器图形用户界面，选择“File”→“Exit”命令，或者按 Ctrl ＋ Q 快捷键，或者输入 quit ( ) 命令，或者单击 Python 解释器图形用户界面的“关闭”按钮，均可退出 Python 解释器图形用户界面。

3. Python 的命令执行方式

启动 Python 解释器后，可以直接在其提示符“>>>”后输入语句。例如，在提示符后输入如下语句：

```
print("Hello,world!")
```

Python 系统在屏幕上显示“Hello, world！”。

实际上 Python 解释器用起来的确有点像计算器，利用输出语句可以输出一个表达式的值。例如，在提示符后输入如下语句将得到结果 8.5：

```
print(8 + 8/16)
```

4. Python 的程序执行方式

Python 的命令执行方式又称为交互式执行方式，这对执行单个语句来说是合适的，但如果要执行多个语句，就显得麻烦。通常的做法是把语句存放在一个文件中，然后批量执行程序中的全部语句，这称为程序执行方式。

1）在 Python 解释器的程序编辑窗口执行 Python 程序

在 Python 解释器图形用户界面，选择“File”→“New File”命令，打开 Python 程序编辑窗口，如图 11-7 所示。

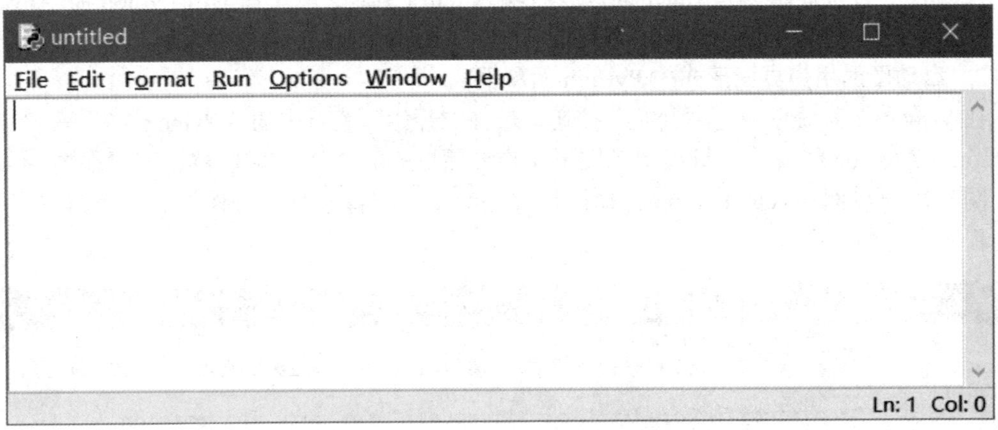

图 11-7 Python 程序编辑窗口

在 Python 程序编辑窗口输入程序的全部语句。例如，输入语句“print("Hello, world！")”。

在 Python 程序编辑窗口选择“File”→“Save”命令，确定保存文件的位置和文件名。

在 Python 程序编辑窗口选择“Run”→“Run Module”命令，或者按 F5 键，运行程序并在 Python 解释器图形用户界面输出运行结果。

2）在 Python 解释器命令行界面下执行 Python 程序

利用 Python 程序编辑窗口或其他编辑程序（如 Windows 系统的“记事本”）建立一个 Python 源程序文件后，可以在 Python 解释器的命令行界面下执行 import 语句来导入程序文件。import 语句的作用是将 Python 程序文件从磁盘加载到内存，在加载的同时执行程序的每一条语句。

例如，若要运行 hello.py，则可以使用以下语句。

```
import hello
```

程序运行情况如图 11-8 所示。

注意：模块文件名不加扩展名“.py”，因为系统自动假设模块具有“.py”扩展名。

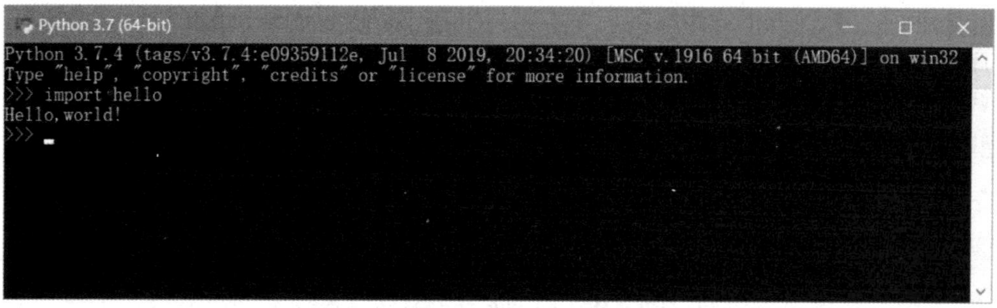

图 11-8　在 Python 解释器命令行界面下运行 Python 程序

若将程序文件保存在 Python 的安装目录 Python37 下，则使用 import 语句时可以搜索到相应程序文件并执行它。但一般将系统文件和用户文件分开存放，以便于管理，这时如果在 import 语句中直接使用文件名就会找不到指定文件。为此可以修改系统环境变量 Path，为 Python 系统添加默认的文件搜索路径。假定程序文件存放在目录 E:\MyPython 下，则使用 Path 环境变量，在这个环境变量中输入路径 E:\MyPython。如果 Path 环境变量不存在，可以创建它。设定 Path 环境变量后，就可以在 import 语句中直接使用程序文件名来运行该程序了。

3）在命令提示符窗口运行 Python 程序

要想运行 Python 程序，在 Windows 命令提示符下切换到 Python 程序文件所在的文件夹，然后输入“python”，后跟要执行的程序文件名即可。例如，要运行 hello.py，可以使用以下命令。

```
python hello.py
```

程序运行情况如图 11-9 所示。

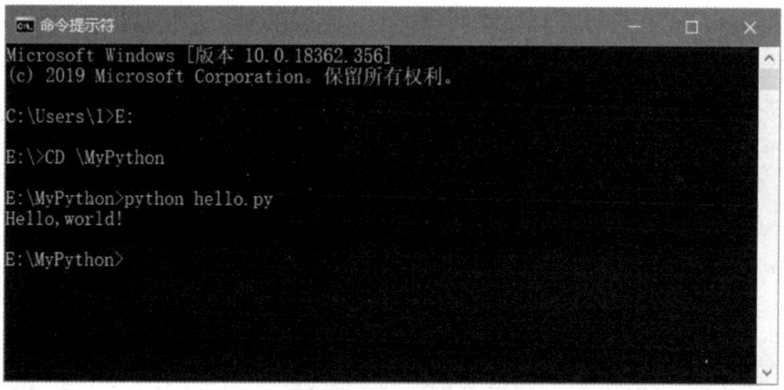

图 11-9　在命令提示符窗口运行 Python 程序

5. 解释执行

上面介绍了 Python 语句的两种执行方式，实际上，这两种执行方式在本质上是相同的，它们都是由解释器来解释执行 Python 语句。

这里所说的解释执行是相对于编译执行而言的。对于用诸如 C/C++ 之类的编译型语言编写的程序，可以从源程序转换成计算机使用的机器语言，经连接器连接后形成二进制可执行程序。当运行二进制可执行程序时，因为程序已经编译好了，所以加载器软件把二进制可执行程序从硬盘载入内存中运行。

与之不同，利用 Python 编写的程序不需要编译成二进制代码，它可以直接从源代码运行程序。当运行一个 Python 程序时，首先把源程序编译成字节码，然后由 Python 虚拟机执行这些字节码，如图 11-10 所示。这样就不用担心程序的编译、库的连接加载等问题了，所有这些工作都由 Python 虚拟机完成。

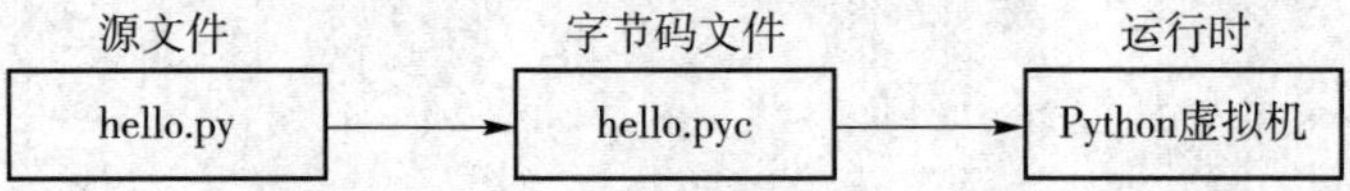

图 11-10　Python 解释执行示意图

对于 Python 的解释语言特性，要一分为二地看待。一方面，每次运行时都要转换成字节码，再由虚拟机把字节码转换成机器语言，最后才能在硬件上运行。较之于编译型编程语言，Python 程序每次运行都会多出两道工序，所以它的性能会受到影响。另一方面，由于不用关心程序的编译及库的连接等问题，所以 Python 程序的开发工作变得更轻松；同时虚拟机距离物理机器更远了，所以 Python 程序更加易于移植。实际上 Python 程序无须改动就能在多种平台上运行。

11.4　Python 程序的编写

11.4.1　Python 程序演示

为了说明 Python 程序的书写规则，再看几个程序实例。程序设计有很多种变化，求解同一个问题的程序可以有多种。实例中给出的程序已尽量利用 Python 语言的特点，以展示 Python 语言的与众不同之处。

【例 11-1】 输入 3 个变量的值，然后按从小到大的顺序输出。

```
x = int(input('please input x:'))      # 输入 x 的值
y = int(input('please input y:'))      # 输入 y 的值
z = int(input('please input z:'))      # 输入 z 的值
if x>y:                                # 如果 x>y，则 x 和 y 的值互换
    x,y=y,x
if x>z:                                # 如果 x>z，则 x 和 z 的值互换
    x,z=z,x
if y>z:                                # 如果 y>z，则 y 和 z 的值互换
    y,z=z,y
print(x,y,z)
```

程序先输入 x、y、z 这 3 个变量的值，经过前两个 if 语句的比较，x 中存放的是 3 个数中的最小数，最后一个 if 语句比较 y 和 z 的值，小数放到 y 中，大数存放到 z 中。该例中将两个变量的值互换的语句是 Python 语言的特色，在一般的程序语言中通常设一个中间变量，通过 3

个赋值语句来实现。程序运行结果如下。

```
please input x: 45↙ (↙代表 Enter 键)
please input y: 56↙
please input z: 23↙
23 45 56
```

【例 11-2】 函数的应用。

```
def f(x,y):return(x + y)*2
print("f(3,4)=",f(3,4))
```

第 1 个语句定义了一个函数，然后调用该函数。程序运行结果如下。

```
f(3,4)=14
```

Python 支持定义单行函数，称作 lambda 函数，可以用在任何需要函数的地方。lambda 函数是一个可以接收任意多个参数并且返回单个表达式值的函数。前面的 f(x,y) 函数可以定义成 lambda 函数的形式。

```
f=lambda x,y:(x+y)*2
print("f(3,4)=",f(3,4))
```

【例 11-3】 输出 Fibonacci（斐波那契）数列前 50 项之和。

程序如下：

```
a,b=0,1
s=0
for i in range(0,50):#i 从 0 变化到 49
    s+=b
    a,b=b,a+b
print("s=",s)
```

程序运行结果如下：

```
s=32951280098
```

如果用整型数据进行计算，在很多程序设计语言中都会产生溢出，而 Python 支持大数据运算，不会产生溢出。

11.4.2　Python 编程的基本规则

1. 语句行和缩进对齐

在 Python 中，语句行从解释器提示符后的第 1 列开始，前面不能有任何空格，否则会产生语法错误。每个语句行以回车换行符结束。可以在同一行中使用多条语句，语句之间使用分号（;）分隔。例如：

```
x='f=';f=100;print(x,f)
f=100
```

Python 通过缩进对齐反映语句的逻辑关系，从而区分不同的语句块。缩进可以由任意的空格或制表符组成，缩进的长度不受限制，一般为 4 个空格或一个制表符，但在同一程序中不建议混合使用空格和制表符。就一个语句块来讲，需要保持一致的缩进量。这是 Python 语言与其他语言最大的区别。Python 代码块不使用像 C 语言中的花括号（{}）或其他语言的功能结束语句来控制语句块的开始与结束。例如，下面两段程序的含义是截然不同的。

程序段 1：

```
for i in range(0,50):#i 从 0 变化到 49
    s+=b
    a,b=b,a+b
```

程序段 2：

```
for i in range(0,50):#i 从 0 变化到 49
    s+=b
a,b=b,a+b
```

在程序段 1 中，for 语句后面的两个语句都是重复执行的语句，它们组成一个语句块（相当于一个复合语句）。在程序段 2 中，重复执行的语句只有“s+=b”，语句“a, b=b, a+b”是与 for 循环语句并列的语句，它在执行 for 循环之后再执行。两种缩进方式可用图 11-11 所示的流程图直观表示。

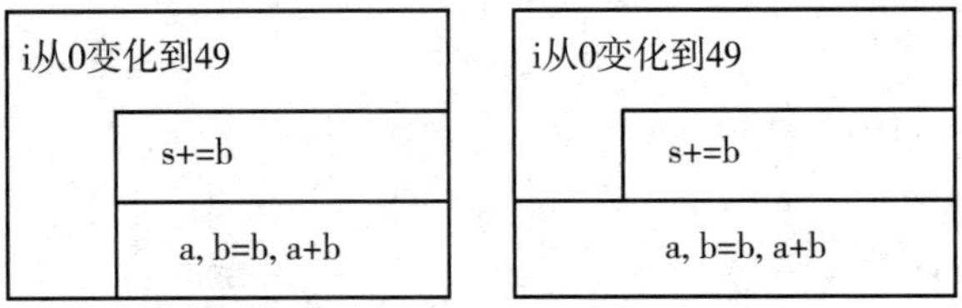

（a）程序段1　（b）程序段2

图 11-11　两种缩进方式的比较

2. 多行语句

如果语句行太长，可以使用反斜杠（\）(称为续行符）将一行语句分为多行显示。例如：

```
total=1+1/2+1/3+1/4+1/5+1/6+\
1/7+1/8+1/9+1/10
```

若语句中包含圆括号（()）、方括号（[]）或花括号（{}），则不需要使用续行符。例如：

```
>>>def f(
):return 120
>>>f( )
120
```

3. Python 注释

注释对程序的执行没有任何影响，目的是对程序作补充解释，以增强程序的可读性。此外，在程序的调试阶段，有时需要某些语句暂时不执行，这时可以给这些语句加注释符号，相当于对这些语句作逻辑删除，需要执行时，再去掉注释符号即可。

程序中的单行注释采用“#”开头，注释可以从任意位置开始，可以在语句行末尾，也可以独立成行。Python 没有块注释，所以现在推荐多行注释也采用“#”。

4. Python 引号

Python 用单引号（'）、双引号（"）和三引号（''' 或 """）来表示字符串，引号的开始与结束必须使用相同的引号类型。其中，三引号可以用于多行字符串。例如：

```
>>>str1='AAAAA'
>>>str2="BBBBB"
>>>str3="""XXXXX
YYYYY"""
>>>str3          # 输出 str3 的值
'XXXXX\nYYYYY'
```

str3 所在的语句中，三引号定义的字符串虽然放在多行，但不用使用续行符（\），而是直接按 Enter 键转移到下一行继续输入。输出结果中的“\n”代表回车换行符。

5. Python 帮助信息

如果需要某个 Python 函数或语句的帮助信息，可以使用 help( ) 函数，尤其在带提示符命令行的环境下，该函数使用方便，十分有用。例如，使用以下语句：

```
>>>help(input)
```

就会显示 input( ) 函数的帮助信息。

11.5 Python 程序的数据描述

11.5.1 数据的基本形式

在问题求解过程中，用符号化的方法来记录现实世界中的客观事实，这种符号化的表示称为数据（data）。数据有不同的表现形式，也具有不同的类型。在高级语言中，基本的数据形式有常量和变量。对于常量，在程序运行期间，其内存单元中存放的数据始终保持不变。对于变量，在程序运行期间，其内存单元中存放的数据可以根据需要随时改变。

1. 常量

在程序运行过程中，其值不能改变的数据对象称为常量。常量按值的表示形式区分其类型，如 715、－ 8、0 是整型常量，－ 5.8、3.142、1.0 为实型常量，'5'、'M'、'Python' 为字符串型常量。

2. 变量

在高级语言中，变量可以看作一个特定的存储区，该存储区由一定字节数的内存单元组成，并可以通过变量的名字来访问。对变量的操作，等同于对变量所对应内存单元的操作。Python 是动态语言，变量不需要显式声明数据类型，直接赋值即可创建。变量赋值的基本语法格式为

```
变量名 = 变量值
```

3. Python 标识符

标识符主要用来表示常量、变量、函数和类型等程序要素的名字，是只起标识作用的一类符号。在 Python 中，标识符由字母、数字和下划线（_）组成，但不能以数字开头，标识符中的字母是区分大小写的。例如，abc、a_b_c、Student_ID都是合法的标识符，sum、Sum、SUM 代表不同的标识符。

单独的下划线是一个特殊变量，用于表示上一次运算的结果。

4. Python 关键字

关键字是 Python 中事先定义的、具有特定含义的标识符，有时又称为保留字。关键字不允许另作他用，否则执行时会出现语法错误。

可以在使用 import 语句导入 keyword 模块后使用 print(keyword.kwlist) 语句查看所有的 Python 关键字。语句如下：

```
>>>import keyword
>>>print(keyword.kwlist)
['False','None','True','and','as','assert','async','await','break',
'class','continue','def','del','elif','else','except','finally','for',
'from','global','if','import','in','is','lambda','nonlocal','not','or',
'pass','raise','return','try','while','with','yield']
```

11.5.2 Python 基本数据类型

根据数据描述信息的含义，将数据分为不同的种类，对数据种类的区分规定称为数据类型。数据类型规定了程序执行期间变量或表达式所有可能取值的范围及在这些值上允许的操作。数据类型是一个值的集合和定义在这个值的集合上的一组操作的总称。

Python 提供了一些内置的数据类型，它们由系统预定义好，程序中可以直接使用。Python 的基本数据类型包括数值型、字符串型、布尔型等。

1. 数值型

数值型用于存储数值，它是一种基本数据类型，其值不可以再分解为其他类型。Python 支持 3 种不同的数值型数据：整型数据、浮点型数据和复数型数据。

1）整型数据

整型是不带小数的数字，包括十进制整数、二进制整数、八进制整数、十六进制整数。

（1）十进制整数：如 120、0、－374 等。

（2）二进制整数：以 0b 或 0B（数字 0 加字母 b 或 B）开头并由数字 0 和 1 组成的数字序列。

（3）八进制整数：以 0o 或 0O（数字 0 加字母 o 或 O）开头并由数字 0 ～ 7 组成的数字序列。

（4）十六进制整数：以 0x 或 0X 开头，后接 0 ～ 9 和 A ～ F（或 a ～ f）字符的整数。

2）浮点型数据

浮点型数据表示一个实数，有两种表示形式。

（1）十进制小数形式：由数字和小数点组成，如 3.23、34.0、0.0 等。浮点型数据允许小数点后面没有任何数字，表示小数部分为 0，如 34 表示 34.0。

（2）指数形式：科学记数法，用字母 e（或 E）表示以 10 为底的指数，e 之前为数字部分，之后为指数部分，且两部分必须同时出现，指数必须为整数。

例如，1.5e5 表示 1.5×10^{5}、0.23E-4 表示 0.23×10^{-4}。

3）复数型

复数型由实数部分和虚数部分组成，可以用 a ＋ bj 或 complex(a, b) 表示。其中，a 和 b 可为整型数据或浮点型数据，b 不能省略，j 也可以写成 J。例如，1.2 ＋ 4j、3 ＋ 5.6J、complex(3.5, 6)、2 ＋ 1j。

2. 字符串型

字符串是一个有序的字符序列，可以是单引号、双引号、三单引号或三双引号括起来的任何字符，还可以包含转义字符。

（1）单引号：'18.9'、'Good Idea！ ' 和 ' 我爱编程 '。

（2）双引号："34 ＋ 5"、"a" 和 "Python 程序设计 "。

（3）三单引号或三双引号：'''China''' 和 """ 我喜欢 Python程序设计 """。

三引号中的字符串可以换行。例如：

```
>>>''' 我爱
祖国，祖国万岁 '''
```

这里字符串分成两行输入，相当于 ' 我爱 \n 祖国，祖国万岁 '。\n 为转义字符，表示换行符。转义字符是以反斜杠开头的字符串，组合起来表示一种新的含义。常用的转义字符如表 11-1 所示。

表 11-1　常用的转义字符

转义字符	含义
\\	反斜杠
\'	单引号
\"	双引号
\n	换行，将光标移到下一行的开头
\r	回车，将光标移到本行的开头
\t	水平制表符，即 Tab 键，一般相当于 4 个空格
\b	退格，将光标移到前一列
\odd	八进制数 dd 代表的字符
\xhh	十六进制数 hh 代表的字符

3. 布尔型

布尔型数据用于描述逻辑判断的结果，具有真和假两种值。在 Python 中，布尔型数据有 True 和 False，分别代表逻辑真和逻辑假。值为真或假的表达式称为布尔表达式，Python 的布尔表达式包括关系运算表达式和逻辑运算表达式，它们通常用来在程序中表示条件，条件满足时结果为 True，不满足时结果为 False。

11.5.3 Python 运算符

常见的运算符有算术运算符、赋值运算符、关系运算符、逻辑运算符、成员运算符和标识运算符等。

1. 算术运算符

算术运算符实现数学运算。常见的算术运算符如表 11–2 所示。假设表格中变量 a = 5，变量 b = 15。

表 11–2 常见的算术运算符

运算符	功能	优先级	算术表达式举例	运算结果
+	加	3	a + b	20
－	减		b － a	10
*	乘	2	a*b	75
/	除		b/a	3.0
%	取模		16%a	1
//	整除		16//a	3
**	幂	1	a* *2	25

2. 赋值运算符

赋值运算符“＝”表示将右侧的值赋给左侧的变量或表达式。除简单的赋值运算符外，Python 还提供了复合赋值运算符，如表 11–3 所示。

表 11–3 复合赋值运算符

运算符	含义	举例	等效于
+＝	加法赋值	x +＝ a	x ＝ x + a
－＝	减法赋值	x －＝ a	x ＝ x － a
* ＝	乘法赋值	x* ＝ a	x ＝ x*a
/ ＝	除法赋值	x/ ＝ a	x ＝ x/a
// ＝	整除赋值	x// ＝ a	x ＝ x//a
% ＝	取模赋值	x% ＝ a	x ＝ x%a
** ＝	幂运算赋值	x** ＝ a	x ＝ x**a

3. 关系运算符

关系运算符用于对两个操作数进行关系比较，关系成立，则运算结果为布尔值 True；关系不成立，则运算结果为布尔值 False。常见的关系运算符如表 11–4 所示。

表 11–4　常见的关系运算符

运算符	功能	表达式	说明
==	等于	a == b	如果 a 等于 b，返回值为 True，否则为 False
!=	不等于	a! = b	如果 a 不等于 b，返回值为 True，否则为 False
>	大于	a > b	如果 a 大于 b，返回值为 True，否则为 False
>=	大于或等于	a >= b	如果 a 大于或等于 b，返回值为 True，否则为 False
<	小于	a < b	如果 a 小于 b，返回值为 True，否则为 False
<=	小于或等于	a <= b	如果 a 小于或等于 b，返回值为 True，否则为 False

4．逻辑运算符

逻辑运算符主要用于逻辑判断，运算结果为布尔型。常见的逻辑运算符如表 11–5 所示。

表 11–5　常见的逻辑运算符

运算符	名称	优先级	说明
not	逻辑非	1	取反操作，True 取反的结果为 False，False 取反的结果为 True
and	逻辑与	2	两个操作数都为 True，运算结果为 True，否则为 False
or	逻辑或	3	有一个操作数为 True，运算结果为 True，否则为 False

5．成员运算符

成员运算符用来测试给定值是不是序列中的成员，返回值为布尔型。序列可以是字符串、列表、元组等。成员运算符如表 11–6 所示。

表 11–6　成员运算符

运算符	表达式	说明
in	x in y	若 x 是序列 y 的成员，则运算结果为 True，否则为 False
not in	x not in y	若 x 不是序列 y 的成员，则运算结果为 True，否则为 False

6．标识运算符

标识运算符用于比较两个对象的内存地址，返回值为布尔型。标识运算符如表 11–7 所示。

表 11–7　标识运算符

运算符	表达式	说明
is	x is y	若 x 是序列 y 的成员，则运算结果为 True，否则为 False
is not	x is not y	若 x 不是序列 y 的成员，则运算结果为 True，否则为 False

当一个表达式中出现多种不同的运算符时，按优先级从高到低计算，相同优先级从左至右依次计算，括号优先。各种不同运算符的优先级如下。

算术运算符＞关系运算符＞赋值运算符＞标识运算符＞成员运算符＞逻辑运算符

11.5.4 数据类型的转换

在 Python 中，同一个表达式允许不同类型的数据参加运算，这就要求先将这些不同类型的数据转换成同一类型，然后再进行运算。这里主要讨论算术运算时数据类型的转换。

```
>>> 2+3.0
5.0
>>> 2.0+3//5
2.0
```

在表达式“2.0 + 3//5”中，“3//5”的结果仍是整型数据，结果为 0。做加法运算时，由于 2.0 是浮点型数据，所以将整型 0 转换为实型 0，再进行加法运算，结果为 2.0。

当算术表达式中需要违反自动类型转换规则，或者说自动类型转换规则达不到目的时，可以使用类型转换函数，将数据从一种类型强制转换为另一种类型，以满足运算要求。常用的类型转换函数如表 11-8 所示。

表 11-8　常用的类型转换函数

函数	描述
int(x)	将 x 转换为整型
float(x)	将 x 转换为浮点型
complex(x)	将 x 转换为复数，其中复数的实部为 x，虚部为 0
complex(x, y)	将 x 和 y 转换成一个复数，其中实部为 x，虚部为 y

通过调用 float( ) 函数，可以显式地将参数由 int 型强制转换为 float 型，也可以通过调用 int( ) 函数将参数由 float 型强制转换为 int 型。int( ) 函数是进行取整，而不是四舍五入。对于负数，int( ) 函数朝着 0 的方向进行取整。它是一个真正的取整（截断）函数，与 ceil( ) 函数向上取整、floor( ) 函数向下取整是不同的。

```
>>>float(2+3.0)
5.0
>>>int(2+3.0)
5
>>>int(-2.546)
-2
>>>complex(3)
(3+0j)
>>>complex(3.5,5.0)
(3.5+5j)
>>>5-int(5/3)*3
2
```

```
>>>m=1234
>>>(m//10)%10
3
```

显然，表达式“5-int(5/3)*3”的结果是 5 除以 3 的余数，等价于 5%3。表达式“(m//10)%10”求得整数 m 的十位数字，“m//10”等价于“int(m/10)”。使用取整、求余等运算可以进行整除的判断，可以分离整数的各位数字，这些技巧在程序设计中是很有用的。

可以用 int( ) 函数将整数字符串转换成对应的整数，用 float( ) 函数将浮点数字符串转换成对应的浮点数，用 complex( ) 函数将复数字符串转换成对应的复数，还可以用 str( ) 函数将数值型数据转换为字符串。例如：

```
>>>int("7")+9
16
>>>str(9)
'9'
>>>float(str(8.9))+7
15.9
>>>complex('3+4j')
(3+4j)
>>>str(3+4j)
'(3+4j)'
```

11.5.5 常用内置函数

Python 中有很多内置函数，不需要调用模块就可以直接使用。可以通过 dir( ) 函数查看所有的内置变量、内置模块和内置函数。查看内置函数的基本格式为

```
dir(__builtins__)
```

Python 提供了每个内置函数的使用说明，可以用 help(函数名) 查看。前面已经介绍了 int( ) 函数、float( ) 函数、help( ) 函数等，现在从转换函数、数学函数及其他常用函数 3 个方面来介绍其他常用的内置函数。

1. 转换函数

1）bin( ) 函数

功能：将其他进制的整数转换成对应的二进制整数。

格式：bin(*x*)。

说明：*x* 可以是十进制、八进制或十六进制整数，函数返回值的数据类型为字符串。

举例：bin(8) 返回值为 'ob1000'，bin(0xf) 返回值为 'ob1111'。

2）oct( ) 函数

功能：将其他进制的整数转换成对应的八进制整数。

格式：oct(x)。

说明：x 可以是十进制、二进制或十六进制整数，函数返回值的数据类型为字符串。

举例：oct(0b101) 返回值为 '0o5'。

3）hex( ) 函数

功能：将其他进制的整数转换成对应的十六进制整数。

格式：hex(x)。

说明：x 可以是十进制、二进制或八进制整数，函数返回值的数据类型为字符串。

举例：hex(15) 返回值为 '0xf'。

4）ord( ) 函数

功能：返回字符的 Unicode 编码。Unicode 编码又称为万国码，用两个字节对字符进行统一编码。

格式：ord(c)。

说明：参数 c 是长度为 1 的字符，函数返回值为对应的十进制整数。

举例：ord('B') 返回值为 66。

5）chr( ) 函数

功能：返回整数对应的字符。它是 ord( ) 函数的配对函数。

格式：chr(x)。

说明：参数 x 可以是十进制、二进制、八进制或十六进制整数，是字符的 Unicode 编码。

举例：chr(66) 返回值为 'B'，chr(0x41) 返回值为 'A'。

2. 数学函数

1）abs( ) 函数

功能：返回参数的绝对值。

格式：abs(x)。

举例：abs(−98) 返回值为 98。

2）round( ) 函数

功能：返回按照指定的小数位数进行四舍五入运算的结果。

格式：round(x) 或 round(x, n)。

说明与举例：

- 当参数 n 省略时，返回整数，如 round(45.678) 返回值为 46。
- 当参数 n 为 0 时，返回浮点数，如 round(45.678, 0) 返回值为 46.0。
- 当参数 n 为正整数时，对指定小数位四舍五入，如 round(45.678, 2) 返回值为 45.68。
- 当参数 n 为负整数时，对指定整数位四舍五入，如 round(456.78, −2) 返回值为 500.0。

3）divmod( ) 函数

功能：返回两数相除的除数和余数。

格式：divmod(x, y)。

说明：以元组类型返回 (x//y, x%y) 的值，其中 $x\%y = x-(x//y)*y$。

举例：divmod(13, 2) 返回值为 (6, 1)，divmod(16.5, 2) 返回值为 (8.0, 0.5)。

4）pow( ) 函数

功能：返回 x 的 y 次方值。

格式：pow(x, y) 或 pow(x, y, z)。

说明：pow(x, y) 与表达式 x**y 的值相等，pow(x, y, z) 与表达式 x**y%z 的值相等。

举例：pow(2, 10) 返回值为 1 024，pow(8, 1/3) 返回值为 2.0，pow(2, 10, 3) 返回值为 1。

5）max( ) 函数

功能：返回参数序列的最大值。

格式：max(x_1, x_2, $\cdots$, x_n)。

说明：参数可以是数值、字符串、列表、元组、集合等。

举例：max(1, 12, 14, 8) 返回值为 18，max([5, 6, 7, 8]) 返回值为 8。

6）min( ) 函数

功能：返回参数序列的最小值。

格式：min(x_1, x_2, $\cdots$, x_n)。

说明：参数可以是数值、字符串、列表、元组、集合等。

举例：min(1, 12, 14, 8) 返回值为 1，min([5, 6, 7, 8]) 返回值为 5。

7）sum( ) 函数

功能：返回数字序列中各元素的累加和。

格式：sum(x) 或 sum(x, y)。

说明：参数 x 可为列表、元组、集合，y 为指定相加的参数。

举例：sum((1, 2, 3, 4, 5)) 返回值为 15，sum((1, 2, 3, 4, 5), 10) 返回值为 25。

3. 其他常用函数

1）all( ) 函数

功能：判断参数是否全为 True，若是则返回 True，否则返回 False。

格式：all(iterable)。

说明：参数 iterable 可以是字符串、列表、元组、集合等可迭代对象。若 iterable 的所有元素都为 True，则函数返回值为 True，否则为 False。元素中的数值 0、空字符都表示 False，但是参数为空字符串、空元组、空列表、空集合等可迭代对象时，返回值为 True。

举例：all([True, 4 ＋ 4 ＞ 5, 0]) 返回值为 False，all([]) 返回值为 True。

2）any( ) 函数

功能：判断给定的参数中是否至少有一个为 True，若是则返回 True，否则返回 False。

格式：any(iterable)。

说明：参数 iterable 可以是字符串、列表、元组、集合等可迭代对象。参数元素中数值 0、空字符都表示 False。参数为空字符串、空元组、空列表、空集合等可迭代对象时，返回值为 False。

举例：any((1, 2, 0)) 返回值为 True，any(('', 0, False)) 返回值为 False，any(" ") 返回值为 False。

3）len( ) 函数

功能：返回序列对象中元素的个数。

格式：len(obj)。

说明：参数 obj 可以是字符串、列表、元素、集合等。集合中重复的元素不重复计算。

举例：len('我的 No 是 35') 返回值为 7，len([12, 34]) 返回值为 2，len([1, 1, 1]) 返回值为 1。

4）range( ) 函数

功能：返回指定范围内按指定步长递增的数字序列，返回的数据类型是可迭代对象。

格式：range(start, stop, step) 或 range(stop)。

说明：

- start 为数字序列的开始值，默认值为 0；stop 为数字序列的结束值，不包括 stop；step 为递增步长，默认值为 1。
- 返回值不会直接输出显示，可用 for 循环遍历输出。
- 可与类型转换函数 list( )、tuple( )、set( ) 结合使用。

举例：

```
>>>list(range(1,9,2))
[1,3,5,7]
>>>tuple(range(9))
(0,1,2,3,4,5,6,7,8)
```

5）sorted( ) 函数

功能：对可迭代对象中的元素按大小重新排序，返回值为列表。

格式：sorted(iterable, reverse)。

说明：参数 iterable 为可迭代对象，如字符串、列表、元组、集合等。参数 reverse 为 False 或省略时，进行升序排列；reverse 为 True 时，进行降序排列。

举例：

```
>>>sorted((1,7,3))
[1,3,7]
>>>sorted("gde",reverse = False)
['d','e','g']
>>>sorted("gde",reverse = True)
['g','e','d']
```

11.5.6 常用内置模块

Python 的标准库包含很多模块，每个模块中定义了很多有用的函数，这些函数称为系统函数，任何 Python 程序都可直接或间接地调用这些函数。系统函数有很多，例如，数学库（math）模块提供了很多数学运算函数，复数（cmath）模块提供了用来进行复数运算的函数，随机数（random）模块提供了用来生成随机数的函数，时间（time）和日历（calendar）模块提供了能处理日期和时间的函数。

1. 使用 import 语句导入模块

在调用系统函数之前，先要使用 import 语句导入相应的模块，导入的方式主要有以下

3 种。

1）import 模块名

采用这种方式导入模块后，可以使用模块中的所有函数。在调用该模块的函数时，必须以模块名作为前缀。调用模块中的函数的格式为

```
模块名.函数名
```

例如，调用 math 模块中的平方根函数 sqrt( )，语句如下。

```
>>>import math                  # 导入 math 模块
>>>math.sqrt(2)                 # 调用 sqrt( ) 函数
1.4142135623730951
```

2）from 模块名 import 函数名 1，函数名 2，…

这种方式只导入模块的指定函数，模块中的其他函数不能被调用。例如：

```
>>>from math import sqrt
>>>sqrt(2)
1.4142135623730951
```

3）from 模块名 import *

这种方式一次性导入某模块中的所有函数，调用函数时不需要在函数名前加模块名。但当多个模块有同名的函数时，会引起混乱，使用时需注意。

2. math 模块的函数

math 模块主要处理数学相关的运算，其中定义的常用数学常量和函数如表 11-9 所示。

表 11-9　常用数学常量和函数

常用数学常量和函数	常量名与函数名	说明
常用数学常量	e	返回常数 e（自然对数的底）
	pi	返回圆周率 π 的值
绝对值和平方根函数	fabs(*x*)	返回 *x* 的绝对值（返回值为浮点数），如 fabs(−10) 返回 10.0
	sqrt(*x*)	返回 *x* 的平方根（*x* > 0），如 sqrt(4) 返回 2.0
幂函数和对数函数	pow(*x*, *y*)	返回 *x* 的 *y* 次幂，如 pow(2, 3) 返回 8.0
	exp(*x*)	返回 e（自然对数的底）的 *x* 次幂，如 exp(1) 返回 2.718 281 828 459 045
	log(*x*[, base])	返回 *x* 的自然对数，如 log(e) 返回 1.0。可以使用 base 参数来改变对数的底，如 log(100, 10) 返回 2.0
	log10(*x*)	返回 *x* 的常用对数，如 log10(100) 返回 2.0
取整和求余函数	ceil(*x*)	对 *x* 向上取整，如 ceil(4.1) 返回 5
	floor(*x*)	对 *x* 向下取整，如 floor(4.9) 返回 4
	fmod(*x*, *y*)	返回 *x*/*y* 的余数（返回值为浮点数），如 fmod(7, 4) 返回 3.0

续表

常用数学常量和函数	常量名与函数名	说明
弧度与角度转换函数	degrees(x)	将弧度转换为角度，如 degrees(pi) 返回 180.0
	radians(x)	将角度转换为弧度，如 radians(90) 返回 1.570 796 326 794 896 6
三角函数和反三角函数	sin(x)	返回 x 的正弦值（x 为弧度），如 sin(pi/2) 返回 1.0
	cos(x)	返回 x 的余弦值（x 为弧度），如 cos(pi) 返回 −1.0
	tan(x)	返回 x 的正切值（x 为弧度），如 tan(pi/4) 返回 0.999 999 999 999 999 9（数学为 1）
	asin(x)	返回 x 的反正弦值（返回值为弧度），如 degrees(asin(1)) 返回 90.0
	acos(x)	返回 x 的反余弦值（返回值为弧度），如 degrees(acos(−1)) 返回 180.0
	atan(x)	返回 x 的反正切值（返回值为弧度），如 degrees(atan(1)) 返回 45.0

【例 11-4】 计算圆面积 $s = xr^2$，其中半径 $r = 8.5$。

```
>>>import math                     # 导入 math 模块
>>>r = 8.5                         # 给半径赋值
>>>s = math.pi*math.pow(r,2)       # 计算圆面积 s 的值
>>>s                               # 输出圆面积 s 的值
226.98006922186255
```

3. cmath 模块的函数

cmath 模块的函数跟 math 模块的函数基本一致，包括圆周率、自然对数的底，还有复数的幂指数、对数函数、平方根函数、三角函数等。cmath 模块的函数名和 math 模块的函数名一样，但是 math 模块对实数运算进行支持，cmath 模块对复数运算进行支持。当然 cmath 模块中也有复数运算特有的函数，如 polar( ) 函数和 rect( ) 函数可以对复数进行极坐标和笛卡儿坐标表示方法的转换，其中 polar( ) 函数用于将复数转换为极坐标；rect( ) 函数用于将极坐标表示转换为笛卡儿坐标表示。

4. random 模块的函数

1）随机数种子

使用 seed(x) 函数可以设置随机数生成器的种子，通常在调用 random 模块的其他函数之前调用此函数。对于相同的种子，每次调用随机函数生成的随机数是相同的。默认将系统时间作为种子值，使每次产生的随机数都不一样。

2）随机挑选和排序

（1）choice(seq)：从序列的元素中随机挑选一个元素。

（2）sample(seq, k)：从序列中随机挑选 k 个元素。

（3）shuffle(seq)：将序列的所有元素随机排序。

3）生成随机数

以下函数生成的随机数符合均匀分布，意味着某个范围内的每个数字出现的概率相等。

（1）random( )：随机生成一个 [0,1) 区间的实数。

（2）uniform(a, b)：随机生成一个 [a,b] 区间的实数。

（3）randrange(a, b, c)：随机生成一个 [a,b）区间以 c 递增的整数，省略 c 时以 1 递增，省略 a 时初值为 0。

（4）randint(a, b)：随机生成一个 [a,b] 区间的整数，相当于 randrange(a, b+1)。

5. time 模块的函数

time 模块的函数主要有以下几个。

（1）time( )：返回当前时间的时间戳。时间戳是从 Epoch（1970 年 1 月 1 日 00: 00: 00 UTC）开始所经过的秒数，不考虑闰秒。

（2）localtime([secs])：接收从 Epoch 开始的秒数，并返回一个时间元组。时间元组包含 9 个元素，相当于 structtime 结构。省略秒数时，返回当前时间戳对应的时间元组。

（3）asctime([tupletime])：接收一个时间元组，并返回一个日期时间字符串。时间元组省略时，返回当前的系统日期和时间。

（4）ctime([secs])：类似于 asctime(localtime([secs])) 函数，不带参数时与 asctime( ) 函数的功能相同。

（5）strftime(日期格式)：按指定的日期格式返回当前日期。

6. calendar 模块的函数

calendar（日历）模块提供与日历相关的功能。在默认情况下，日历把星期一作为一周的第 1 天，星期日为一周的最后一天。要改变这种设置，可以调用 setfirstweekday( ) 函数。

（1）setfirstweekday(weekday)：设置每个星期的开始工作日的代码。星期代码是 0 ～ 6，代表星期一至星期日。

（2）firstweekday( )：返回当前设置的每个星期的开始工作日。默认值是 0，代表星期一。

（3）isleap(year)：若指定年份是闰年，则返回 True，否则返回 False。

（4）leapdays(y_1, y_2)：返回在 [y_1, y_2) 区间的闰年数。

（5）calendar(year)：返回指定年份的日历。

（6）month(year, month)：返回指定年份和月份的日历。

（7）monthrange(year, month)：返回两个整数，第 1 个数代表指定年和月的第 1 天是星期几，第 2 个数代表所指定月份的天数。

（8）weekday(year, month, day)：返回给定日期的星期代码。

11.5.7　Python 基础案例

【例 11-5】 从键盘输入一个 3 位整数，求出它的个位、十位和百位并分别在屏幕上输出。

分析：此例要求设计一个从 3 位整数中分离出个位数、十位数和百位数的算法。例如，输入的数是 234，则输出分别是 2、3、4。百位数可采用对 100 整除的方法得到，如“234//100 = 2”；个位数可采用对 10 求余的方法得到，如“234%10 = 4”；十位数可通过将其十位数变换为最高位后再整除的方法得到，如“(234%100)//10 = 3”，也可通过将其十位数变换为最低位再求余的方法得到，如“(235//10)%10 = 3”。根据以上分析，程序分 3 步完成。

①用 input( ) 函数输入该 3 位整数。

②利用上述算法计算该数的个位数、十位数和百位数。

③输出计算后的结果。

程序如下：

```
x=int(input("请输入一个 3 位整数:"))
n100=x//100
n10=(x%100)//10
n1=x%10
print("百位数={}，十位数={}，个位数={}。".format(n100,n10,n1))
print( )
```

程序运行结果如下：

```
请输入一个 3 位整数:234
百位数=2，十位数=3，个位数=4。
```

【例 11-6】 编写程序，输入三角形的 3 条边长，求三角形的面积 area，保留 2 位小数。面积公式为

$$\text{area}=\sqrt{(s-a)(s-b)(s-c)}$$

其中，$s=(a+b+c)/2$。

程序如下：

```
import math
a,b,c=eval(input("请输入三角形的 3 条边长（以逗号分隔）:"))
s=(a+b+c)/2
area=math.sqrt(s*(s-a)*(s-b)*(s-c))
print("三角形的 3 条边长是:{},{},{}".format(a,b,c,end=""))
print("三角形的面积是:{:.2f}".format(area)
```

程序运行结果如下：

```
请输入三角形的 3 条边长（以逗号分隔）:3,4,5
三角形的 3 条边长是:3,4,5
三角形的面积是:6.00
```

程序再次运行结果如下：

```
请输入三角形的 3 条边长（以逗号分隔）:3.5,5.5,6
三角形的 3 条边长是:3.5,5.5,6
三角形的面积是:9.49
```

习　题　11

1. 计算机程序的基本成分有哪些?
2. 程序运行平台的种类有哪些?
3. 简述 Python 语言的特点。
4. 简述下载并安装 Python 系统环境的步骤。
5. 编程实现在 Python 命令行界面输出“你好，Python”。
6. 简述 Python 程序中语句的缩进规则。
7. Python 中的数据类型有哪些?
8. 不同运算符的优先级是怎样的?
9. 简述 Python 中常用的内置模块及其功能。
10. 按以下要求写出 Python 表达式。

（1）将整数 k 转换成实数。

（2）求实数 x 的小数部分。

（3）随机产生一个 8 位数，每位数字可以是 1 ～ 6 中的任意一个整数。

参 考 文 献

[1] 蒋加伏，孟爱国．大学计算机——互联网+[M]．5版．北京：北京邮电大学出版社，2020．

[2] 周曦，黄吉花，邹疆．信息科学基础[M]．北京：高等教育出版社，2022．

[3] 李垒，郑根让．信息技术[M]．上海：上海交通大学出版社，2021．

[4] 王志军，郭华，高葵，等．网页设计基础教程[M]．3版．北京：北京邮电大学出版社，2023．

[5] 刘卫国．Python程序设计教程[M]．2版．北京：北京邮电大学出版社，2020．